Boenigk, Biologie – Malbuch

Jens Boenigk

Boenigk, Biologie – Malbuch

Eine abwechslungsreiche Prüfungsvorbereitung

Jens Boenigk
Haltern am See, Deutschland

Zusätzliches Material zu diesem Buch finden Sie auf
http://lehrbuch-biologie.springer.com/lehrbuecher

ISBN 978-3-662-65462-0 ISBN 978-3-662-65463-7 (eBook)
https://doi.org/10.1007/978-3-662-65463-7

Die Deutsche Nationalbibliothek verzeichnet diese Publikation in der Deutschen Nationalbibliografie; detaillierte bibliografische Daten sind im Internet über http://dnb.d-nb.de abrufbar.

Springer Spektrum
© Der/die Herausgeber bzw. der/die Autor(en), exklusiv lizenziert an Springer-Verlag GmbH, DE, ein Teil von Springer Nature 2022
Das Werk einschließlich aller seiner Teile ist urheberrechtlich geschützt. Jede Verwertung, die nicht ausdrücklich vom Urheberrechtsgesetz zugelassen ist, bedarf der vorherigen Zustimmung des Verlags. Das gilt insbesondere für Vervielfältigungen, Bearbeitungen, Übersetzungen, Mikroverfilmungen und die Einspeicherung und Verarbeitung in elektronischen Systemen.
Die Wiedergabe von allgemein beschreibenden Bezeichnungen, Marken, Unternehmensnamen etc. in diesem Werk bedeutet nicht, dass diese frei durch jedermann benutzt werden dürfen. Die Berechtigung zur Benutzung unterliegt, auch ohne gesonderten Hinweis hierzu, den Regeln des Markenrechts. Die Rechte des jeweiligen Zeicheninhabers sind zu beachten.
Der Verlag, die Autoren und die Herausgeber gehen davon aus, dass die Angaben und Informationen in diesem Werk zum Zeitpunkt der Veröffentlichung vollständig und korrekt sind. Weder der Verlag noch die Autoren oder die Herausgeber übernehmen, ausdrücklich oder implizit, Gewähr für den Inhalt des Werkes, etwaige Fehler oder Äußerungen. Der Verlag bleibt im Hinblick auf geografische Zuordnungen und Gebietsbezeichnungen in veröffentlichten Karten und Institutionsadressen neutral.

Grafiken: Martin Lay, Breisach, Jens Boenigk, Haltern am See
Einbandabbildung: Illustration nach einem Foto von Geert Weggen Photography, https://geertweggen.com

Springer Spektrum ist ein Imprint der eingetragenen Gesellschaft Springer-Verlag GmbH, DE und ist ein Teil von Springer Nature.
Die Anschrift der Gesellschaft ist: Heidelberger Platz 3, 14197 Berlin, Germany

Vorwort

Dieses Zeichen- und Malbuch umfasst Aufgaben zum visuellen Lernen und Vertiefen von Inhalten des Lehrbuchs Boenigk Biologie und stellt eine vor allem auf aktives visuelles Lernen ausgerichtete Ergänzung des zugehörigen Arbeitsbuchs dar. In vielen Fällen führen Abbildungen, aber vor allem die selbstständige Visualisierung von Zusammenhängen und Strukturen zu einem besseren Verständnis und einem höheren Lernerfolg. Lernen funktioniert nicht immer auf die gleiche Art oder mit der gleichen Effizienz. Oft werden besonders bildliche Inhalte bzw. die Verknüpfung von Faktenwissen und Fachvokabeln mit bildlichen Inhalten leichter abgespeichert und ermöglichen so einen effizienteren Lernprozess. Dieses Buch soll vor allem Aspekte des aktiven visuellen Lernens unterstützen und durch Zeichen- und Malaufgaben die aktive Beschäftigung mit den Lerninhalten des Lehrbuchs Boenigk Biologie fördern. Nicht alle Inhalte eignen sich gleichermaßen für die Erstellung visueller Aufgaben. Die Aufgabendichte ist daher nicht für alle Inhaltsfelder von Boenigk Biologie gleich, deckt aber trotzdem die ganze fachliche Breite des Lehrbuchs ab. Viele Aufgaben sind zudem als Anregung zu verstehen und eine von der konkreten Aufgabenstellung abweichende Herangehensweise und Nutzung der Aufgaben wird ausdrücklich begrüßt.

Für die Aufgaben werden Buntstifte der Farben Rot, Blau und Gelb sowie der jeweiligen Mischfarben (Orange, Lila, Grün) benötigt. Alternativ zum Ausmalen mit Farbstiften dieser Mischfarben können die entsprechenden Farben auch durch aufeinanderfolgendes Kolorieren in den jeweiligen beiden Grundfarben erzeugt werden. In einigen Aufgaben wird zudem zwischen kräftigen, deckenden Farben (Dunkelrot, Dunkelblau …) und leichten, nichtdeckenden Farben (Hellrot, Hellblau …) unterschieden. Diese Farbabstufungen können durch unterschiedlichen Druck beim Kolorieren erzeugt werden. Für die Zeichenaufgaben ist zudem ein Bleistift oder ein schwarzer Stift erforderlich. Im vorliegenden Buch werden (nicht ausschließlich, aber vorwiegend) die folgenden Operatoren verwendet:

- Kolorieren: Ausmalen von Strukturen in den angegebenen Farben
- Zeichnen: Erstellen oder Vervollständigen einer Liniengrafik oder eines Diagramms
- Skizzieren: vereinfachtes oder modellhaftes zeichnerisches Darstellen
- Vervollständigen: Ergänzen der fehlenden Teile in einer Zeichnung

Bei einigen Aufgaben sind mehrere Lösungen möglich. Im Lösungsteil ist in diesen Fällen nur eine dieser Lösungen exemplarisch dargestellt.

Inhaltsverzeichnis

Grundlagen

© Der/die Herausgeber bzw. der/die Autor(en),
exklusiv lizenziert an Springer-Verlag GmbH, DE, ein Teil von Springer Nature 2022
J. Boenigk, *Boenigk, Biologie – Malbuch*, https://doi.org/10.1007/978-3-662-65463-7_1

1

Nach Boenigk (Hrsg.), Boenigk Biologie, © Springer-Verlag GmbH Deutschland, ein Teil von Springer Nature 2021

1) Bio-Mandala: Malen zum Entspannen.

Squirrel line drawing © Jens Boenigk, inspired by photo „hold-me-tight.jpg" © Geert Weggen Photography, https://geertweggen.com

2) Teildisziplinen der Biologie. Kolorieren Sie Begriffe, die eine organismische Teildisziplin der Biologie bezeichnen, in Rot.

Nach Boenigk (Hrsg.), Boenigk Biologie, © Springer-Verlag GmbH Deutschland, ein Teil von Springer Nature 2021

3) Anteil verschiedener Elemente in Lebewesen, der Atmosphäre, der Erdkruste und dem Ozean (Angaben in Gew.-%). Kolorieren Sie die Blöcke der Säulendiagramme entsprechend der Legende (Elemente, die nicht in der Legende dargestellt sind, sind ausgegraut).

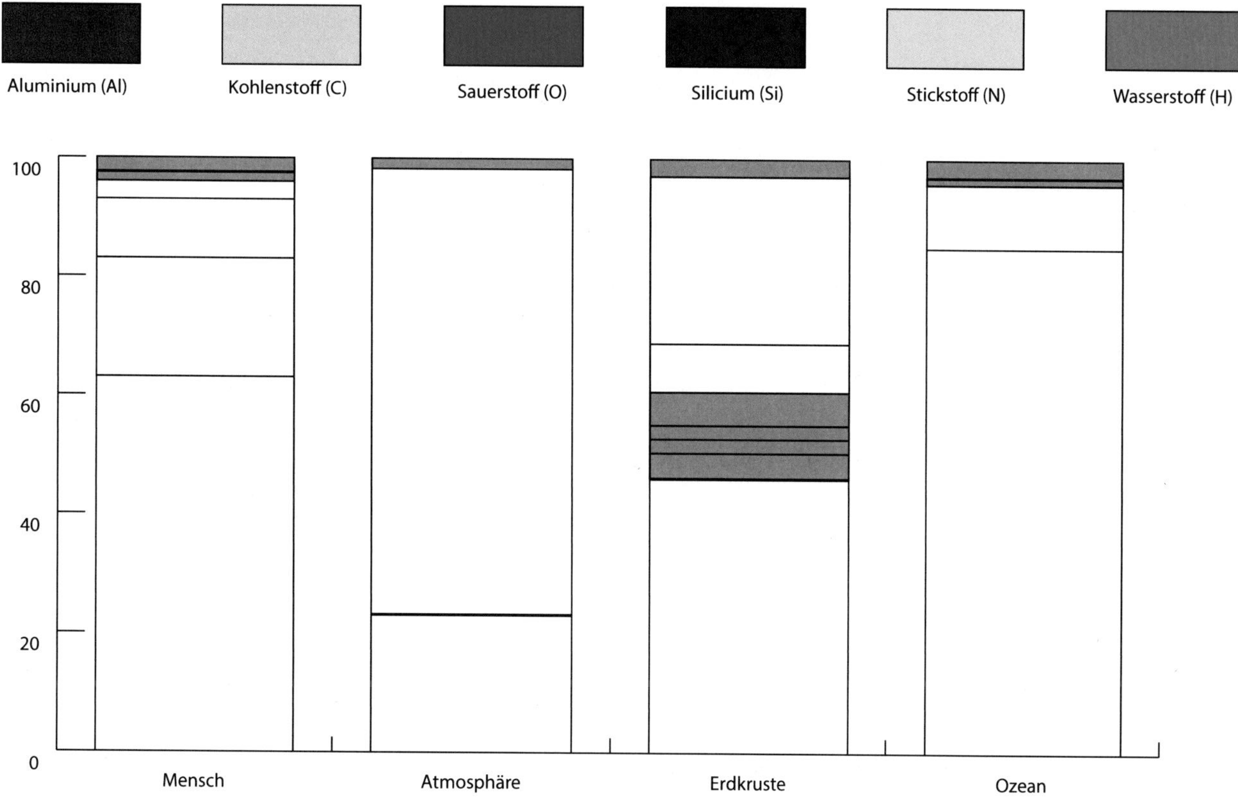

4) Mittlere Gewichtsanteile verschiedener Substanzklassen in Lebewesen. Kolorieren Sie das Kreisdiagramm entsprechend der Farben der Legende.

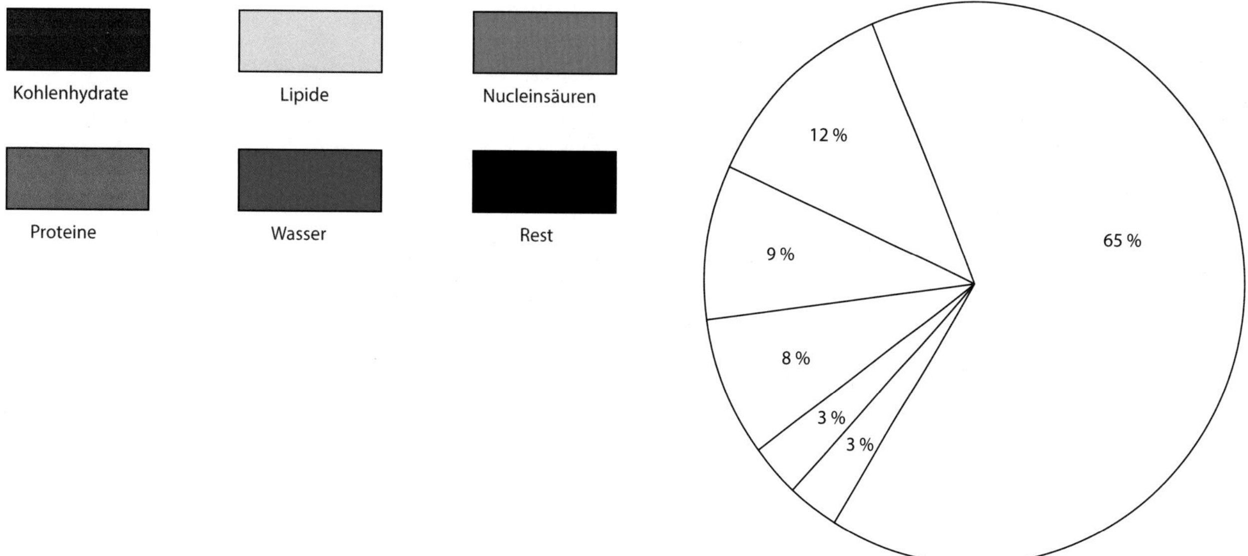

Nach Boenigk (Hrsg.), Boenigk Biologie, © Springer-Verlag GmbH Deutschland, ein Teil von Springer Nature 2021

1

5) Aufbau von Kohlenhydraten in der Fischer-Projektion. Kolorieren Sie die Hintergrundboxen von Triosen (rot), Tetrosen (blau), Pentosen (grün) und Hexosen (gelb). Wählen Sie dabei für Aldosen dunkle Farbtöne, für Ketosen helle Farbtöne.

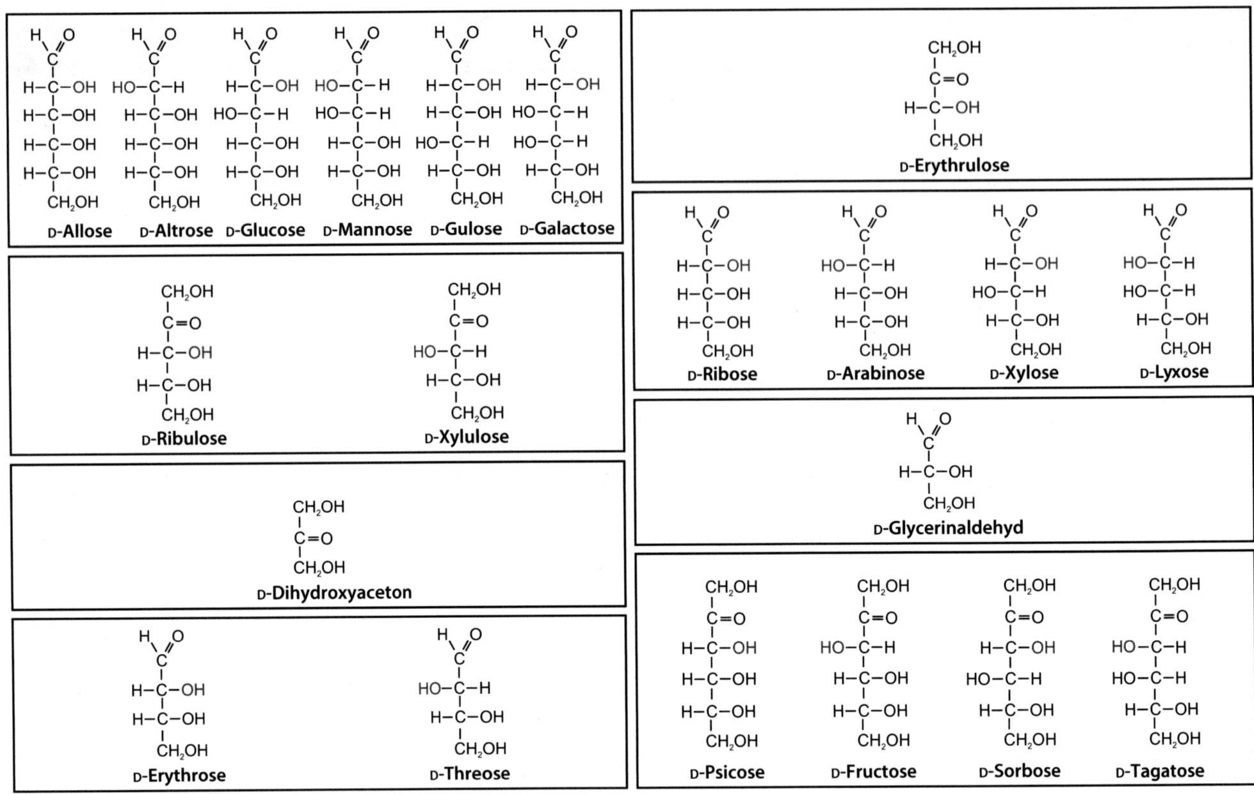

6) Biogene Kohlenhydratpolymere. Kolorieren Sie die Hintergrundboxen der Kohlenhydratpolymere entsprechend der Legende.

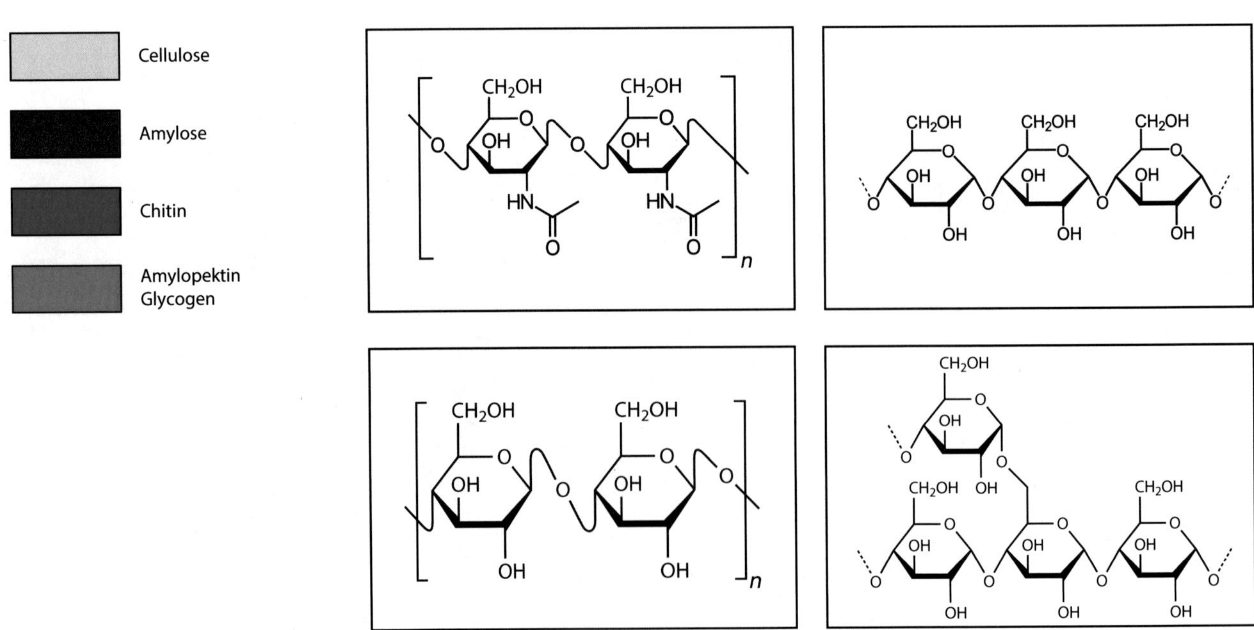

Nach Boenigk (Hrsg.), Boenigk Biologie, © Springer-Verlag GmbH Deutschland, ein Teil von Springer Nature 2021

7) Formeldarstellung der 22 proteinogenen Aminosäuren. Kolorieren Sie die Hintergrundboxen der Aminosäuren entsprechend der Legende.

unpolar und hydrophob

polar und hydrophil (nicht geladen)

selten proteinogen

Alanin (Ala) (A)

Serin (Ser) (S)

Asparagin (Asn) (N)

Histidin (His) (H)

Selenocystein (Sec) (U)

Phenylalanin (Phe) (F)

Methionin (Met) (M)

Valin (Val) (V)

Leucin (Leu) (L)

Glycin (Gly) (G)

Isoleucin (Ile) (I)

Tyrosin (Tyr) (Y)

Asparaginsäure (Asp) (D)

Glutamin (Gln) (Q)

Threonin (Thr) (T)

Prolin (Pro) (P)

Glutaminsäure (Glu) (E)

Tryptophan (Trp) (W)

Pyrrolysin (Pyl) (O)

Arginin (Arg) (R)

Lysin (Lys) (K)

Cystein (Cys) (C)

Nach Boenigk (Hrsg.), Boenigk Biologie, © Springer-Verlag GmbH Deutschland, ein Teil von Springer Nature 2021

8) Bau der RNA. Kolorieren Sie den Hintergrund der RNA-Nucleobasen entsprechend der folgenden Vorgaben: Adenin (gelb), Cytosin (blau), Guanin (grün), Uracil (rot). Wählen Sie dabei für Purine einen dunklen Farbton, für Pyrimidine einen hellen Farbton. Beschriften Sie zudem 5′- und 3′-Ende.

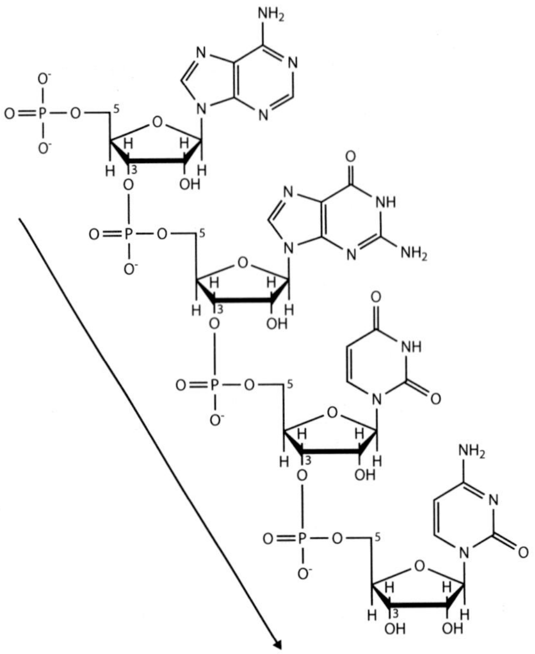

9) Bau der DNA. Kolorieren Sie den Hintergrund der DNA-Nucleobasen entsprechend der folgenden Vorgaben: Adenin (gelb), Cytosin (blau), Guanin (grün), Thymin (rot). Wählen Sie dabei für Purine einen dunklen Farbton, für Pyrimidine einen hellen Farbton. Beschriften Sie 5′- und 3′-Ende.

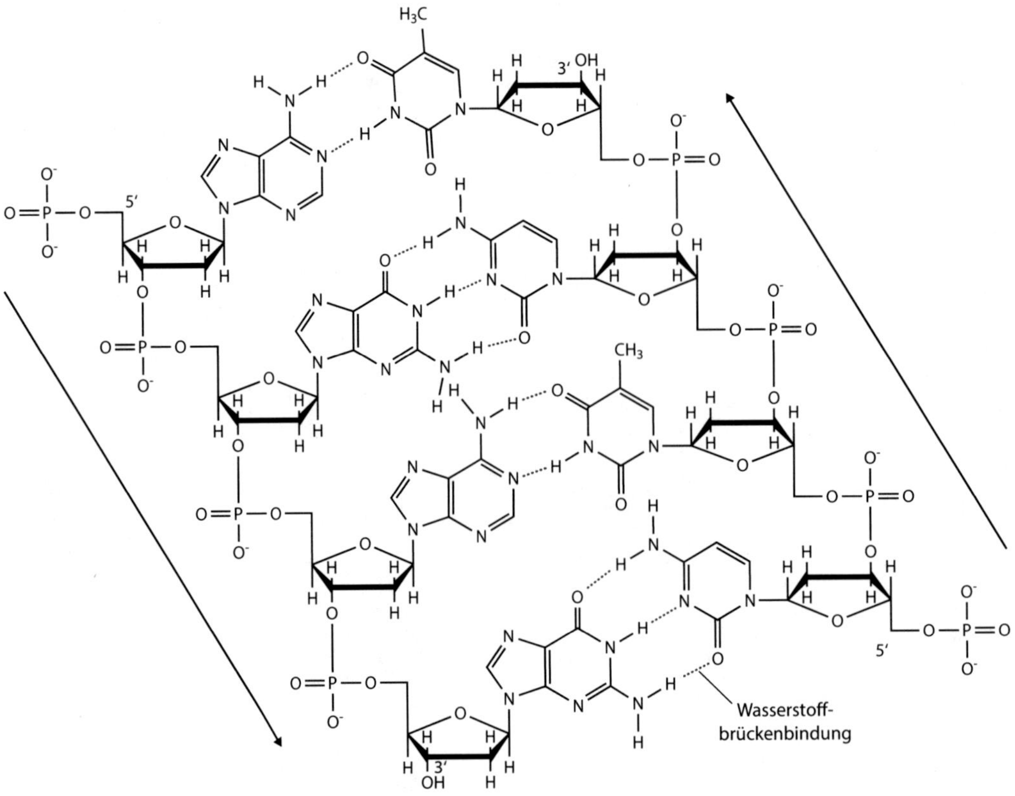

Wasserstoffbrückenbindung

Nach Boenigk (Hrsg.), Boenigk Biologie, © Springer-Verlag GmbH Deutschland, ein Teil von Springer Nature 2021

10) Bio-Mandala: Malen zum Entspannen.

Nach Boenigk (Hrsg.), Boenigk Biologie, © Springer-Verlag GmbH Deutschland, ein Teil von Springer Nature 2021

Cytologie

© Der/die Herausgeber bzw. der/die Autor(en),
exklusiv lizenziert an Springer-Verlag GmbH, DE, ein Teil von Springer Nature 2022
J. Boenigk, *Boenigk, Biologie – Malbuch*, https://doi.org/10.1007/978-3-662-65463-7_2

2

Cytologie

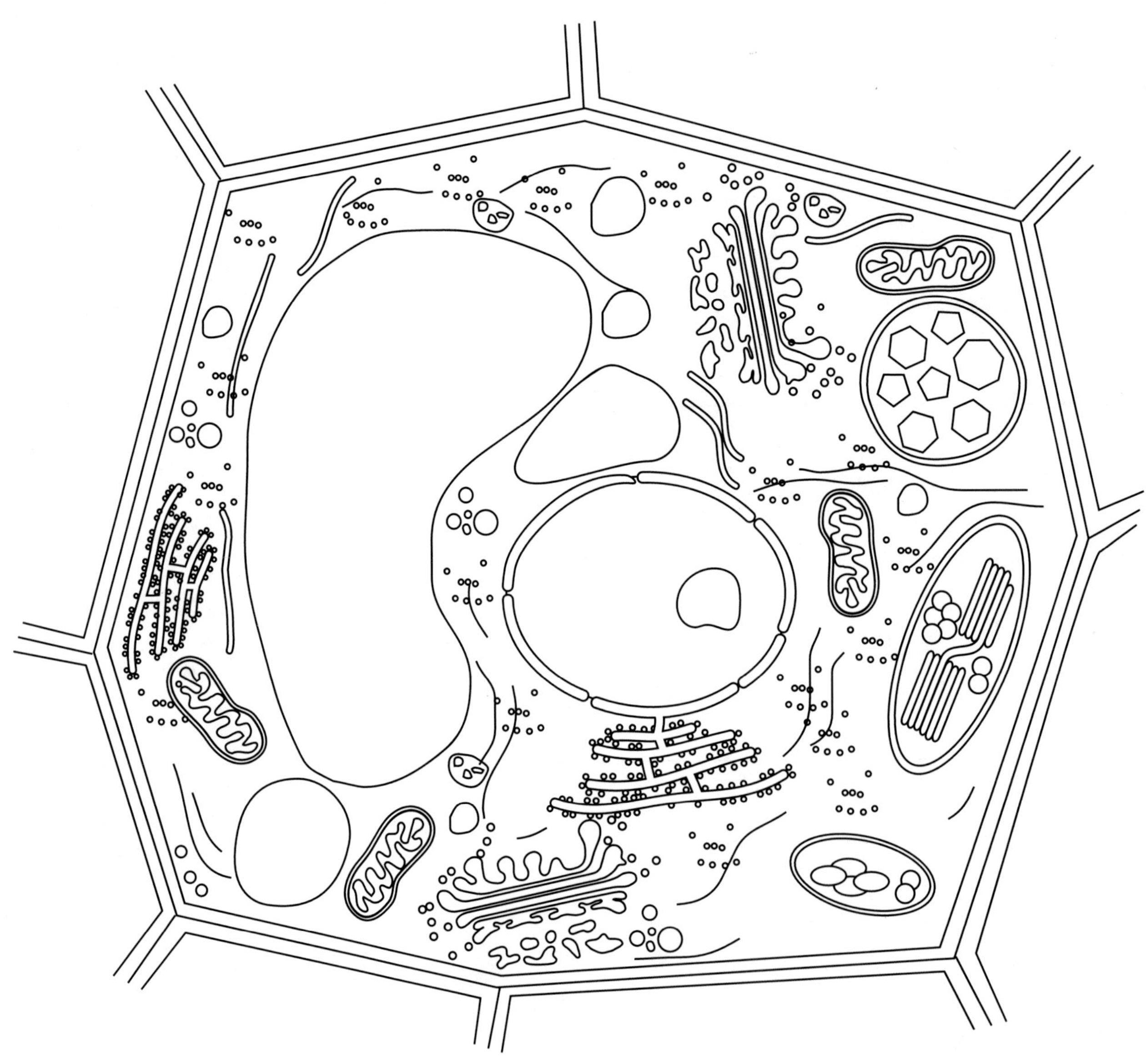

Nach Boenigk (Hrsg.), Boenigk Biologie, © Springer-Verlag GmbH Deutschland, ein Teil von Springer Nature 2021

11) Bio-Mandala: Malen zum Entspannen.

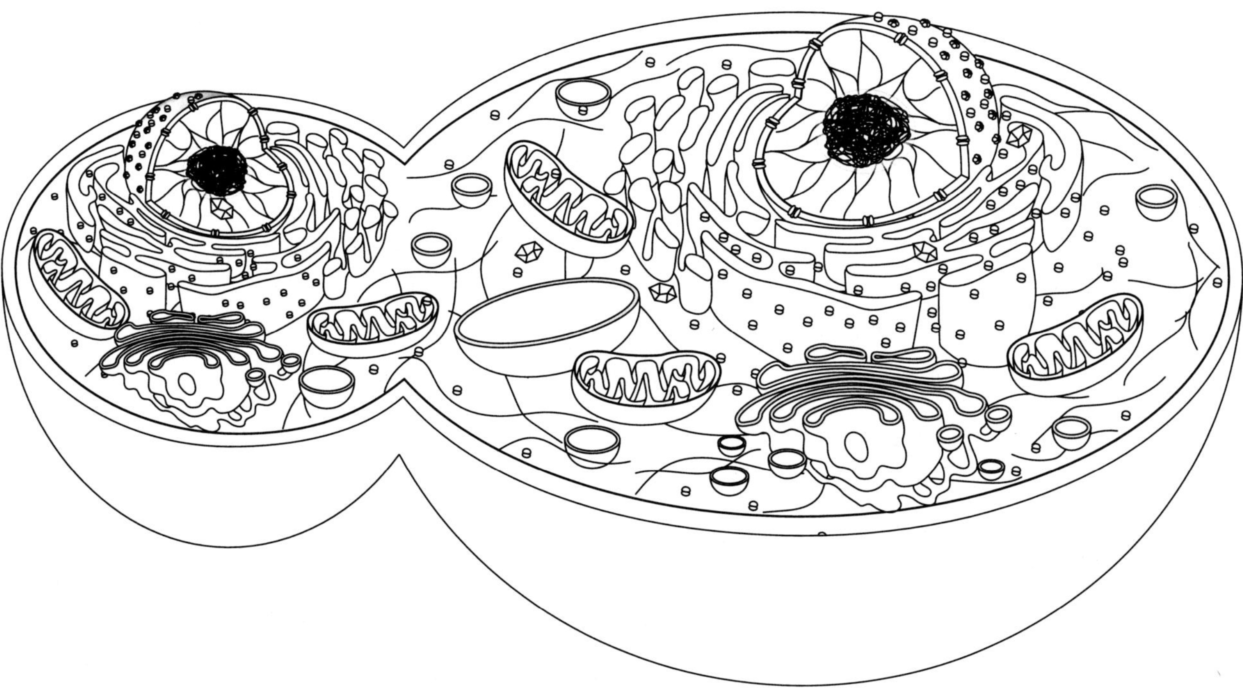

12) Zellen im Größenvergleich. Zeichnen bzw. skizzieren Sie jeweils an der passenden Position der Größenskala ein Atom, ein Virus, ein Mitochondrium, eine Bakterienzelle, eine typische Eukaryotenzelle, ein Hühnerei und eine Nervenzelle und beschriften Sie diese. Geben Sie zudem den Größenbereich bzw. die Auflösung von Lichtmikroskopie, Elektronenmikroskopie und bloßem Auge an und verdeutlichen Sie diese in der Abbildung durch Balken oder Pfeile.

0,1 nm 1 nm 10 nm 100 nm 1 µm 10 µm 100 µm 1 mm 1 cm 0,1 m 1 m 10 m

Nach Boenigk (Hrsg.), Boenigk Biologie, © Springer-Verlag GmbH Deutschland, ein Teil von Springer Nature 2021

13) Zelle der Metazoa. Kolorieren Sie das innere Membransystem (alle Strukturen, die von einer oder zwei Membranen umgeben sind – mit Ausnahme des Plasmalemmas).

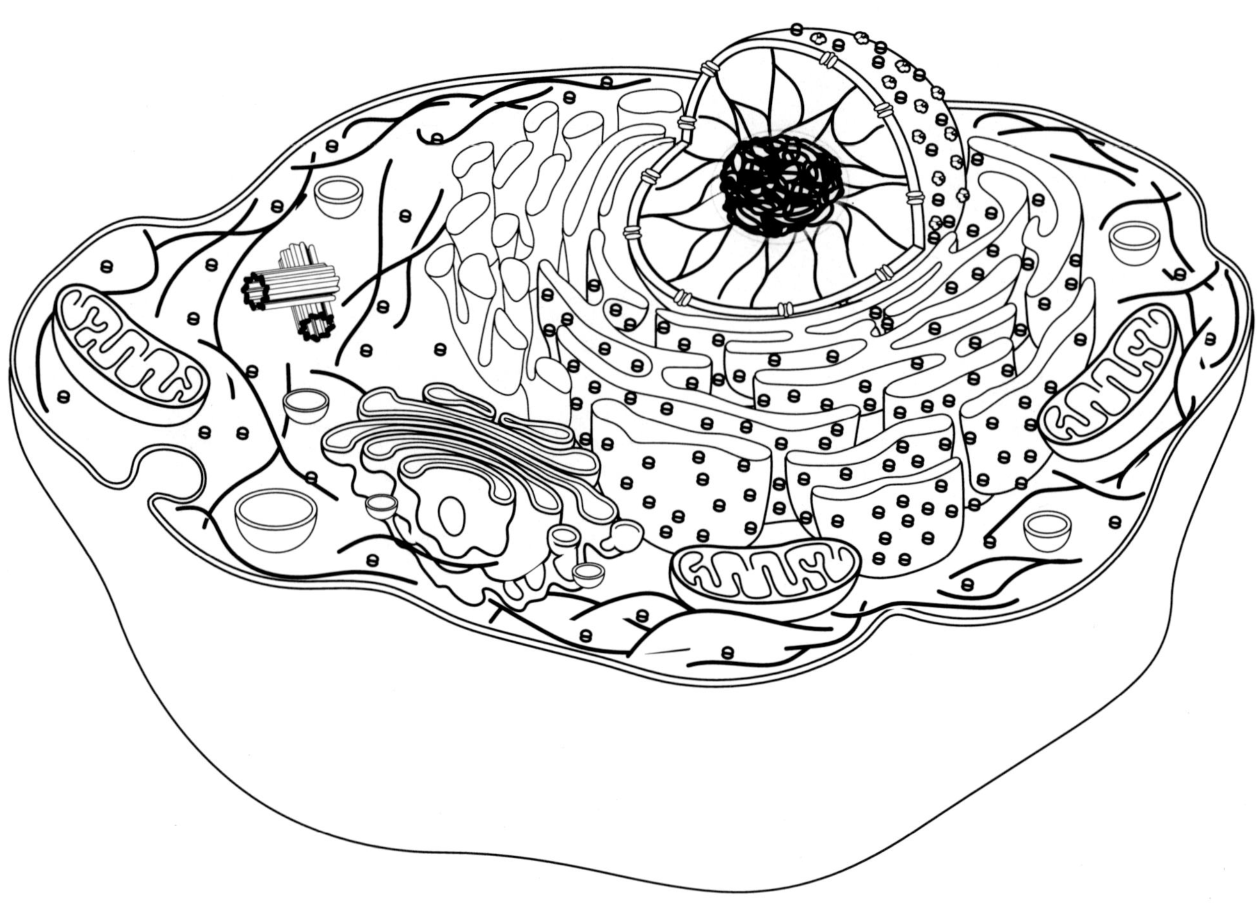

Nach Boenigk (Hrsg.), Boenigk Biologie, © Springer-Verlag GmbH Deutschland, ein Teil von Springer Nature 2021

14) Pflanzenzelle. Zeichnen Sie in die Pflanzenzelle die wesentlichen in der Zeichnung fehlenden Organellen als angeschnittene 3D-Modelle ein (entsprechend der Darstellung des ER). Kolorieren Sie die eingezeichneten Strukturen entsprechend ihrer Hauptfunktion in der Zelle wie folgt: Strukturen vorwiegend des Energiestoffwechsels (rot), Strukturen vorwiegend der Speicherung von Substanzen (blau), Strukturen vorwiegend der Synthese und Modifikation von Membran und/oder Proteinen (gelb).

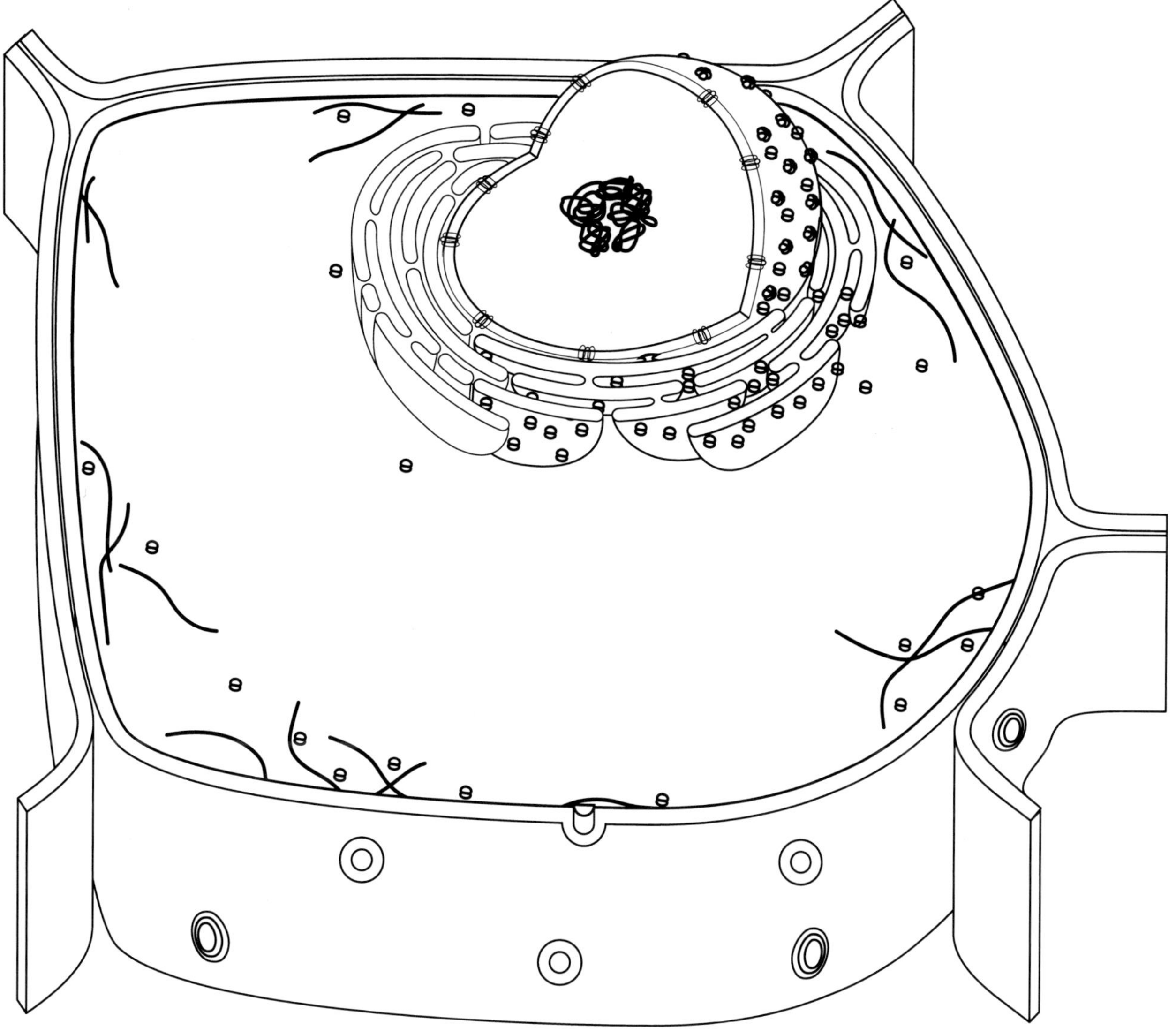

Nach Boenigk (Hrsg.), Boenigk Biologie, © Springer-Verlag GmbH Deutschland, ein Teil von Springer Nature 2021

15) Zelle der Metazoa. Zeichnen Sie in die tierische Zelle die im folgenden aufgeführten Organellen (3D-Anschnitt) ein und kolorieren Sie diese. Achten Sie dabei auch (sofern dies von Bedeutung ist) auf die räumliche Anordnung der Organellen zueinander: Zellkern (dunkelblau), Mitochondrien (rot), Dictyosom (gelb), glattes ER (grün), raues ER (hellblau).

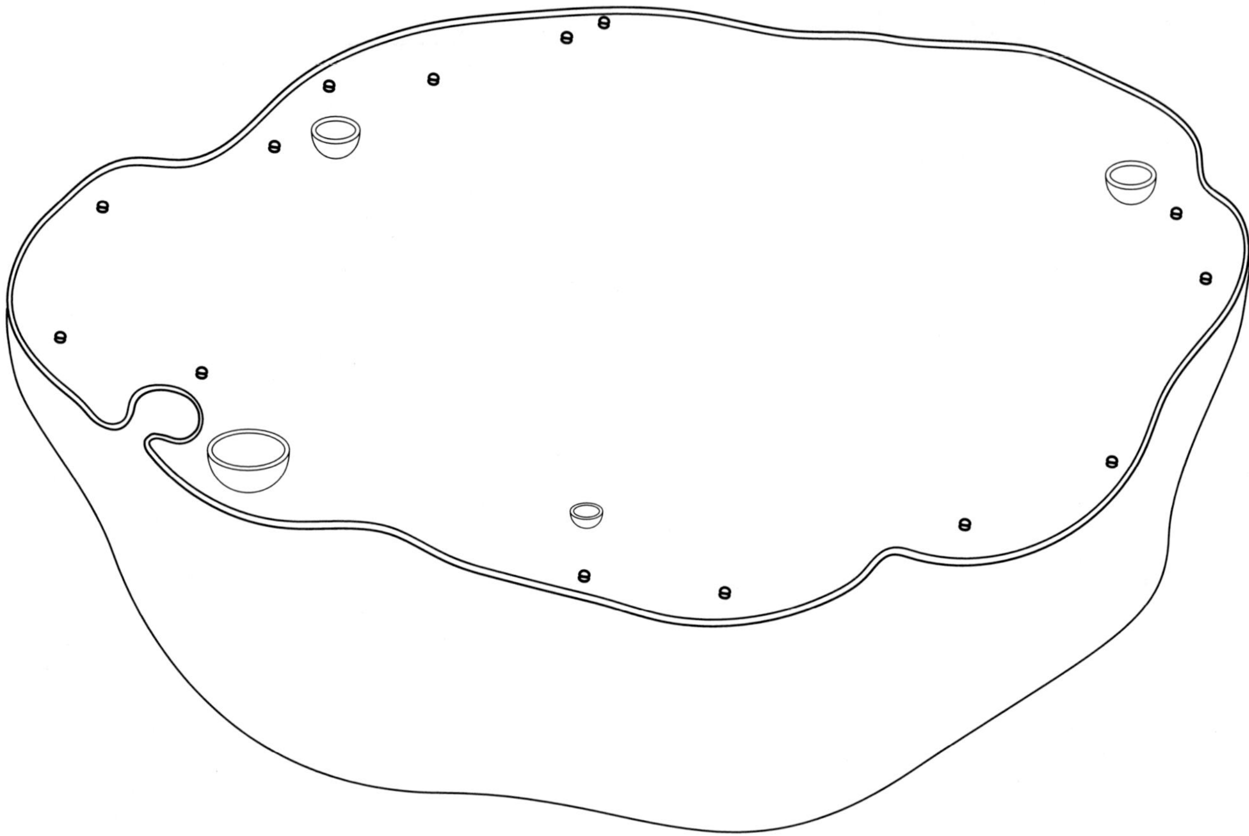

Nach Boenigk (Hrsg.), Boenigk Biologie, © Springer-Verlag GmbH Deutschland, ein Teil von Springer Nature 2021

16) Pflanzenzelle. Kolorieren Sie die Strukturen, die ein Genom bzw. DNA enthalten.

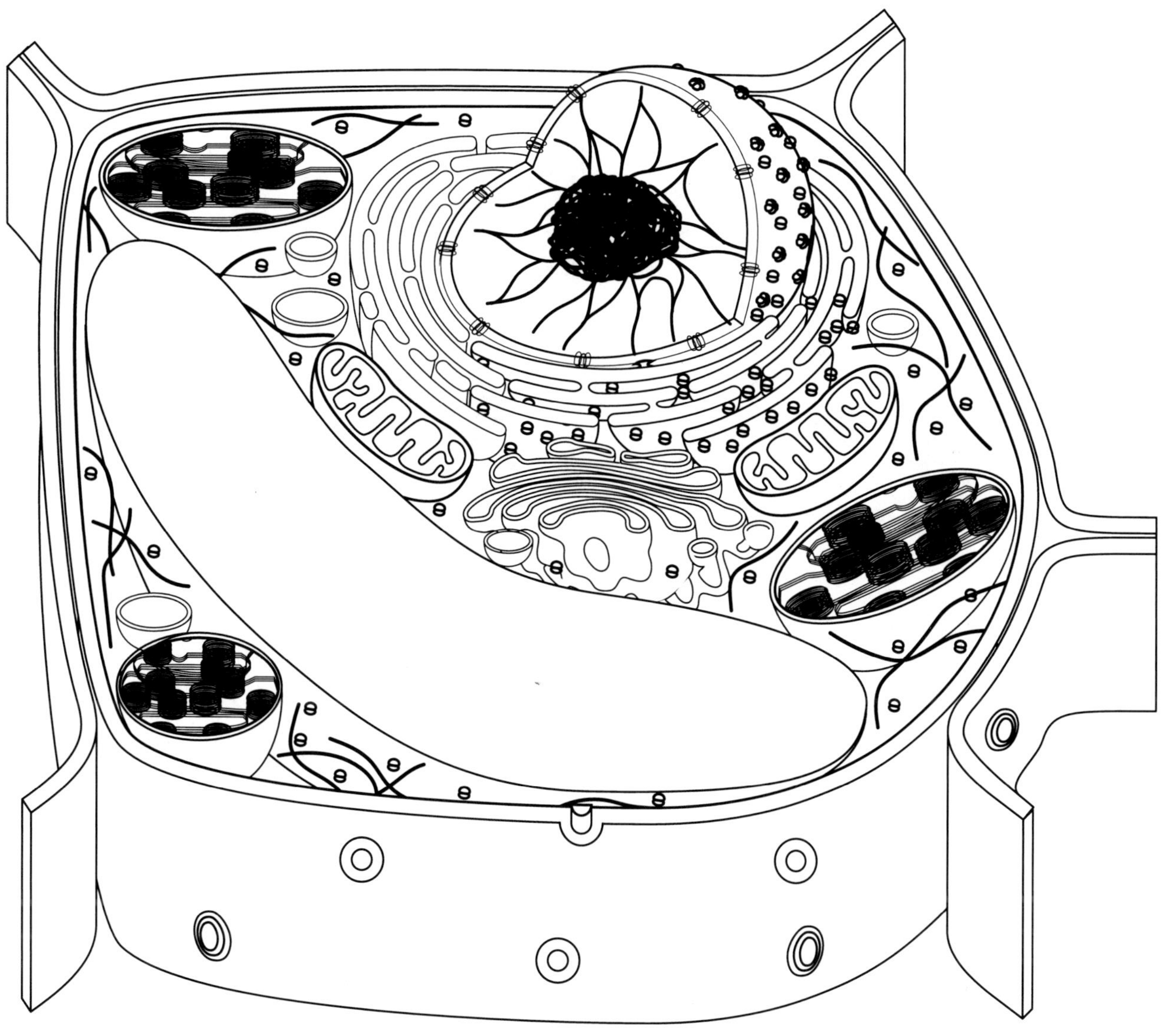

Nach Boenigk (Hrsg.), Boenigk Biologie, © Springer-Verlag GmbH Deutschland, ein Teil von Springer Nature 2021

17) Pflanzenzelle – Suchbild. Welche Struktur einer ausdifferenzierten Pflanzenzelle fehlt in der Zeichnung?

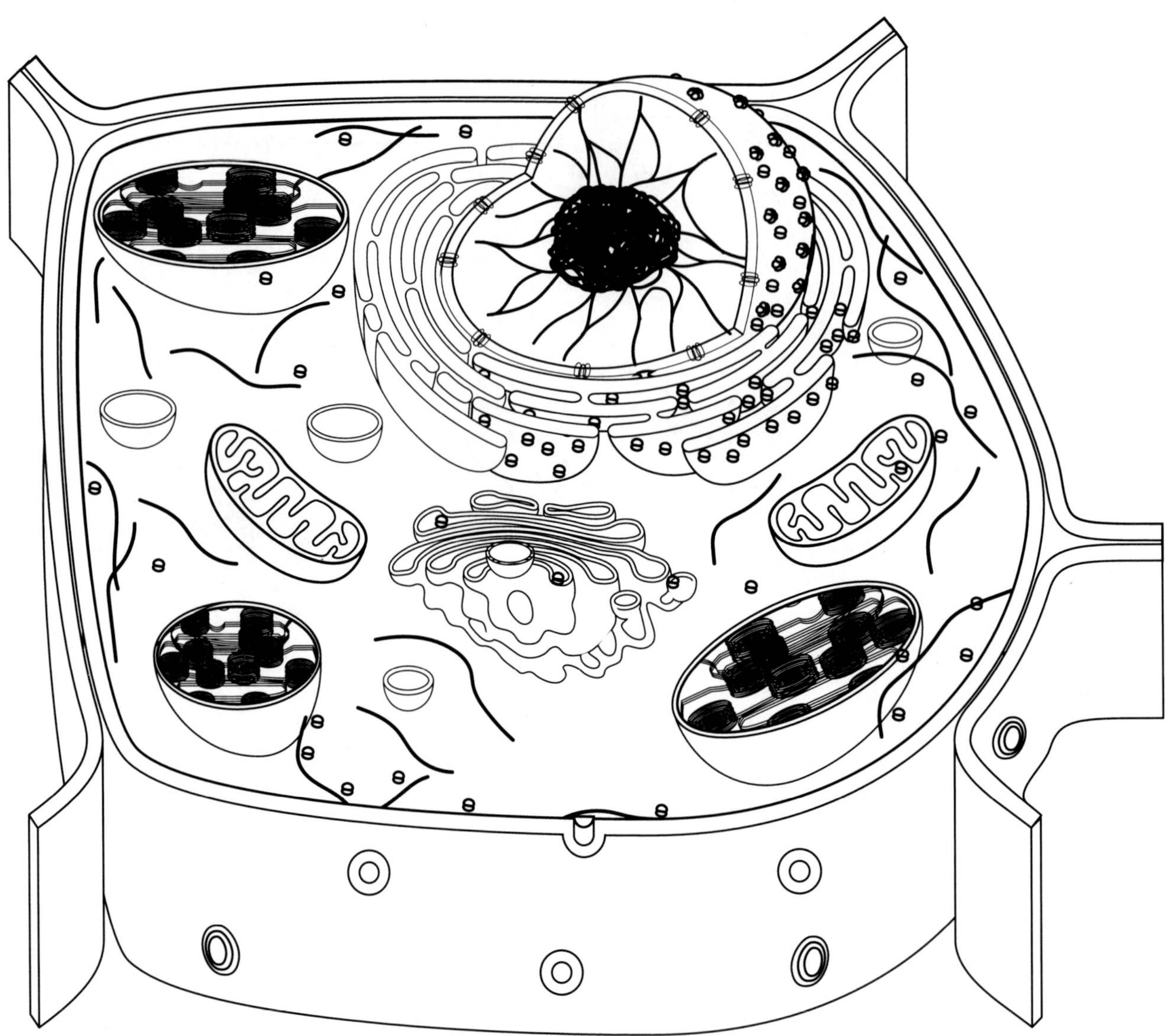

Nach Boenigk (Hrsg.), Boenigk Biologie, © Springer-Verlag GmbH Deutschland, ein Teil von Springer Nature 2021

18) Bio-Mandala: Malen zum Entspannen.

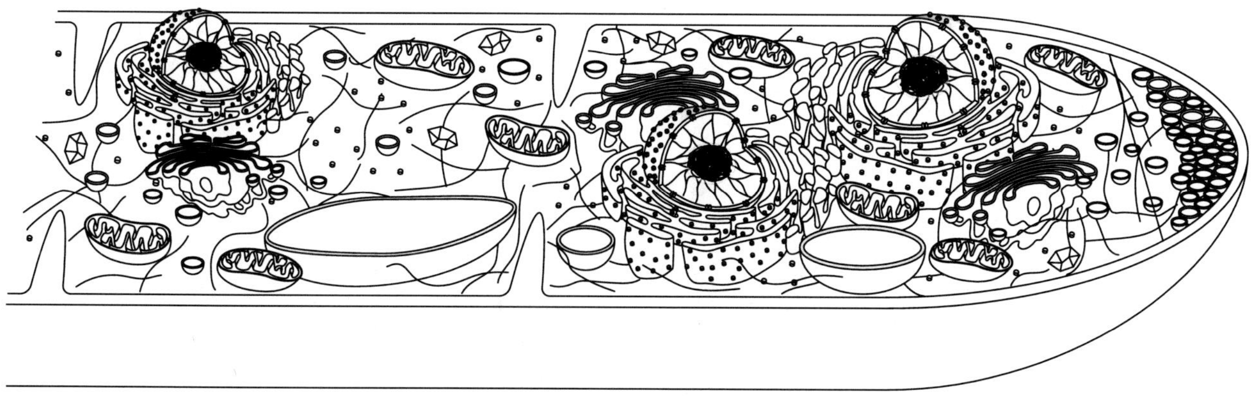

19) Biomembran. Kolorieren Sie die Biomembran nach den folgenden Vorgaben: Lipide – hydrophile Köpfe (hellrot), Lipide – hydrophobe Schwänze (dunkelrot), Proteine (dunkelblau), Sterole wie Cholesterol, Ergosterol, Cardiolipine (gelb), Kohlenhydratketten (grün), Actinfilamente (hellblau).

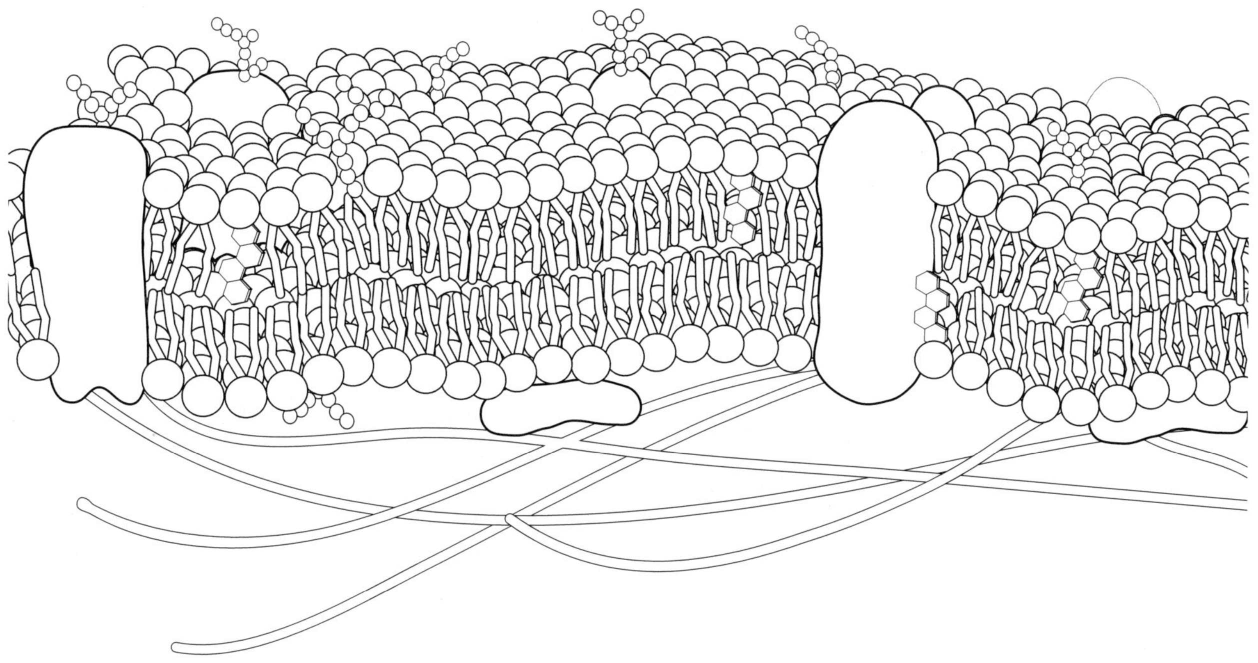

Nach Boenigk (Hrsg.), Boenigk Biologie, © Springer-Verlag GmbH Deutschland, ein Teil von Springer Nature 2021

20) Membrantransport. Kolorieren Sie die Membranproteine entsprechend ihrer Funktion: erleichterte Diffusion durch Kanalproteine (gelb), erleichterte Diffusion durch Transportproteine (blau), aktiver Transport – Uniport (rot), aktiver Transport – Symport (grün), aktiver Transport – Antiport (orange).

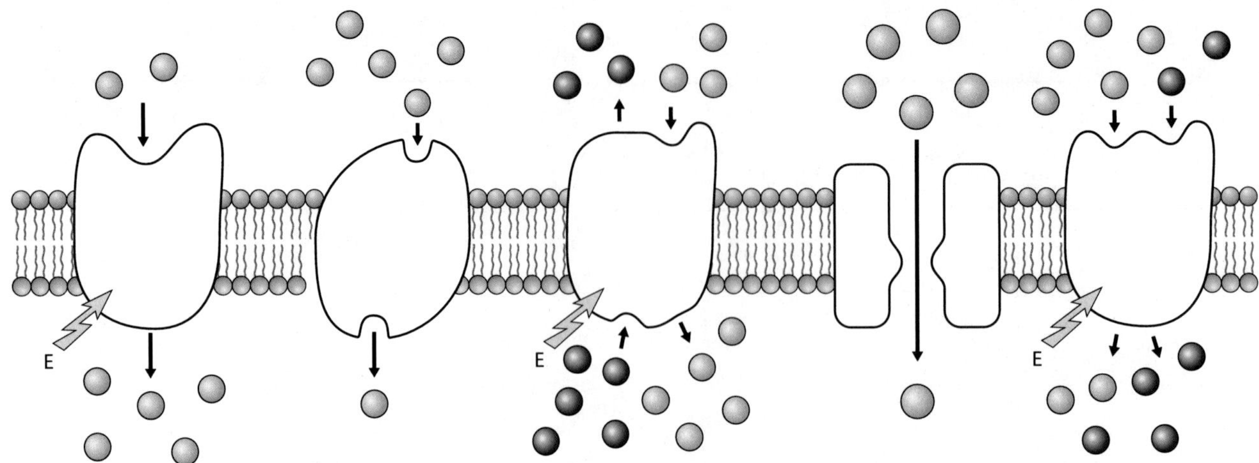

21) Membrantransport. Ergänzen Sie in der Zeichnung Natriumionen (rote Kreise) und Kaliumionen (blaue Quadrate), um den Membrantransport durch die Natrium-Kalium-Pumpe zu verdeutlichen. Zeichnen Sie in jeder Phase die Position der Natrium- und Kaliumionen ein. Verdeutlichen Sie ggf. Transportrichtungen mit Pfeilen. Zeichnen Sie zudem die Bindung bzw. Freisetzung von ATP und dessen Spaltprodukten in den verschiedenen Phasen ein.

Nutzen Sie die folgenden Symbole:

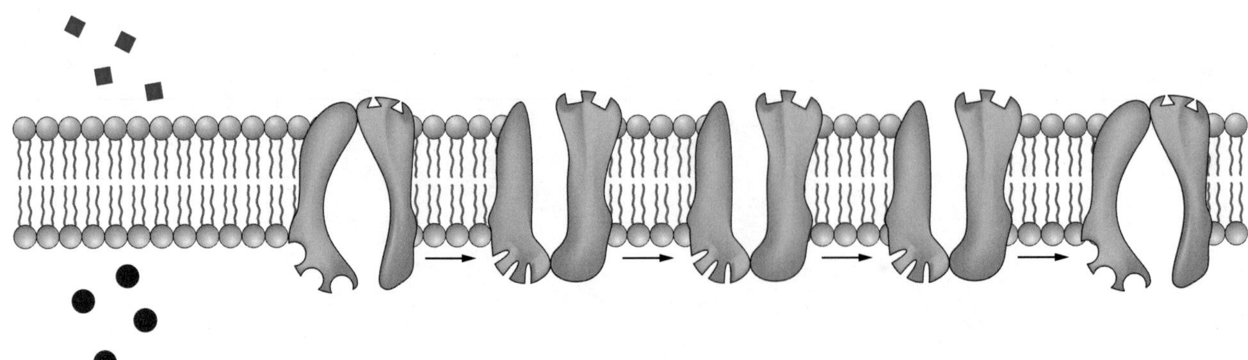

Nach Boenigk (Hrsg.), Boenigk Biologie, © Springer-Verlag GmbH Deutschland, ein Teil von Springer Nature 2021

22) Natrium-Glucose-Symporter. Skizzieren Sie das Zusammenspiel von Natrium-Kalium-Pumpe und Natrium-Glucose-Symporter. Stellen Sie die Konzentrationsverhältnisse von Natrium, Kalium und Glucose auf beiden Seiten der Membran dar und geben Sie die Transportrichtungen durch Pfeile an.

Stellen Sie Natrium als rote Kreise (●), Kalium als blaue Quadrate (◆) und Glucose als gelbe Sechsecke (⬡) dar.

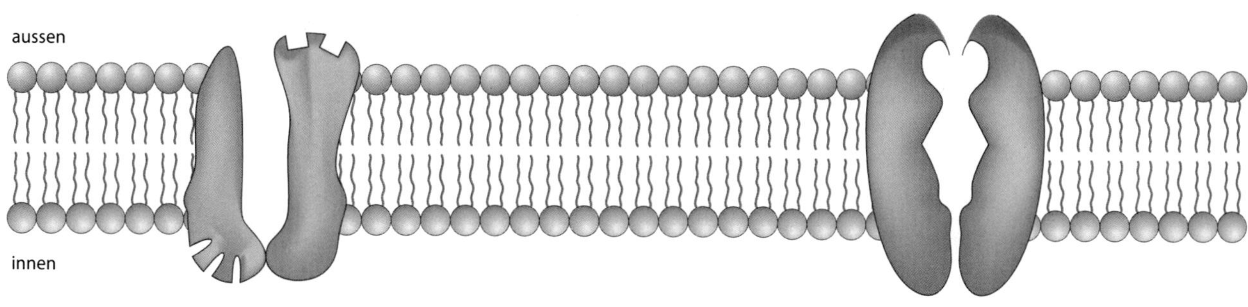

23) Phagocytose. Skizzieren Sie den Ablauf der Phagocytose bis zur Bildung eines sekundären Lysosoms und beschriften Sie Ihre Skizze. Stellen Sie in der Skizze verschiedene Stadien dar. Kolorieren Sie Nahrungspartikel blau, Membranen gelb und Verdauungsenzyme rot.

Nach Boenigk (Hrsg.), Boenigk Biologie, © Springer-Verlag GmbH Deutschland, ein Teil von Springer Nature 2021

24) Bio-Mandala: Malen zum Entspannen.

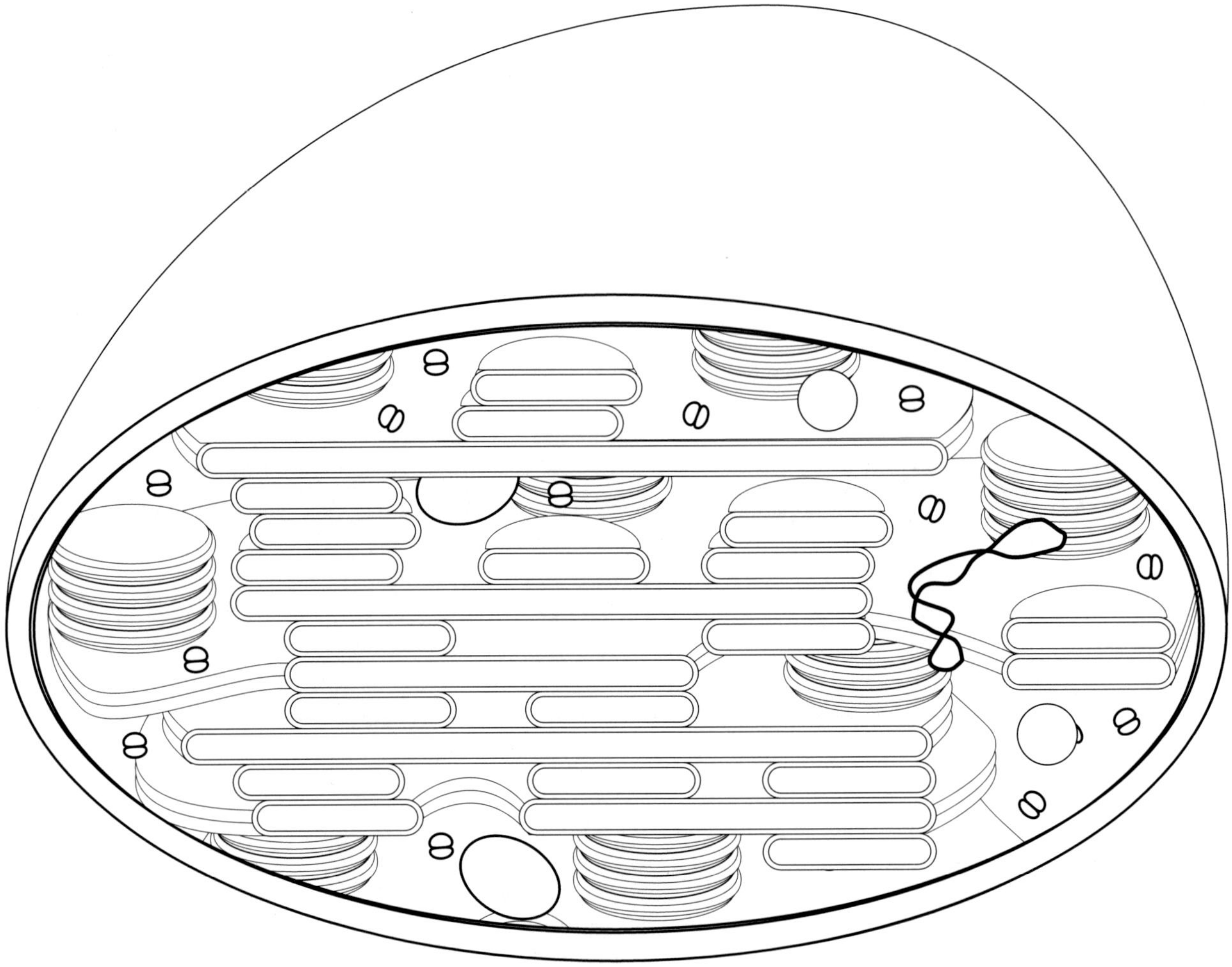

25) Endosymbiontentheorie. Bringen Sie den Ablauf von der Procyte bis zu einer eukaryotischen Algenzelle in die richtige Reihenfolge (nummerieren Sie aufsteigend). Kolorieren Sie die Abbildungen wie folgt: ER bzw. Vorläufer des ER (dunkelblau), Cytoplasma (hellblau), Mitochondrien und deren Vorläufer (rot), Plastiden und deren Vorläufer (grün), Zellkern (gelb). Hinweis: Plastiden und Mitochondrien sind in der Vorlage anhand der Farbintensität der Kontur unterscheidbar.

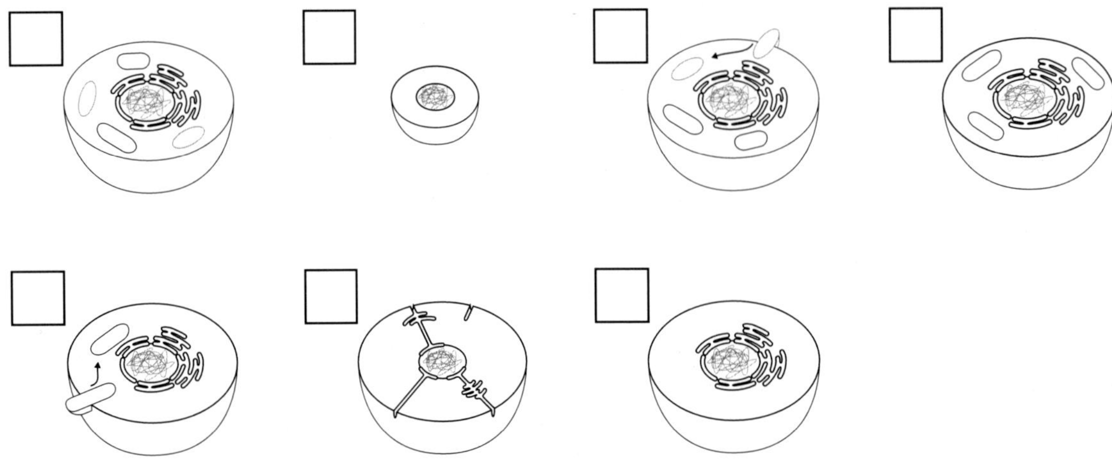

Nach Boenigk (Hrsg.), Boenigk Biologie, © Springer-Verlag GmbH Deutschland, ein Teil von Springer Nature 2021

26) Gemeinsame Merkmale von Mitochondrien und Plastiden. Kolorieren Sie in den Zeichnungen die Strukturen, die (vermutlich) auf eukaryotischen Ursprung zurückgehen, blau, Strukturen, in denen sich die Enzyme der Atmungskette befinden, rot und Strukturen, in denen sich die Photosysteme I und II befinden, dunkelgrün. Kolorieren Sie 80S-Ribosomen orange, 70S-Ribosomen schwarz und nicht anderweitig eingefärbte Membranen hellgrün.

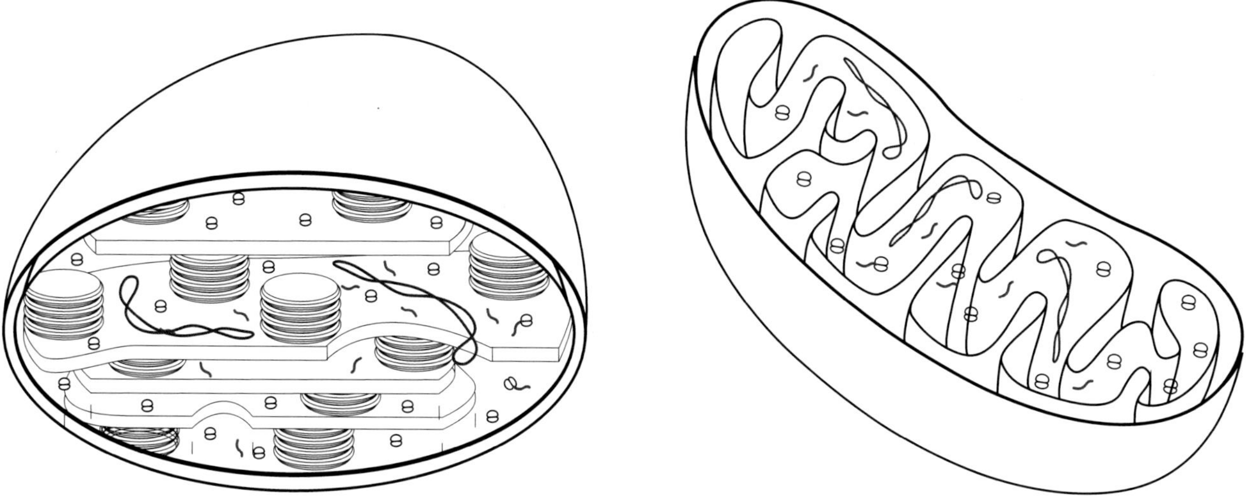

27) Bio-Mandala: Malen zum Entspannen.

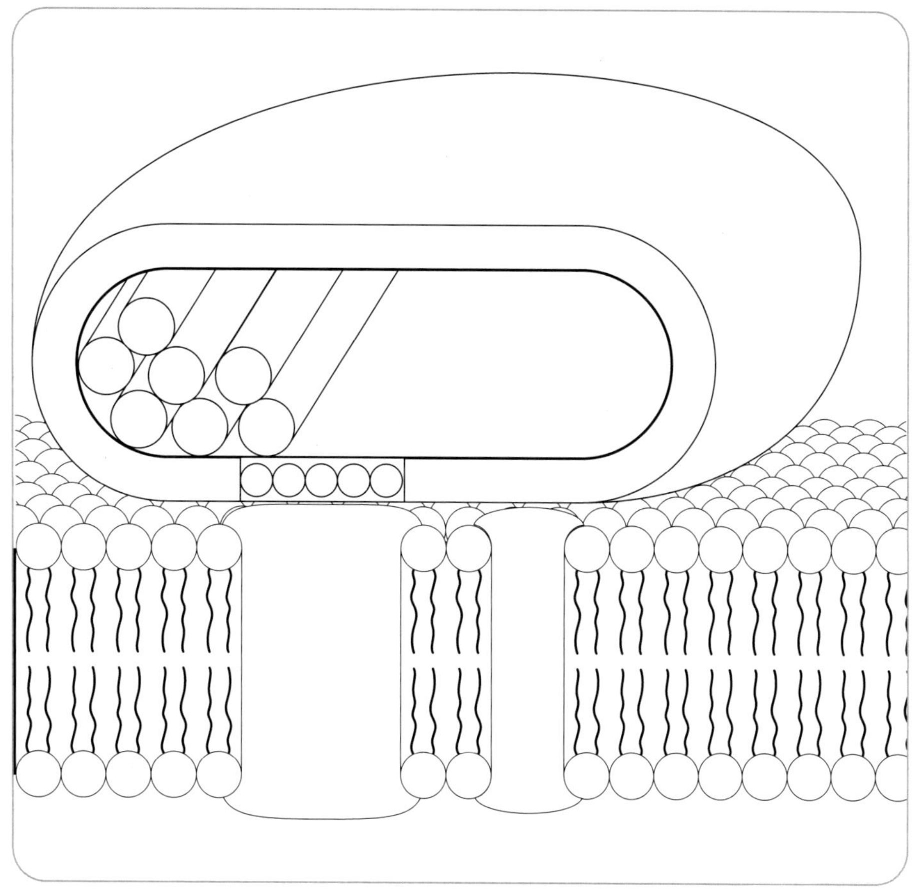

Nach Boenigk (Hrsg.), Boenigk Biologie, © Springer-Verlag GmbH Deutschland, ein Teil von Springer Nature 2021

28) Cyanobakterien. Kolorieren Sie die Schemazeichnung eines Cyanobakteriums wie folgt: Thylakoidmembranen (dunkelgrün, ggf. Phycobilisomen hervorheben), Thylakoidlumen (hellgrün), Carboxysomen (dunkelblau), DNA (rot), Zellwand (gelb), Zellmembranen (hellblau). Hinweis: Die der äußeren Membran aufliegende Schleimschicht ist nicht dargestellt.

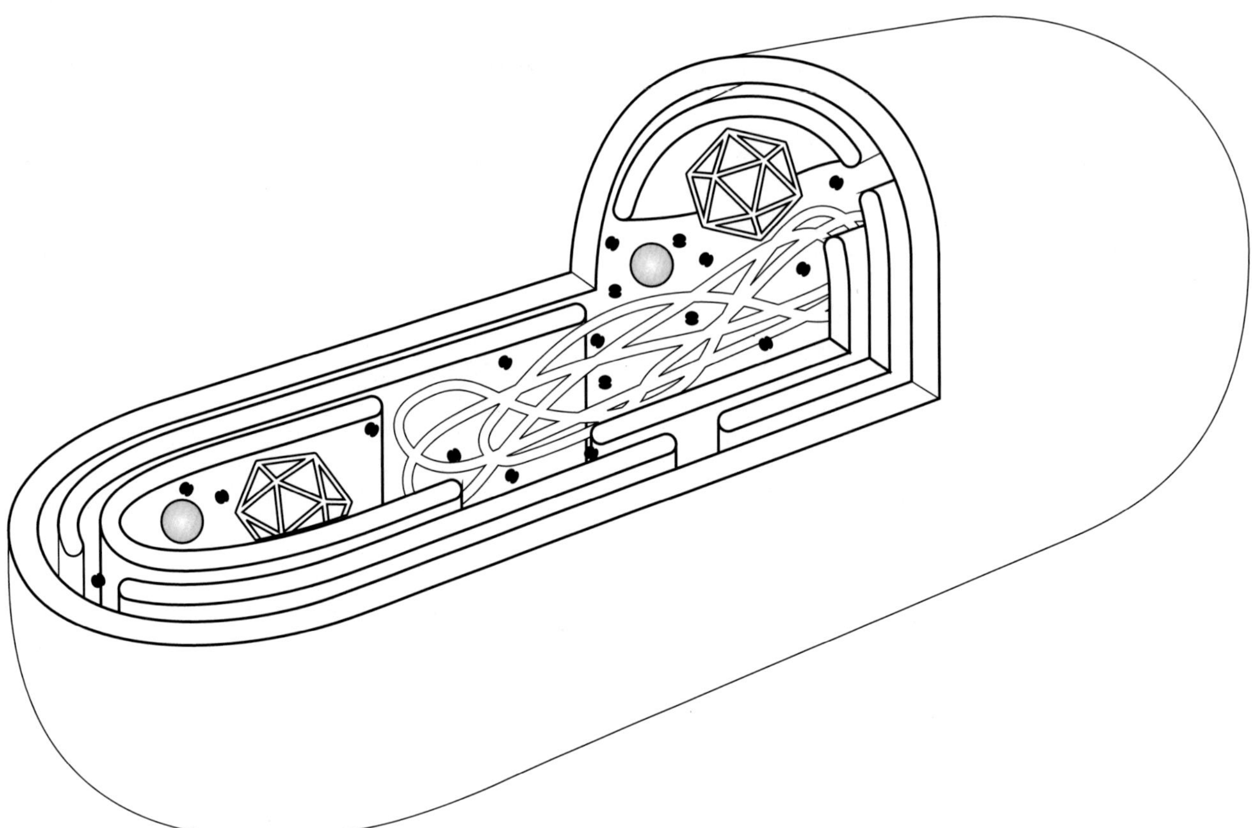

Nach Boenigk (Hrsg.), Boenigk Biologie, © Springer-Verlag GmbH Deutschland, ein Teil von Springer Nature 2021

29) Proteinbiosynthese am ER. Skizzieren Sie ausgehend von der Skizze einer Pflanzenzelle in isotonischem Medium jeweils eine Pflanzenzelle in hypertonischem und hypotonischem Medium: Zellkern (rot), Zentralvakuole (hellgrün), Cytosol (hellblau), Membranen (schwarz), Zellkern (rot), Zellwand (dunkelgrün).

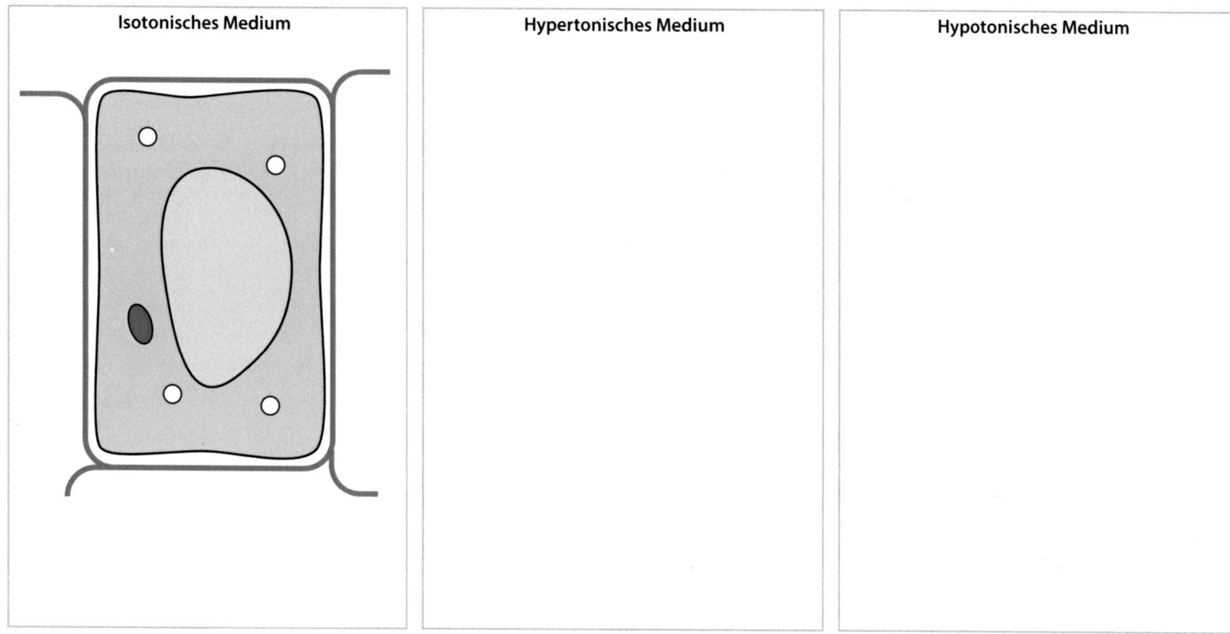

30) Ribosomen. Skizzieren Sie ein Polysom mit vier Ribosomen. Stellen Sie Ribosomen, DNA und RNA in unterschiedlichen Farben dar.

Nach Boenigk (Hrsg.), Boenigk Biologie, © Springer-Verlag GmbH Deutschland, ein Teil von Springer Nature 2021

31) Zellverdauung. Kolorieren Sie die Vesikel und Vakuolen, die an Phagocytose und Verdauung sowie an der Autophagie beteiligt sind, nach den folgenden Vorgaben: Vakuolen und Vesikel ohne Verdauungsenzyme (blau), Vakuolen und Vesikel mit inaktiven Verdauungsenzymen (gelb), Vakuolen und Vesikel mit aktiven Verdauungsenzymen, aber ohne Nahrungspartikel (rot), Vakuolen und Vesikel mit aktiven Enzymen und Nahrungspartikeln (grün).

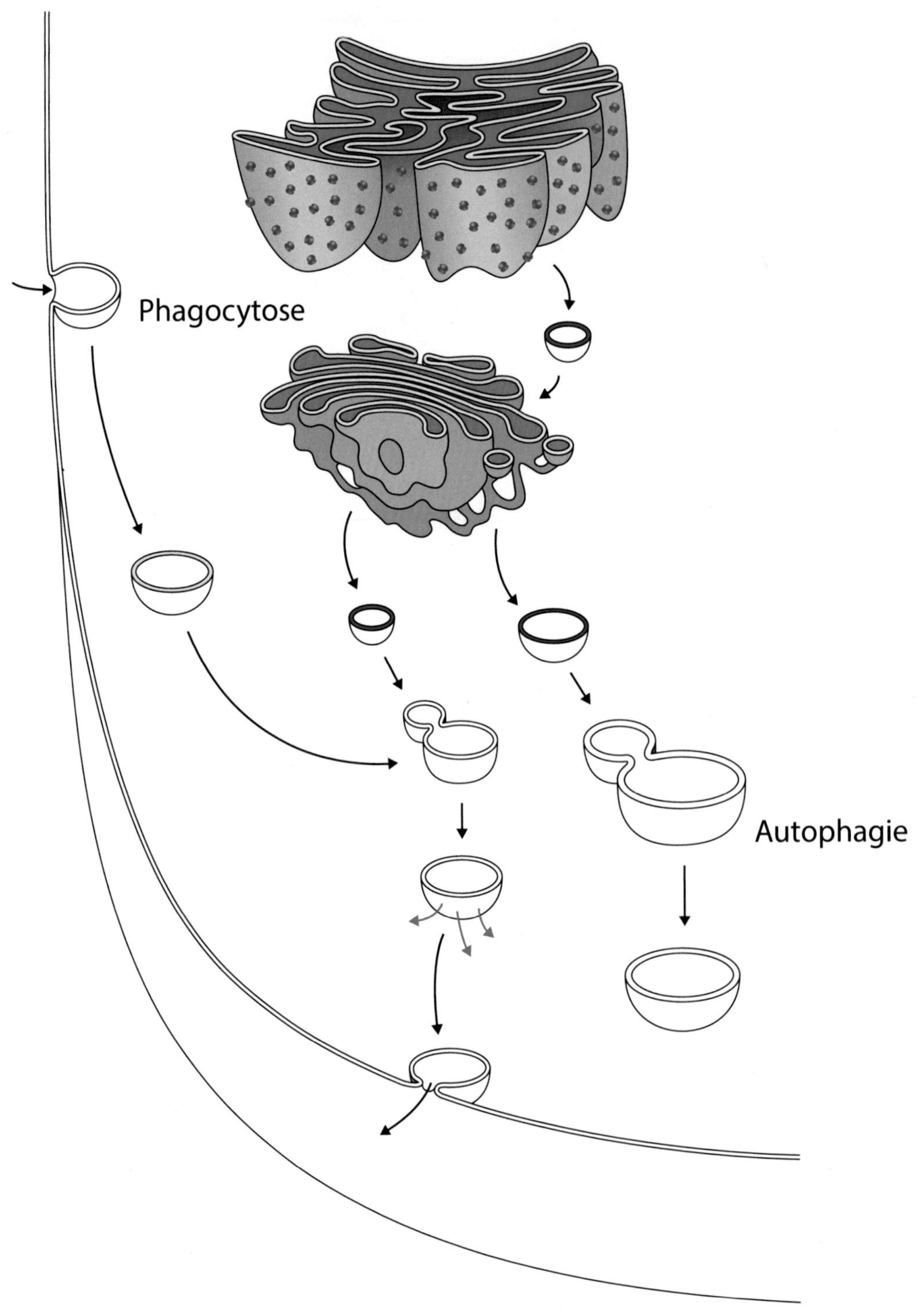

Nach Boenigk (Hrsg.), Boenigk Biologie, © Springer-Verlag GmbH Deutschland, ein Teil von Springer Nature 2021

32) Proteinbiosynthese am ER. Kolorieren Sie den vor allem auf die Produktion von Membranen und Proteinen spezialisierten Teil des ER blau, die eher auf die Synthese von Lipiden spezialisierten Teile des ER grün (das Lumen jeweils etwas dunkler als die Außenflächen der Membran). Skizzieren Sie dann den cotranslationalen und den posttranslationalen Import von Proteinen. Die Position der Ribosomen sowie die Bedeutung der Signalsequenz des Proteins sollten aus den Skizzen verständlich werden.

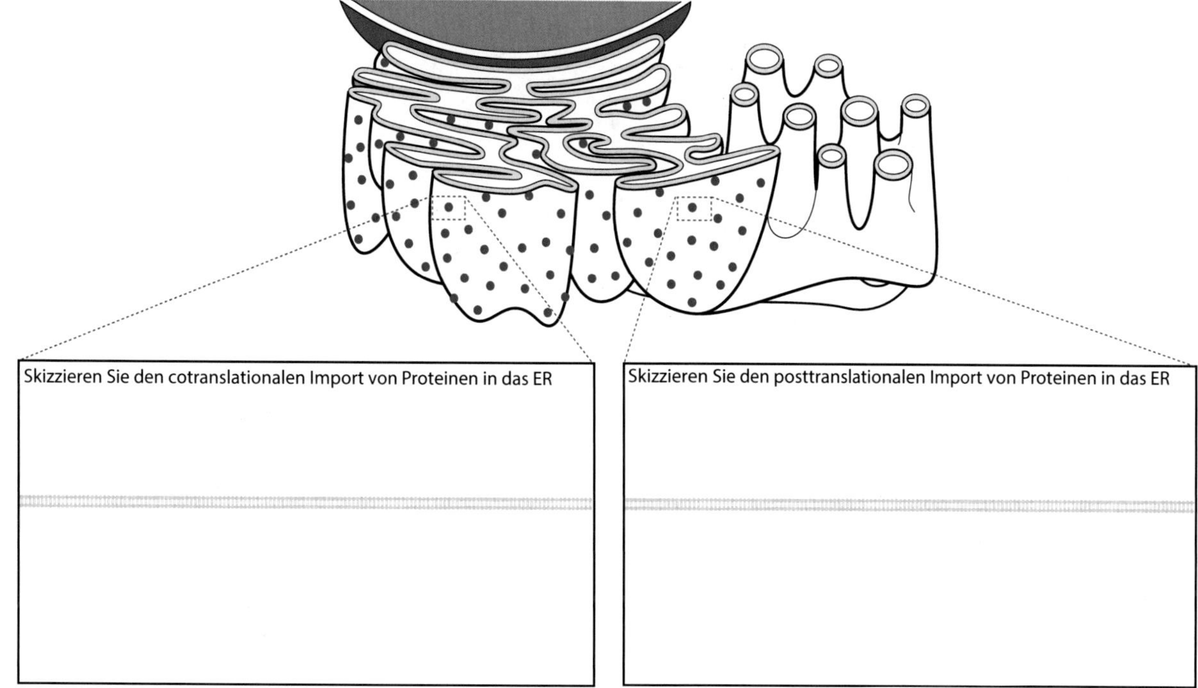
Skizzieren Sie den cotranslationalen Import von Proteinen in das ER
Skizzieren Sie den posttranslationalen Import von Proteinen in das ER

Nach Boenigk (Hrsg.), Boenigk Biologie, © Springer-Verlag GmbH Deutschland, ein Teil von Springer Nature 2021

33) Bio-Mandala: Malen zum Entspannen.

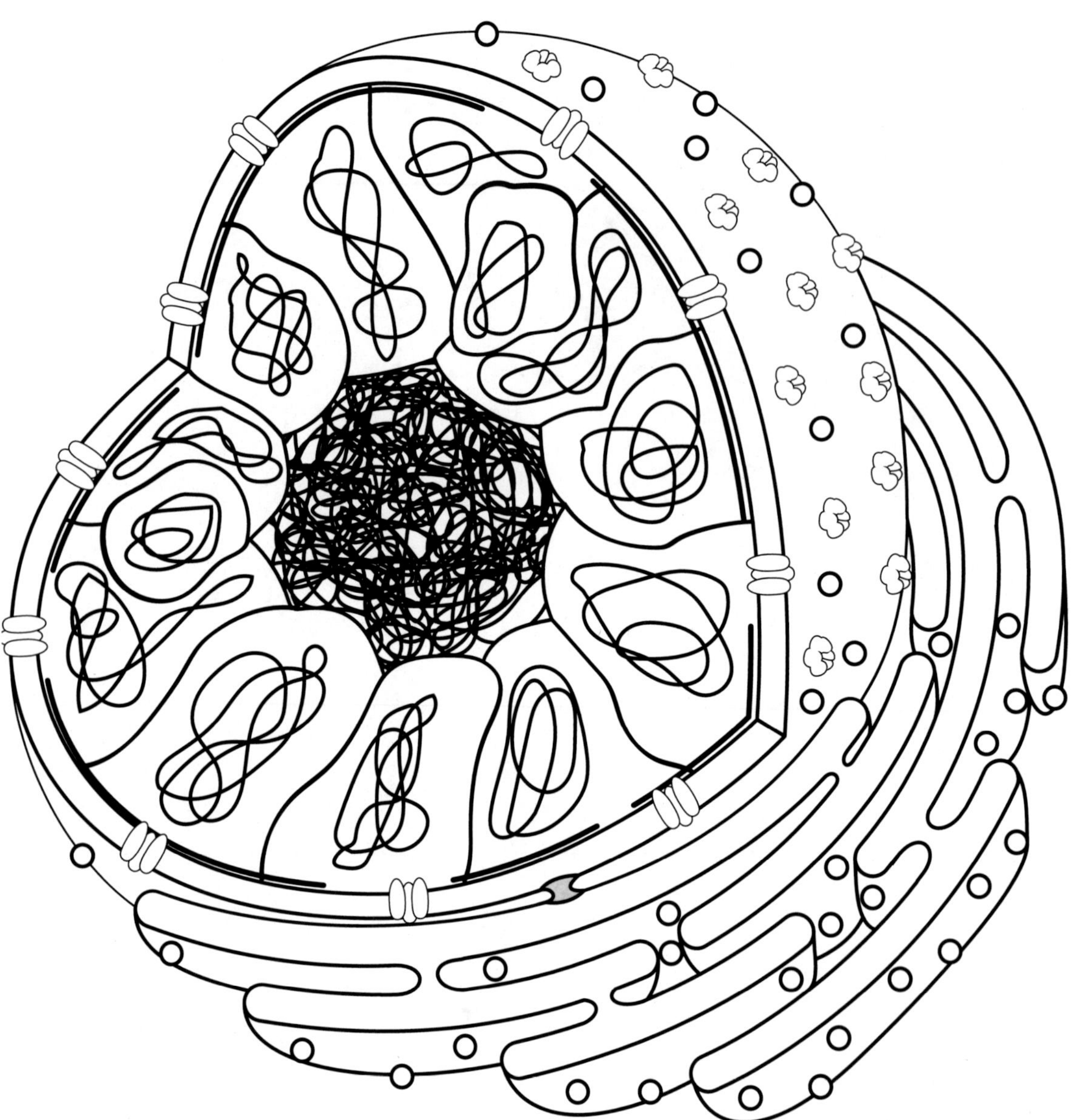

Nach Boenigk (Hrsg.), Boenigk Biologie, © Springer-Verlag GmbH Deutschland, ein Teil von Springer Nature 2021

34) Eukaryotische Geißel. A) Kolorieren Sie den Querschnitt durch eine eukaryotische Geißel wie folgt: Membranen (gelb), Dynein-Motorproteine (rot), Tubulin (dunkelblau), Brückenproteine wie z. B. Nexin (dunkelgrün), Speichenproteine (hellgrün), Cytosol (hellblau). B) Skizzieren Sie in der Box die Anordnung der Mikrotubuli im Querschnitt durch die Geißelbasis.

Nach Boenigk (Hrsg.), Boenigk Biologie, © Springer-Verlag GmbH Deutschland, ein Teil von Springer Nature 2021

35) Bakteriengeißel. Kolorieren Sie die Geißel wie folgt: Filament (dunkelrot), Haken (lila), L-Ring (dunkelblau), P-Ring (hellgrün), MS-Ring (dunkelgrün), C-Ring (hellblau), Motorproteine (hellrot), Fli-Proteine (gelb), Schaft (orange).

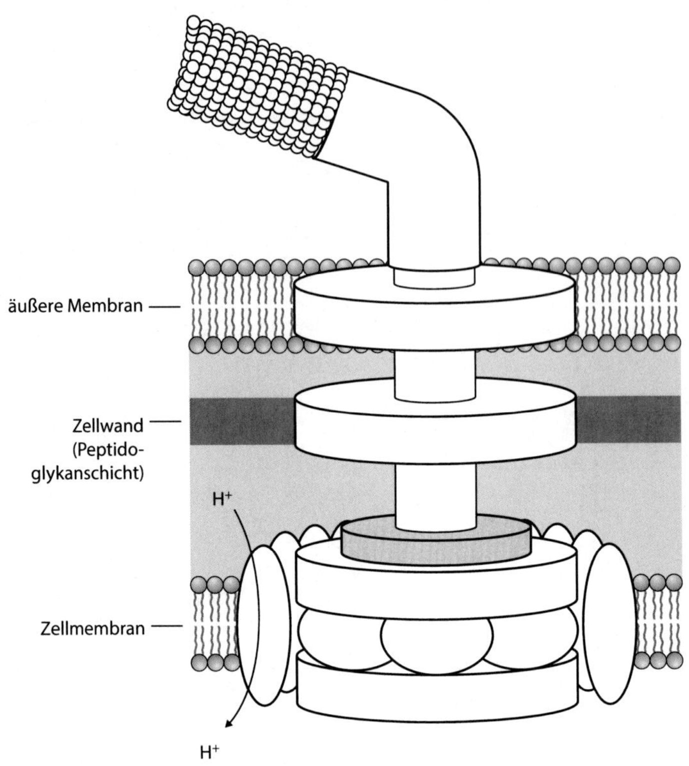

36) Zellwand. Vervollständigen Sie die Schemazeichnung der pflanzlichen Zellwand. Kolorieren Sie wie folgt: Zellmembran (schwarz), Mittellamelle (rot), Primärwand (hellgrün), Sekundärwand (dunkelgrün), Protoplast (hellblau).

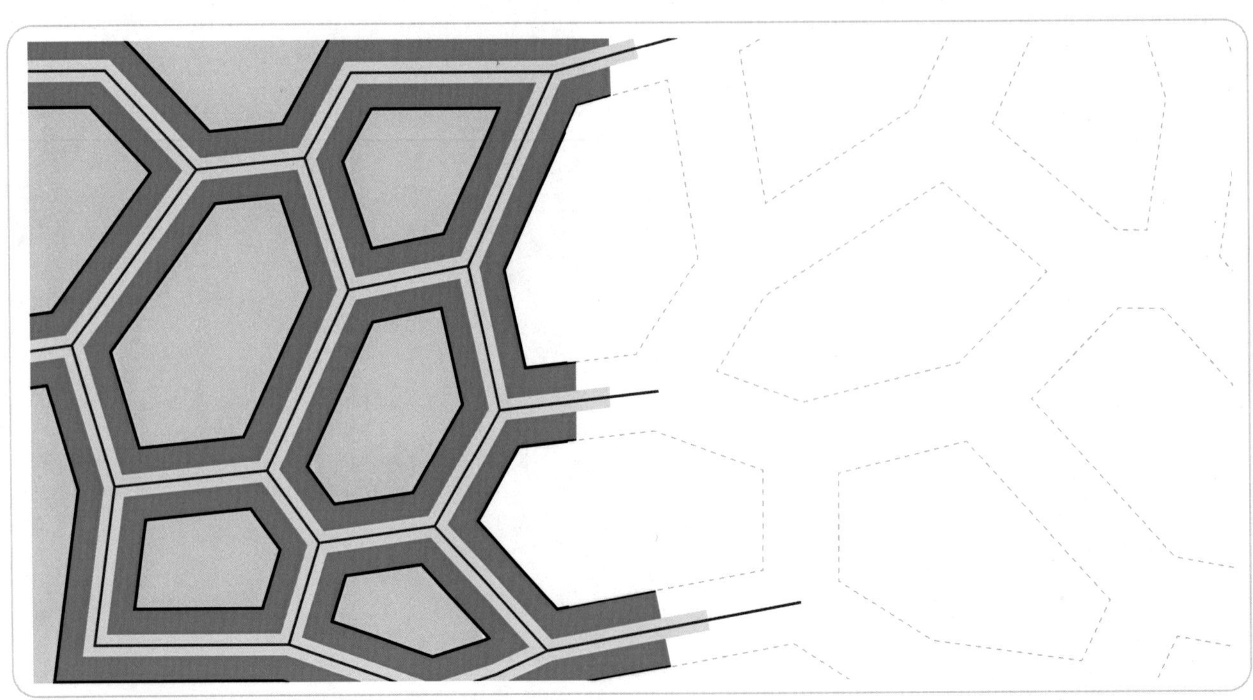

Nach Boenigk (Hrsg.), Boenigk Biologie, © Springer-Verlag GmbH Deutschland, ein Teil von Springer Nature 2021

37) Zellwand von Pilzen. Kolorieren Sie die wesentlichen Komponenten im Zellwandaufbau von Pilzen: Chitin (rot), β-Glucan (gelb), Mannane (hellgrün), Proteine (dunkelblau).

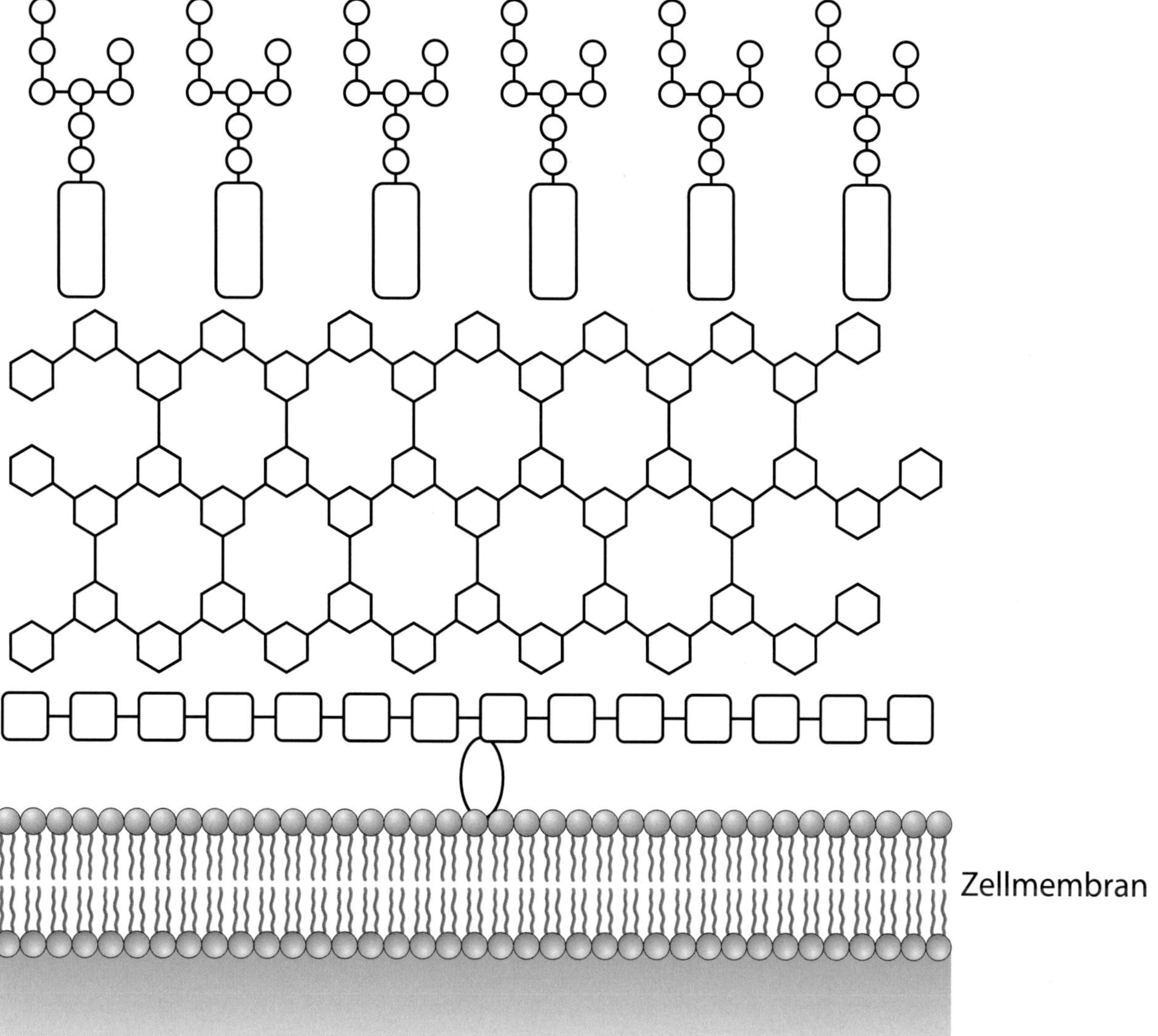

Nach Boenigk (Hrsg.), Boenigk Biologie, © Springer-Verlag GmbH Deutschland, ein Teil von Springer Nature 2021

38) Zellhülle der Bakterien. Kolorieren Sie die Zellhülle gramnegativer und grampositiver Bakterien: hydrophile Köpfchen der Lipide (dunkelrot), Proteine (blau), Lipopolysaccharide (gelb), Peptidoglycan (orange), Membranen – Hintergrund (hellrot), periplasmatischer Raum – Hintergrund (hellgrün), Cytoplasma – Hintergrund (hellblau).

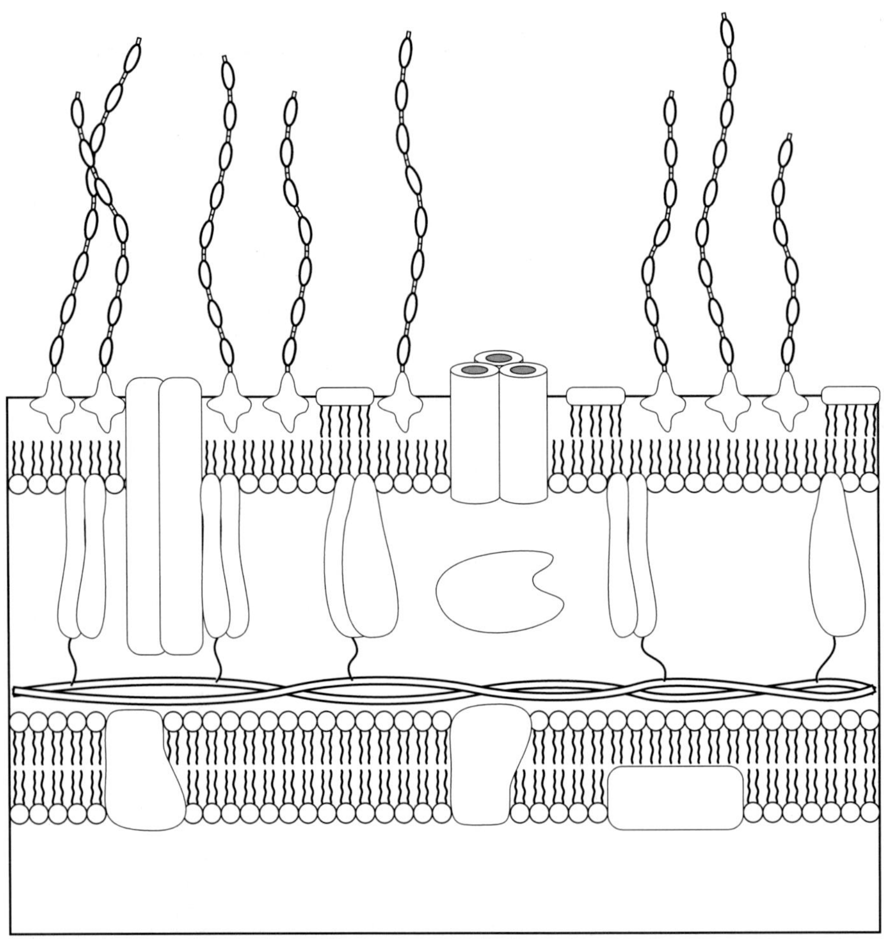

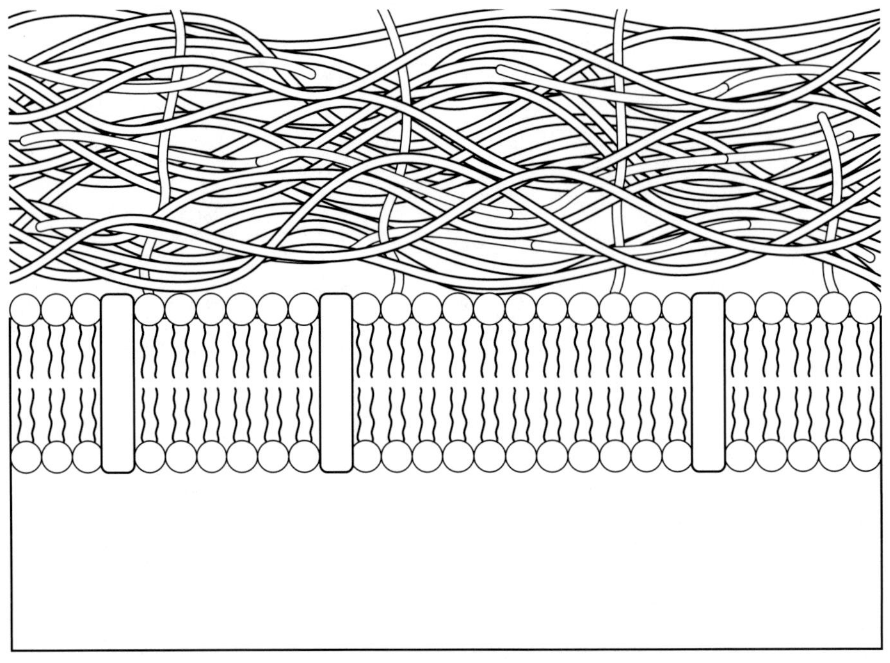

Nach Boenigk (Hrsg.), Boenigk Biologie, © Springer-Verlag GmbH Deutschland, ein Teil von Springer Nature 2021

39) Haustorien. Kolorieren Sie entsprechend der Vorlage: Cytosol (hellblau), Zentralvakuole (grün), Plasmalemma der Pflanzenzellen (dunkelblau), Zellwand (orange), Pilzhyphe und Haustorien (rot).

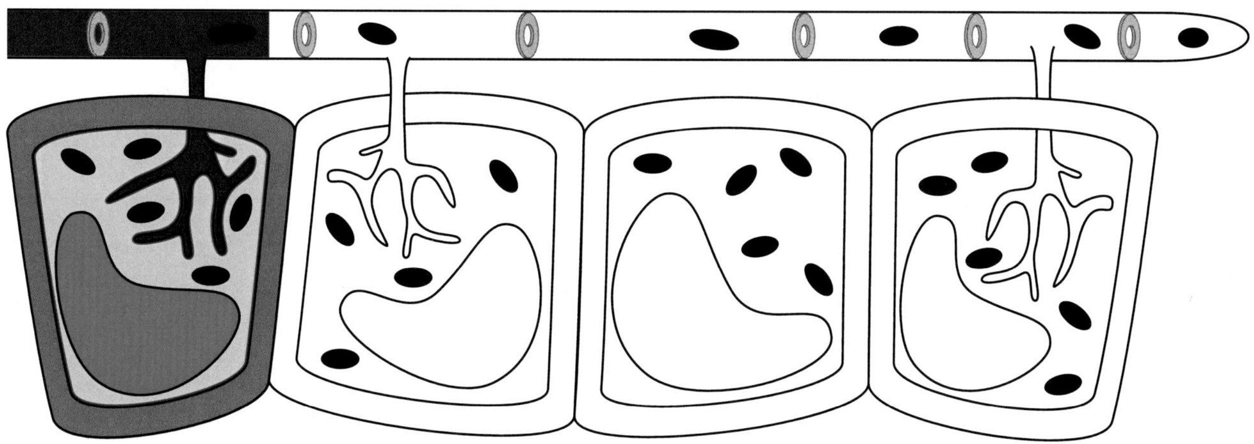

40) Bio-Mandala: Malen zum Entspannen.

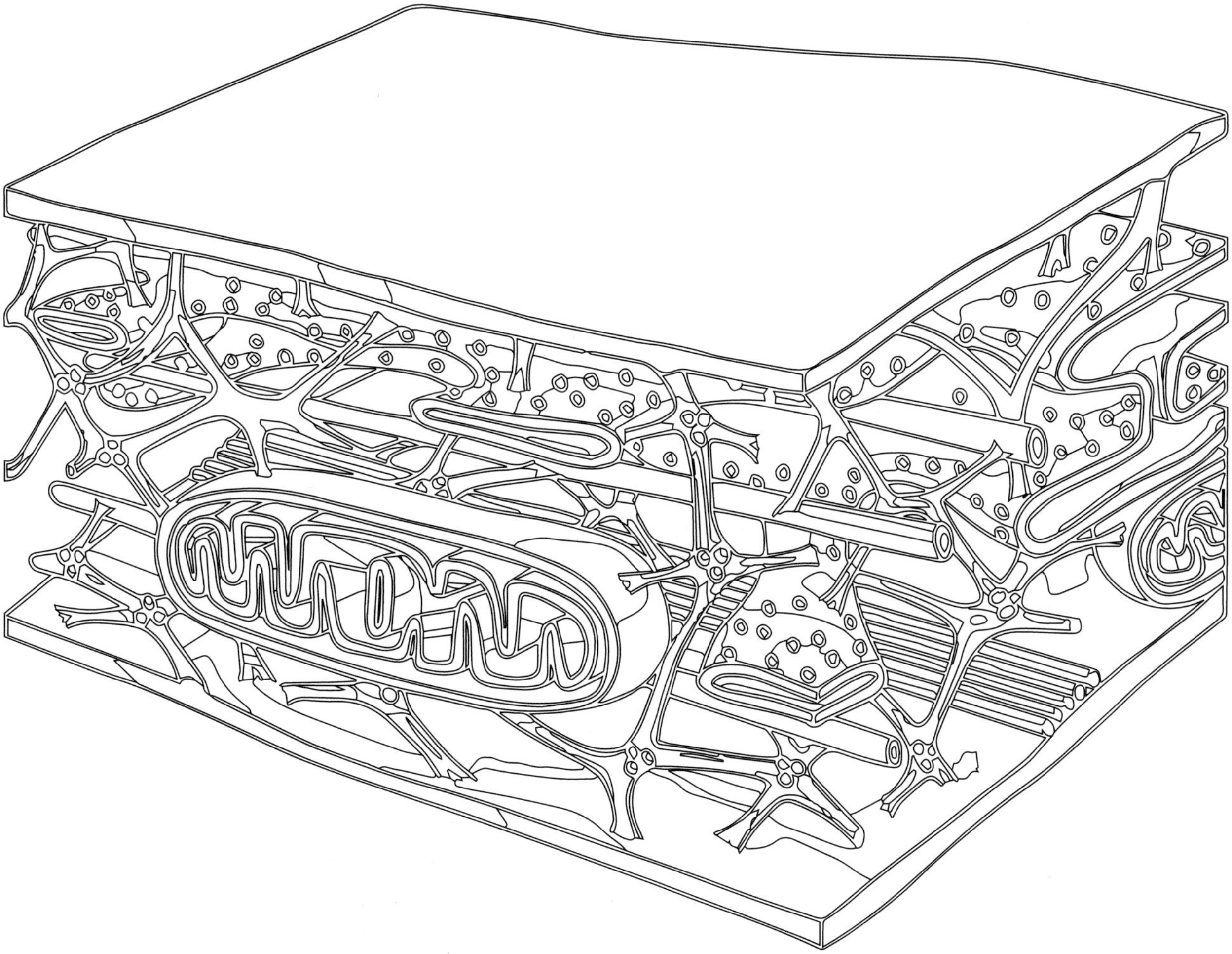

Nach Boenigk (Hrsg.), Boenigk Biologie, © Springer-Verlag GmbH Deutschland, ein Teil von Springer Nature 2021

Genetik

© Der/die Herausgeber bzw. der/die Autor(en),
exklusiv lizenziert an Springer-Verlag GmbH, DE, ein Teil von Springer Nature 2022
J. Boenigk, *Boenigk, Biologie – Malbuch,* https://doi.org/10.1007/978-3-662-65463-7_3

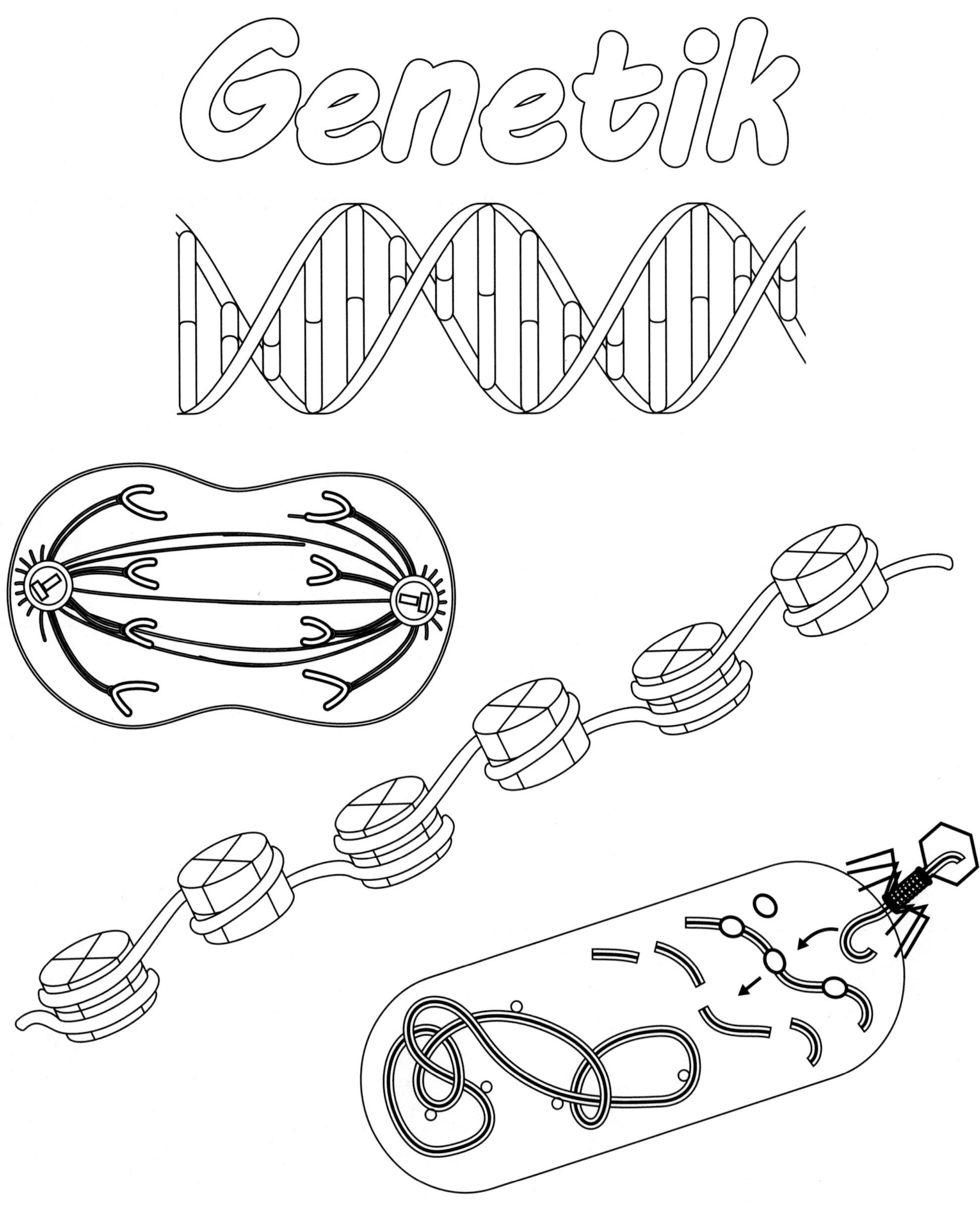

Nach Boenigk (Hrsg.), Boenigk Biologie, © Springer-Verlag GmbH Deutschland, ein Teil von Springer Nature 2021

41) Replikation der DNA. Zeichnen Sie die Position der folgenden Strukturen bei der Replikation der DNA in den genannten Farben ein: Topoisomerase(n) (grün), Helicase(n) (rot), einzelstrangbindende Proteine (gelb).

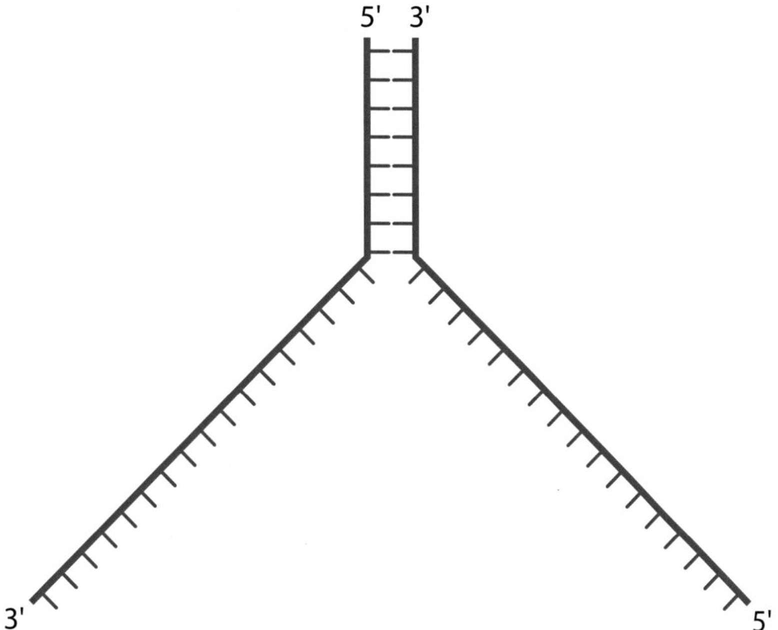

42) Replikation der DNA. Kolorieren Sie alte DNA-Stränge blau, DNA des Folgestrangs grün, DNA des Leitstrangs gelb und RNA rot. Deuten Sie in der obersten Zeichnung die Bewegungsrichtung der Replikation an (Pfeil). Beschriften Sie ein Okazaki-Fragment.

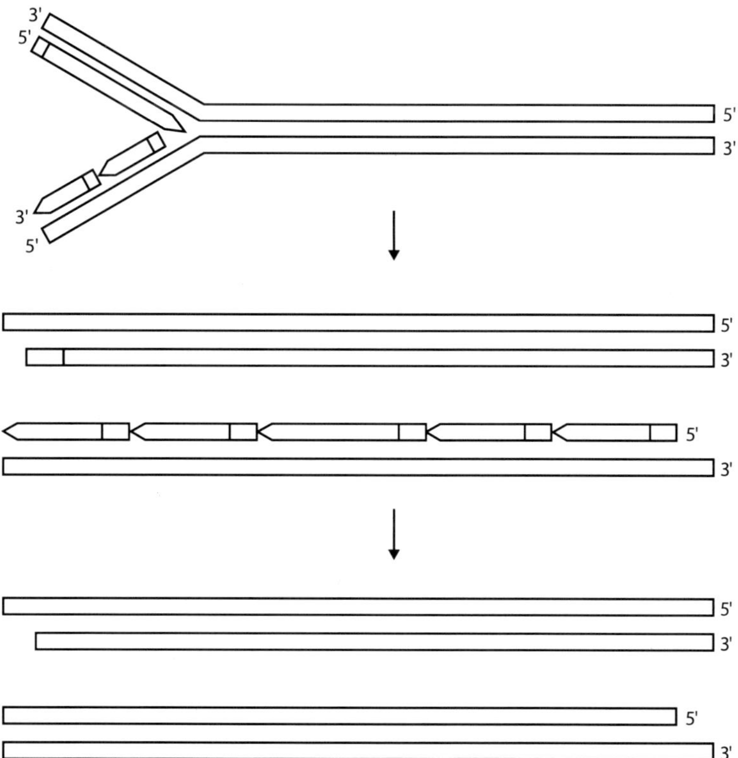

Nach Boenigk (Hrsg.), Boenigk Biologie, © Springer-Verlag GmbH Deutschland, ein Teil von Springer Nature 2021

3

43) Replikation der DNA. Skizzieren Sie die folgenden Strukturen: A) ein 10-nm-Filament. Kolorieren Sie in Ihrer Skizze DNA blau und Histone gelb, B) ein in Schleifen in eine Nicht-Histonprotein-Matrix (Scaffold) eingebettetes 30-nm-Filament (schematisch). Kolorieren Sie die Nicht-Histon-Matrix in Rot, die Strukturen aus DNA und Histonen in Blau, C) ein Metaphasechromosom.

A)

B)

C)

Nach Boenigk (Hrsg.), Boenigk Biologie, © Springer-Verlag GmbH Deutschland, ein Teil von Springer Nature 2021

44) Zellzyklus. Färben Sie die Stadien des Zellzyklus wie folgt ein (der nach außen führende Pfeil zeigt an, in welcher Phase Zellen, die sich nicht weiter teilen, den Zellzyklus verlassen können: M-Phase (grün), S-Phase (rot), G1-Phase (blau), G2-Phase (gelb).

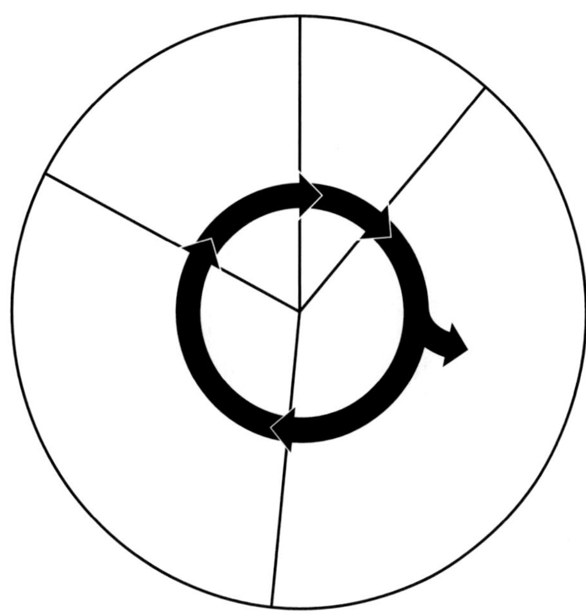

45) Mitose. Skizzieren Sie eine Zelle in der Prophase (A), in der Metaphase (B) und in der Anaphase (C). Stellen Sie in ihrer Skizze (soweit in den jeweiligen Stadien vorhanden) den Nucleolus, die Kernmembran, die Kinetochorfasern, die Polfasern und die Centriolen (bzw. Centrosomen) dar und beschriften Sie diese.

A)

B)

C)

Nach Boenigk (Hrsg.), Boenigk Biologie, © Springer-Verlag GmbH Deutschland, ein Teil von Springer Nature 2021

46) Segregation von Chromosomen. In der Mitte ist eine diploide Zelle mit 2n = 6 Chromosomen bei Eintritt in die Meiose dargestellt. Maternale Chromosomen sind grün, paternale gelb dargestellt. Färben Sie die möglichen Kombinationen paternaler und maternaler Chromosomen in den Gonenkernen.

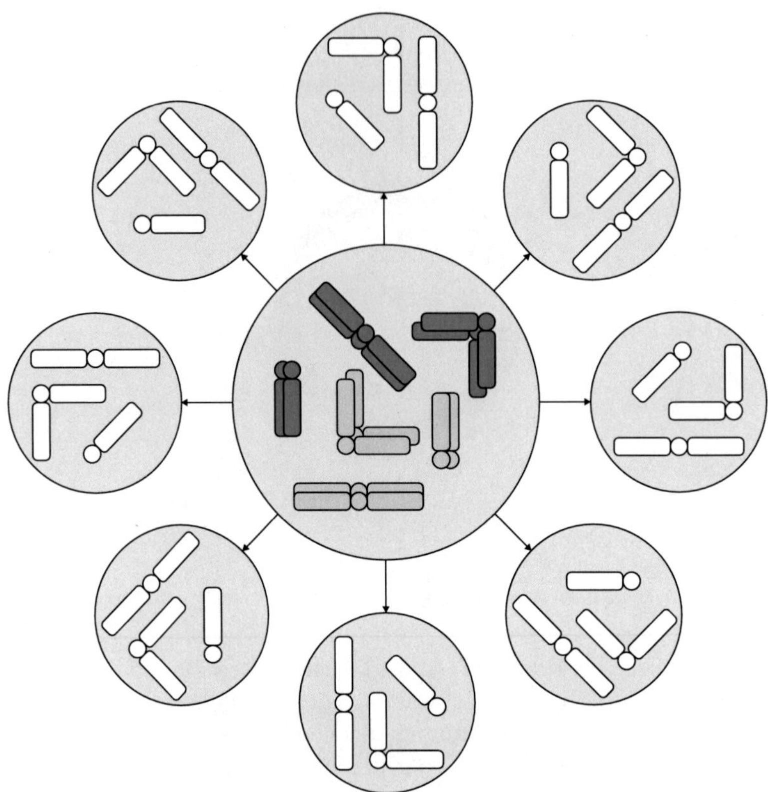

47) Spaltungsregel (2. Mendel'sche Regel). Kolorieren Sie die Erbsen für die genannten Genotypen in der Legende sowie die Erbsen der F_1- und F_2-Generation für einen dominant-rezessiven Erbgang (gelb als dominantes Merkmal). Die Anzahl gelber und grüner Erbsen sollte in beiden Generationen dem idealisierten Verhältnis der Farben in der Nachkommenschaft entsprechen.

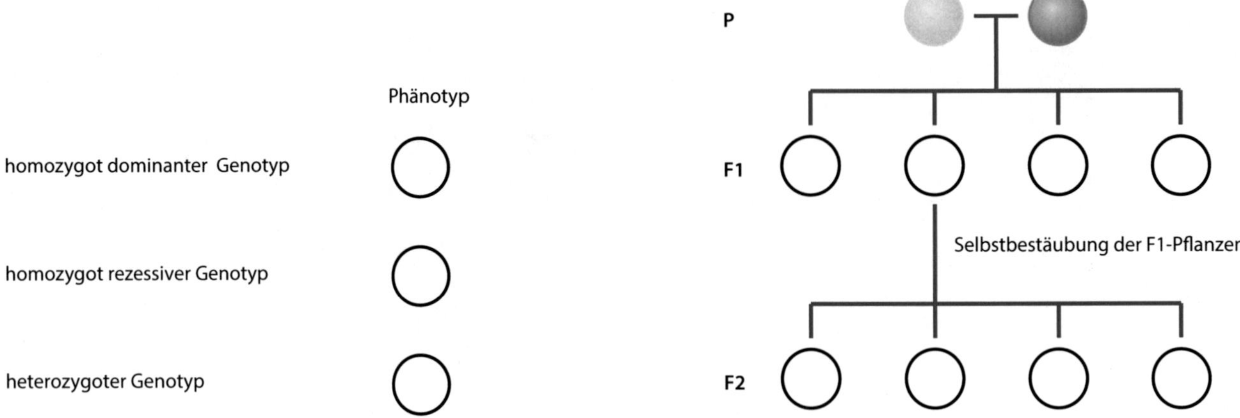

Nach Boenigk (Hrsg.), Boenigk Biologie, © Springer-Verlag GmbH Deutschland, ein Teil von Springer Nature 2021

48) Dihybrider Erbgang. Zeichnen Sie schematisch die Erbsen einer dihybriden Kreuzung für die Merkmale Form (*S*: rund, dominant; *s*: kantig, rezessiv) und Farbe (*Y*: gelb, dominant; *y*: grün, rezessiv) für die F_1-Generation und die F_2-Generation (Punnett-Quadrat) ein. Geben Sie auch jeweils den Genotyp der F_1- und F_2-Generation an.

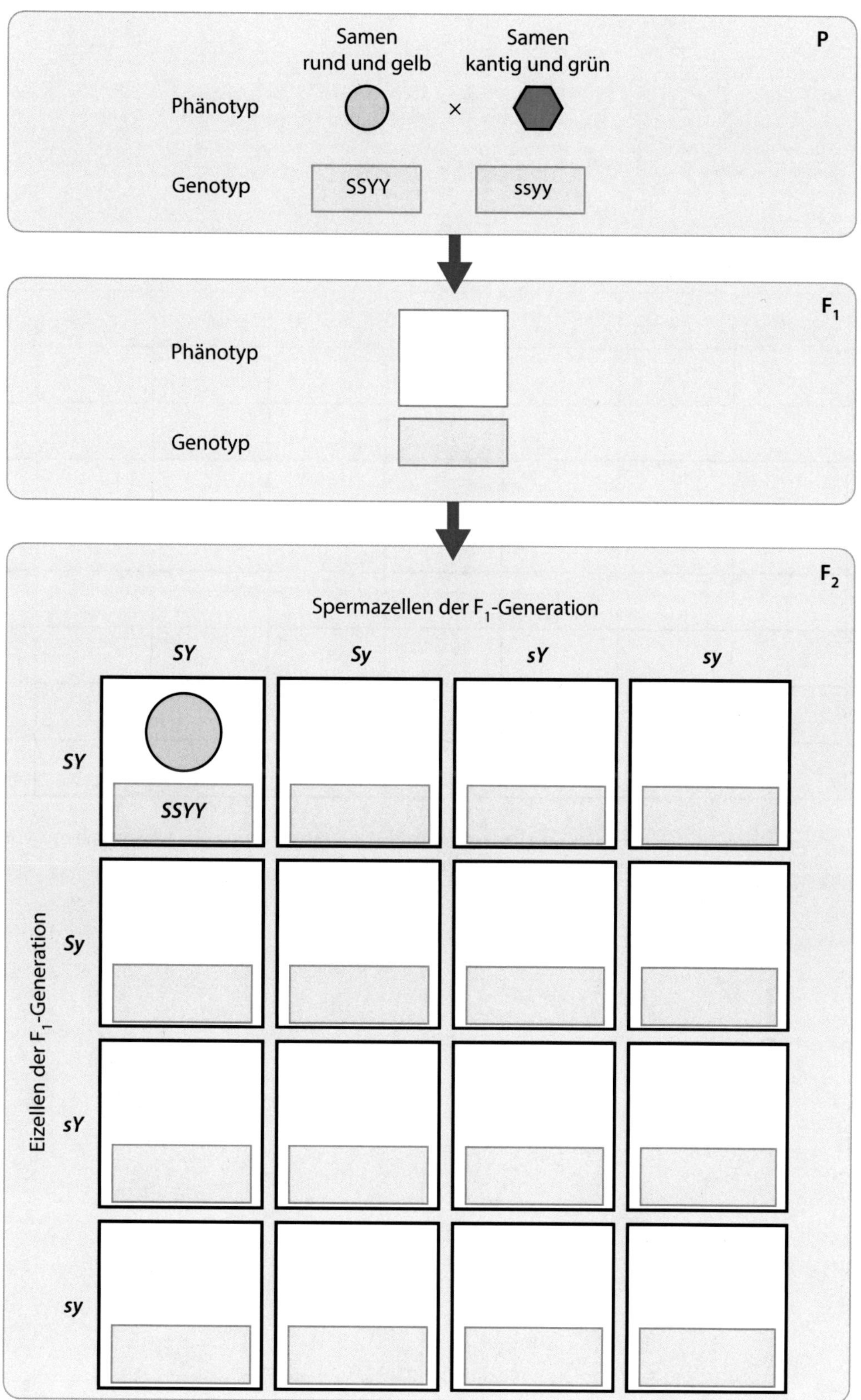

Nach Boenigk (Hrsg.), Boenigk Biologie, © Springer-Verlag GmbH Deutschland, ein Teil von Springer Nature 2021

49) Trihybrider Erbgang. Kolorieren Sie im folgenden Punnett-Schema für die F_2-Generation eines trihybriden Erbgangs diejenigen Kombinationen, bei denen im Phänotyp für alle drei Merkmale das dominante Merkmal ausgeprägt ist (grün), sowie diejenigen, bei denen im Phänotyp für alle drei Merkmale das rezessive Merkmal ausgeprägt ist (rot).

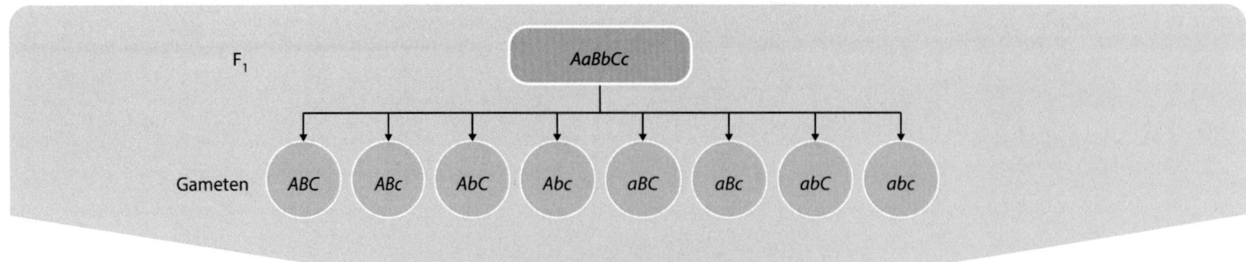

	ABC	*ABc*	*AbC*	*Abc*	*aBC*	*aBc*	*abC*	*abc*
ABC								
ABc								
AbC								
Abc								
aBC								
aBc								
abC								
abc								

50) Strukturformeln der Nucleobasen. Zeichnen Sie ausgehend von der Ketoform des Cytosins die Enolfom.

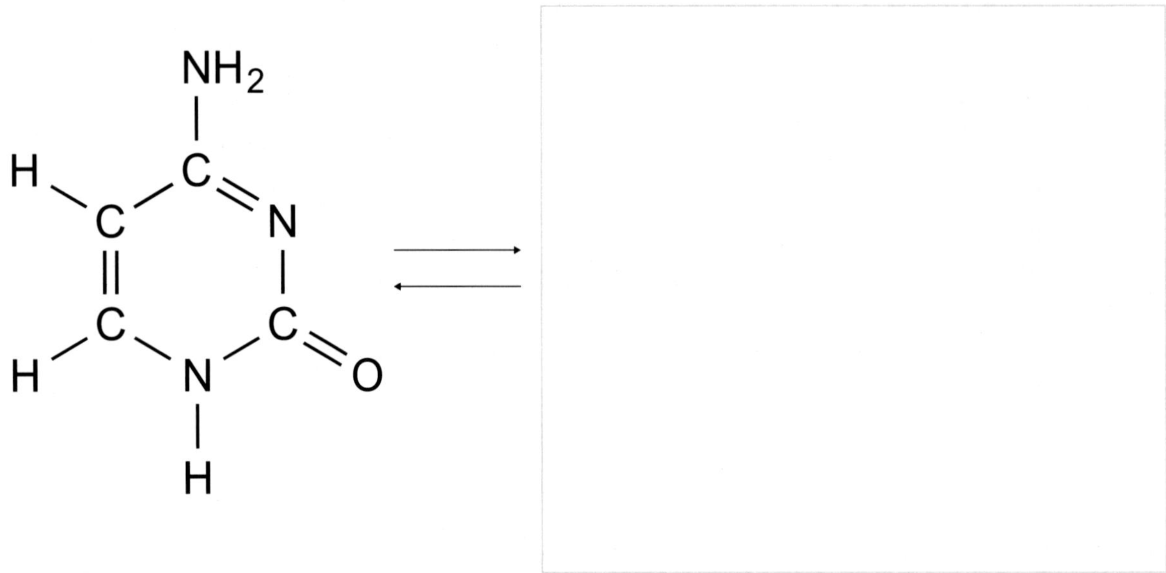

Nach Boenigk (Hrsg.), Boenigk Biologie, © Springer-Verlag GmbH Deutschland, ein Teil von Springer Nature 2021

51) Crossing-over. Dargestellt sind hier die Ausgangssituation und das Ergebnis eines Crossing-over für die insgesamt vier Chromatiden eines homologen Chromosomenpaars. Die Farben der Fragmente stehen jeweils für eines der beiden Chromosomen (grün bzw. rot). Skizzieren Sie entsprechend diesem Beispiel die Ergebnisse eines Doppel-Crossing-over. Färben sie dazu die vier Chromatiden ein und beschriften Sie die Allele der gekoppelten Gene (A, a bzw. B, b).

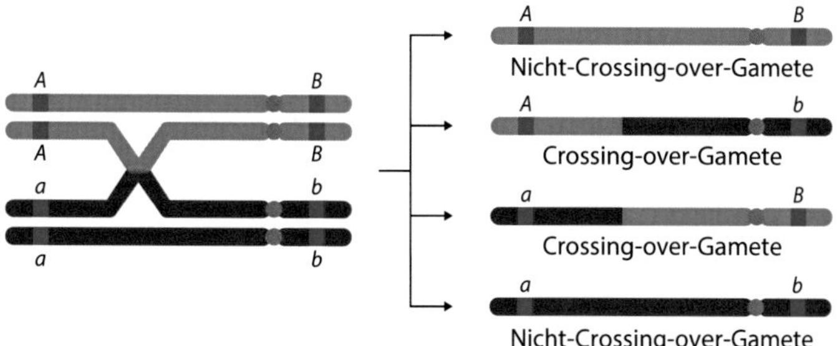

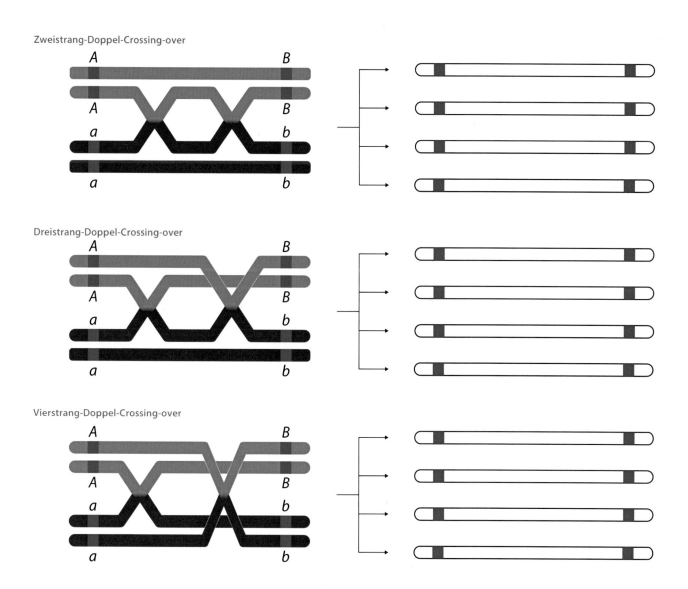

Zweistrang-Doppel-Crossing-over

A B A B a b a b

Dreistrang-Doppel-Crossing-over

A B A B a b a b

Vierstrang-Doppel-Crossing-over

A B A B a b a b

Nach Boenigk (Hrsg.), Boenigk Biologie, © Springer-Verlag GmbH Deutschland, ein Teil von Springer Nature 2021

3

52) Kreuzungsexperimenten mit X-chromosomal gekoppelten Merkmalen. Bei der Taufliege ist Rotäugigkeit (Wildtypmerkmal) das dominante Merkmal, Weißäugigkeit eine rezessive Mutation eines Gens, das auf dem X-Chromosom liegt. Geben Sie für die aufgeführten Beispiele die Geschlechtschromosomen der dargestellten Individuen (Rechtecke) sowie die der gebildeten Gameten (Kreise) an. Geben Sie zudem die Augenfarbe des Phänotyps an (kolorieren Sie die Augen des Wildtypphänotyps rot und die der weißäugigen Mutante gelb. Tragen Sie im Punnett-Schema der F_2-Generation zudem unterhalb des Genotyps auch das Geschlecht der Individuen ein. Vorgegeben sind in Kreuzung A der Genotyp der Parentalgeneration und in Kreuzung B die Augenfarben der Parentalgeneration (rot umrandete Kästen).

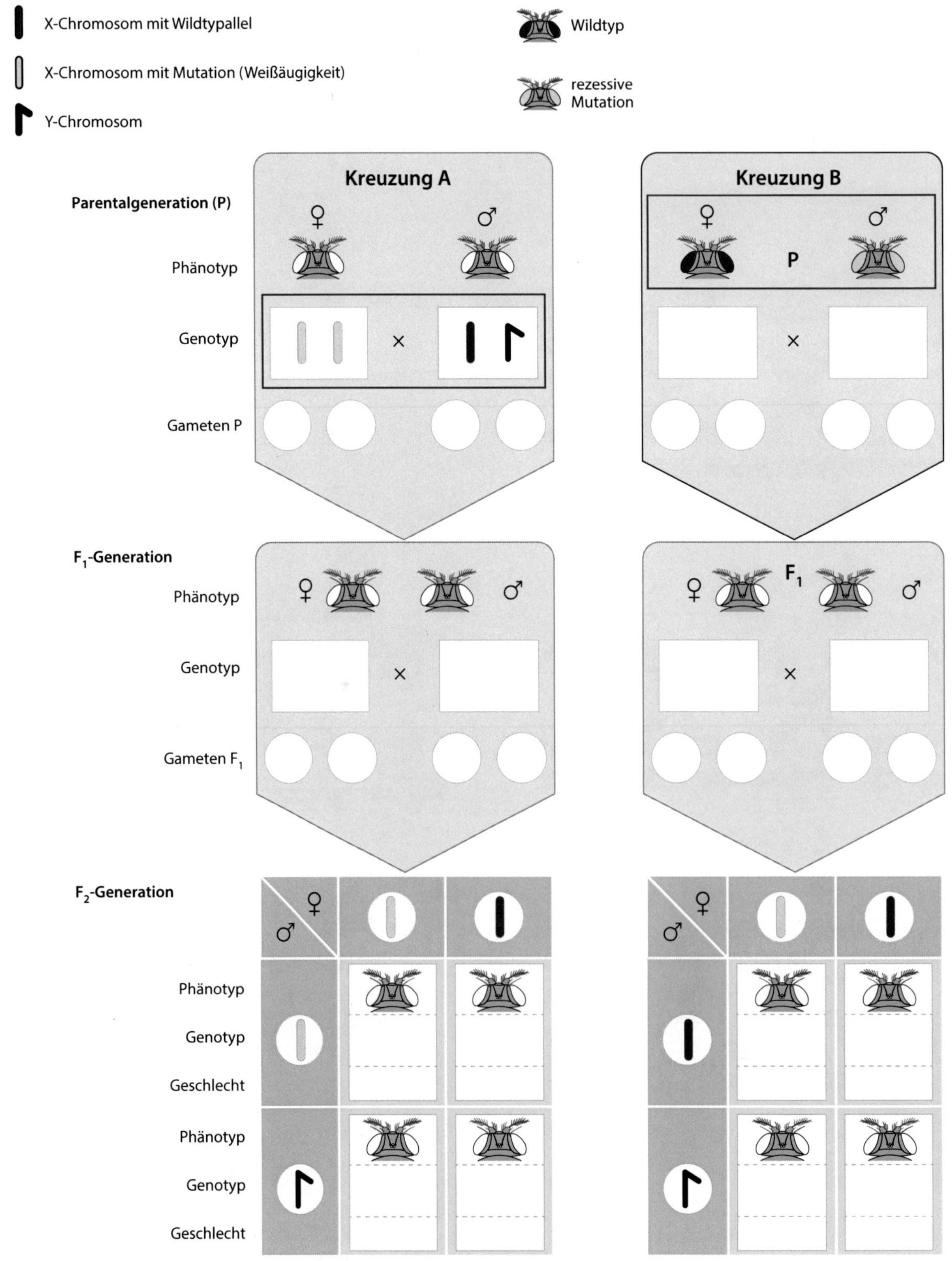

Nach Boenigk (Hrsg.), Boenigk Biologie, © Springer-Verlag GmbH Deutschland, ein Teil von Springer Nature 2021

53) Mutationen. Geben Sie für die Ausgangssequenz und für die verschiedenen durch aufeinanderfolgende Mutationen (Insertionen) entstandenen Sequenzen an, welcher Teil der mRNA-Sequenz jeweils zu einer Aminosäurekette translatiert wird. Suchen Sie dazu zunächst Startcodons und im weiteren Verlauf der Sequenzen ggf. Stoppcodons. Geben Sie die entsprechenden Aminosäuresequenzen (Dreibuchstabencode) an. Heben Sie auch die Mutationen jeweils farblich (rot) hervor.

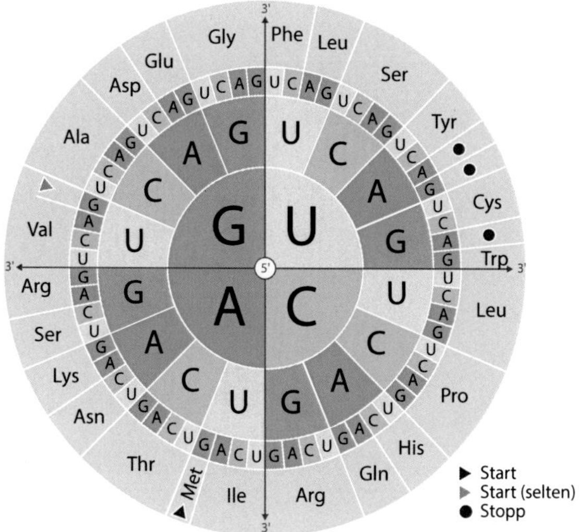

Ausgangssequenz

5'-UUACUACUCAGCUUACAUGAUCCGCAAACCACUGACGUAGGGACAAGU-3'

Sequenz mit einer Mutation

5'-UUACUACUCAGCUUACAUGAUCCGCAAACCGCAACUGACGUAGGGACAAGU-3'

Sequenz mit zwei Mutationen

5'-UUACUACUCAGCUUACAUCCGGAUCCGCAAACCGCAACUGACGUAGGGACAAGU-3'

Sequenz mit drei Mutationen

5'-UUACUACUCAUGCUUACAUCCGGAUCCGCAAACCGCAACUGACGUAGGGACAAGU-3'

Nach Boenigk (Hrsg.), Boenigk Biologie, © Springer-Verlag GmbH Deutschland, ein Teil von Springer Nature 2021

54) Aufbau der tRNA. Ergänzen Sie die fehlenden Basen in der tRNA (tragen Sie die Buchstabencodes der Basen ein).

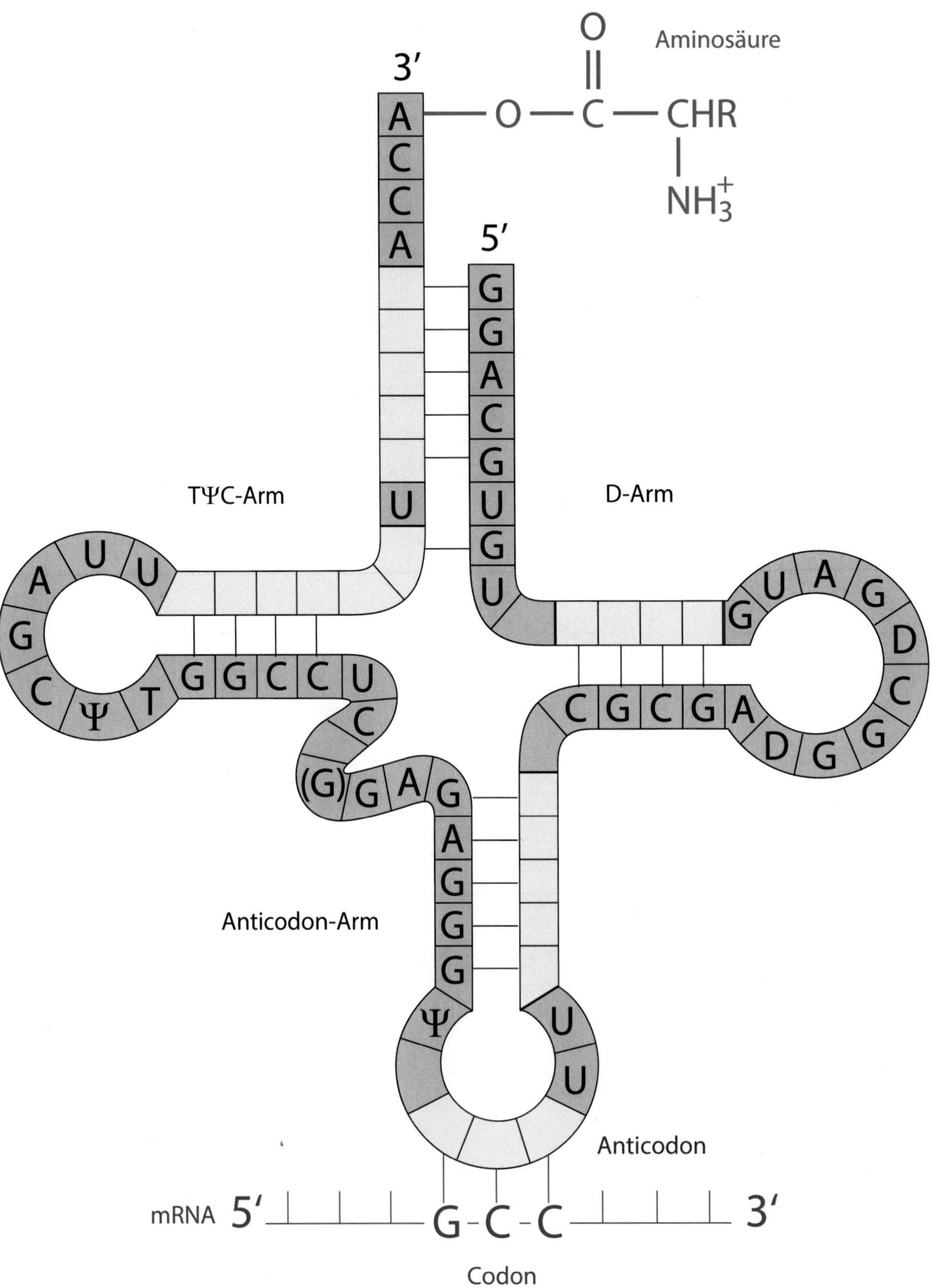

Nach Boenigk (Hrsg.), Boenigk Biologie, © Springer-Verlag GmbH Deutschland, ein Teil von Springer Nature 2021

55) Skizzieren Sie den Ablauf der Synthese von Ribosomen und deren Lokalisation in der Zelle. Zeichnen Sie dafür schematisch die unten genannten Strukturen und Prozesse in Nucleolus, Zellkern bzw. Cytosol ein und benennen Sie diese. Nutzen Sie Pfeile, um den Transport von Strukturen bzw. Substanzen zwischen den verschiedenen Bereichen darzustellen. Stellen Sie die folgenden Prozesse dar und beschriften Sie diese: A) Transkription/Bildung der prä-rRNA, B) Bildung der 28S- und 18S-rRNA (durch Prozessierung und Modifikation der prä-rRNA), C) Bildung der 5S-rRNA, D) Synthese ribosomaler Proteine, E) Synthese der Vorläufer der ribosomalen Untereinheiten aus Proteinen und rRNA, F) finale Prozessierung der Untereinheiten.

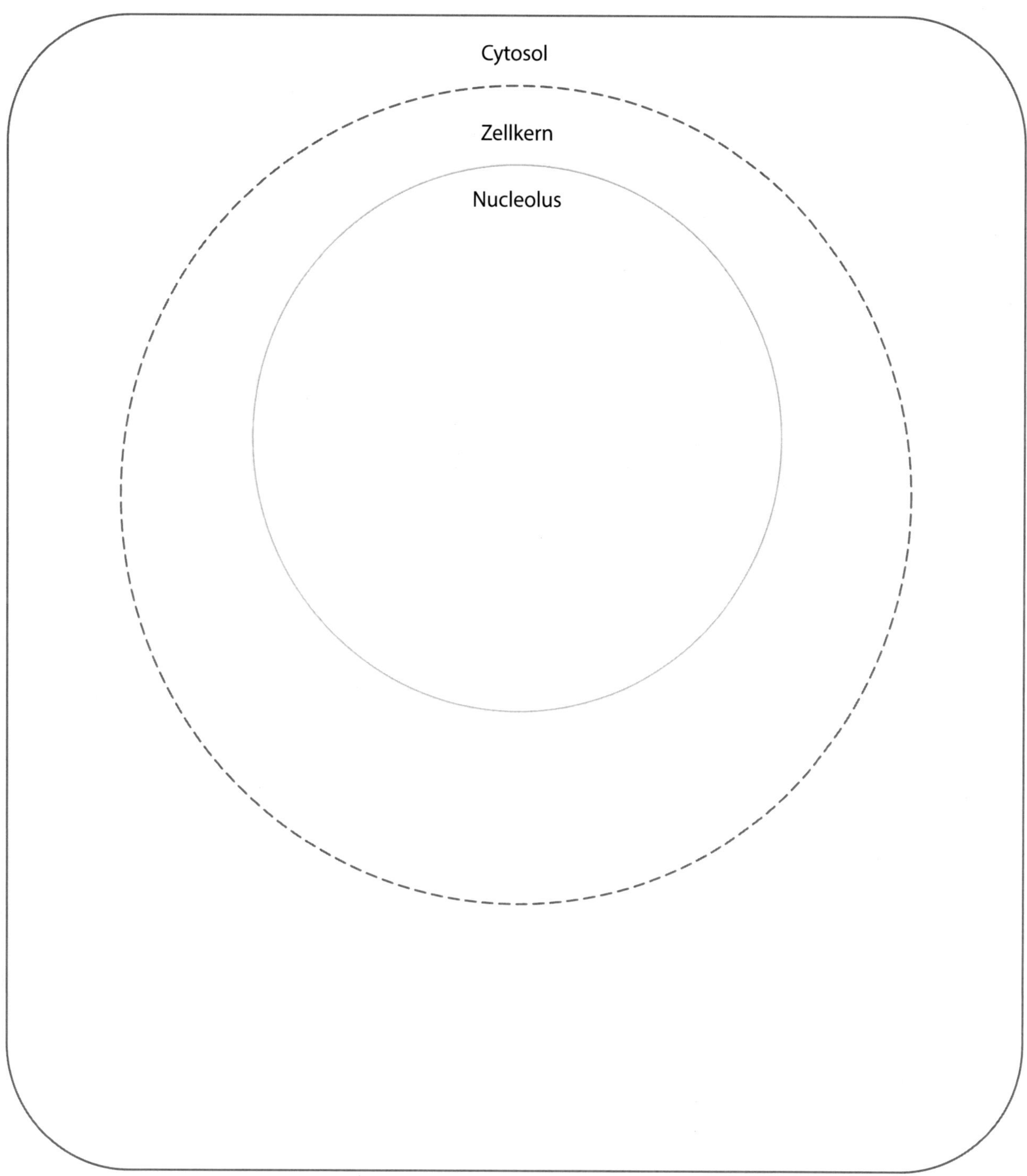

Nach Boenigk (Hrsg.), Boenigk Biologie, © Springer-Verlag GmbH Deutschland, ein Teil von Springer Nature 2021

56) Promotor. Kolorieren Sie den Hintergrund der Pribnow-Box (rot) und der −35-Sequenz (grün) sowie den Translationsstart (Startcodon: blau).

```
5'— GTGACGGAATATATTTACAAGGTGGTGGGCGCCTATAATCTGGGCAAGAGTGCGCTGACCATCCAGCTGATCCAATGACCATG —3' DNA
3'— CACTGCCTTATATAAATGTTCCACCACCCGCGGATATTAGACCCGTTCTCACGCGACTGGTAGGTCGACTAGGTTACTGGTAC —5'
                                              5' pppAGUGCGCUGACCAUCCAGCUGAUCCAAUGACCAUG—3' RNA
```

57) Skizzieren Sie die verschiedenen Stadien der Translation anhand eines Polysoms. Kolorieren Sie dafür die verschiedenen an der Translation beteiligten Komponenten: rRNA – kleine Untereinheit (hellblau), rRNA – große Untereinheit (dunkelblau), Polypeptid (gelb), mRNA (rot). Kolorieren Sie zudem den Hintergrund der Box wie folgt: Initiation (hellrot), Elongation (hellgrün), Termination (dunkelgrün).

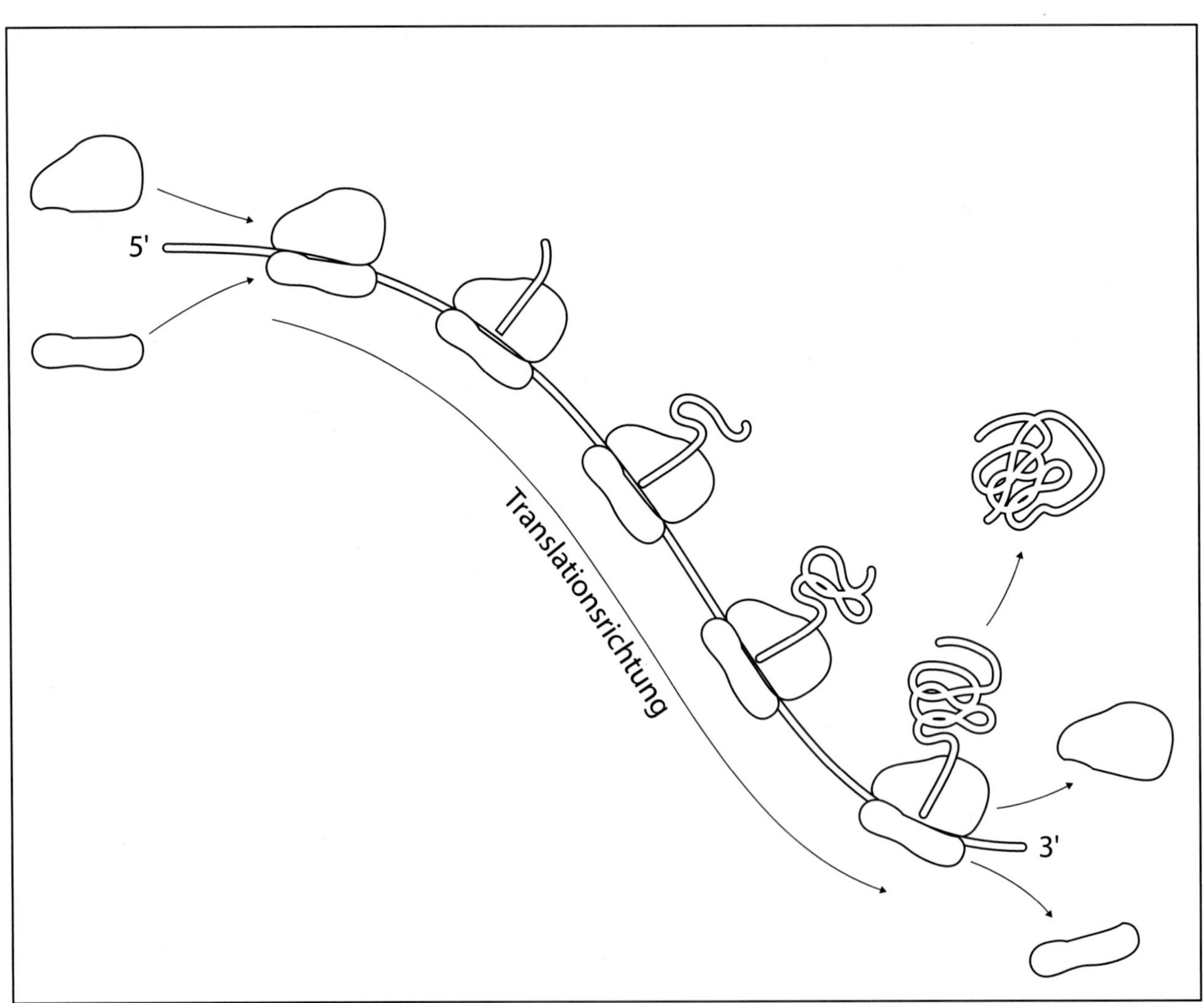

Nach Boenigk (Hrsg.), Boenigk Biologie, © Springer-Verlag GmbH Deutschland, ein Teil von Springer Nature 2021

58) Modifikationen der Nucleobasen. Nach Übertragung einer Ethylgruppe ändert die modifizierte Base ihre Paarungseigenschaft. In der folgenden Replikation wird sich ein Ethylguanin (oben) mit Thymin paaren (statt mit Cytosin) und ein ethyliertes Thymin (unten) paart sich statt mit Adenin nun mit Guanin. Ergänzen Sie die Strukturformel der sich paarenden Base und deuten Sie Wasserstoffbrückenbildungen durch eine gepunktete Linie an.

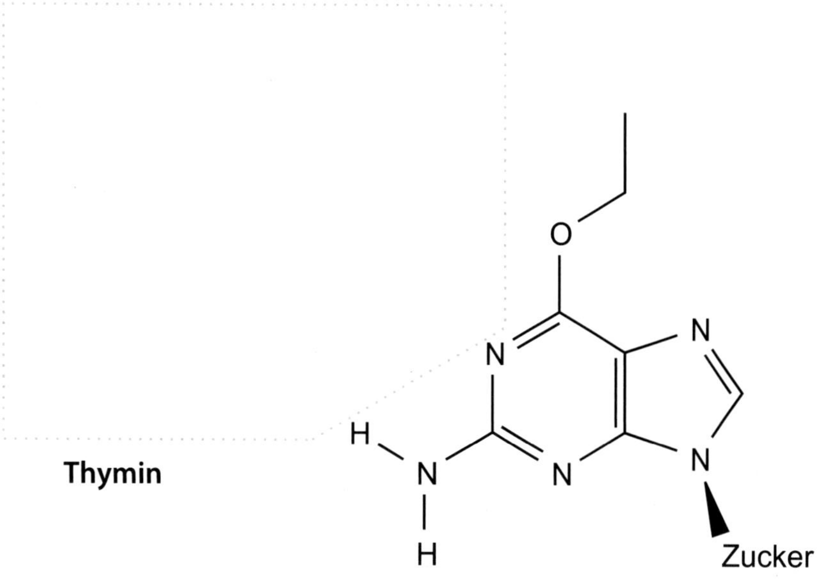

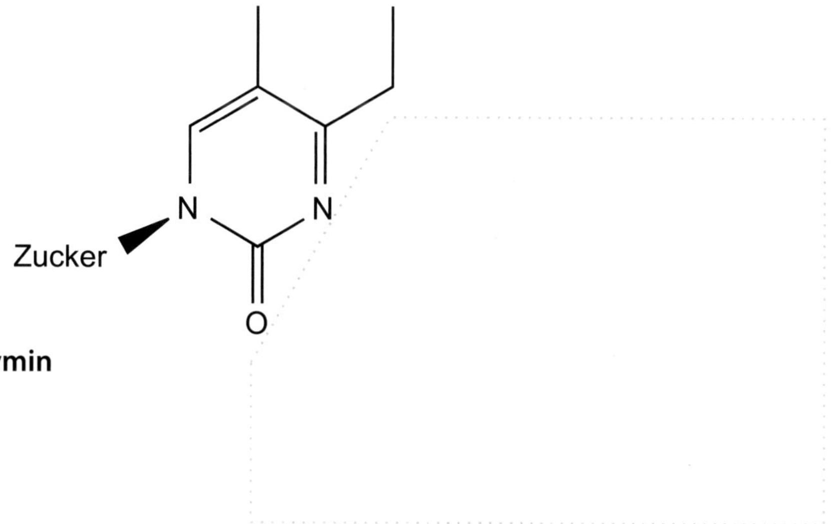

Nach Boenigk (Hrsg.), Boenigk Biologie, © Springer-Verlag GmbH Deutschland, ein Teil von Springer Nature 2021

59) Translation. Kolorieren Sie die verschiedenen an der Translation beteiligten Komponenten: rRNA – kleine Untereinheit (hellblau), rRNA – große Untereinheit (dunkelblau), rRNA – A-Stelle (hellgrün), rRNA – P-Stelle (rot), rRNA – E-Stelle (dunkelgrün), Aminosäuren (helllila), mRNA (weiß), t-RNA (inkl. Initiations-tRNA) (gelb), Freisetzungsfaktor (orange).

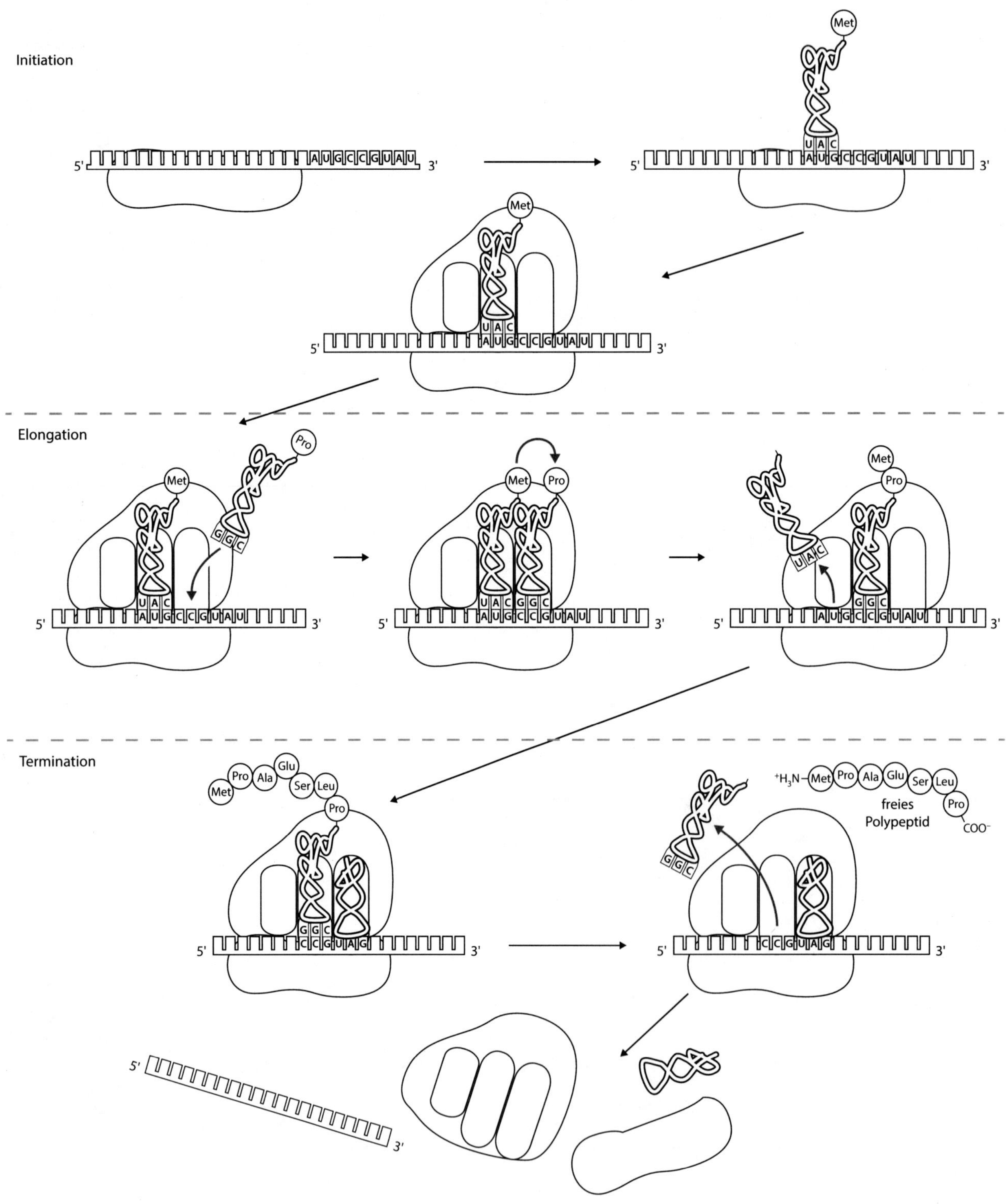

Nach Boenigk (Hrsg.), Boenigk Biologie, © Springer-Verlag GmbH Deutschland, ein Teil von Springer Nature 2021

60) Genommutation. Stellen Sie ausgehend von dem dargestellten diploiden Chromosomensatz mit drei Chromosomen die folgenden Genommutationen dar (falls nur ein Chromosom betroffen ist, stellen Sie die Mutation für das kleinste der drei Chromosomen dar).

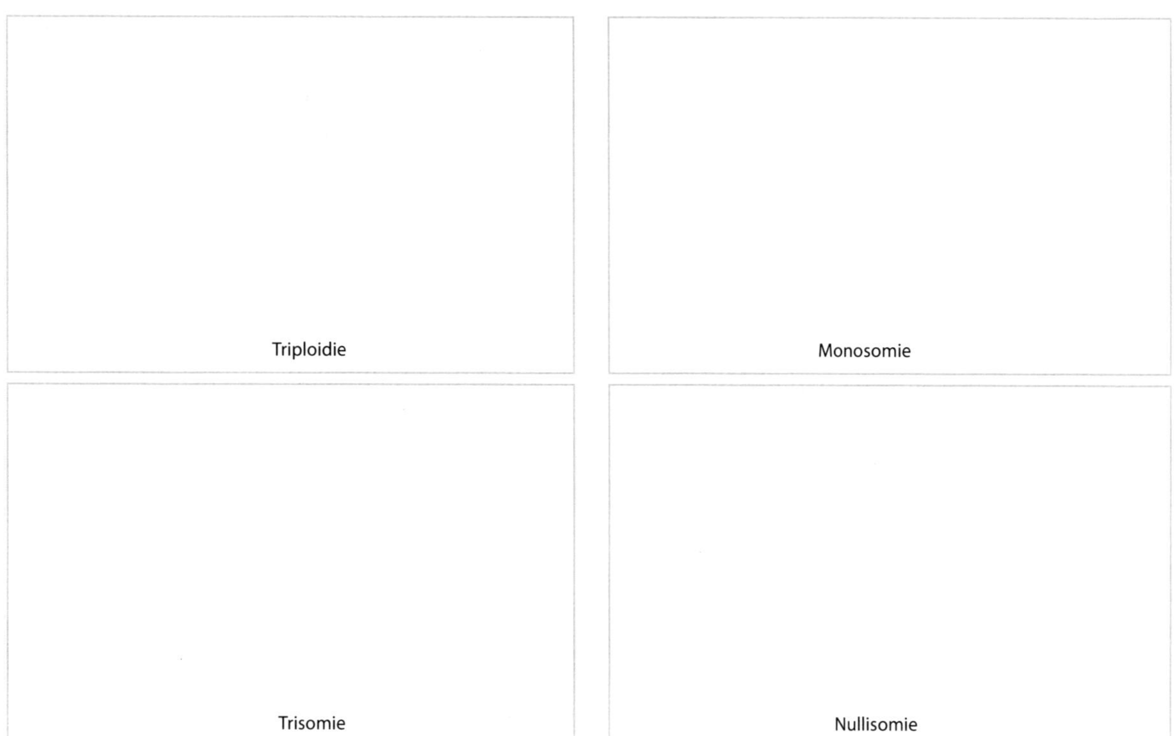

61) Mutationen. Kolorieren Sie die von den folgenden Chromosomenmutationen betroffenen Abschnitte im Ausgangschromosom bzw. im mutierte Chromosom in den angegebenen Farben: Translokation (blau), Deletion (rot), Inversion (grün), Duplikation (gelb).

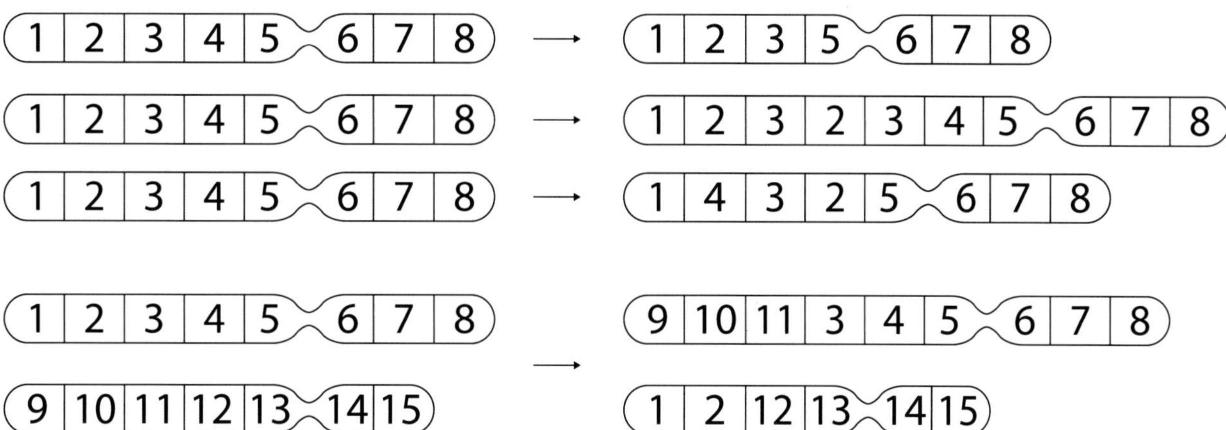

Nach Boenigk (Hrsg.), Boenigk Biologie, © Springer-Verlag GmbH Deutschland, ein Teil von Springer Nature 2021

3

62) Trisomie 21. Stellen Sie ausgehend von einer Zelle mit diploiden Chromosomensatz für das Chromosomenpaar 21 die Aufteilung in einzelne Chromatiden in der Meiose dar sowie die zwei Möglichkeiten einer Fehlverteilung, die zum Down-Syndrom führen. Nutzen Sie dafür die folgende Darstellung der Chromosomen. Beachten Sie die unterschiedliche Farbgebung von maternalem und paternalem Chromosom.

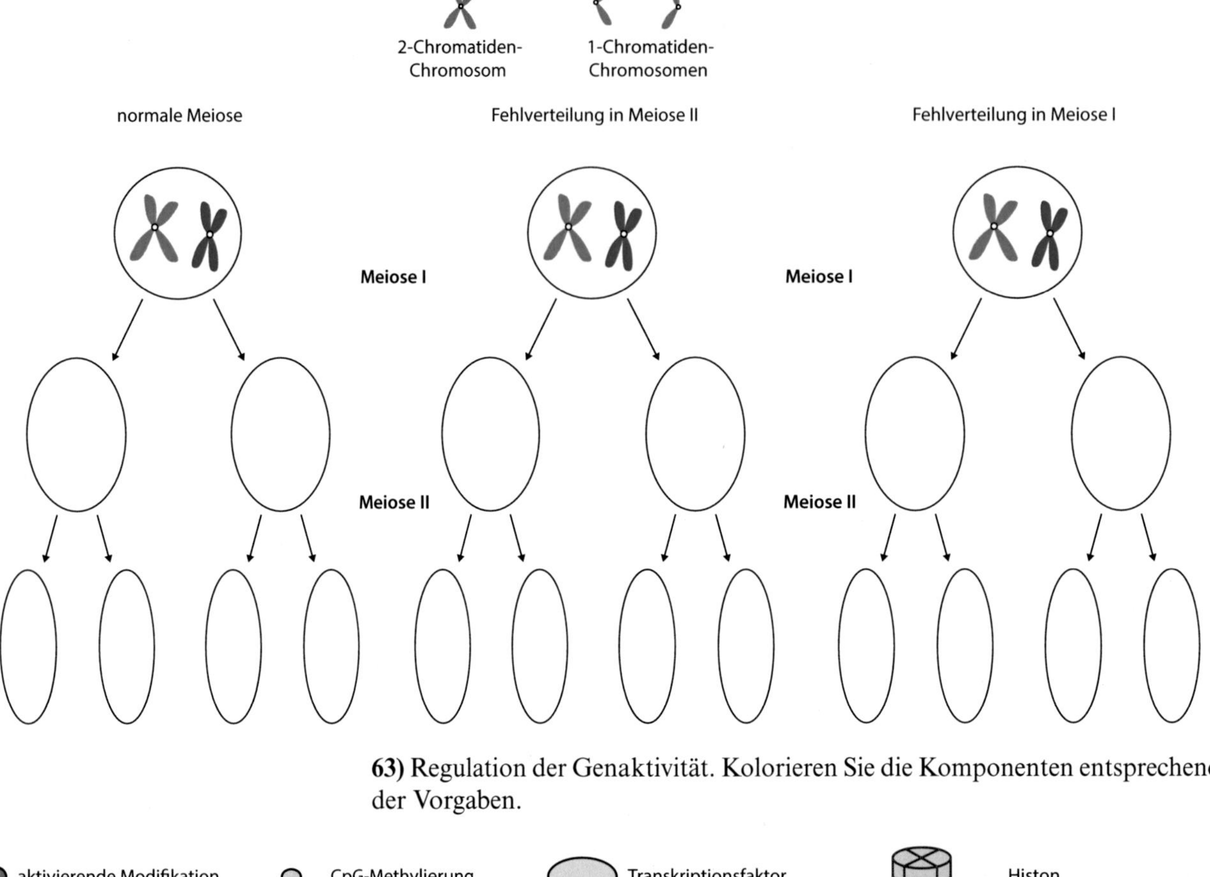

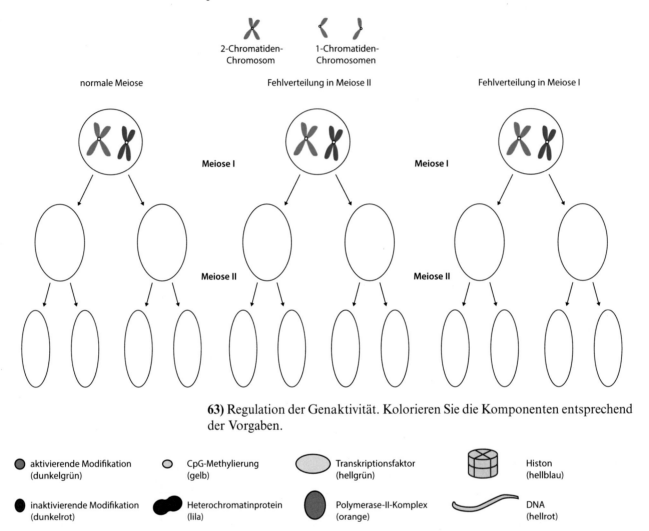

63) Regulation der Genaktivität. Kolorieren Sie die Komponenten entsprechend der Vorgaben.

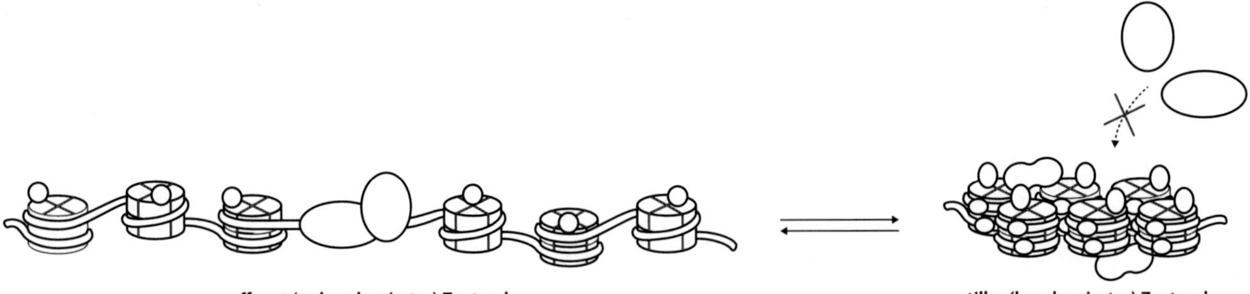

Nach Boenigk (Hrsg.), Boenigk Biologie, © Springer-Verlag GmbH Deutschland, ein Teil von Springer Nature 2021

64) Bau der DNA. Ordnen Sie die revers komplementären Sequenzen zu.

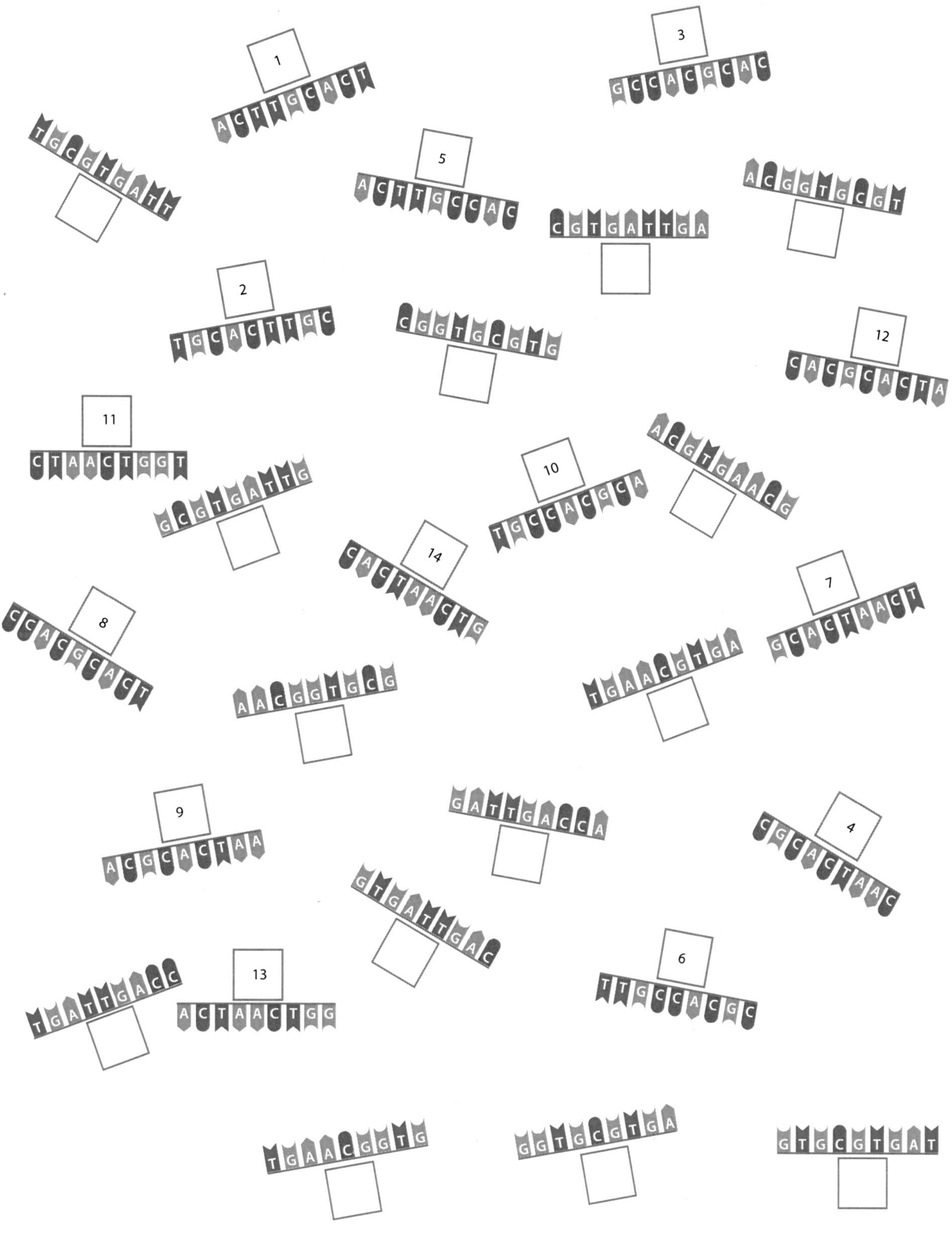

Nach Boenigk (Hrsg.), Boenigk Biologie, © Springer-Verlag GmbH Deutschland, ein Teil von Springer Nature 2021

65) Viren. Kolorieren Sie die Strukturen und Moleküle des HI-Virus in den verschiedenen Phasen der Vermehrung. Erbgut des Virus: RNA – Virengenom (dunkelrot), DNA (hellrot), mRNA (gelb). Virale Proteine: Capsid(proteine) (grün), Glykoproteine/spikes (hellblau), reverse Transkriptase (dunkelblau). Lipiddoppelschicht von Viren und Wirtszelle (gelb).

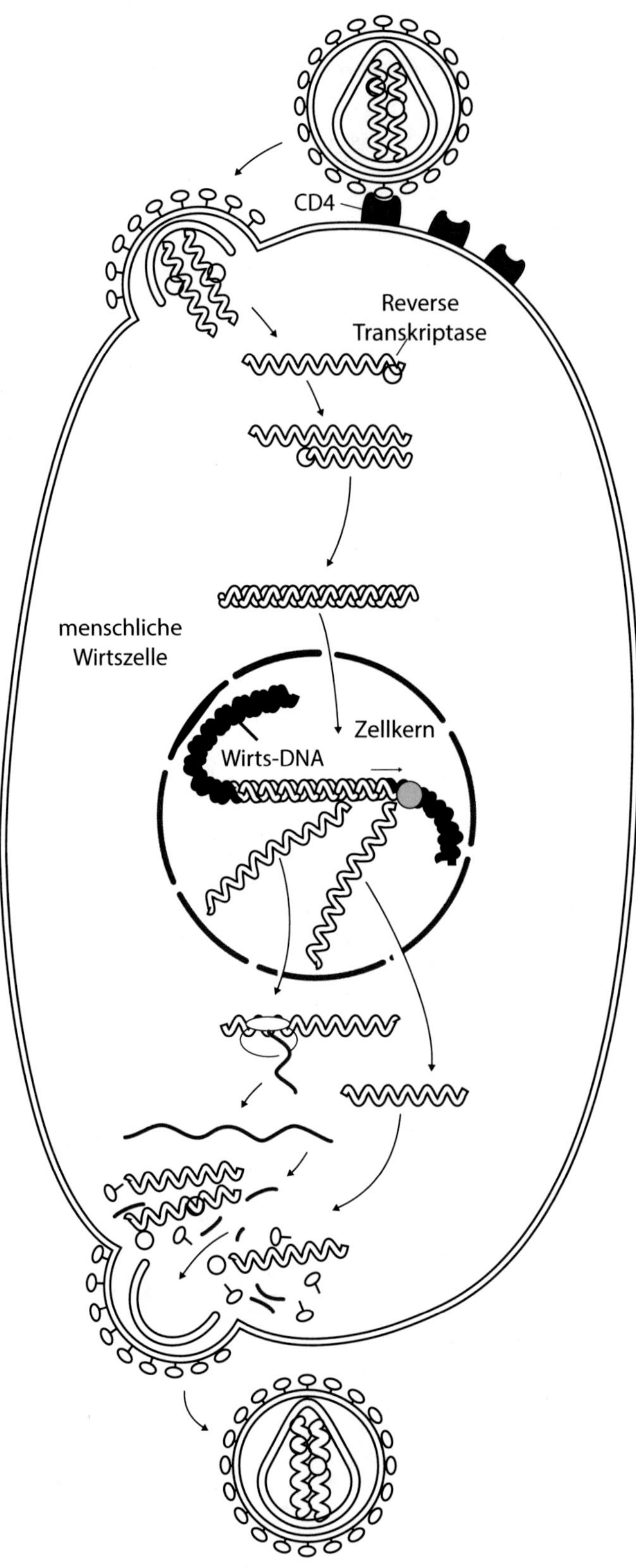

Nach Boenigk (Hrsg.), Boenigk Biologie, © Springer-Verlag GmbH Deutschland, ein Teil von Springer Nature 2021

66) Regulation der Genaktivität durch Acetylierung und Methylierung. Kolorieren Sie die Komponenten entsprechend der Vorgaben: DNA (orange), Histone (blau), Acetylgruppen (grün), Methyl-CpG (rot)

aktives Chromatin

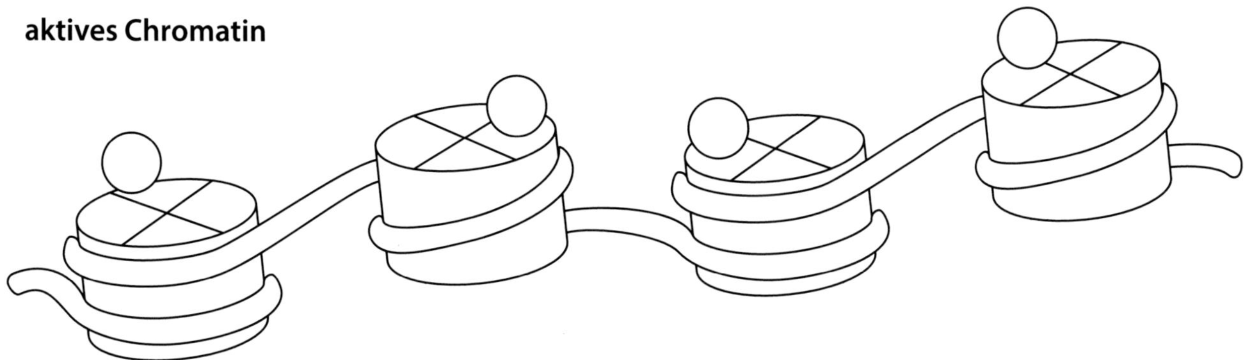

inaktives Chromatin

Nach Boenigk (Hrsg.), Boenigk Biologie, © Springer-Verlag GmbH Deutschland, ein Teil von Springer Nature 2021

67) Bau von Bakteriophagen und Viren. Kolorieren Sie die Strukturen von Bakteriophagen und Viren: Kopf/Capsid (gelb), Schwanzhülle (rot), Endplatte (dunkelblau), Schwanzfasern (hellblau), Glykoproteine (grün).

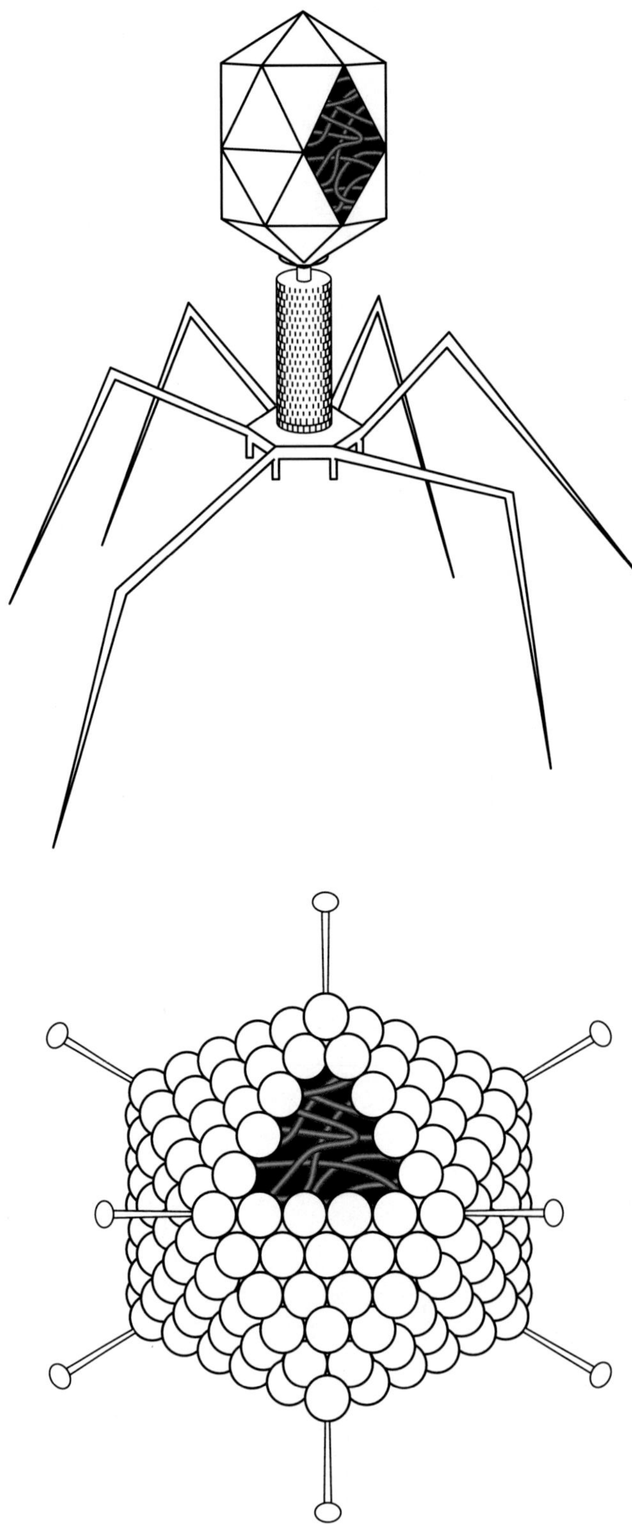

Nach Boenigk (Hrsg.), Boenigk Biologie, © Springer-Verlag GmbH Deutschland, ein Teil von Springer Nature 2021

68) Transkription. Kolorieren Sie die an der Initiation der Transkription bei Eukaryoten beteiligten Enzyme und Transkriptionsfaktoren: RNA-Polymerase (dunkelgrün), TFIID (hellrot), TBP (dunkelrot), TFIIA (gelb), TFIIB (lila), TFIIF (hellblau), TFIIH (orange), TFIIE (dunkelblau).

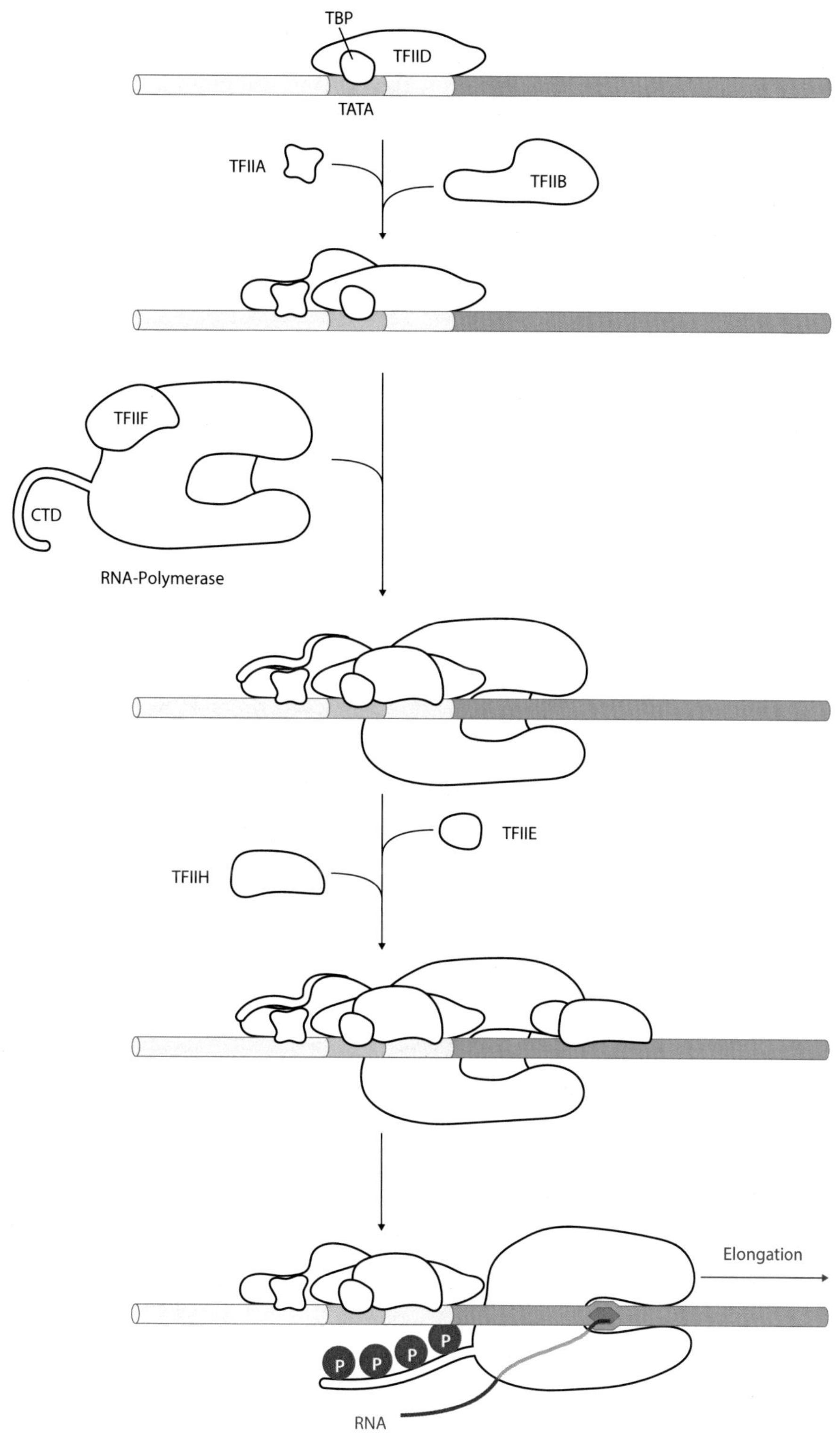

Nach Boenigk (Hrsg.), Boenigk Biologie, © Springer-Verlag GmbH Deutschland, ein Teil von Springer Nature 2021

3

69) Aktivierung der Polymerase durch Bindung von Aktivatorproteinen am Enhancer. Skizzieren Sie die Funktion des Enhancers und der Aktivatorproteine für die Aktivierung der Polymerase. Kolorieren Sie dafür die einzelnen Elemente wie folgt. DNA-Strang: Enhancer (gelb), TATA-Box (dunkelblau), Promotor (ohne TATA-Box) (hellblau), Gen (dunkelgrün), andere DNA-Regionen (hellgrün). Proteine bzw. Transkriptionsfaktoren: Aktivatorproteine (orange), SWI-Komplex (hellgrün), Histon Acetyltransferase (HAT) (dunkelgrün), Mediatorproteine (gelb), Transkriptionsfaktoren (dunkelblau), andere Proteine (rot).

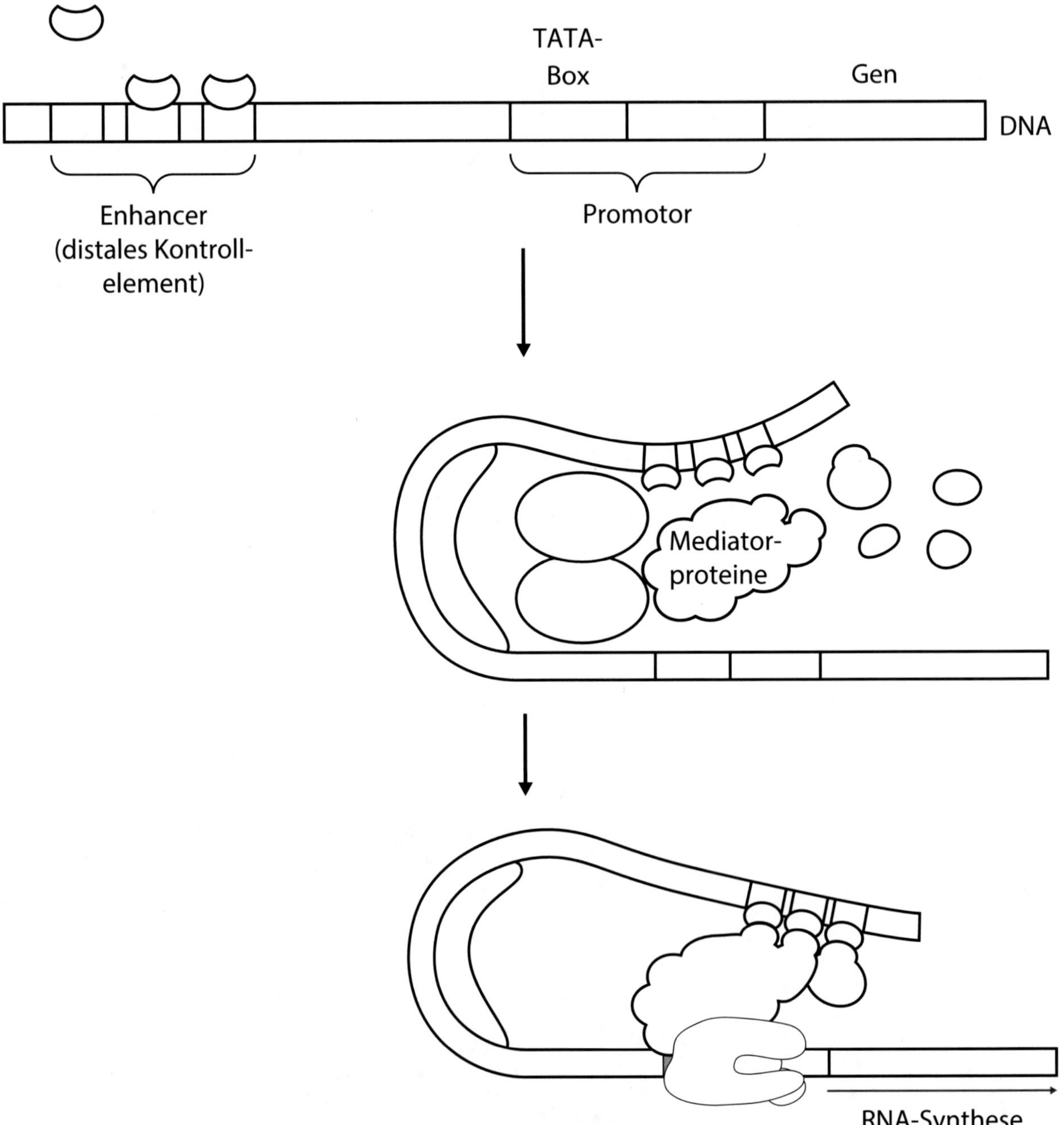

Nach Boenigk (Hrsg.), Boenigk Biologie, © Springer-Verlag GmbH Deutschland, ein Teil von Springer Nature 2021

70) X-Chromosom-Inaktivierung. Geben Sie jeweils in den weißen Feldern den Status der X-Chromosom-Inaktivierung an. Nutzen Sie dafür die folgende Symbolik (falls verschiedene Zellen des dargestellten Entwicklungsstadiums unterschiedliche Inaktivierung aufweisen, stellen Sie alle realisierten Zustände dar).

(XX) beide X-Chromosomen aktiv

(•X) paternales X-Chromosom inaktiviert, maternales X-Chromosom exprimiert

(X•) maternales X-Chromosom inaktiviert, paternales X-Chromosom exprimiert

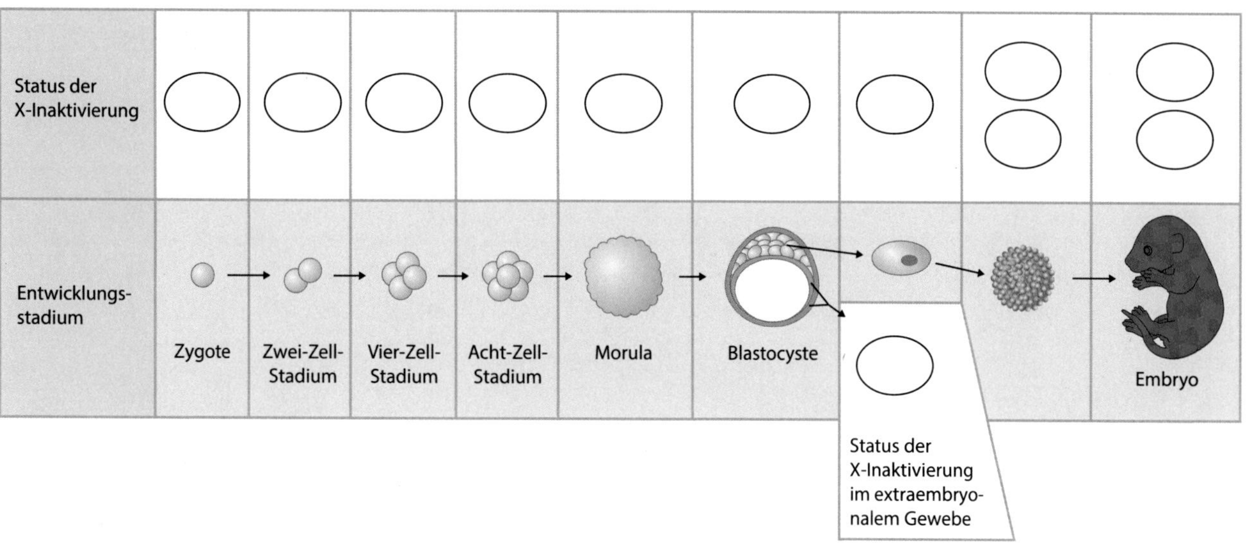

Nach Boenigk (Hrsg.), Boenigk Biologie, © Springer-Verlag GmbH Deutschland, ein Teil von Springer Nature 2021

71) Ordnen Sie die modifizierten Nucleosidbasen durch Kolorierung den unmodifizierten Nucleosidbasen zu.

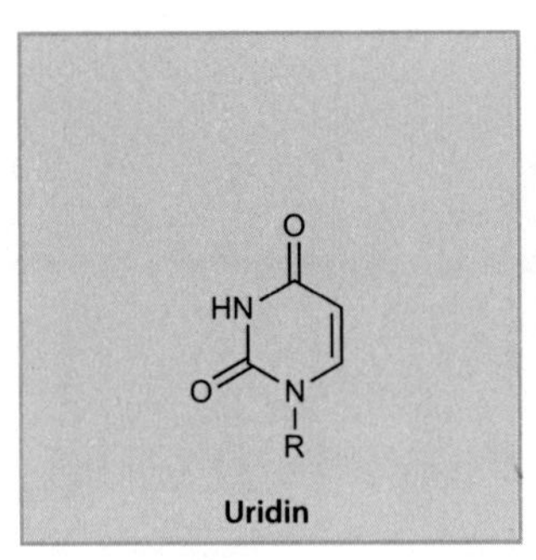

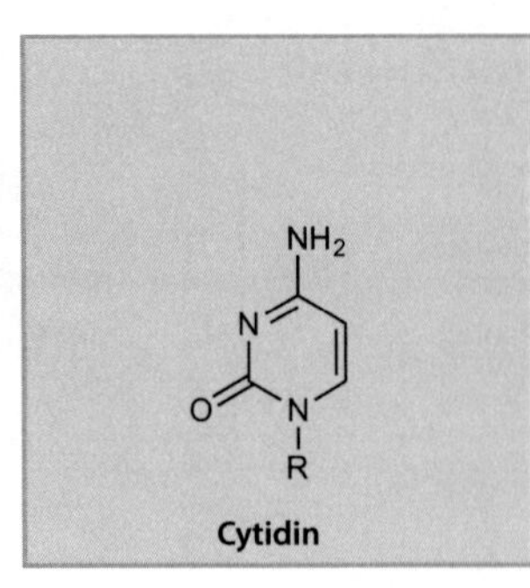

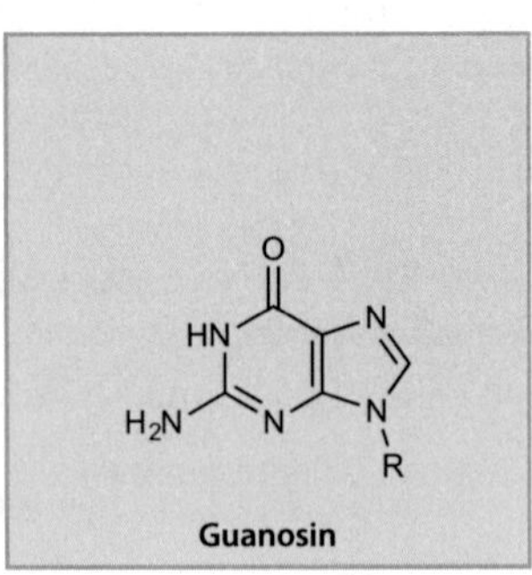

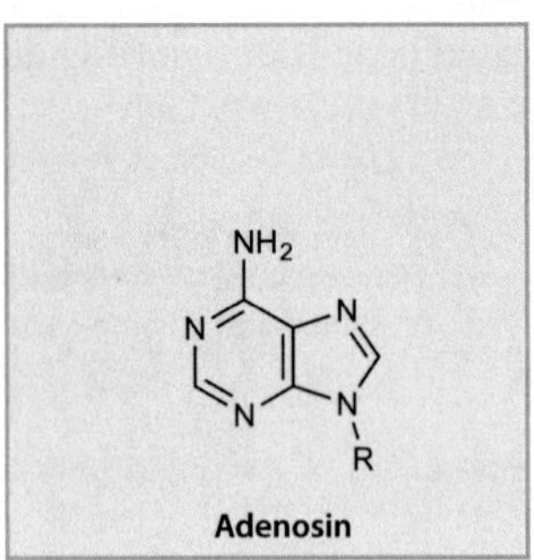

Nach Boenigk (Hrsg.), Boenigk Biologie, © Springer-Verlag GmbH Deutschland, ein Teil von Springer Nature 2021

Physiologie

© Der/die Herausgeber bzw. der/die Autor(en),
exklusiv lizenziert an Springer-Verlag GmbH, DE, ein Teil von Springer Nature 2022
J. Boenigk, *Boenigk, Biologie – Malbuch*, https://doi.org/10.1007/978-3-662-65463-7_4

4

H_2O

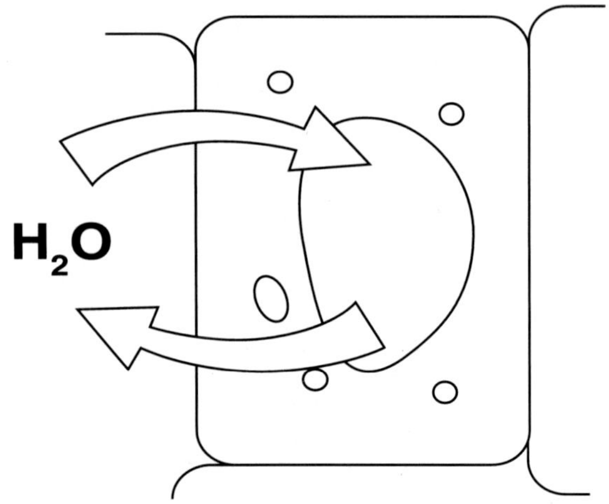

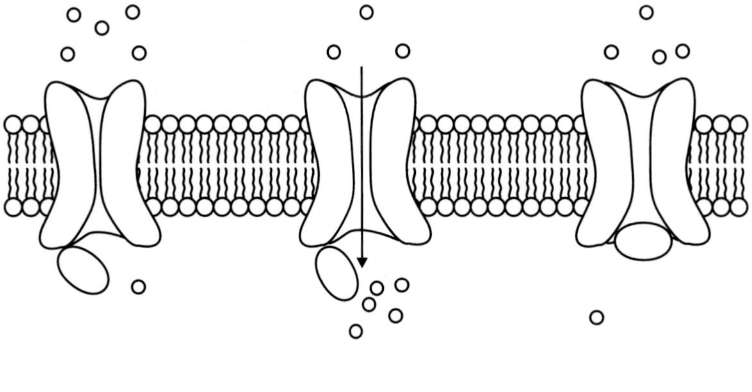

Nach Boenigk (Hrsg.), Boenigk Biologie, © Springer-Verlag GmbH Deutschland, ein Teil von Springer Nature 2021

72) Bio-Mandala: Malen zum Entspannen.

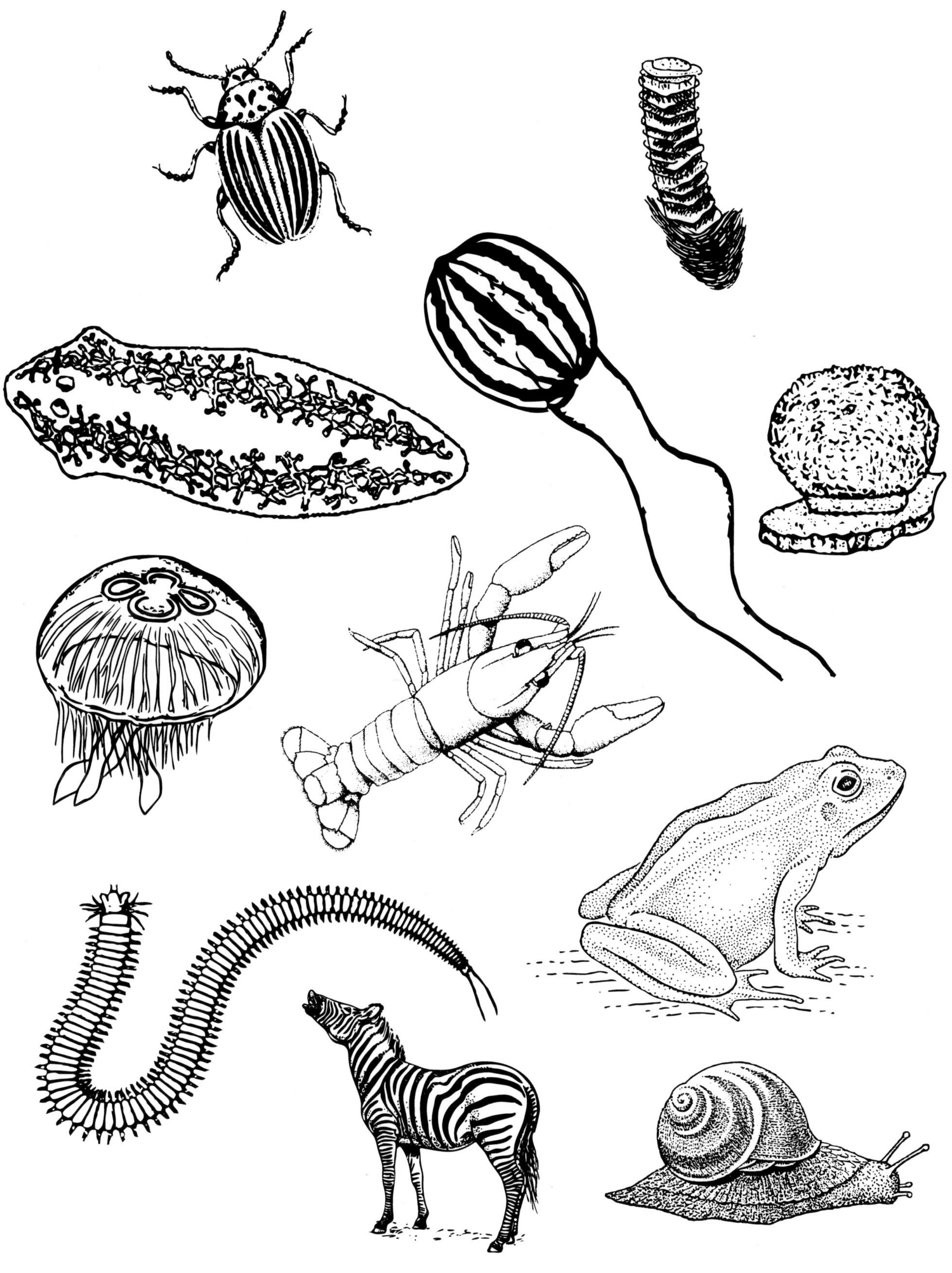

Nach Boenigk (Hrsg.), Boenigk Biologie, © Springer-Verlag GmbH Deutschland, ein Teil von Springer Nature 2021

73) Stellen Sie die Unterschiede des Membranaufbaus im Bereich von Lipid Rafts zeichnerisch dar – verwenden Sie dafür die folgenden Symbole für Phospholipide, Sphingolipide und Cholesterin und ergänzen Sie die Zeichnung im Bereich der gestrichelten Linien.

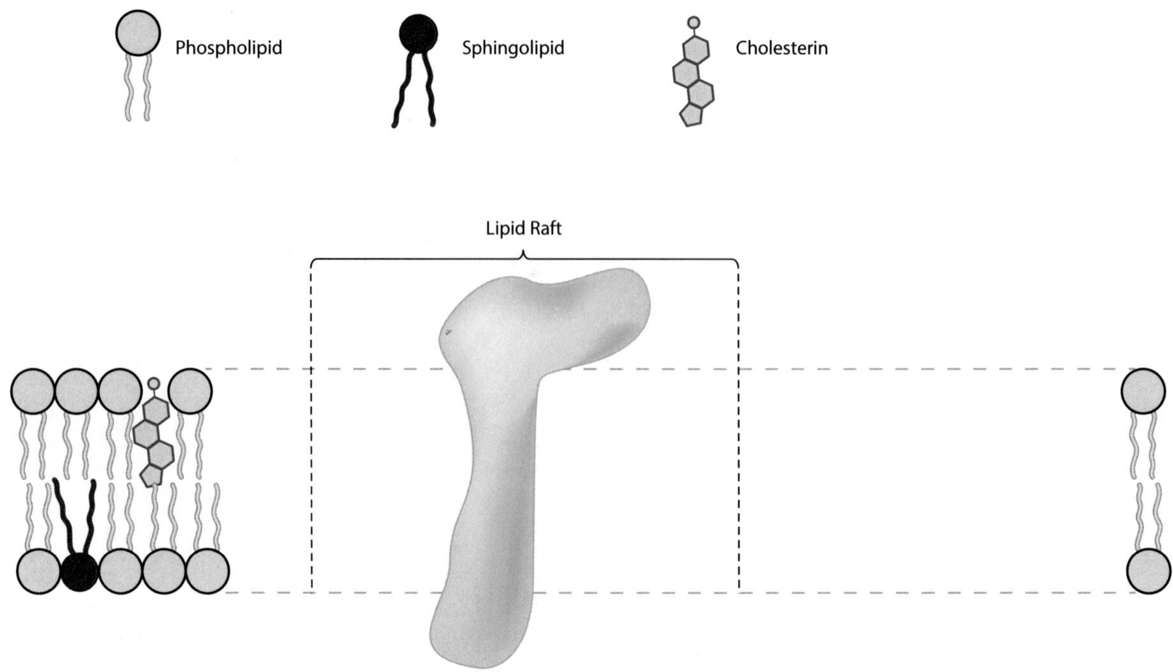

74) Cuticula von Arthropoden und Landpflanzen im Vergleich. Stellen Sie die Unterschiede der Cuticula von Arthropoden und Landpflanzen zeichnerisch dar. Kolorieren Sie dafür entsprechend der folgenden Vorgaben: kristalline Auflagerungen der Epicuticula (lila), Epicuticula – Wachschichten (hellblau), Epicuticula – proteinreiche Schicht (dunkelblau), Chitin und Proteine (grün), Cutin mit Wachsanteilen (dunkelrot), Cutin ohne Wachsanteile (hellrot), Epidermis (gelb).

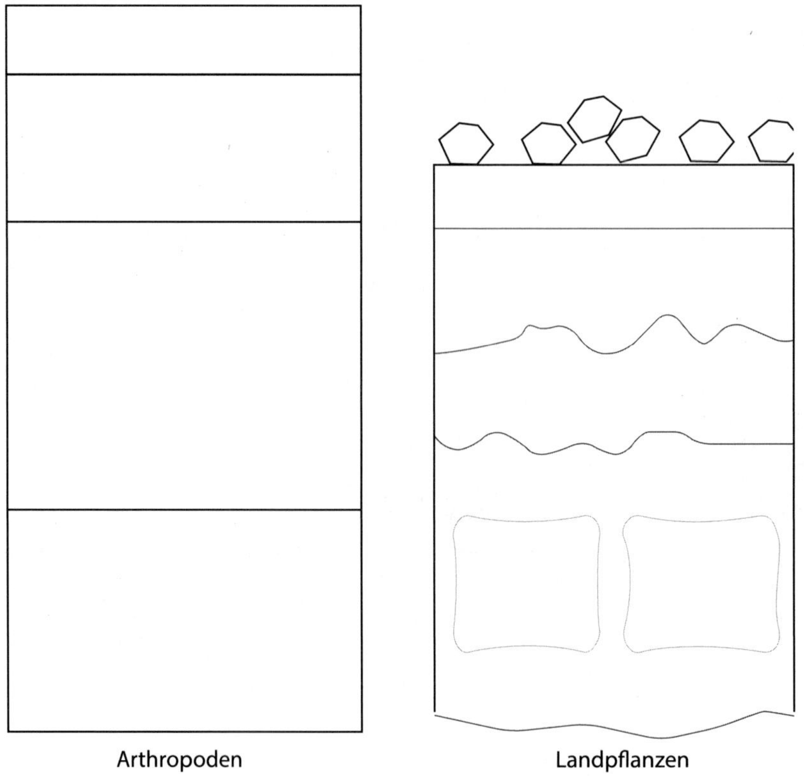

Nach Boenigk (Hrsg.), Boenigk Biologie, © Springer-Verlag GmbH Deutschland, ein Teil von Springer Nature 2021

75) Aufbau der Haut der Wirbeltiere. Skizzieren Sie den Aufbau der Haut, kolorieren Sie dazu die Zeichnung entsprechend der folgenden Vorgaben: Stratum corneum (gelb), Stratum granulosum (rot), Stratum spinosum (blau), Stratum basale (grün), Basalmembran (lila).

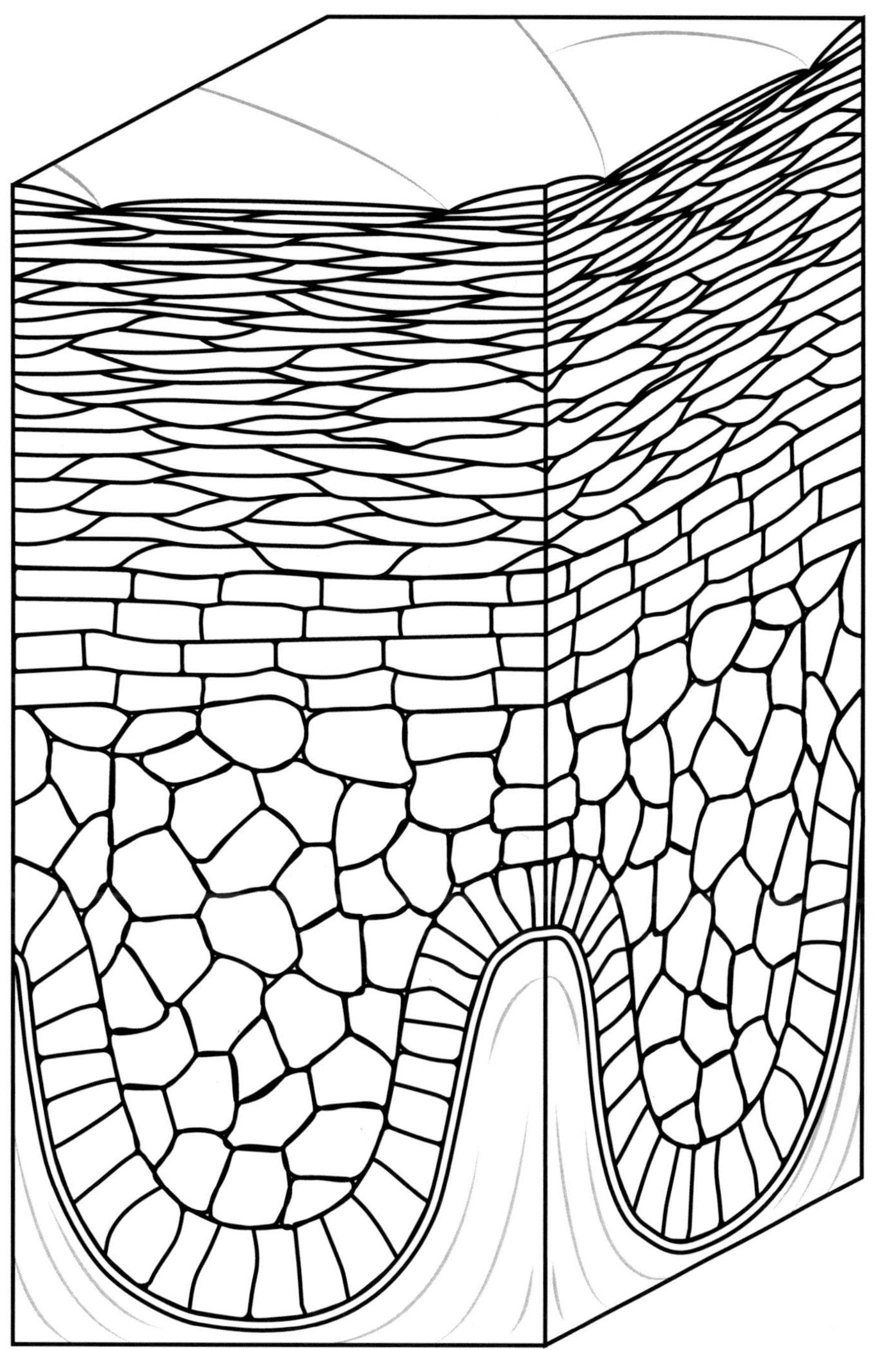

Nach Boenigk (Hrsg.), Boenigk Biologie, © Springer-Verlag GmbH Deutschland, ein Teil von Springer Nature 2021

76) Physiologischer Farbwechsel. Skizzieren Sie die Unterschiede der Mechanismen des physiologischen Farbwechsels bei Kopffüßern und bei Fischen bzw. Amphibien. Zeichnen Sie dafür schematisch eine Zellkontur und die Lage von Pigmenten in den Zellen (rot).

Kopffüßer		**Fische und Amphibien**	
hohe Farbgebung / dunkel	Farbe verblasst / hell	hohe Farbgebung / dunkel	Farbe verblasst / hell

77) Physiologischer Farbwechsel. Die an der Farbgebung bei Cephalopoden beteiligten Strukturen sind durch ihre Farbe bzw. ihr Reflexionsverhalten zuzuordnen. Kolorieren Sie Leukophoren (weiß), Iridiophoren (hellgrau) sowie die Xantophoren (flache Ovale), Erythrophoren (abgerundete Rechtecke) und Melanophoren (Rechtecke) in der richtigen Farbe.

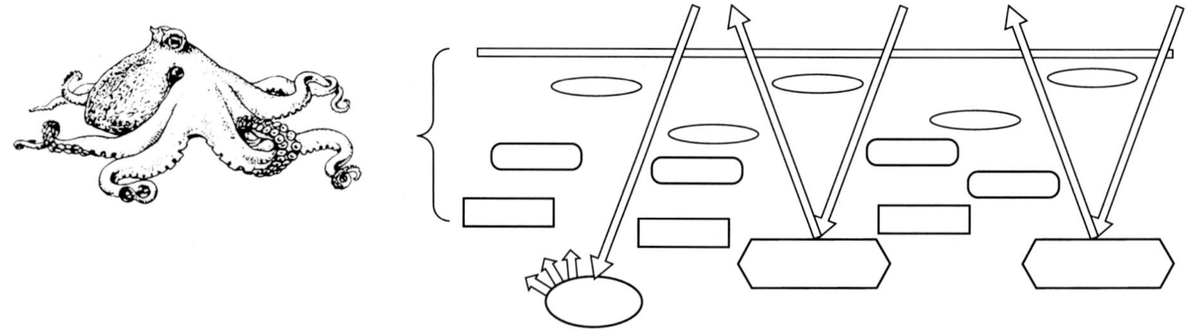

Nach Boenigk (Hrsg.), Boenigk Biologie, © Springer-Verlag GmbH Deutschland, ein Teil von Springer Nature 2021

78) Gasaustausch. Kolorieren Sie bei Säugetieren, Fischen und Insekten jeweils den Ort des Gasaustausches rot, den Weg sauerstoffreicher Luft durch rote Pfeile und den Weg kohlenstoffdioxidreicher Luft durch blaue Pfeile.

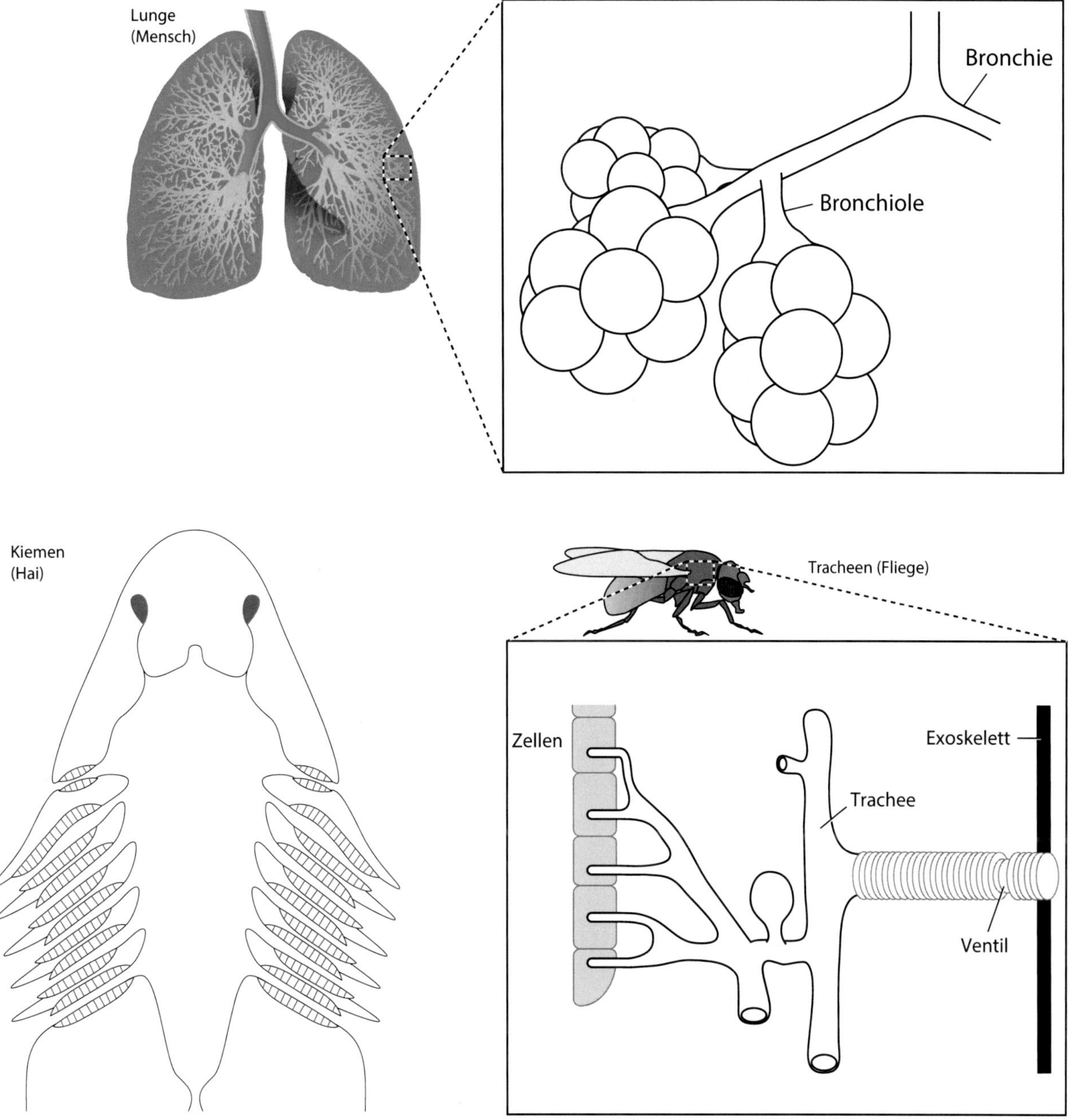

Nach Boenigk (Hrsg.), Boenigk Biologie, © Springer-Verlag GmbH Deutschland, ein Teil von Springer Nature 2021

79) Essenzielle Elemente für Organismen. Skizzieren Sie die Bedeutung verschiedener Elemente für Lebewesen. Kolorieren Sie dazu wie folgt: lebensnotwendige Alkalimetalle (gelb), lebensnotwendige Erdalkalimetalle (rot), lebensnotwendige Halogene (grün), lebensnotwendige Nichtmetalle (blau), lebensnotwendige Übergangsmetalle (lila).

1																	8
1 H	2											3	4	5	6	7	2 He
3 Li	4 Be											5 B	6 C	7 N	8 O	9 F	10 Ne
11 Na	12 Mg											13 Al	14 Si	15 P	16 S	17 Cl	18 Ar
19 K	20 Ca	21 Sc	22 Ti	23 V	24 Cr	25 Mn	26 Fe	27 Co	28 Ni	29 Cu	30 Zn	31 Ga	32 Ge	33 As	34 Se	35 Br	36 Kr
37 Rb	38 Sr	39 Y	40 Zr	41 Nb	42 Mo	43 Tc	44 Ru	45 Rh	46 Pd	47 Ag	48 Cd	49 In	50 Sn	51 Sb	52 Te	53 I	54 Xe
55 Cs	56 Ba	57 La	72 Hf	73 Ta	74 W	75 Re	76 Os	77 Ir	78 Pt	79 Au	80 Hg	81 Tl	82 Pb	83 Bi	84 Po	85 At	86 Rn
87 Fr	88 Ra	89 Ac	104 Rf	105 Db	106 Sg	107 Bh	108 Hs	109 Mt	110 Ds	111 Rg	112 Cn	113 Nh	114 Fl	115 Mc	116 Lv	117 Ts	118 Og

80) Darmtrakt bei verschiedenen Metazoen. Skizzieren Sie die Abschnitte des Magen-Darm-Trakts für die angegebenen Taxa. Beschriften Sie die Abschnitte und kolorieren Sie diese. Wählen Sie für sich entsprechende Abschnitte bei allen Taxa jeweils die gleiche Farbe. Der Mund als erster und Anus als letzter Abschnitt sind jeweils vorgegeben. Berücksichtigen Sie, sofern vorhanden, die folgenden Abschnitte: Darm (ggf. Mitteldarm, Dünndarm, Dickdarm), Kropf, Malpighi-Gefäße, Mund, Muskelmagen/Magendarm, Pylorus, Rectum, Schlund, Speiseröhre.

Nematoden Mund … Anus

Anneliden Mund … Anus

Insekten Mund … Anus

Gastropoden Mund … Anus

Vertebraten Mund … Anus

Nach Boenigk (Hrsg.), Boenigk Biologie, © Springer-Verlag GmbH Deutschland, ein Teil von Springer Nature 2021

81) Verdauungssystem der Säugetiere. Skizzieren Sie den Aufbau des Verdauungssystems der Säugetiere (Beispiel Mensch). Kolorieren Sie dazu wie folgt: Mundhöhle (hellblau), Speiseröhre (dunkelblau), Zunge (hellrot), Magen (dunkelgrün), Leber (dunkelrot), Gallenblase (gelb), Bauchspeicheldrüse (hellgrün), Dünndarm (hellorange), Dickdarm (dunkelorange).

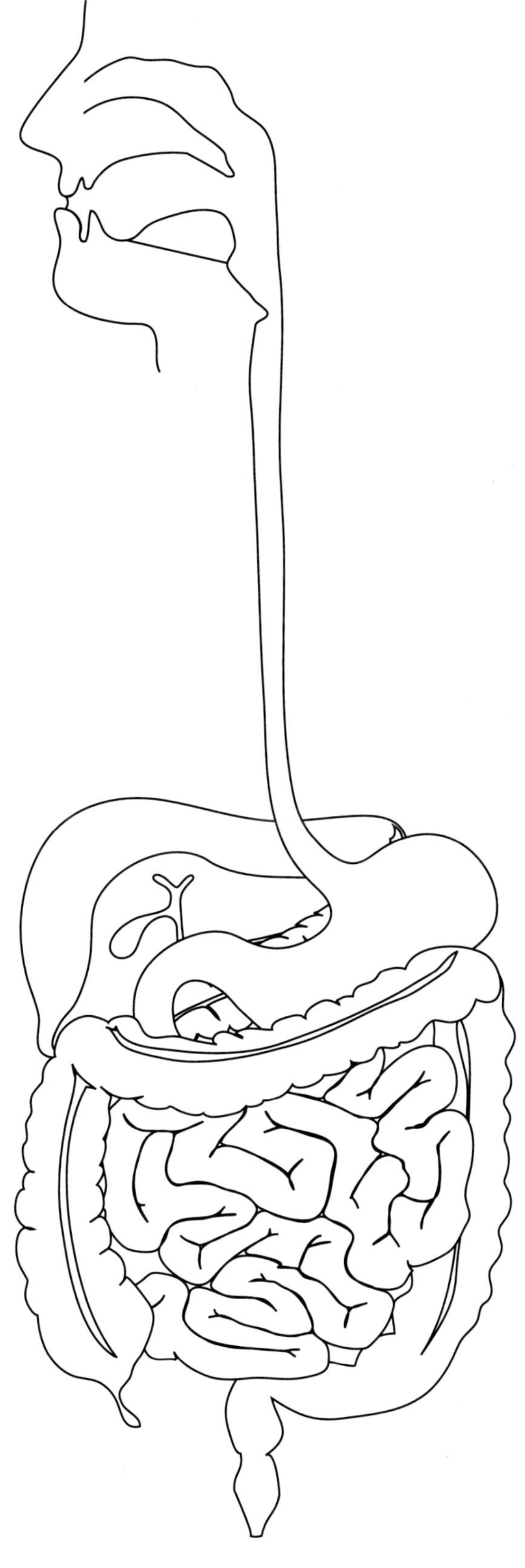

Nach Boenigk (Hrsg.), Boenigk Biologie, © Springer-Verlag GmbH Deutschland, ein Teil von Springer Nature 2021

82) Ausscheidungsorgane. Skizzieren Sie Ausscheidung und Resorption in Protonephridien, Metanephridien und im Verdauungstrakt von Insekten. Skizzieren Sie dafür die Richtung des Wasserstroms (Pfeile) und kolorieren Sie die Bereiche der Exkretion (rot) und Resorption (blau) von Na^+, K^+ und Wasser.

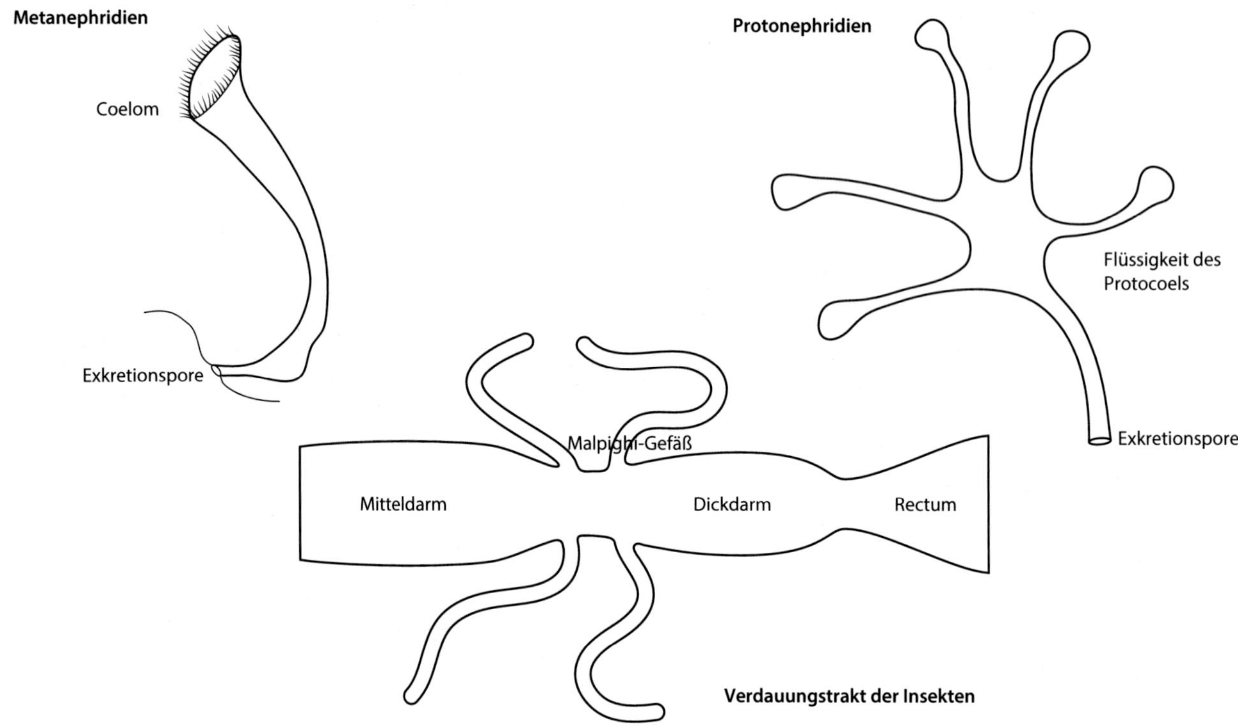

83) Glykolyse. Zeichnen Sie die Strukturformeln der folgenden Substrate, Intermediate bzw. Produkte der Glykolyse.

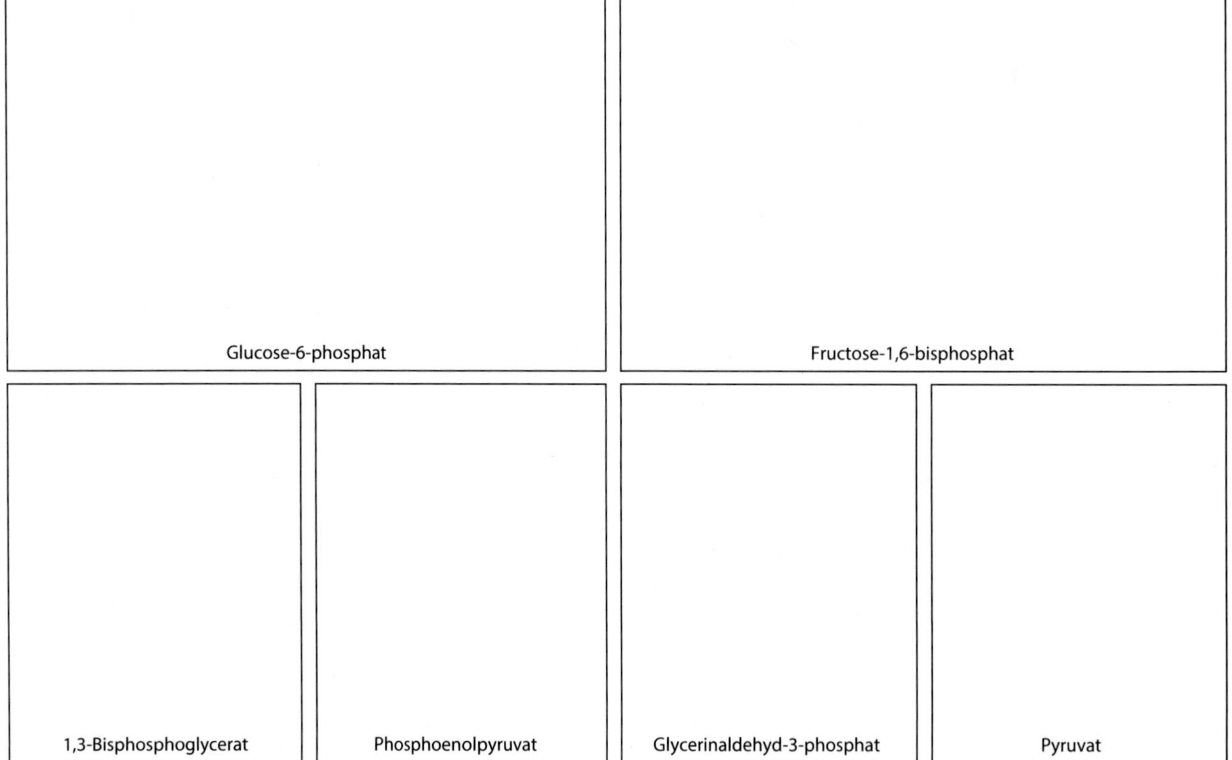

Nach Boenigk (Hrsg.), Boenigk Biologie, © Springer-Verlag GmbH Deutschland, ein Teil von Springer Nature 2021

84) Ausscheidungsprodukte. Zeichnen Sie die Strukturformeln der genannten Ausscheidungsprodukte von Stickstoffverbindungen.

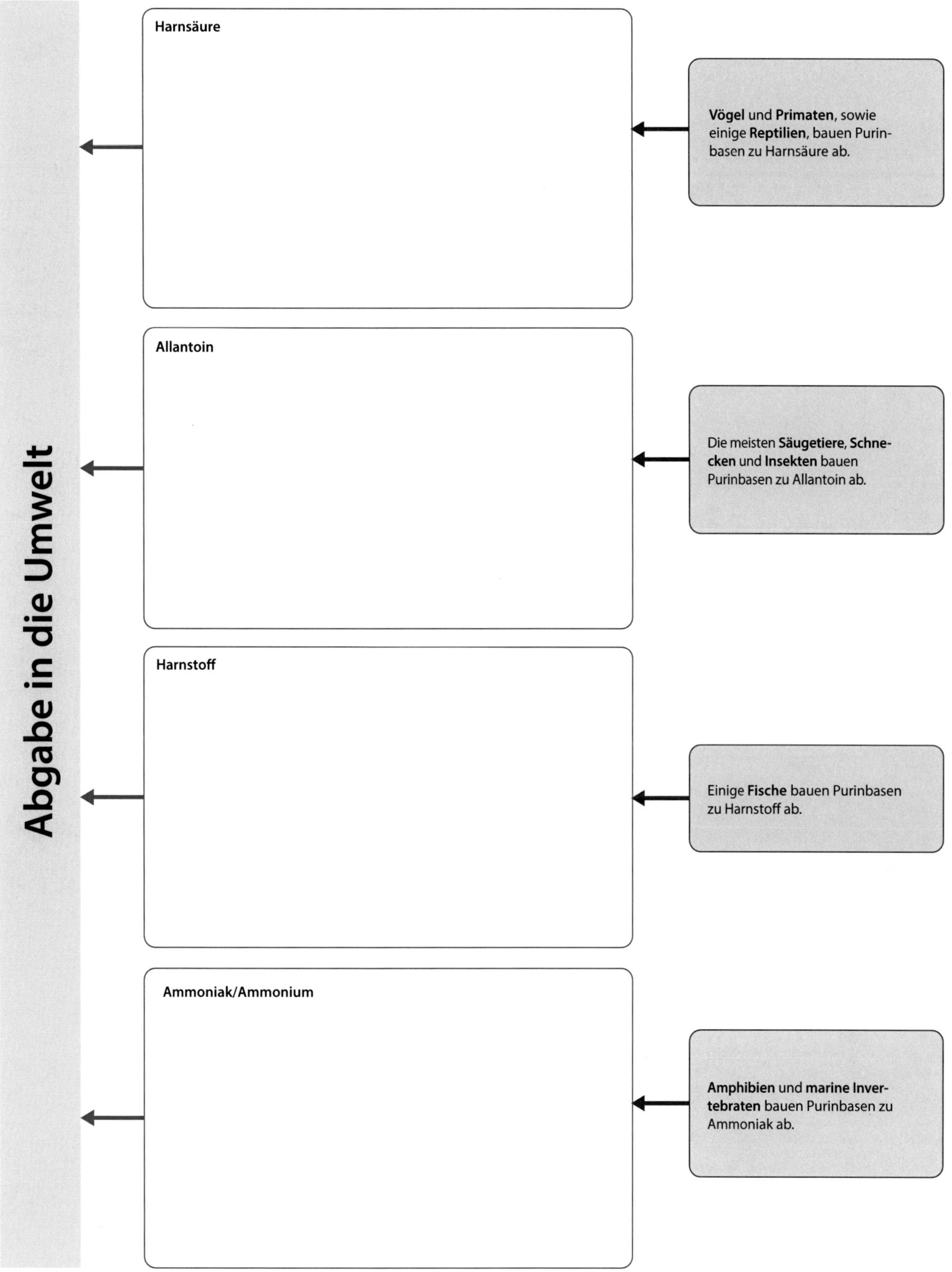
Abgabe in die Umwelt
Harnsäure
Vögel und Primaten, sowie einige Reptilien, bauen Purinbasen zu Harnsäure ab.
Allantoin
Die meisten Säugetiere, Schnecken und Insekten bauen Purinbasen zu Allantoin ab.
Harnstoff
Einige Fische bauen Purinbasen zu Harnstoff ab.
Ammoniak/Ammonium
Amphibien und marine Invertebraten bauen Purinbasen zu Ammoniak ab.

Nach Boenigk (Hrsg.), Boenigk Biologie, © Springer-Verlag GmbH Deutschland, ein Teil von Springer Nature 2021

4

85) Glykolyse – Enzyme. Markieren Sie die Beteiligung verschiedener Enzymklassen (bzw. Enzymsubklassen) in der Glykolyse wie folgt: Kinase (rot), Hydrolase (grün), Isomerase (gelb), Aldolase (blau), Mutase (lila), Enolase (orange).

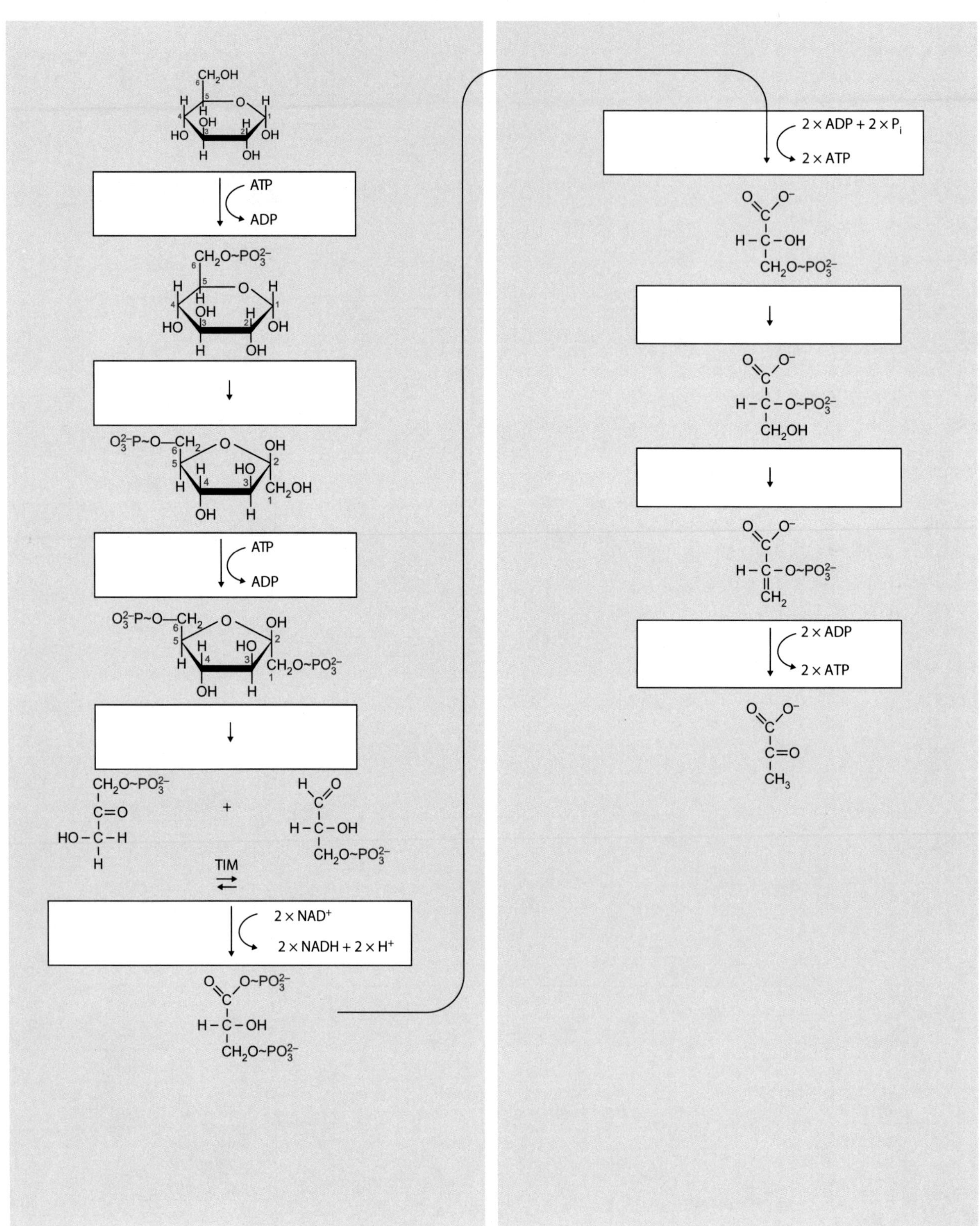

Nach Boenigk (Hrsg.), Boenigk Biologie, © Springer-Verlag GmbH Deutschland, ein Teil von Springer Nature 2021

86) Citratzyklus. Ergänzen Sie die Namen und Strukturformeln der fehlenden Moleküle im Citratzyklus. Zeichnen Sie zudem ein, an welchen Stellen NADH gebildet wird.

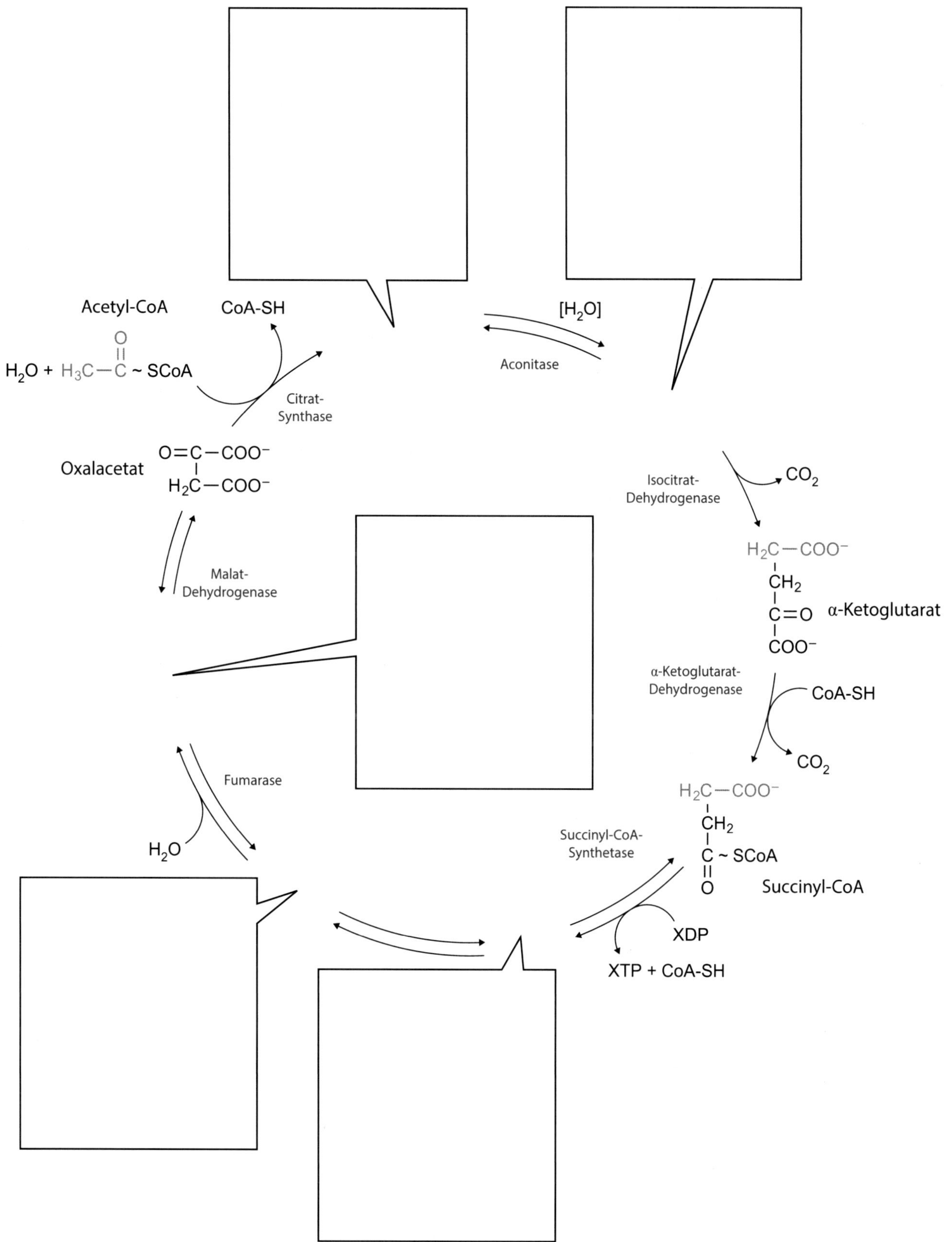

Nach Boenigk (Hrsg.), Boenigk Biologie, © Springer-Verlag GmbH Deutschland, ein Teil von Springer Nature 2021

87) ATP-Synthase. Skizzieren Sie die Position der ATP-Synthase und deren Funktionsweise in den Mitochondrienmembranen.

Matrix

innere Mitochondrienmembran

Intermembranraum

äußere Mitochondrienmembran

Cytoplasma

88) Alkoholische Gärung. Skizzieren Sie anhand der Grafik die Nutzung bzw. Bildung von ADP + P_i, ATP, H_2O, CO_2, NADH/H^+ und NAD^+ in der alkoholischen Gärung.

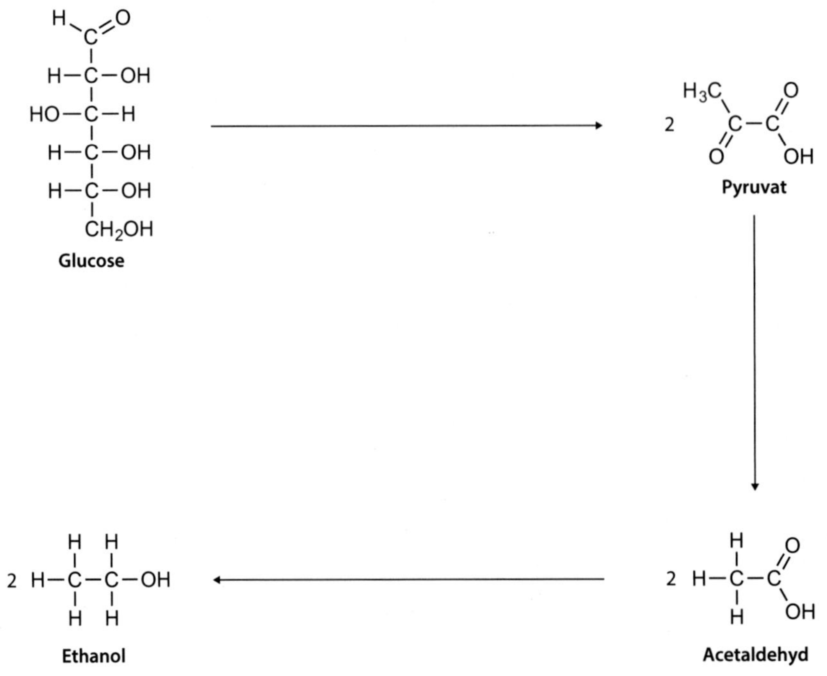

H–C=O
H–C–OH
HO–C–H
H–C–OH
H–C–OH
CH_2OH
Glucose

2 H_3C–C(=O)–C(=O)–OH
Pyruvat

2 H–C(H)(H)–C(=O)–OH
Acetaldehyd

2 H–C(H)(H)–C(H)(H)–OH
Ethanol

Nach Boenigk (Hrsg.), Boenigk Biologie, © Springer-Verlag GmbH Deutschland, ein Teil von Springer Nature 2021

89) Glyoxylatzyklus. Kreisen Sie die Moleküle ein, die Teil des Glyoxylatzyklus sind.

90) Photosynthese. Kolorieren Sie die folgenden Komponenten wie angegeben: Cytochrom-Komplex (gelb), PS I (hellgrün), PS II (dunkelgrün), Thylakoidmembran (hellblau), $NADP^+$-Reduktase (orange), ATP-Synthase (rot), Plastochinon (dunkelblau), Plastocyanin (grau), Ferredoxin (lila).

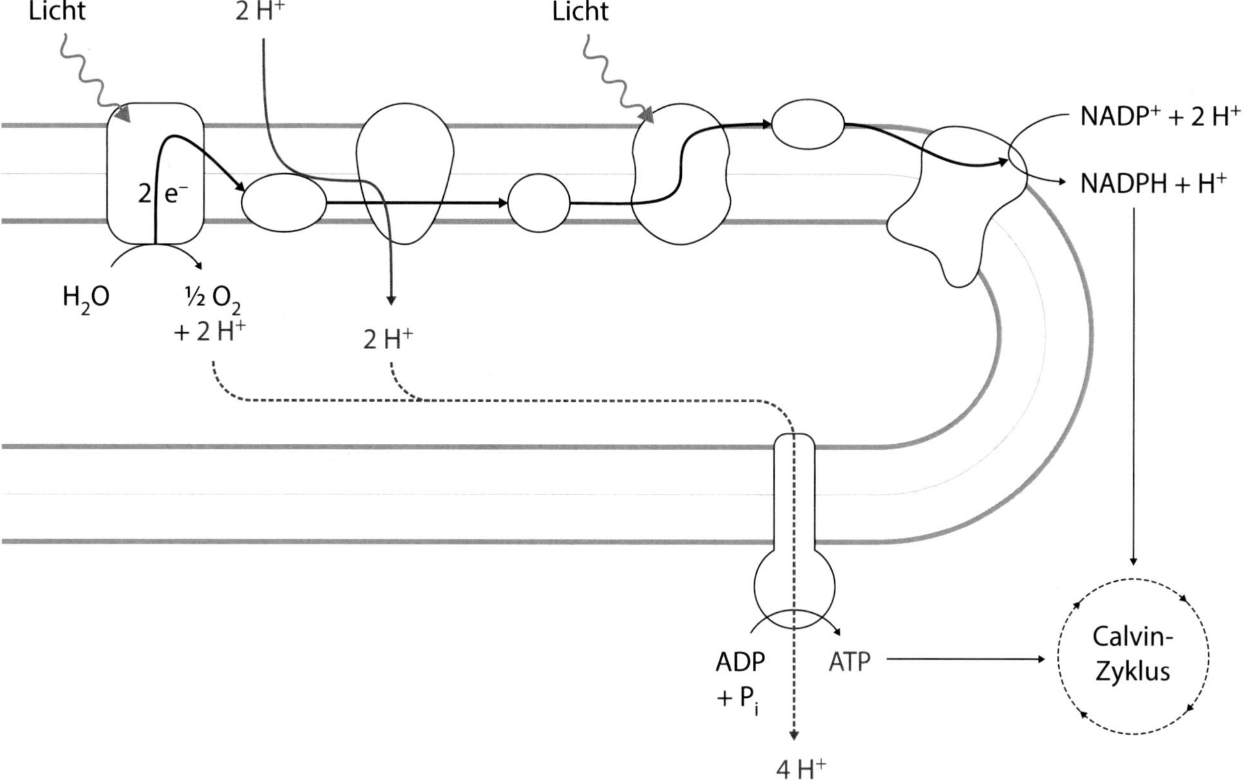

Nach Boenigk (Hrsg.), Boenigk Biologie, © Springer-Verlag GmbH Deutschland, ein Teil von Springer Nature 2021

91) Aufbau eines Phycobilisoms und Absorptionsspektren der Photopigmente. Kolorieren Sie das Phycobilisom wie folgt: Proteine des Photosystems II (gelb), Phycoerythrin (rot), Phycocyanin (lila), Allophycocyanin (blau). Kolorieren Sie die Absorptionsspektren der Photopigmente in den beiden Diagrammen wie folgt: β-Carotin (gelb), Chlorophyll *a* (dunkelgrün) Chlorophyll *b* (hellgrün), Phycoerythrin (dunkelrot) Phycocyanin (blau).

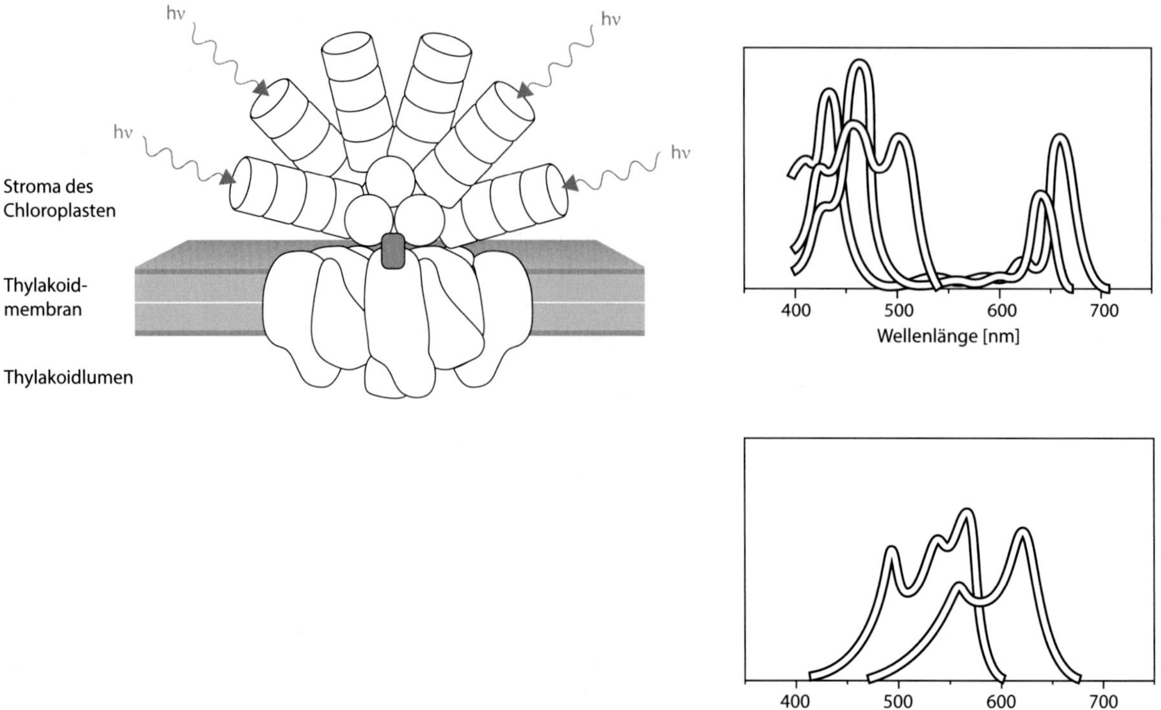

400 500 600 700

Wellenlänge [nm]

92) Photosynthese: Kolorieren Sie das π-Elektronensystem konjugierter Doppelbindungen der dargestellten Photopigmente (Chlorophyll *a*, ß-Carotin, Lutein) rot.

CH_3 N Mg N N N O O O O O

Chlorophyll *a*

β-Carotin

OH HO

Lutein

Nach Boenigk (Hrsg.), Boenigk Biologie, © Springer-Verlag GmbH Deutschland, ein Teil von Springer Nature 2021

93) Photosynthese – Calvin-Zyklus. Welche der dargestellten Moleküle kommen im reduktiven Pentosephosphatweg (Calvin-Zyklus) vor? Kreisen Sie diese ein.

94) Photorespiration und Glykolatweg. Zeichnen Sie die fehlenden Strukturformeln ein und benennen Sie diese. Kolorieren Sie die Hintergründe entsprechend den Zellkompartimenten, in denen die entsprechenden Reaktionen ablaufen: Chloroplast (hellgrün). Mitochondrium (hellrot); Peroxisom (hellblau).

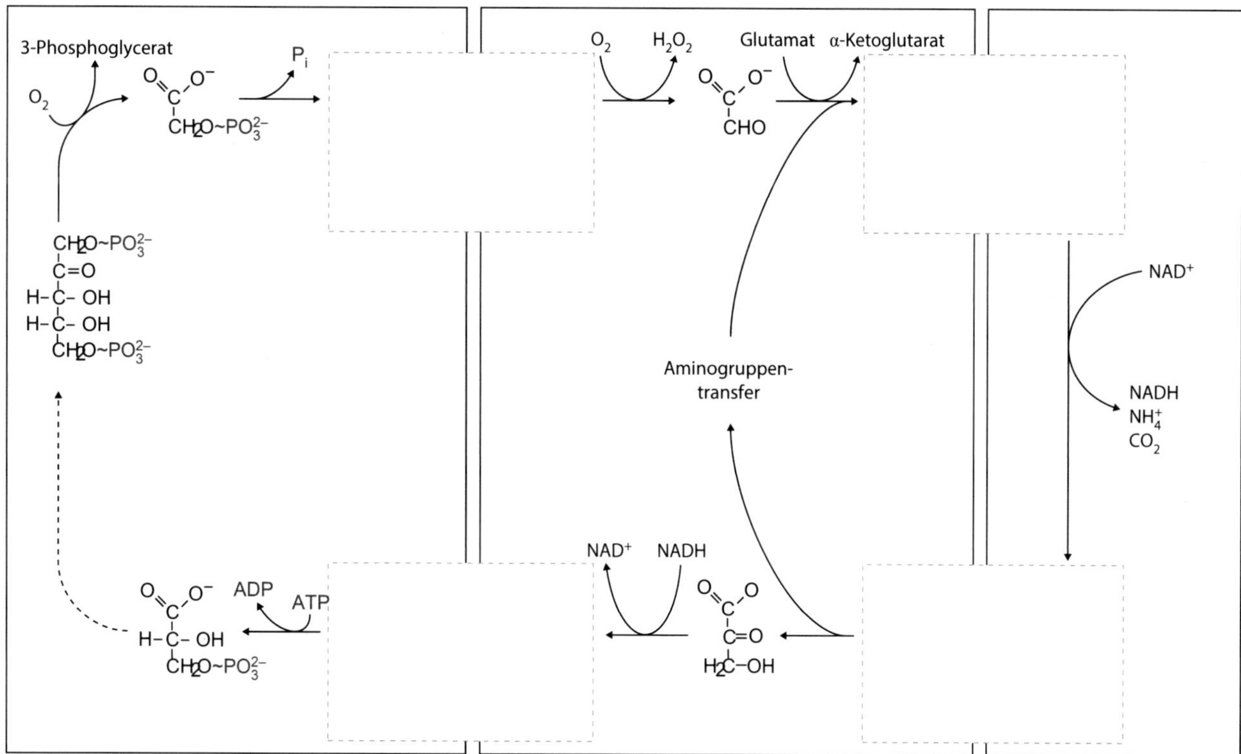

Nach Boenigk (Hrsg.), Boenigk Biologie, © Springer-Verlag GmbH Deutschland, ein Teil von Springer Nature 2021

95) Schwer abbaubare Kohlenwasserstoffe. Kolorieren Sie die Felder der dargestellten Verbindungen wie folgt: Benzpyren (lila), Dichlordiphenyltrichlorethan (DDT) (dunkelblau), Hexachlorcyclohexan (Lindan) (rot), Chlorthalonil (gelb), Polyethylenterephthalat (PET) (orange), Mono(hydroxyethyl)terephthalat (MHET) (dunkelgrün), Terephthalat (hellblau), Ethylenglykol (hellgrün).

96) Segregation von Chromosomen. Skizzieren Sie die den Bestand an Chromosomen bzw. Chromatiden (ausgehend von einem homologen Chromosomenpaar) bei der Mitose und der Meiose.

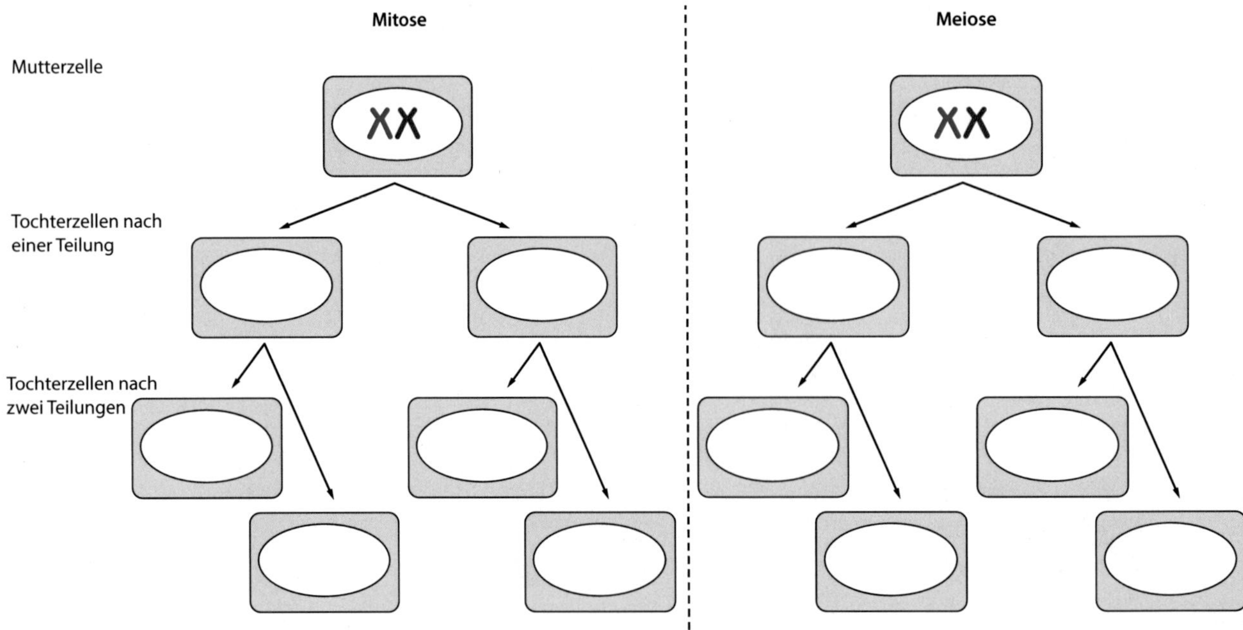

Nach Boenigk (Hrsg.), Boenigk Biologie, © Springer-Verlag GmbH Deutschland, ein Teil von Springer Nature 2021

97) Zellteilung. Skizzieren Sie die verschiedenen Möglichkeiten der Bildung von Tochterzellen, arbeiten Sie dabei die Unterschiede zwischen den verschiedenen Typen ggf. durch Darstellung von Zwischenschritten heraus.

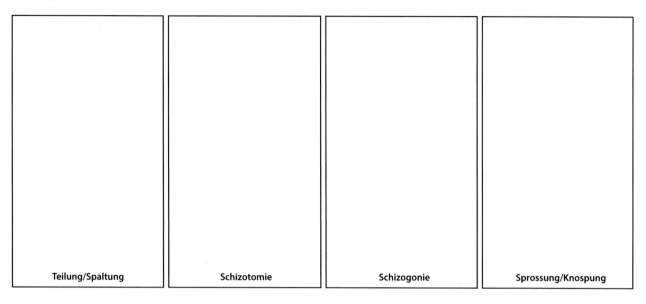

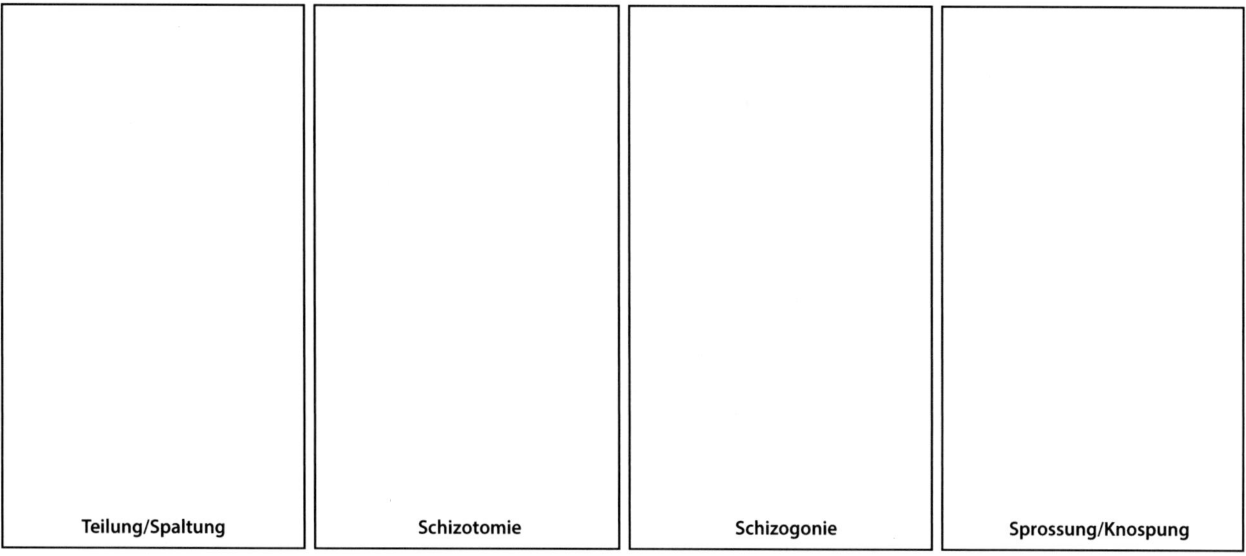

98) Aufbau eines amniotischen Eies (Huhn). Beschriften Sie die Zeichnung.

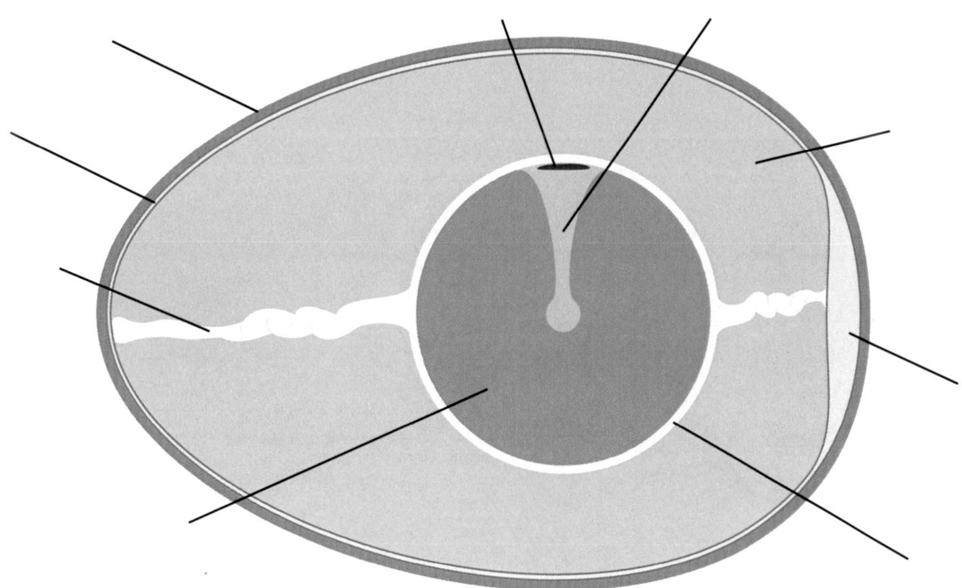

Nach Boenigk (Hrsg.), Boenigk Biologie, © Springer-Verlag GmbH Deutschland, ein Teil von Springer Nature 2021

99) Befruchtung. Kolorieren Sie Tiere entsprechend ihrer Befruchtungsstrategie: Ovuliparie (gelb), Oviparie (rot), Ovoviviparie (blau), Viviparie (grün).

100) Befruchtung. Kolorieren Sie Pflanzen entsprechend der Wasserabhängigkeit ihrer Befruchtung: innere Befruchtung über einen Pollenschlauch (gelb), innere Befruchtung über Pollinationstropfen (rot), äußere Befruchtung über freies Wasser (blau).

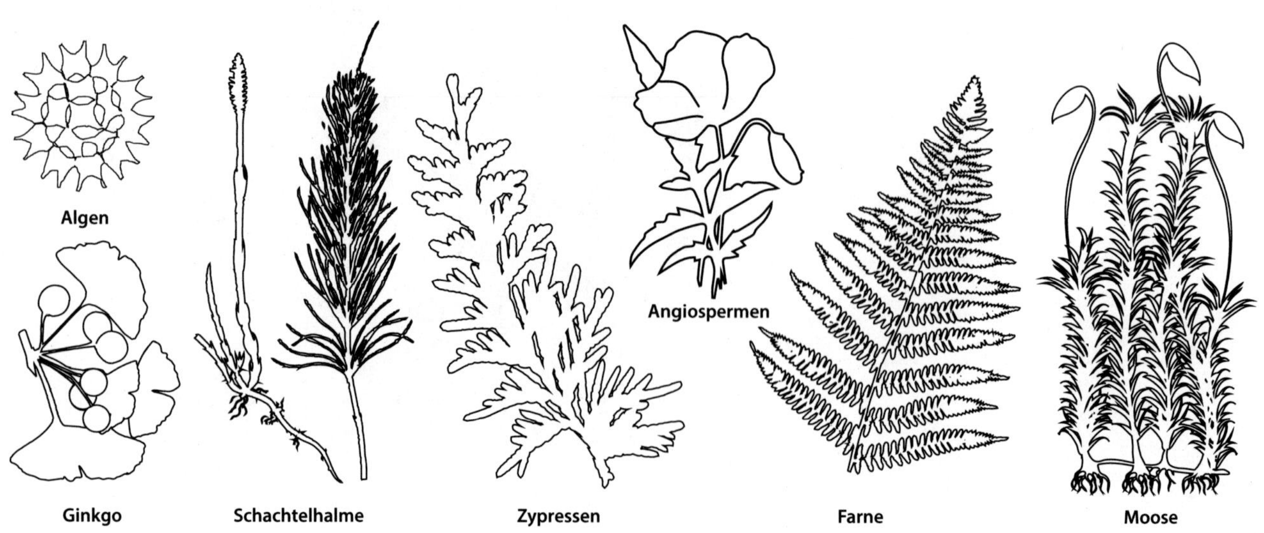

Nach Boenigk (Hrsg.), Boenigk Biologie, © Springer-Verlag GmbH Deutschland, ein Teil von Springer Nature 2021

101) Alter und Lebensspanne. Kolorieren Sie die dargestellten Organismen entsprechend ihrer maximalen Lebensspanne: < 1 Jahr (gelb), 1–5 Jahre (orange), 5–50 Jahre (lila), 50–100 Jahre (blau), 100–200 Jahre (grün), > 200 Jahre (rot).

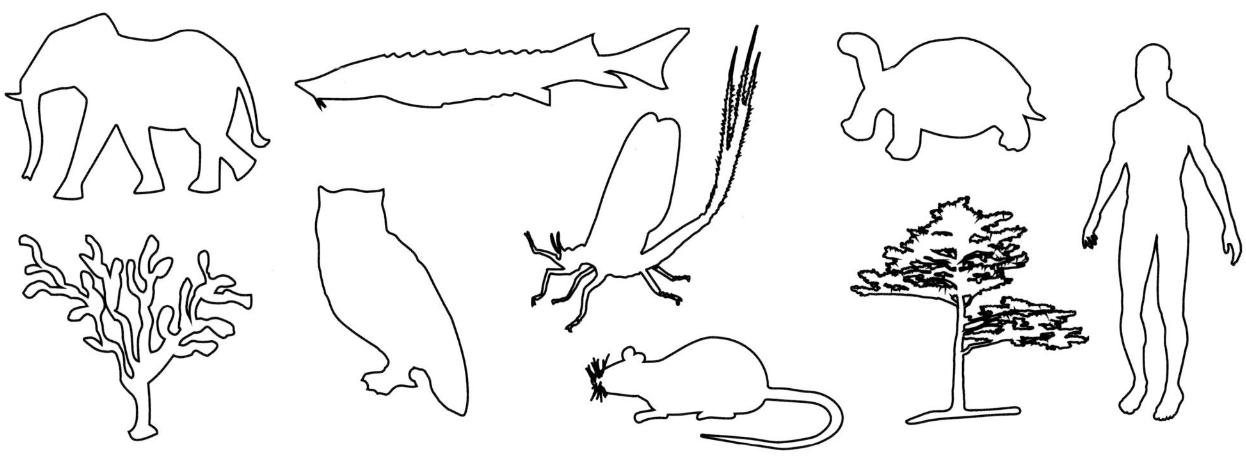

102) Dauerstadien. Skizzieren Sie als Beispiele für Dauerstadien den Aufbau einer Zwiebel (Querschnitt) und einen Wasserfloh (*Daphnia*) mit Dauereiern. Kolorieren Sie in Ihrer Zeichnung der Zwiebel den Trieb (blau), Blätter (gelb) und Brutzwiebeln (rot) sowie in Ihrer Zeichnung des Wasserflohs Ephippium (gelb), Embryo (rot) und Magen-Darm-Trakt (blau).

Zwiebel	Wasserfloh

Nach Boenigk (Hrsg.), Boenigk Biologie, © Springer-Verlag GmbH Deutschland, ein Teil von Springer Nature 2021

103) Zell-Zell-Verbindungen. Führen Sie die Zeichnung für zwei weitere Zellen fort und skizzieren Sie die Strukturen der Zell-Zell-Verbindungen. Beschriften Sie Desmosomen, Hemidesmosomen, Gap Junctions, Tight Junctions und Zonula adhaerens.

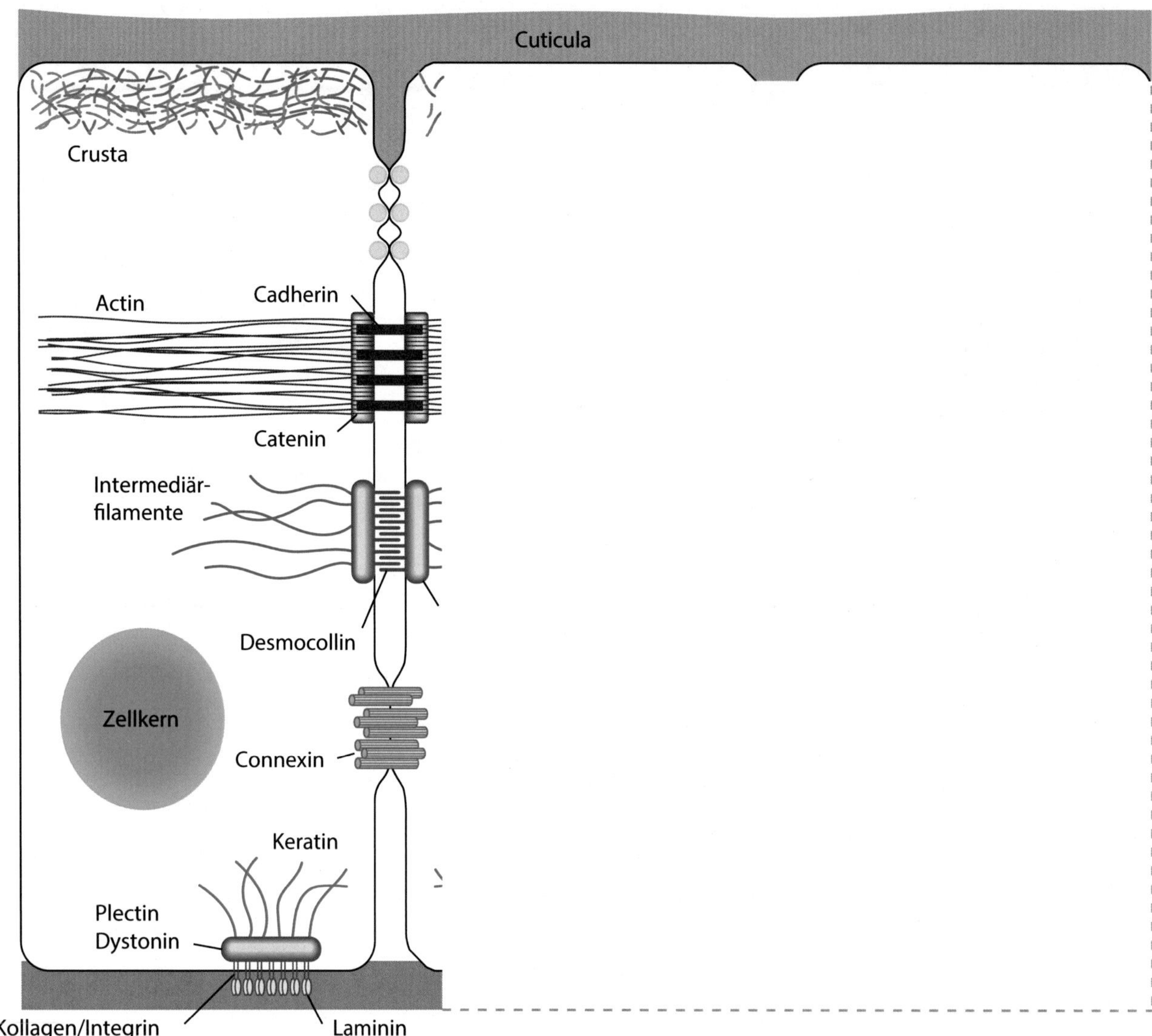

Nach Boenigk (Hrsg.), Boenigk Biologie, © Springer-Verlag GmbH Deutschland, ein Teil von Springer Nature 2021

104) Drüsen. Skizzieren Sie die Sekretion für eine merokrine, eine apokrine und eine holokrine Drüse. Stellen Sie die Sekrete durch rote Punkte dar und ergänzen Sie, sofern notwendig, abgegebene Zellen oder Zellbestandteile.

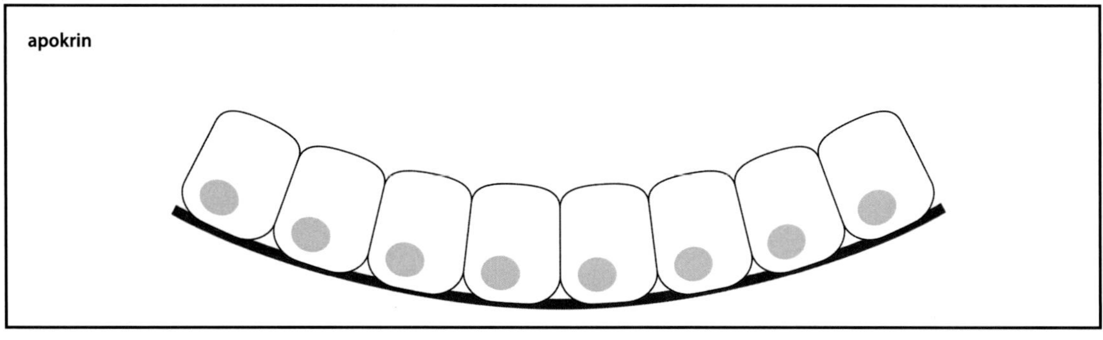

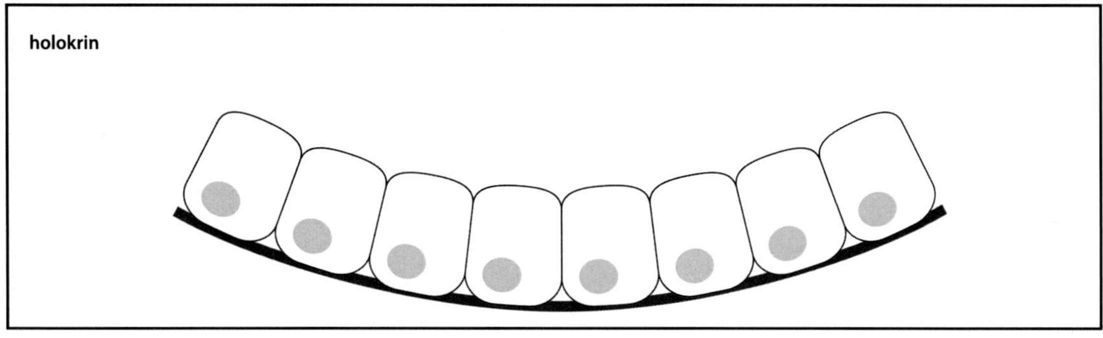

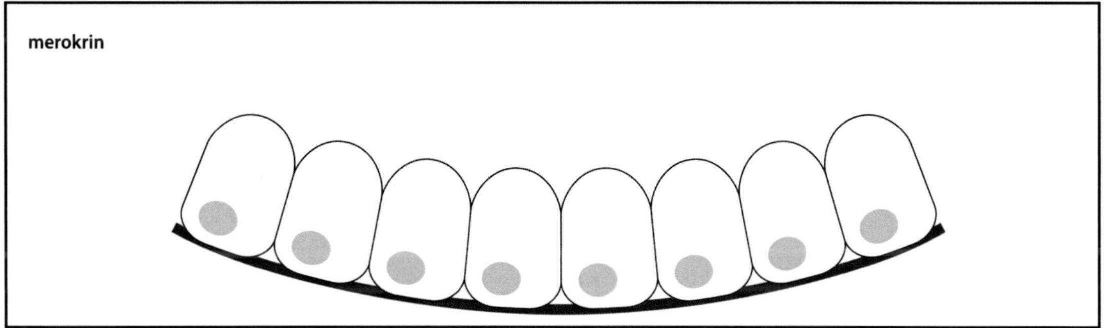

Nach Boenigk (Hrsg.), Boenigk Biologie, © Springer-Verlag GmbH Deutschland, ein Teil von Springer Nature 2021

105) Fettgewebe. Skizzieren Sie jeweils eine Zelle des weißen Fettgewebes und des braunen Fettgewebes und beschriften Sie diese. Stellen Sie insbesondere auch Vakuole(n), Zellkern und Mitochondrien dar.

106) Fettgewebe. Zeichnen Sie Position und Ausmaß von braunem Fettgewebe bei einem Neugeborenen und einem erwachsenen Menschen ein. Stellen Sie das braune Fettgewebe durch rote Flächen dar.

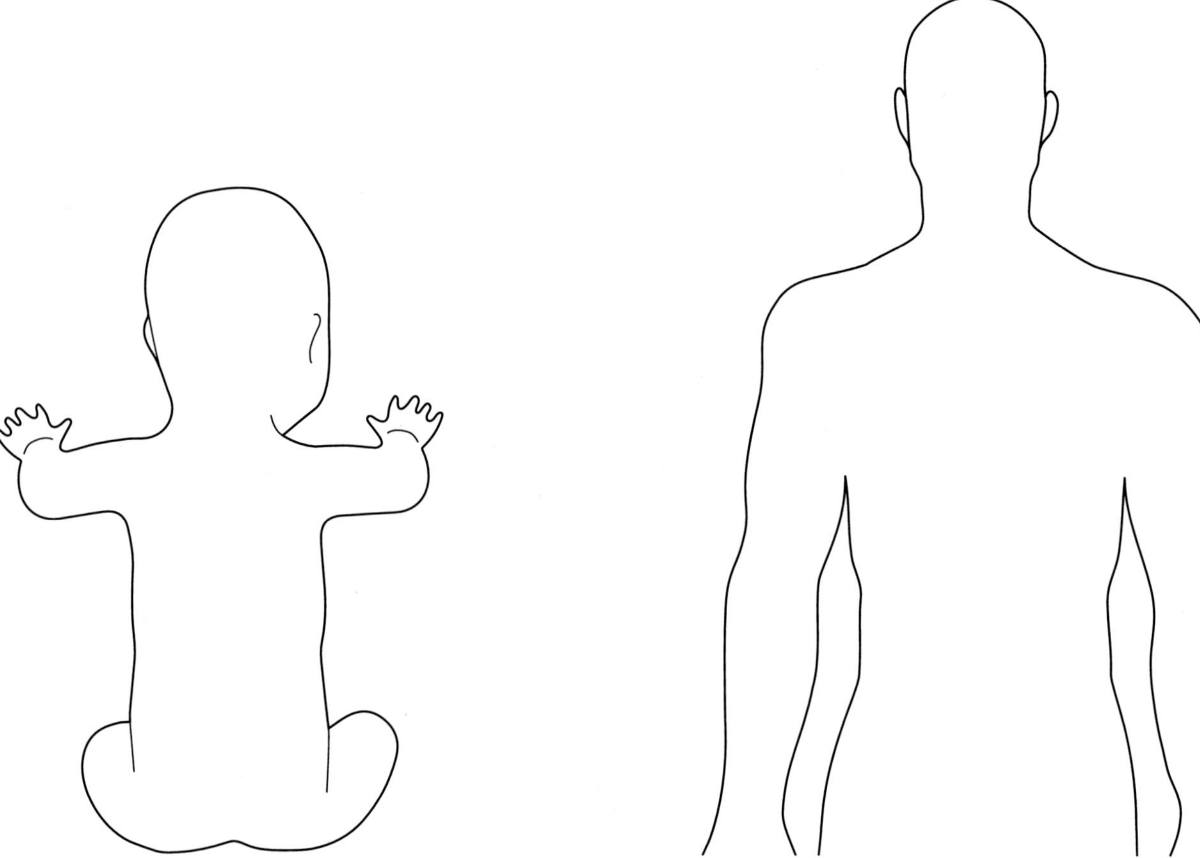

Nach Boenigk (Hrsg.), Boenigk Biologie, © Springer-Verlag GmbH Deutschland, ein Teil von Springer Nature 2021

107) Knorpel. Skizzieren Sie den Aufbau von hyalinem Knorpel, elastischem Knorpel und Faserknorpel. Skizzieren Sie dazu Organisation und Dichte von Chondronen und Kollagenfasern.

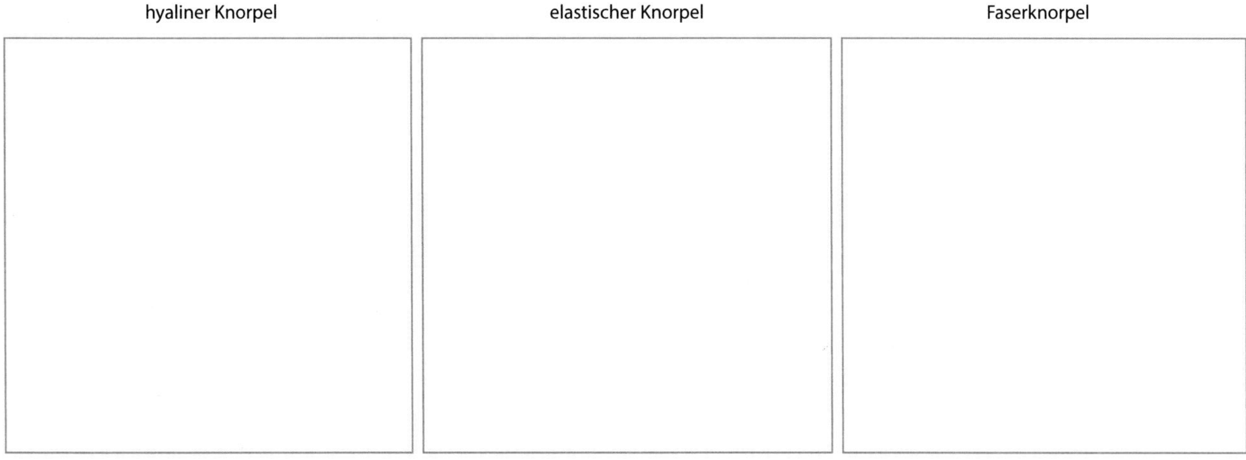

108) Blutgruppen. Skizzieren Sie den Aufbau der antigentragenden Zuckerketten des AB0-Blutgruppensystems und ordnen Sie das Vorkommen der verschiedenen Varianten den Blutgruppen A, B, AB und 0 zu. Der prinzipielle Aufbau einer solchen Zuckerkette ist als Beispiel gegeben. Kolorieren die die Zucker entsprechend der Legende.

exemplarischer Bau einer Antigen-tragenden Zuckerkette:

N-Acetylgalactosamin
Galactose
Fucose
N-Acetylglucosamin

Blutgruppe A	Blutgruppe B	Blutgruppe AB	Blutgruppe 0

109) Muskel – Sarkomer. Skizzieren Sie den Aufbau zweier benachbarter Sarkomere. Stellen Sie die Lage von Actin-, Myosin-, und Titinfilamenten sowie des Z-Streifens und der M-Linie dar. Die Lage der Z-Streifen ist vorgegeben.

Z-Streifen Z-Streifen Z-Streifen

Nach Boenigk (Hrsg.), Boenigk Biologie, © Springer-Verlag GmbH Deutschland, ein Teil von Springer Nature 2021

110) Molekulare Basis der Muskelkontraktion. Verdeutlichen Sie den Aufbau von Actin- und Myosinfilamenten durch Kolorierung entsprechend der folgenden Vorgaben: α-Actin (blau), Myosin (lila), Tropomyosin (grün), Troponin C (gelb), Troponin T (orange), Troponin I (rot).

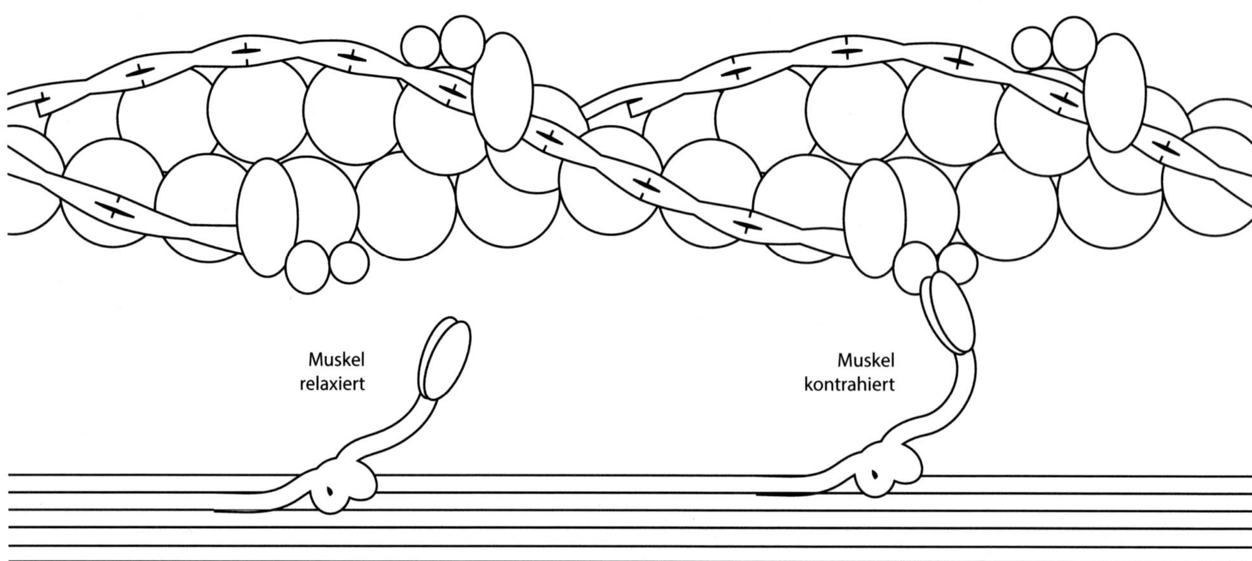

111) Bau von Insulin und Insulinvorstufen. Skizzieren Sie schematisch die Struktur von Insulin sowie dessen Vorstufen Präproinsulin und Proinsulin. Stellen Sie die verschiedenen Abschnitte durch farbige Linien dar. Stellen Sie auch die terminalen Carboxy- bzw. Aminogruppen der Aminosäureketten dar. Nutzen Sie die folgende Farbgebung: A-Kette (rot), B-Kette (blau), Linkerpeptid (gelb), Signalpeptid (grün).

Präproinsulin

Proinsulin

reifes Insulin

Nach Boenigk (Hrsg.), Boenigk Biologie, © Springer-Verlag GmbH Deutschland, ein Teil von Springer Nature 2021

112) Steroidhormone (oben) und Catecholamine (unten) des Menschen. Zeichnen Sie die Strukturformeln der angegebenen Hormone. Für Östradiol und für Testosteron ist die Strukturformel des chemisch verwandten Progesterons als Orientierung angegeben, für Adrenalin und für Noradrenalin die Strukturformel des chemisch verwandten Dopamins.

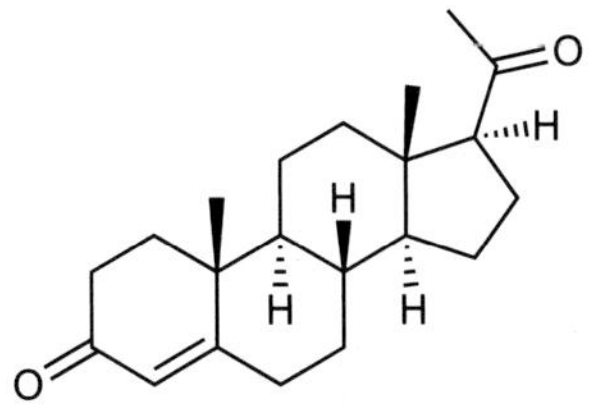

Progesteron	Östradiol	Testosteron
Dopamin	Adrenalin	Noradrenalin

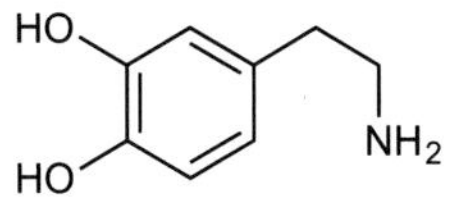

Nach Boenigk (Hrsg.), Boenigk Biologie, © Springer-Verlag GmbH Deutschland, ein Teil von Springer Nature 2021

113) Bio-Mandala: Malen zum Entspannen.

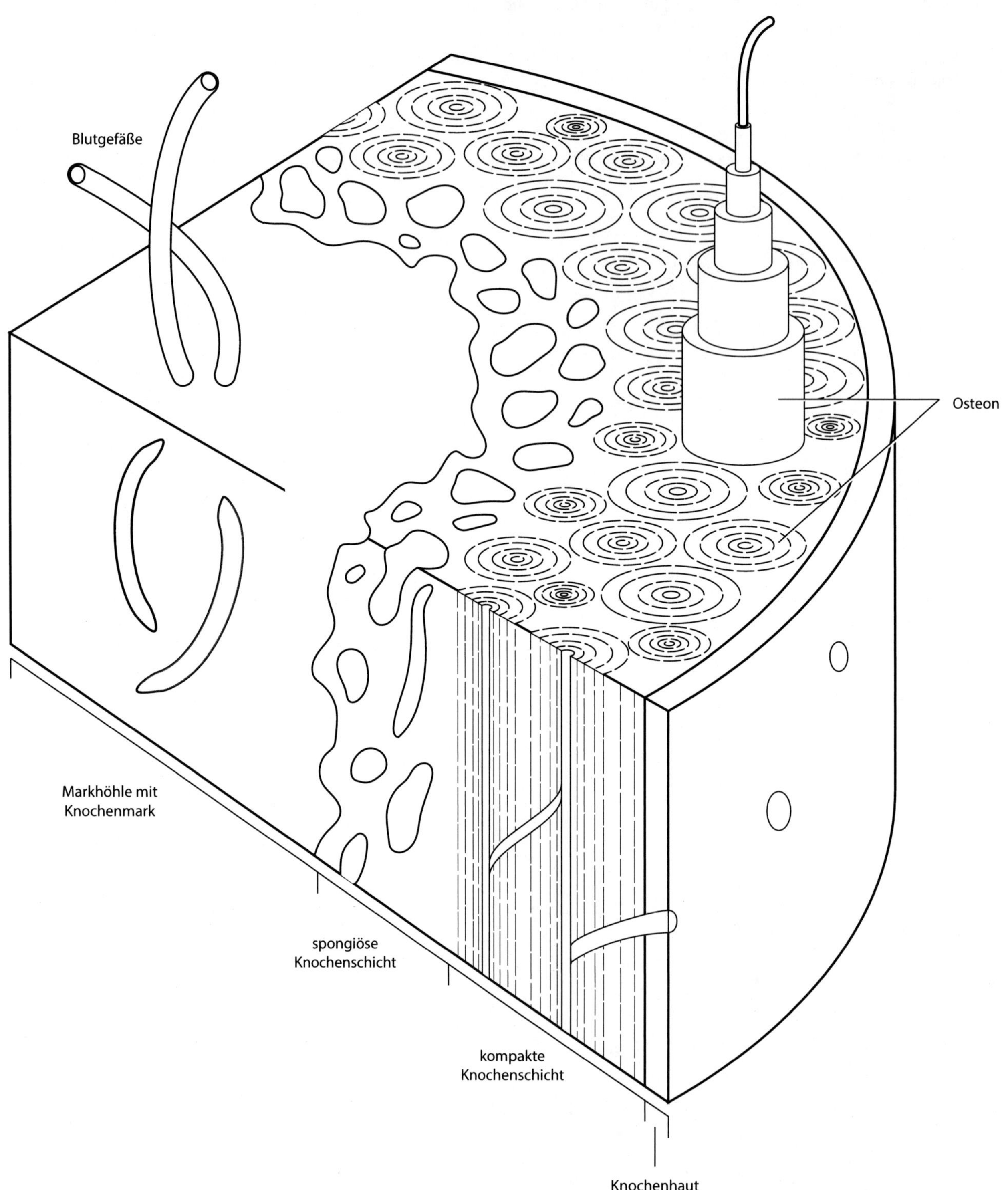

Nach Boenigk (Hrsg.), Boenigk Biologie, © Springer-Verlag GmbH Deutschland, ein Teil von Springer Nature 2021

114) Bau der Nervenzelle. Kolorieren Sie die morphologischen Regionen sowie die genannten Strukturen einer Nervenzelle wie folgt: Dendriten (rot), Soma (orange), Axon (gelb), präsynaptische Verzweigungen mit Endknöpfchen (grün), Myelinscheide (blau), Zellkern (grau).

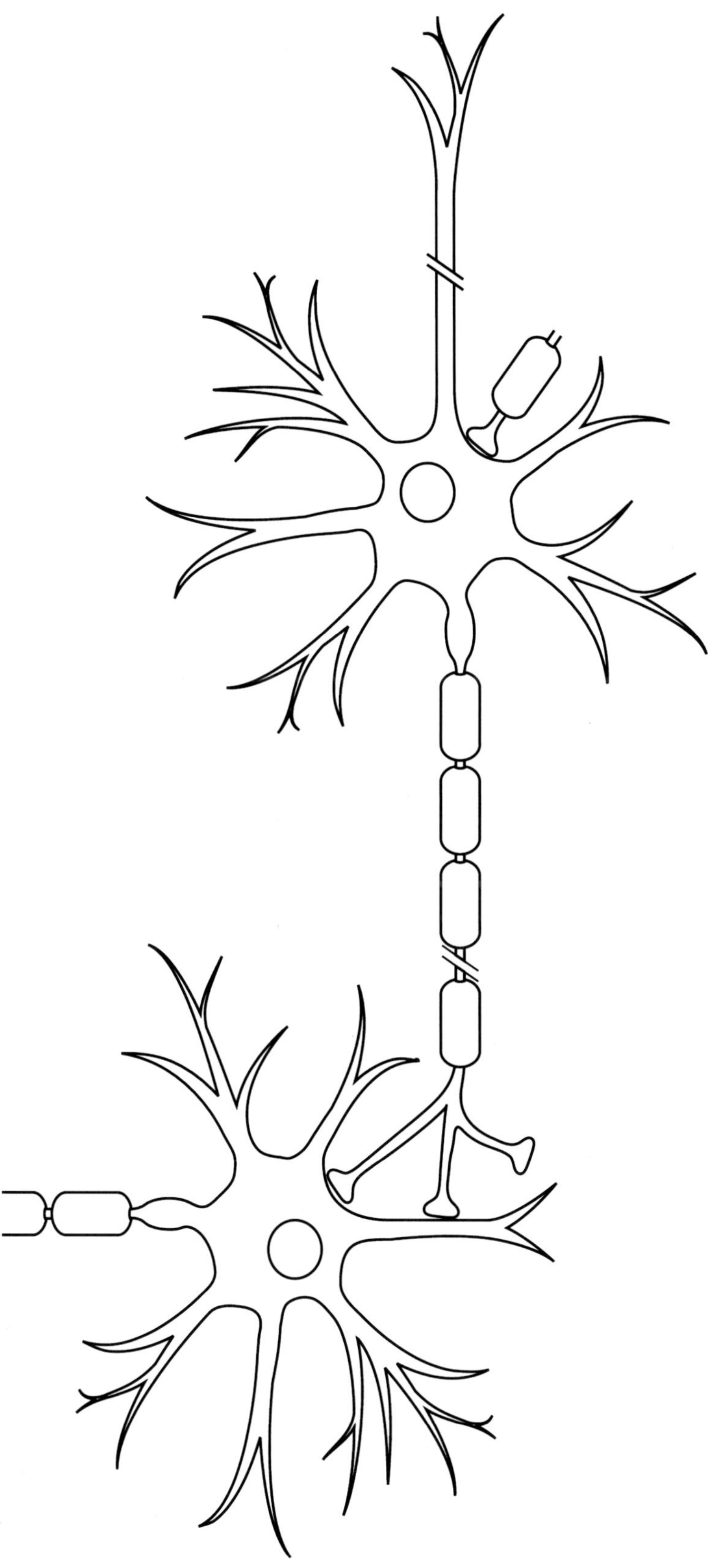

Nach Boenigk (Hrsg.), Boenigk Biologie, © Springer-Verlag GmbH Deutschland, ein Teil von Springer Nature 2021

115) Bau von Neuronen. Skizzieren Sie den Bau verschiedener Neuronen und beschriften Sie jeweils Axon und Dendriten. Aus der Zeichnung sollte die Lage des Zellkörpers mit Zellkern und Anzahl und relative Größe von Axon(en) und Dendrit(en) hervorgehen.

Anaxonale Neuronen	**Unipolare Neuronen**	**Pseudounipolare Neuronen**
Bipolare Neuronen	**Multipolare Neuronen**	**Purkinje-Zellen**

Nach Boenigk (Hrsg.), Boenigk Biologie, © Springer-Verlag GmbH Deutschland, ein Teil von Springer Nature 2021

116) Phospholipide. Kolorieren Sie die folgenden Bereiche eines Phospholipids in den genannten Farben: Cholin (rot), Phosphat (blau), Glycerol (grün), Fettsäuren (gelb). Markieren Sie zudem den polaren und den hydrophoben Teil des Moleküls.

117) Ladungs- und Ionenverteilung an der Membran eines Neurons. Skizzieren Sie die Ionenverteilung und den Ladungsüberschuss an einer Membran eines Neurons. Kolorieren Sie dazu organische Anionen (große Ionen) rot, Chloridionen gelb, Kaliumionen (gepunktete Randlinie) grün und Natriumionen blau. Markieren bzw. beschriften sie elektrisch neutrale Bereiche und solche mit Ladungsungleichgewichten.

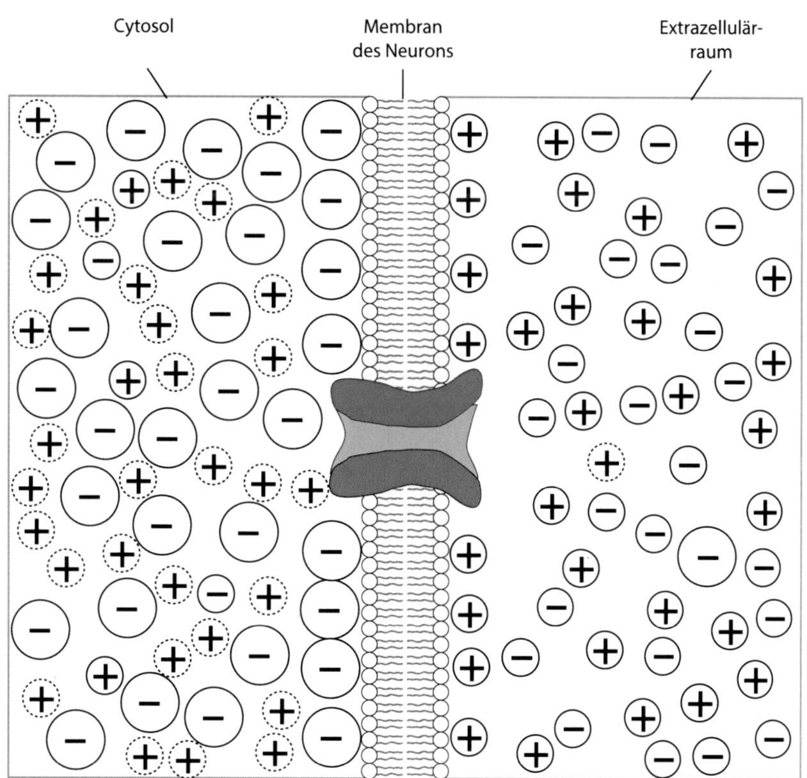

Nach Boenigk (Hrsg.), Boenigk Biologie, © Springer-Verlag GmbH Deutschland, ein Teil von Springer Nature 2021

118) Aktionspotenzial. Skizzieren Sie die Zustände der spannungsgesteuerten Natrium- und Kaliumkanäle sowie der Kaliumhintergrundkanäle zu verschiedenen Zeiten im Verlaufe eines Aktionspotenzials. Nutzen Sie dafür die folgenden Symbole und tragen Sie für die verschiedenen Zeitpunkte die Zustände der drei verschiedenen Kanäle ein (falls zu einem Zeitpunkt verschiedene Zustände eines Ionenkanals vorliegen, stellen sie beide dar).

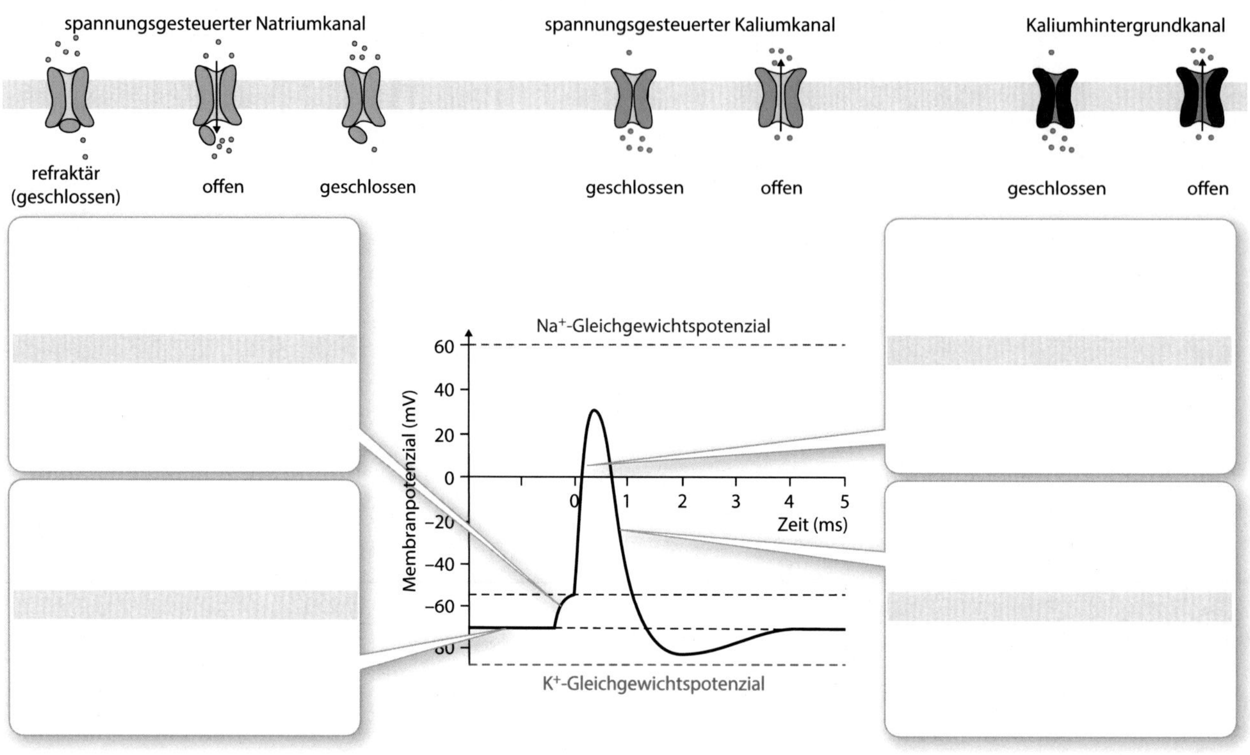

119) Sinneszellen. Kolorieren Sie die Bereiche der verschiedenen Sinnes- bzw. Nervenzellen wie folgt: Neurit bzw. Axon inklusive Axonterminale (rot), Zellkörper der Nervenzellen (gelb), Zellkern (orange), sekundäre Sinneszellen (blau), Dendriten und Nervenendigungen mit dendritischem Charakter (grün).

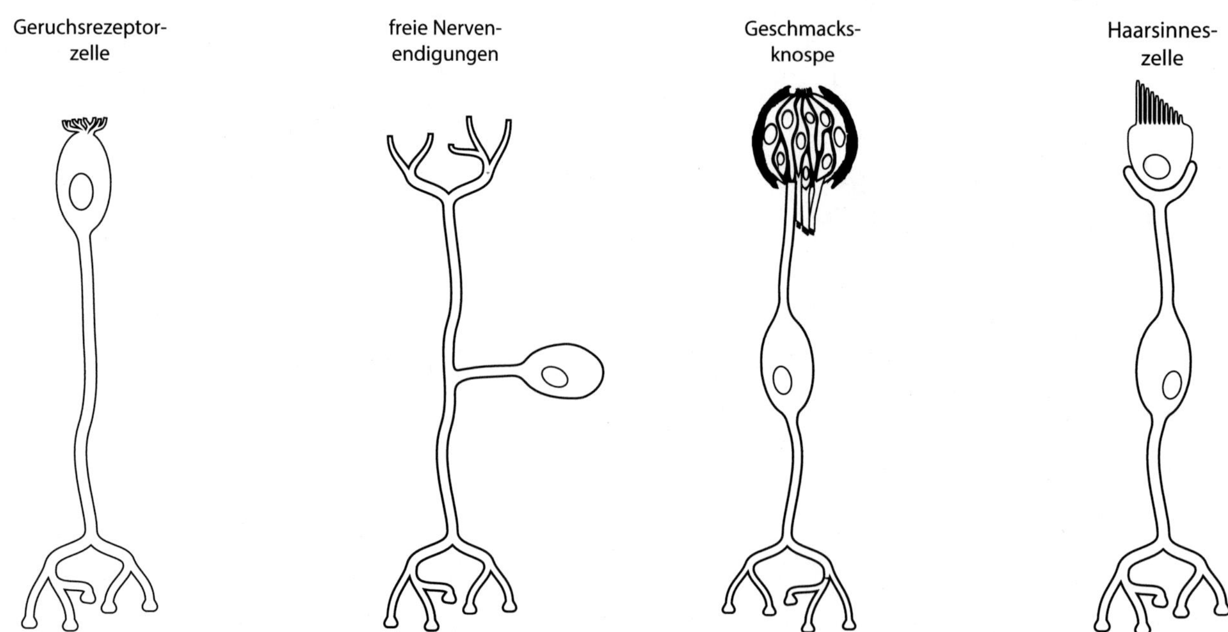

Nach Boenigk (Hrsg.), Boenigk Biologie, © Springer-Verlag GmbH Deutschland, ein Teil von Springer Nature 2021

120) Saltatorische Erregungsleitung. Skizzieren Sie die Verteilung von Ionenkanälen und die Zustände der verschiedenen Ionenkanäle bei der saltatorischen Erregungsleitung. Zur Orientierung sind die Zustände der Ionenkanäle in verschiedenen Stadien der kontinuierlichen, aktiven Erregungsleitung vorgegeben.

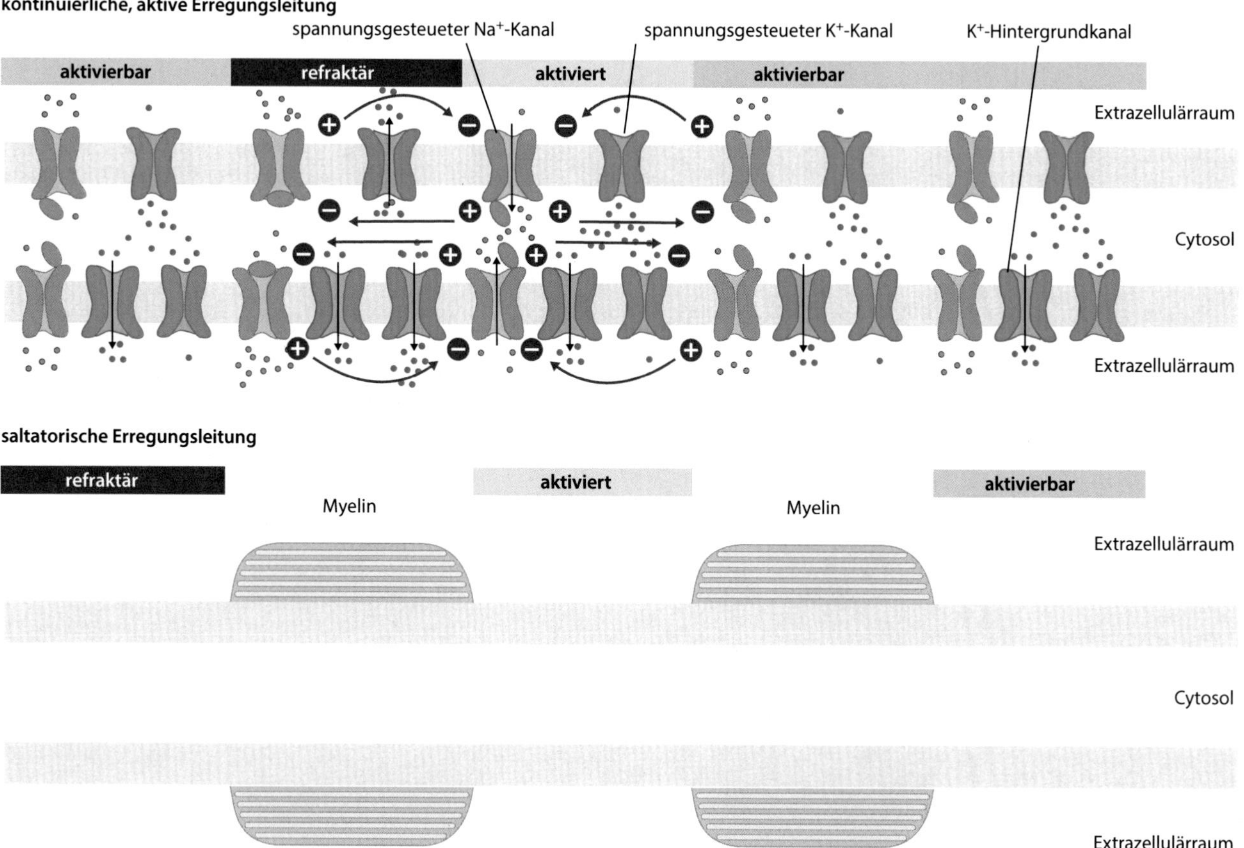

121) Neurotransmitter. Ergänzen Sie die Strukturformel der Zwischenstufen und Endprodukte der Synthese von Adrenalin (links) und Serotonin (rechts).

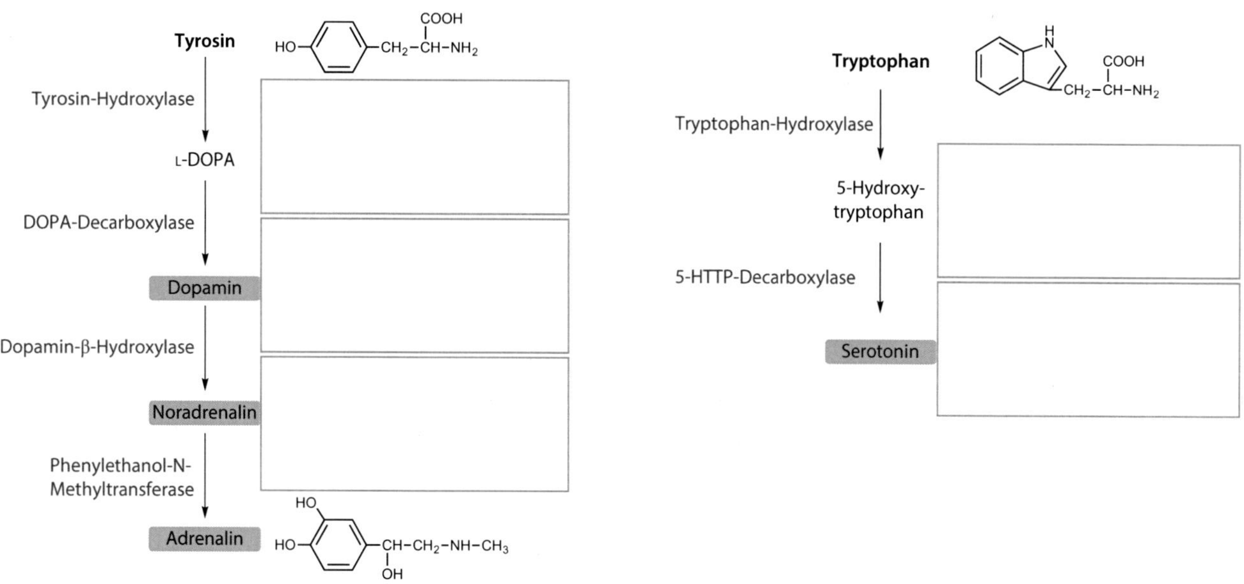

Nach Boenigk (Hrsg.), Boenigk Biologie, © Springer-Verlag GmbH Deutschland, ein Teil von Springer Nature 2021

122) Aktionspotenzial. Erschließen Sie den Verlauf von Aktionspotenzialen im präsynaptischen und im postsynaptischen Axon ausgehend von der Erregung im Axonhügel. Zeichnen Sie den Verlauf der Erregung in den jeweiligen Sprechblasen ein.

Membranpotenzial (mV)
+30 mV
0 mV
−55 mV
−70 mV
1 ms
Zeit (ms)

Schwelle
−55 mV
−70 mV
1 ms
Zeit (ms)

Dendrit
Axon des präsynaptischen Neurons
Axon des postsynaptischen Neurons
Axonhügel
postsynaptisches Neuron

Membranpotenzial (mV)
+30 mV
0 mV
Schwelle
−55 mV
−70 mV
1 ms
Zeit (ms)

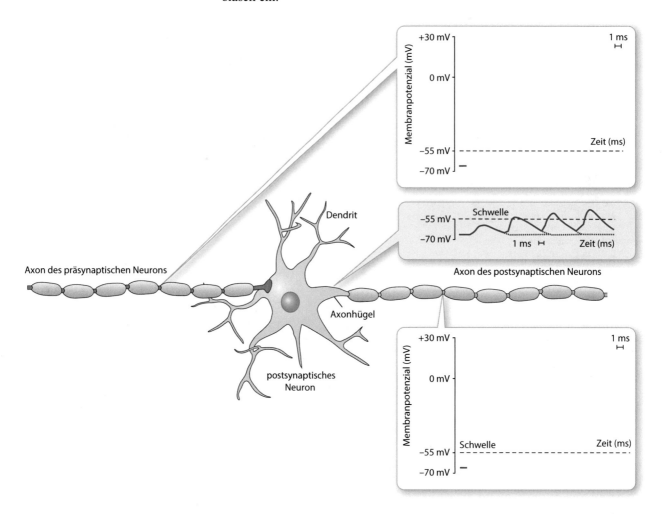

123) Hörsinn. Skizzieren Sie die Lage der Ohröffnungen bei der Schleiereule.

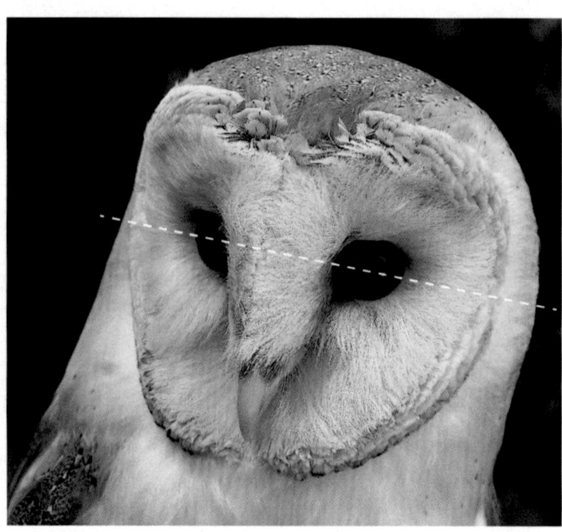

Nach Boenigk (Hrsg.), Boenigk Biologie, © Springer-Verlag GmbH Deutschland, ein Teil von Springer Nature 2021

124) Reizweiterleitung am Beispiel der Druckperzeption durch Merkel-Tastscheiben. Skizzieren Sie (exemplarisch) die Rezeptorpotenziale, Aktionspotenziale und die Menge ausgeschütteter Neurotransmitter ausgehend von der skizzierten Reizstärke (das Schwellenpotenzial ist durch eine gestrichelte Linie angedeutet).

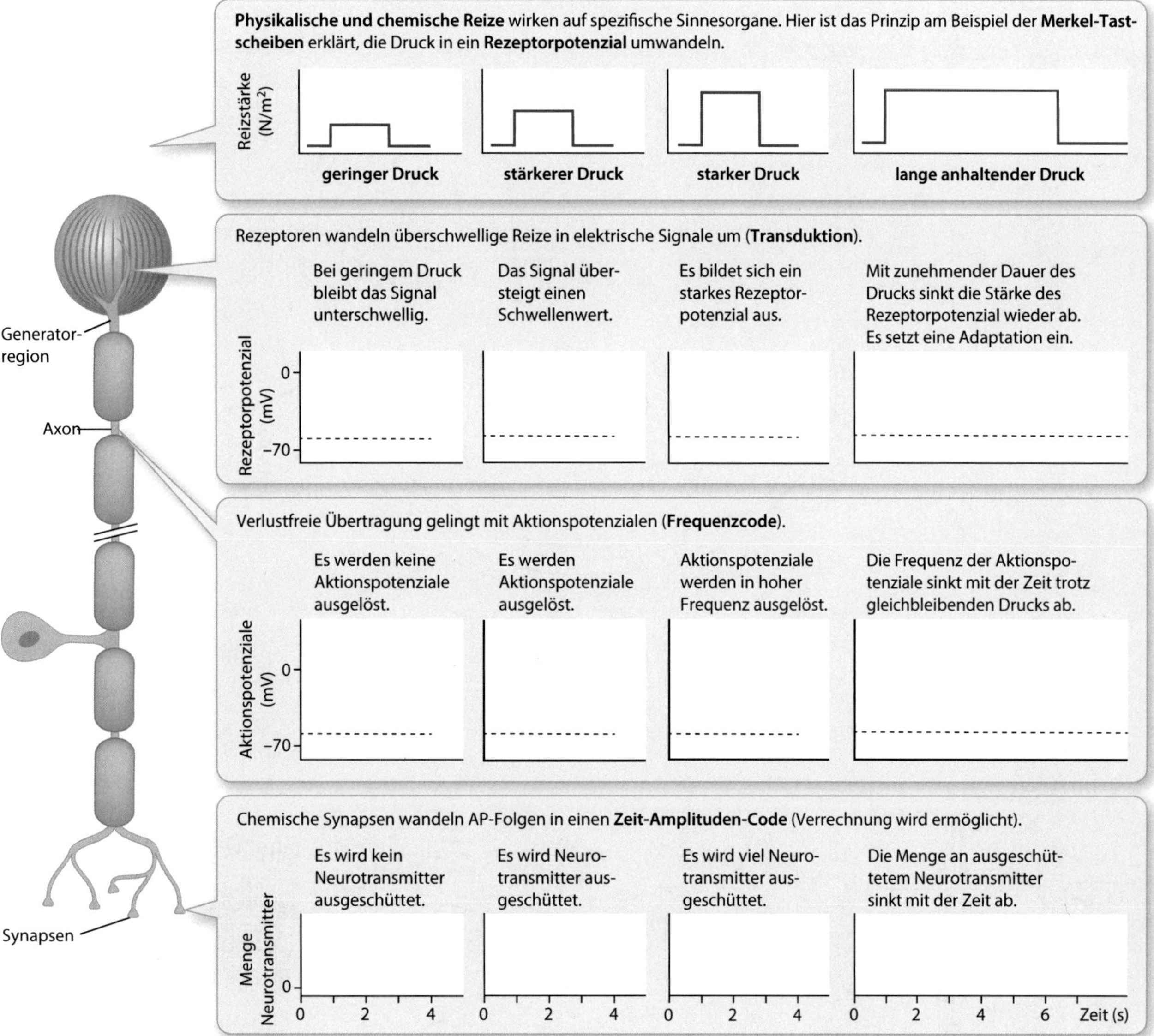

Nach Boenigk (Hrsg.), Boenigk Biologie, © Springer-Verlag GmbH Deutschland, ein Teil von Springer Nature 2021

125) Aufbau des Auges. Kolorieren Sie wie folgt: Cornea (gelb), Bindehaut (grau), Aderhaut (orange), Retina (rot), Ciliarkörper (hellblau), Iris (dunkelblau), Augenlinse (lila), Glaskörper (hellgrün), Kammerwasser (helllila).

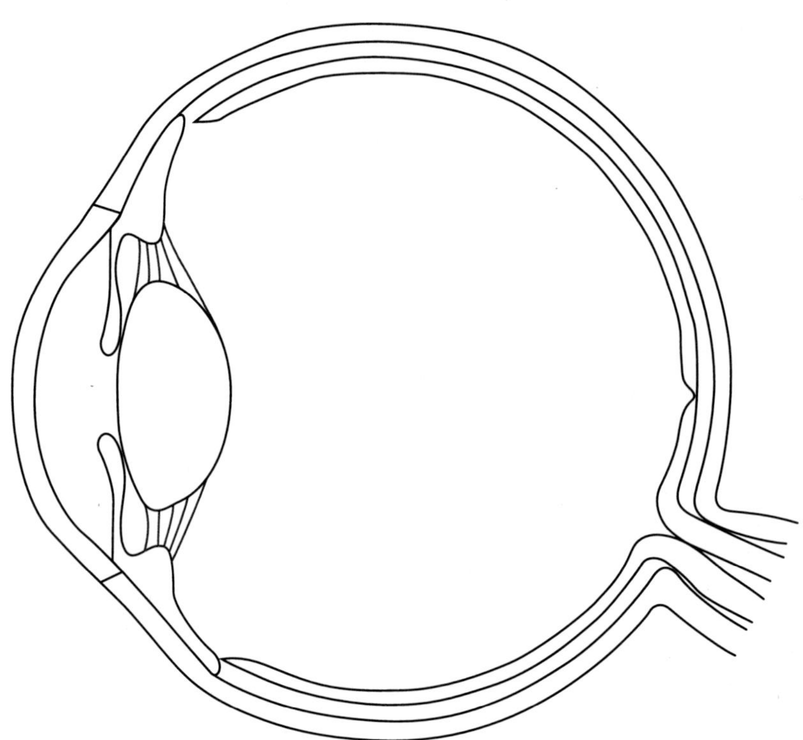

126) Bau des Auges. Kolorieren Sie den Aufbau der Cornea entsprechend der Vorgaben im unteren Bildabschnitt (Horizontalzellen: grün; Amakrinzellen: lila) und beschriften Sie die Zelltypen.

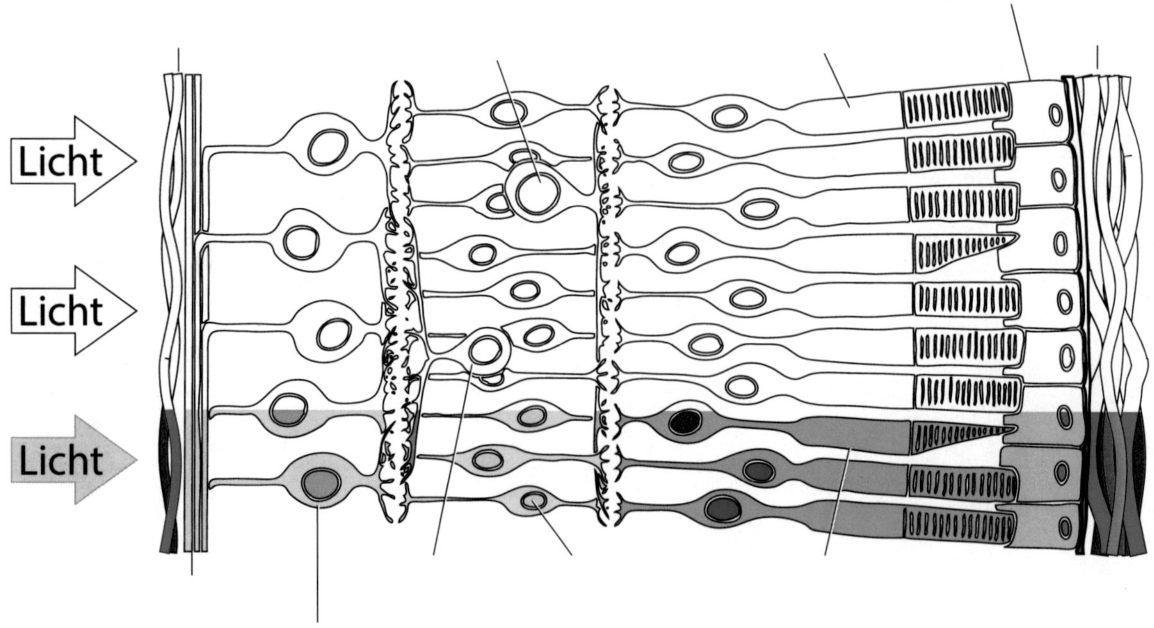

Nach Boenigk (Hrsg.), Boenigk Biologie, © Springer-Verlag GmbH Deutschland, ein Teil von Springer Nature 2021

127) Komplexauge. Kolorieren Sie das Komplexauge wie folgt: Cornealinse (hellblau), Hauptpigmetzellen (lila), retinale Pigmentzelle(n) (grün), Kristallkegel (dunkelblau), Rhabdom (rot); Sehzellen/retinulare Zellen (gelb).

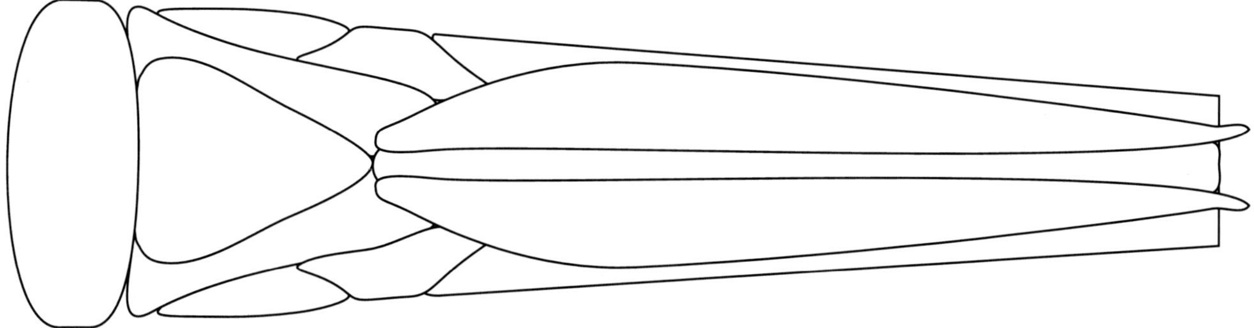

128) Komplexauge. Skizzieren Sie den Strahlengang für Appositionsaugen und optische Superpositionsaugen (führen Sie die Pfeile fort) und kolorieren Sie jeweils die angeregten Photorezeptoren rot.

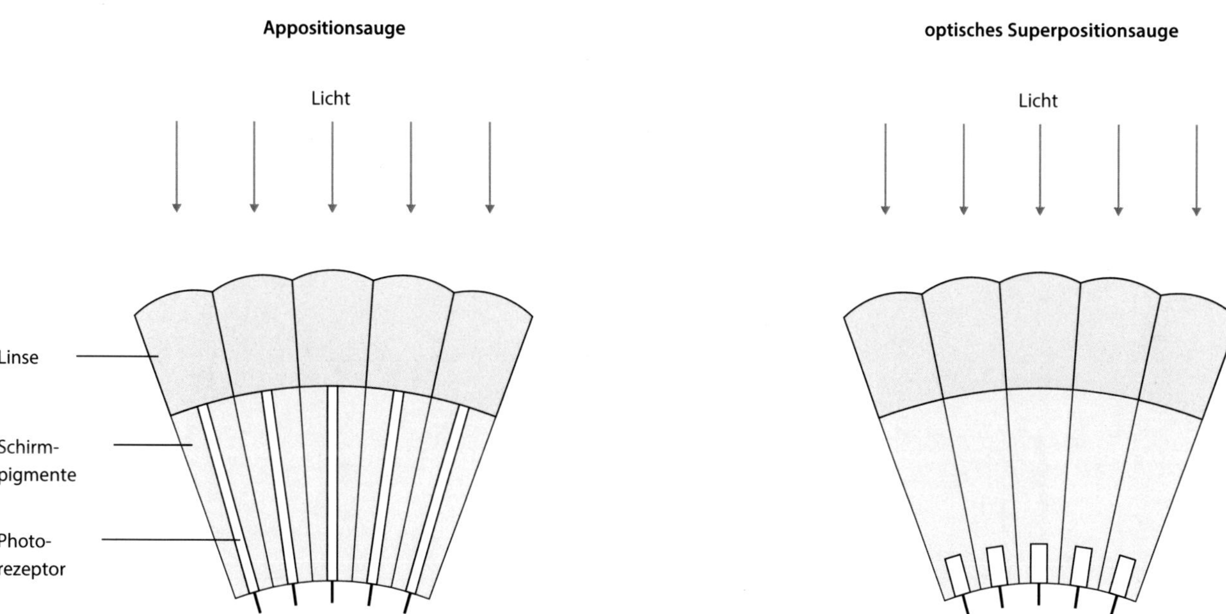

Nach Boenigk (Hrsg.), Boenigk Biologie, © Springer-Verlag GmbH Deutschland, ein Teil von Springer Nature 2021

129) Retinal als lichtempfindliches Molekül. Skizzieren Sie ausgehend vom 11-*cis*-Retinal die Struktur von all-*trans*-Retinal.

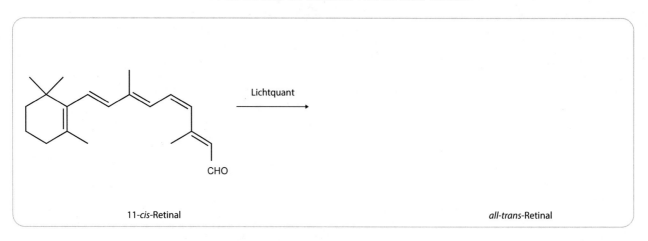

CHO

Lichtquant

11-*cis*-Retinal

all-trans-Retinal

130) Lichtwahrnehmung. Skizzieren Sie die Absorptionskurven für S-Zapfen, M-Zapfen, L-Zapfen und Stäbchen.

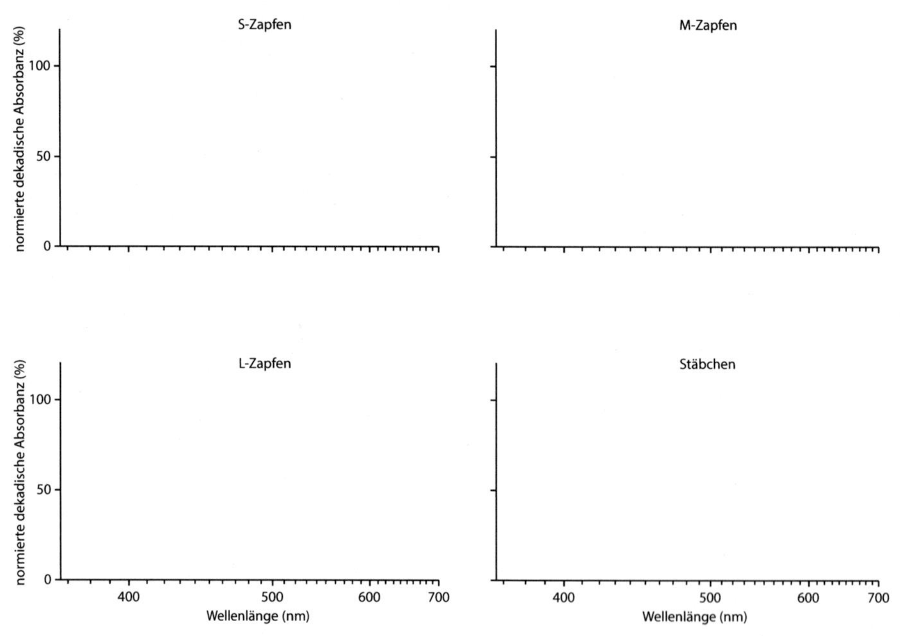

131) Lichtfarben. Kolorieren Sie den Balken in den Farben, die der jeweiligen Wellenlänge des Lichts entsprechen.

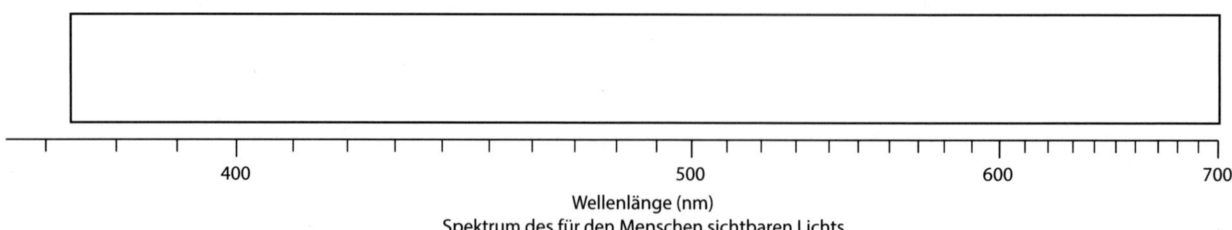

Spektrum des für den Menschen sichtbaren Lichts

Nach Boenigk (Hrsg.), Boenigk Biologie, © Springer-Verlag GmbH Deutschland, ein Teil von Springer Nature 2021

132) Zentralnervensystem. Skizzieren Sie die Lage von Thalamus (grün), Hypothalamus (hellgrün), Hirnanhangsdrüse (lila), Insula (hellblau), Amygdala (dunkelblau) und orbitofrontalem Cortex (rot).

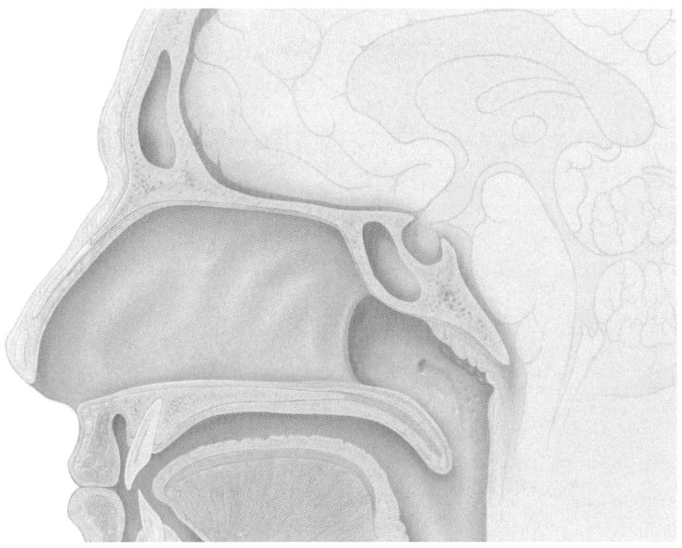

133) Magnetfeld. Skizzieren Sie den Verlauf der magnetischen Feldlinien der Erde.

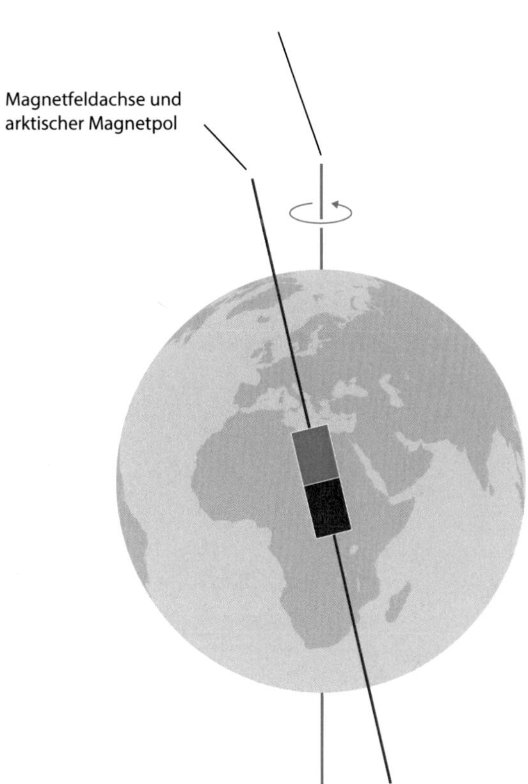

Nach Boenigk (Hrsg.), Boenigk Biologie, © Springer-Verlag GmbH Deutschland, ein Teil von Springer Nature 2021

134) Zentralnervensystem. Kolorieren Sie die Bereiche des adulten Gehirns wie folgt: Großhirn (dunkelrot), Thalamus, Hypothalamus und Hypophyse (gelb), Kleinhirn (hellblau), Mittelhirn (lila), Brückenhirn (grün), Medulla oblongata (dunkelblau), Rückenmark (hellrot).

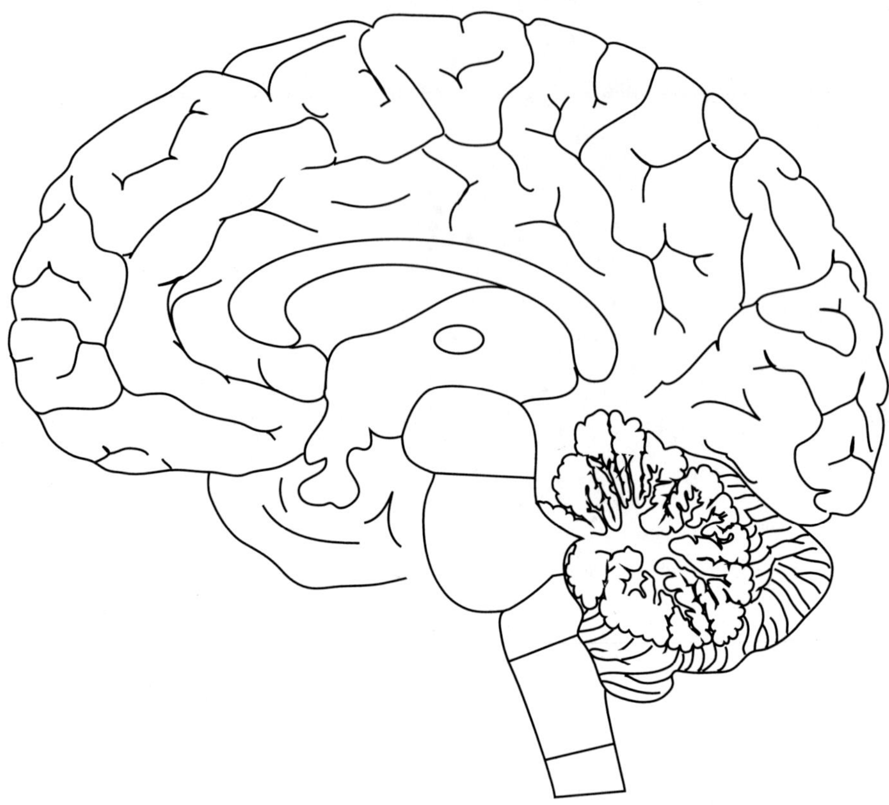

135) Zentralnervensystem. Kolorieren Sie die verschiedenen Bereiche des juvenilen Gehirns (Tag 40 und Tag 100) wie folgt: Endhirn (gelb), Mittelhirn (grün), Zwischenhirn (blau), Hinterhirn (rot), Nachhirn (lila), Rückenmark (orange).

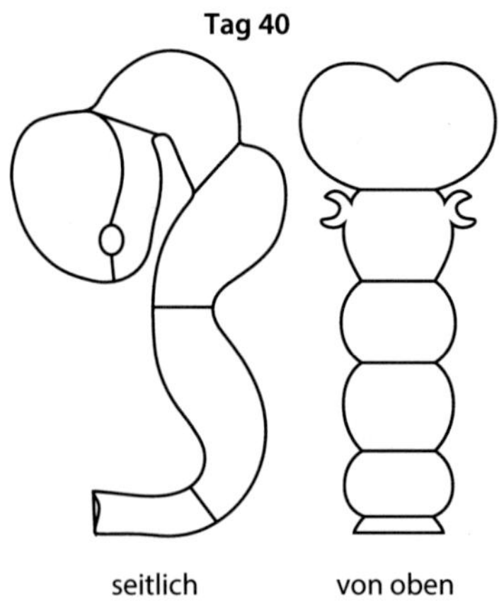

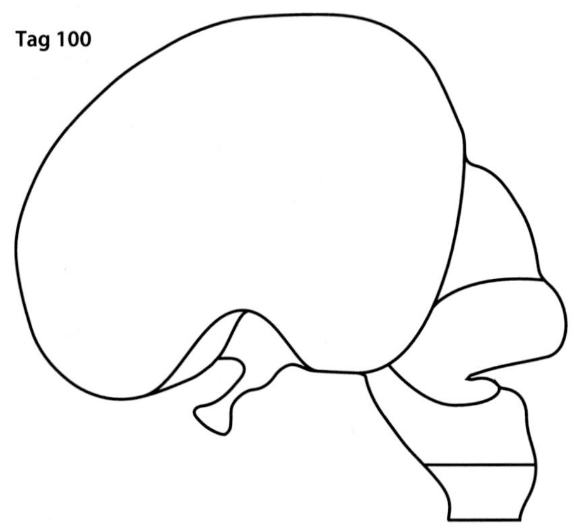

Nach Boenigk (Hrsg.), Boenigk Biologie, © Springer-Verlag GmbH Deutschland, ein Teil von Springer Nature 2021

136) Zentralnervensystem. Kolorieren Sie in der Übersicht die Teile des ZNS, die sich aus dem Vorderhirn entwickeln, blau, diejenigen, die sich aus dem Mittelhirn entwickeln, gelb, aus dem Rautenhirn rot und aus dem Rückenmark grün.

Großhirn (cerebraler Cortex)	verlängertes Rückenmark (Medulla oblongata)	Thalamus (griech. Kammer)	Mittelhirn (Mesencephalon)	Brückenhirn (Pons)	Hypothalamus	Rückenmark (Medulla spinalis)	Kleinhirn (Cerebellum)	Hirnanhangsdrüse (Hypophyse)

137) Sympathicus und Parasympathicus. Kolorieren Sie die Zielorgane blau, wenn die genannte Funktion durch den Parasympathicus induziert wird. Kolorieren Sie die Zielorgane rot, wenn die genannte Funktion durch den Sympathicus induziert wird.

Die Leber stellt durch Glykogenabbau Glucose zur Verfügung und synthetisiert Glucose neu aus Nicht-Kohlenhydrat-Vorstufen.
Speichel- und Tränenfluss werden gefördert.
Die Harnblase wird kontrahiert.
Die Herzfrequenz wird erhöht und das Herz kontrahiert kraftvoller.
Die Pupillen werden weit gestellt.
Vasodilatation ermöglicht die Erektion bei Mann und Frau.
Die Verdauung wird gehemmt und die Darmbewegung nimmt ab.
Die Atemwege werden verengt.

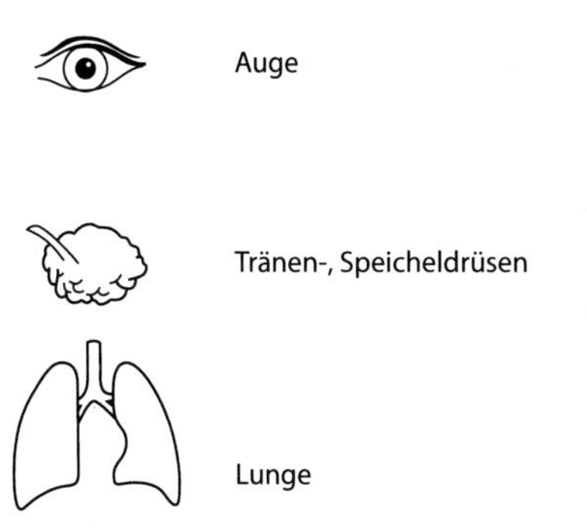

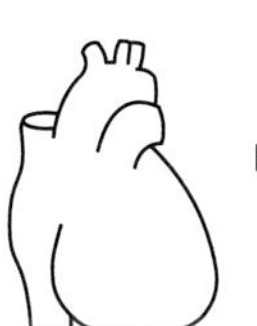

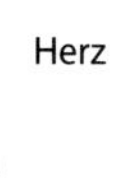

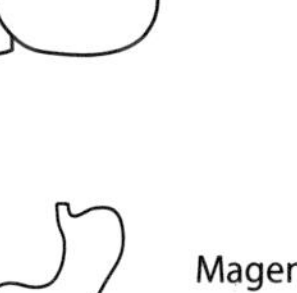

Nach Boenigk (Hrsg.), Boenigk Biologie, © Springer-Verlag GmbH Deutschland, ein Teil von Springer Nature 2021

138) Lage der Basalganglien. Skizzieren und kolorieren Sie im Querschnitt des Gehirns die Lage von Pars medialis (blau), Pars lateralis (grün), Putamen (lila), Caudatum (rot), Substantia nigra (schwarz) und subthalamischen Kernen (gelb). Die Lage des Thalamus ist zur Orientierung angegeben.

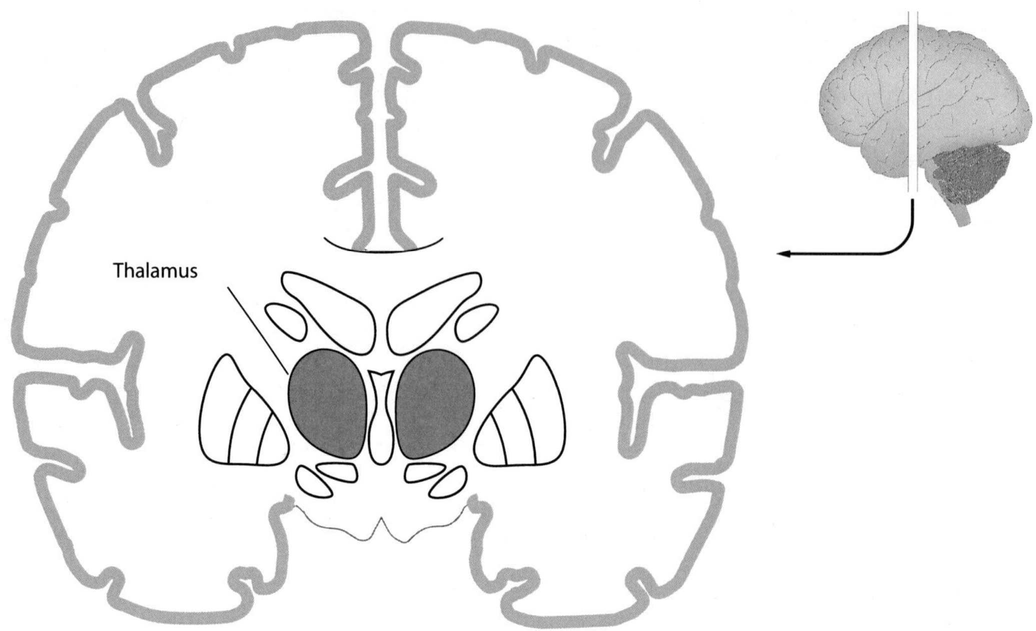

139) Zentralnervensystem. Kolorieren Sie die Lage von Stirnlappen (blau), Scheitellappen (gelb), Schläfenlappen (grün) und Hinterhauptlappen (rot).

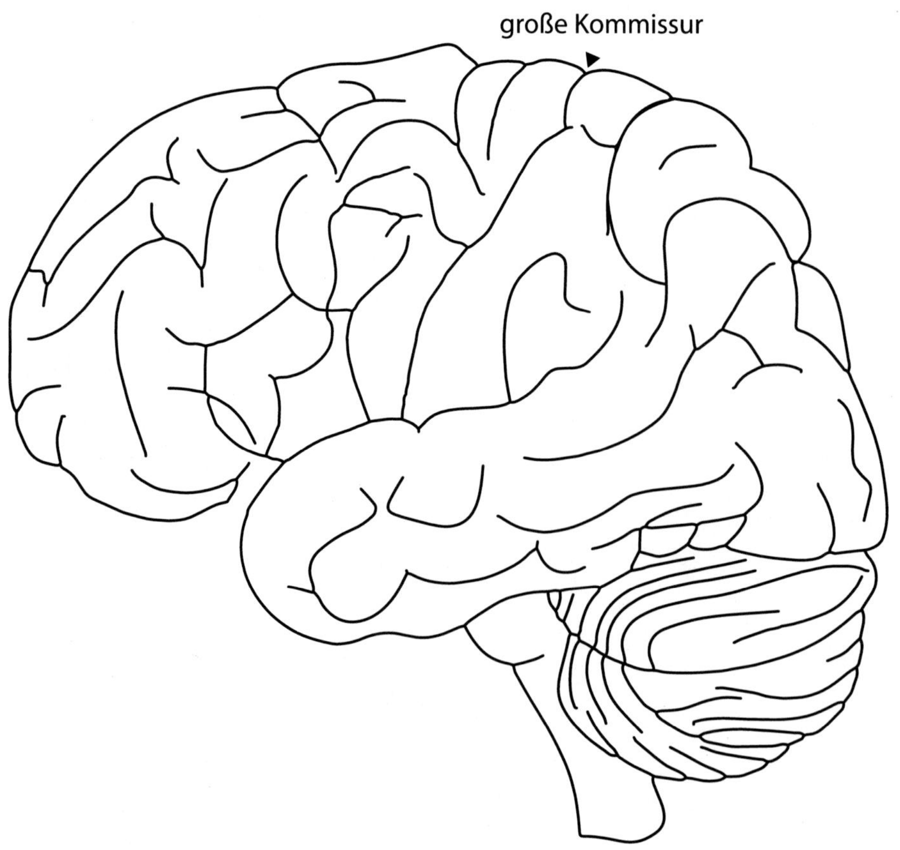

Nach Boenigk (Hrsg.), Boenigk Biologie, © Springer-Verlag GmbH Deutschland, ein Teil von Springer Nature 2021

140) Schlafbedürfnis des Menschen. Skizzieren Sie die Schlafdauer im Säulendiagramm und stellen Sie den Anteil von nREM-Schlaf (tief), nREM-Schlaf (flach) und REM-Schlaf durch Kolorierung entsprechend der Legende dar.

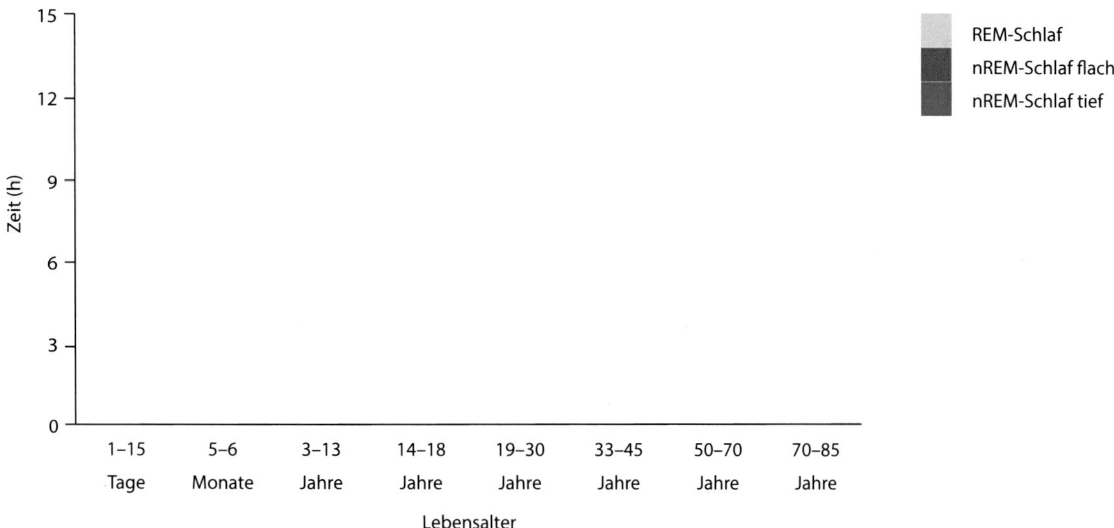

141) Gewebe der Sprossachse. Kolorieren Sie den Querschnitt durch die Sprossachse wie folgt: Epidermis (rot), Kollenchym (gelb), Parenchym (blau), Xylem (orange), Phloem (grün), Kambium (lila), Markhöhle (weiß).

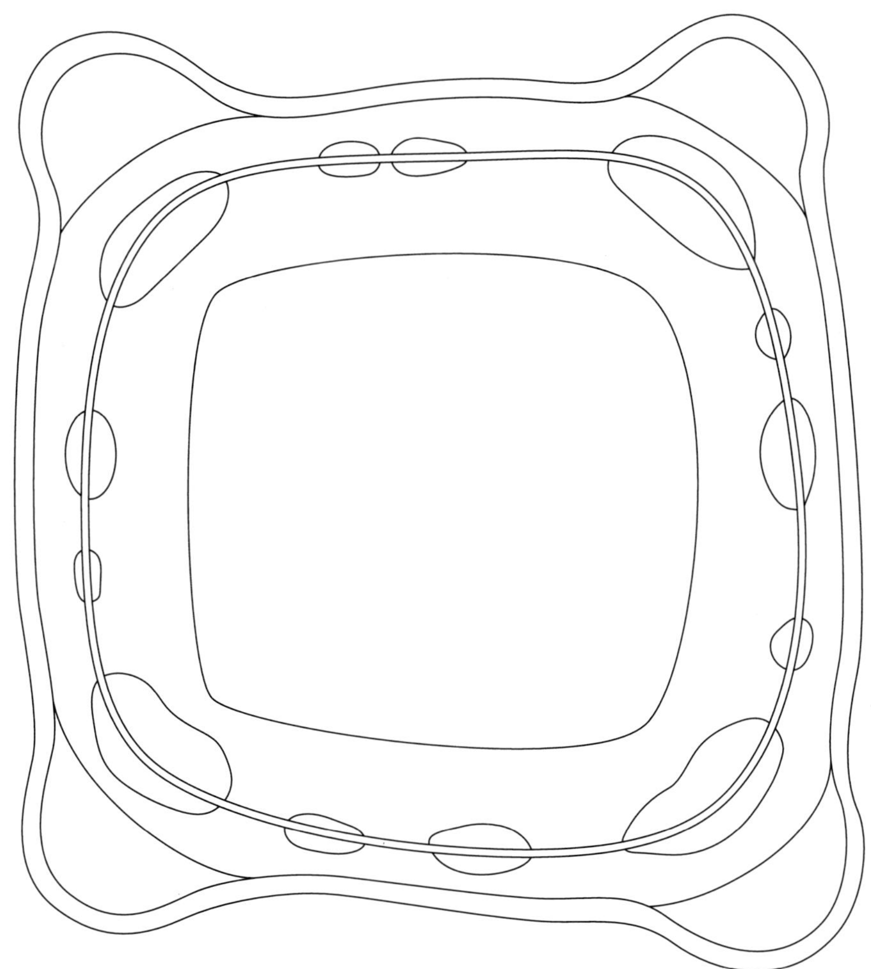

Nach Boenigk (Hrsg.), Boenigk Biologie, © Springer-Verlag GmbH Deutschland, ein Teil von Springer Nature 2021

142) Interzellularen. Skizzieren Sie die Entstehung von Interzellularen in pflanzlichem Gewebe. Zeichnen Sie dabei für die schizogene, die lysogene und die rhexigene Entstehung jeweils ein Zwischenstadium (um die Unterschiede in der Entstehung zu verdeutlichen) und den finalen Zustand.

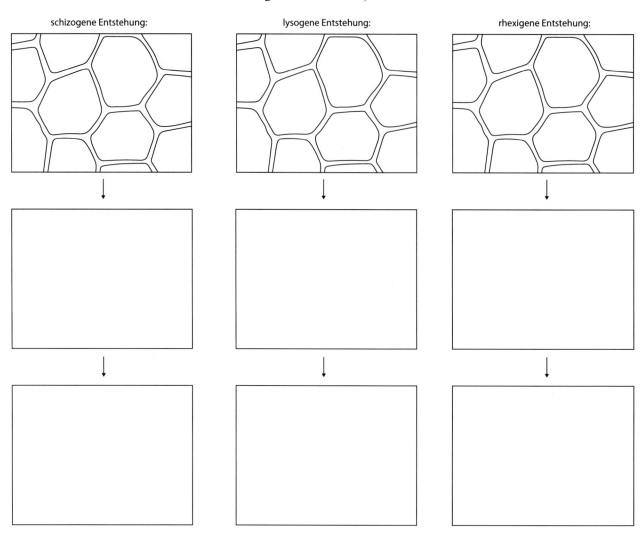

schizogene Entstehung: | lysogene Entstehung: | rhexigene Entstehung:

143) Festigungsgewebe. Skizzieren Sie den Bau von Plattenkollenchym und Eckenkollenchym und kolorieren Sie Protoplast (hellblau) und Zellwand (rot).

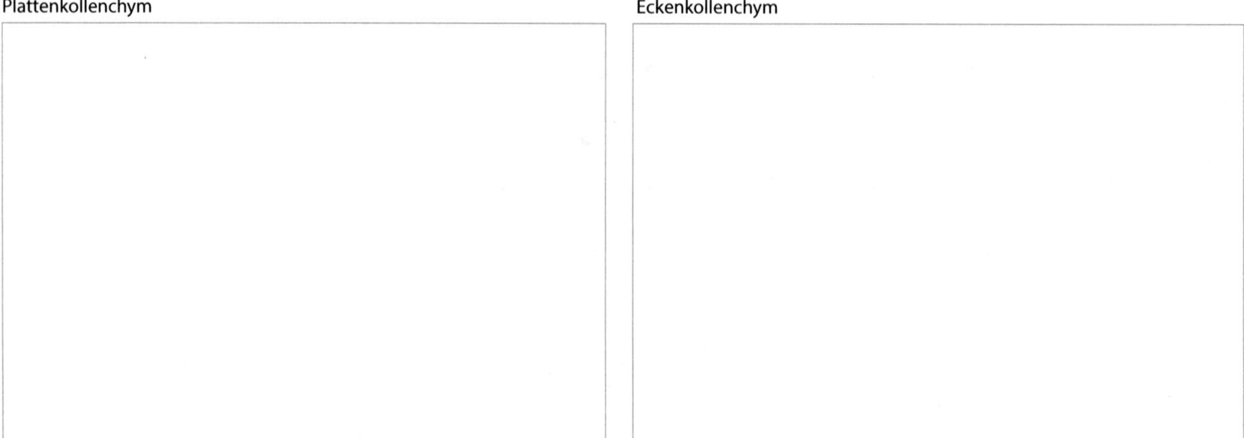

Nach Boenigk (Hrsg.), Boenigk Biologie, © Springer-Verlag GmbH Deutschland, ein Teil von Springer Nature 2021

144) Endodermis. Skizzieren Sie den Aufbau der sekundären und tertiären Endodermis (der primäre Zustand ist vorgegeben). Kolorieren Sie dazu Protoplasten (hellblau), Zellwand (grün), Lignin- und Endodermineinlagerungen (Caspary-Streifen) (lila), Suberinauflagerungen (gelb) und Celluloseauflagerungen (rot).

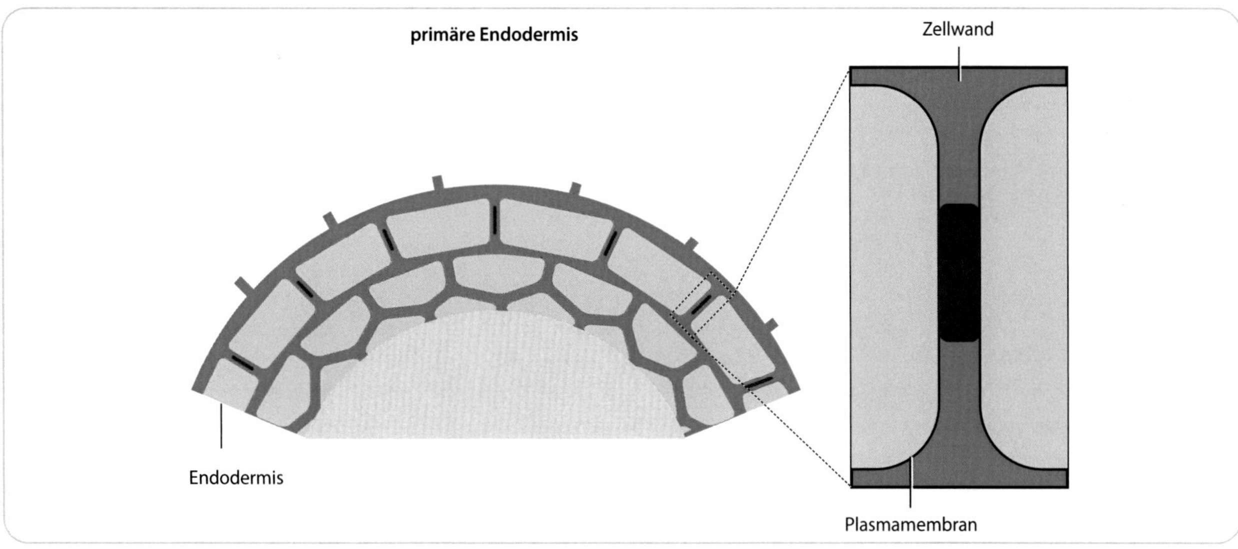

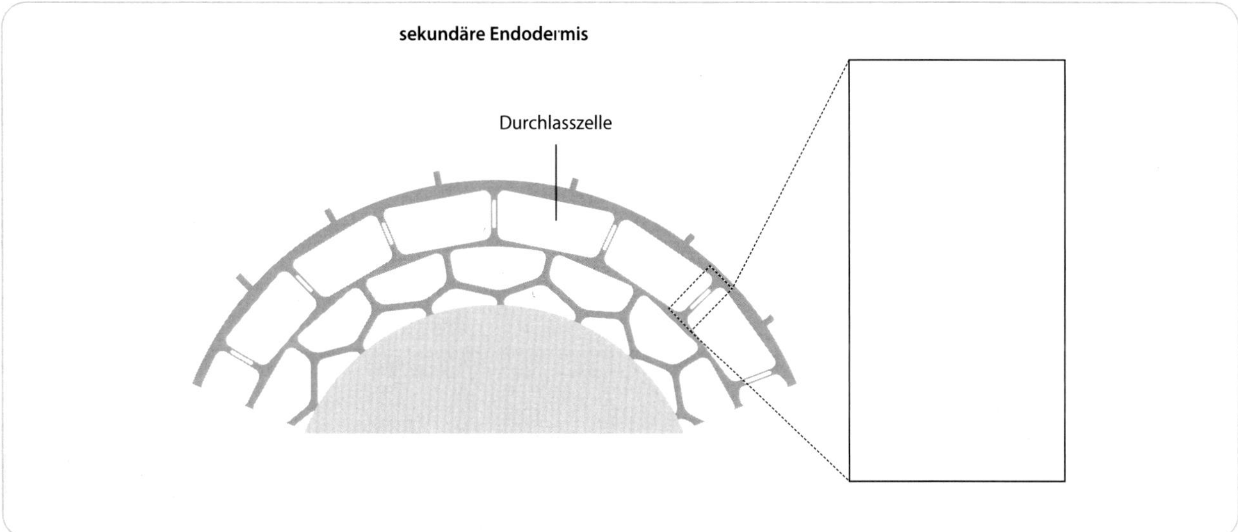

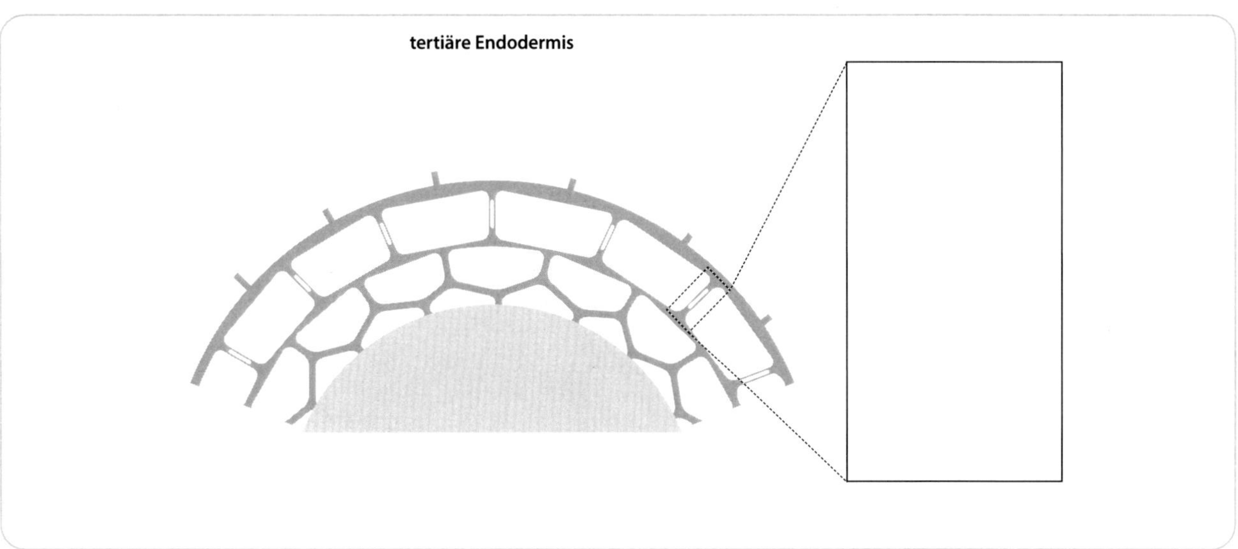

Nach Boenigk (Hrsg.), Boenigk Biologie, © Springer-Verlag GmbH Deutschland, ein Teil von Springer Nature 2021

145) Periderm. Zeichnen Sie den Aufbau von Periderm im Bereich einer Lentizelle. Die einzelnen Zellen sollten in der Schemazeichnung erkennbar sein. Färben Sie die verschiedenen (Zell-)Schichten unterschiedlich ein (Phellem, Phelogen, Phelloderm, Parenchym).

146) Leitgewebe. Kolorieren Sie Siebzellen (rot), Geleitzellen (blau) und Speicherparenchymzellen (gelb).

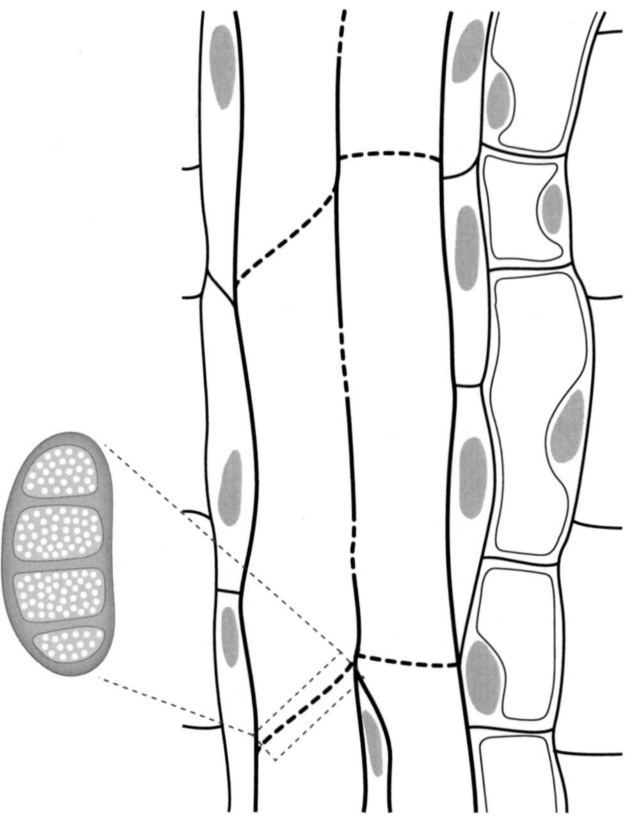

Nach Boenigk (Hrsg.), Boenigk Biologie, © Springer-Verlag GmbH Deutschland, ein Teil von Springer Nature 2021

147) Mechanismus der Stomataschließung bei Trockenheit durch induzierten Verlust von Anionen in den Schließzellen. Geben sie an, welche Mechanismen aktivierend und welche hemmend sind – versehen Sie dafür die gestrichelten roten Linien in Richtung der Wirkung jeweils mit Pfeilspitzen (Aktivierung) bzw. mit Querstrichen (Hemmung).

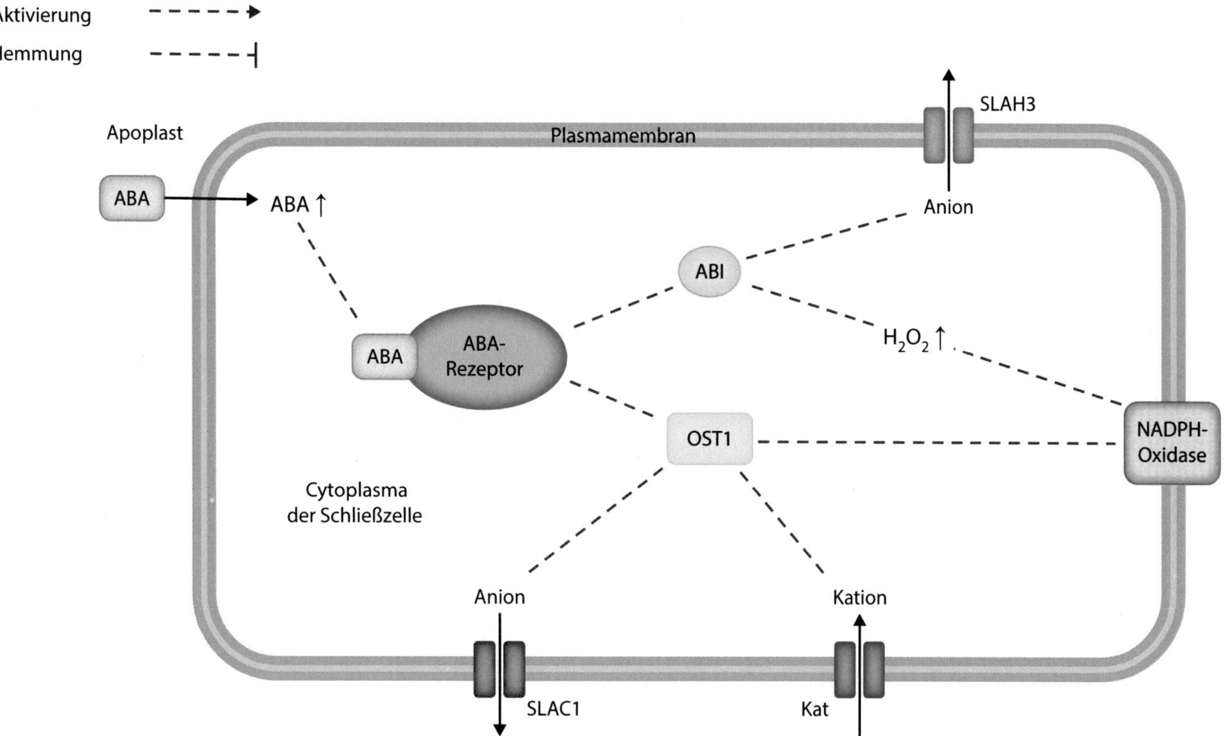

Nach Boenigk (Hrsg.), Boenigk Biologie, © Springer-Verlag GmbH Deutschland, ein Teil von Springer Nature 2021

148) Photonenflussdichte und Energiespektrum des Sonnenlichts. Zeichnen Sie die Photonenflussdichte (blaue Linie) und das Energiespektrum (rote Linie) der auf den Erdboden auftreffenden Sonnenstrahlung in das Diagramm ein. Bereiche der Absorptionsbanden von Wasserdampf sind durch graue Unterlegung markiert.

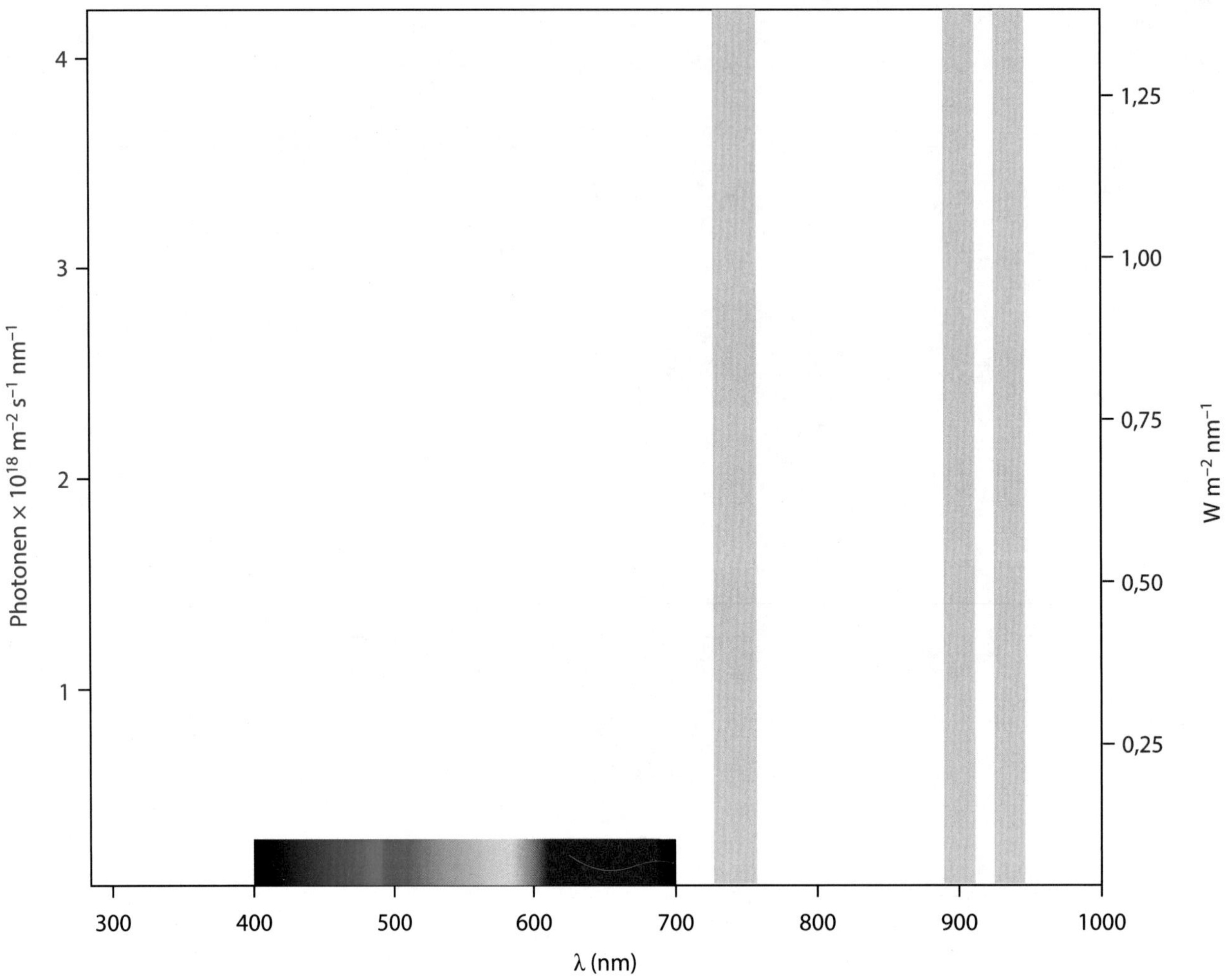

Nach Boenigk (Hrsg.), Boenigk Biologie, © Springer-Verlag GmbH Deutschland, ein Teil von Springer Nature 2021

149) Strukturformel der Chlorophylle. Dargestellt ist Chlorophyll *a*. Zeichnen Sie die Strukturformeln von Chlorophyll *b* und Chlorophyll c_1.

Chlorophyll *a*

Chlorophyll *b*

Chlorophyll *c1*

Nach Boenigk (Hrsg.), Boenigk Biologie, © Springer-Verlag GmbH Deutschland, ein Teil von Springer Nature 2021

4

150) Absorptionsspektren der Photopigmente. Dargestellt ist das Absorptionsspektrum von Chlorophyll *a*. Zeichnen Sie das Absorptionsspektrum von Chlorophyll *b*.

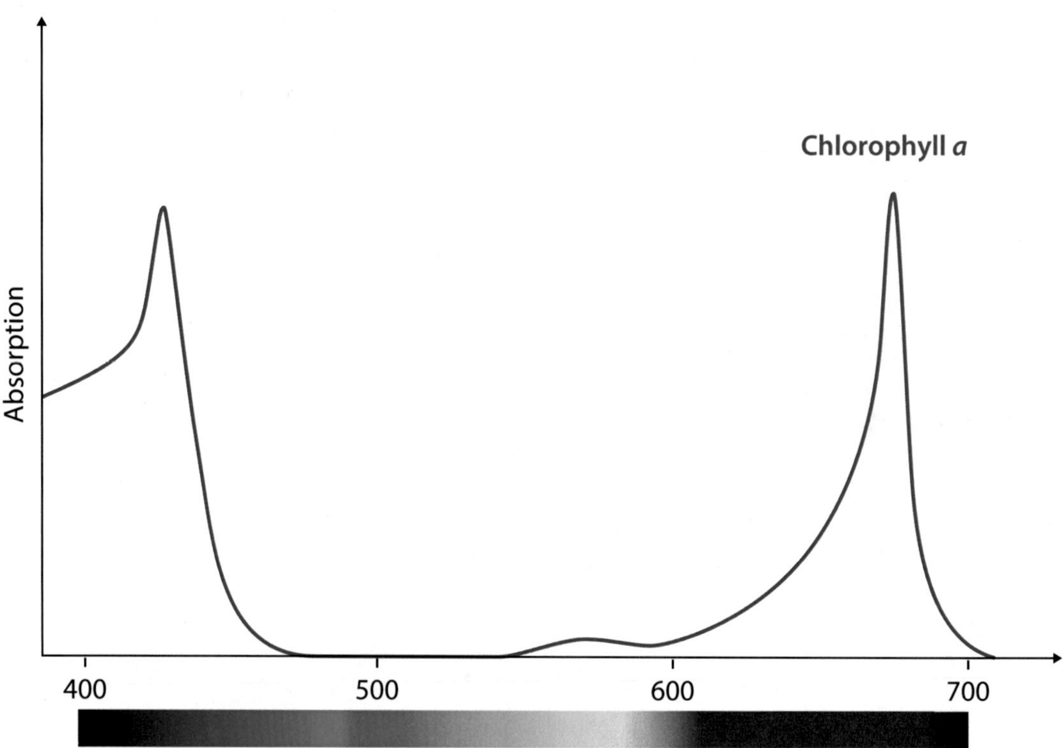

151) Absorptionsspektren der Photopigmente. Zeichnen Sie das Absorptionsspektrum von β-Carotin (rot), Phycoerythrin (blau) und Phycocyanin (schwarz).

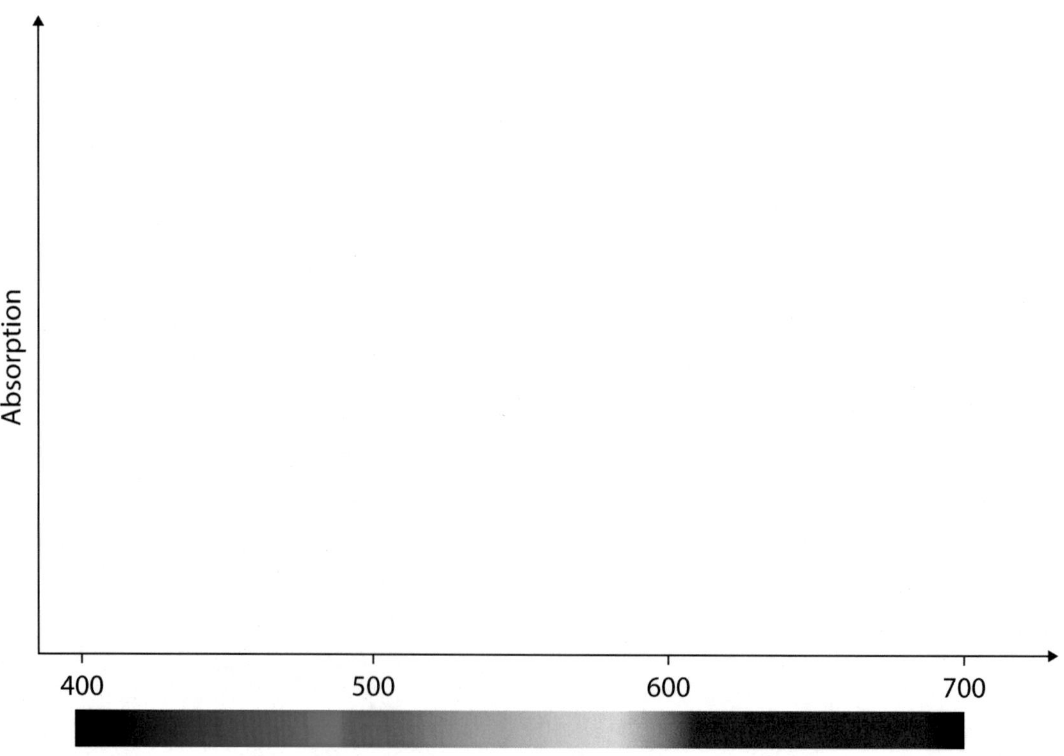

Nach Boenigk (Hrsg.), Boenigk Biologie, © Springer-Verlag GmbH Deutschland, ein Teil von Springer Nature 2021

152) Struktur von Photopigmenten. Zeichnen Sie ausgehend vom Biliverdin die Strukturformeln von Phytochromobilin, Phycocyanobilin und Phycoerythrobilin.

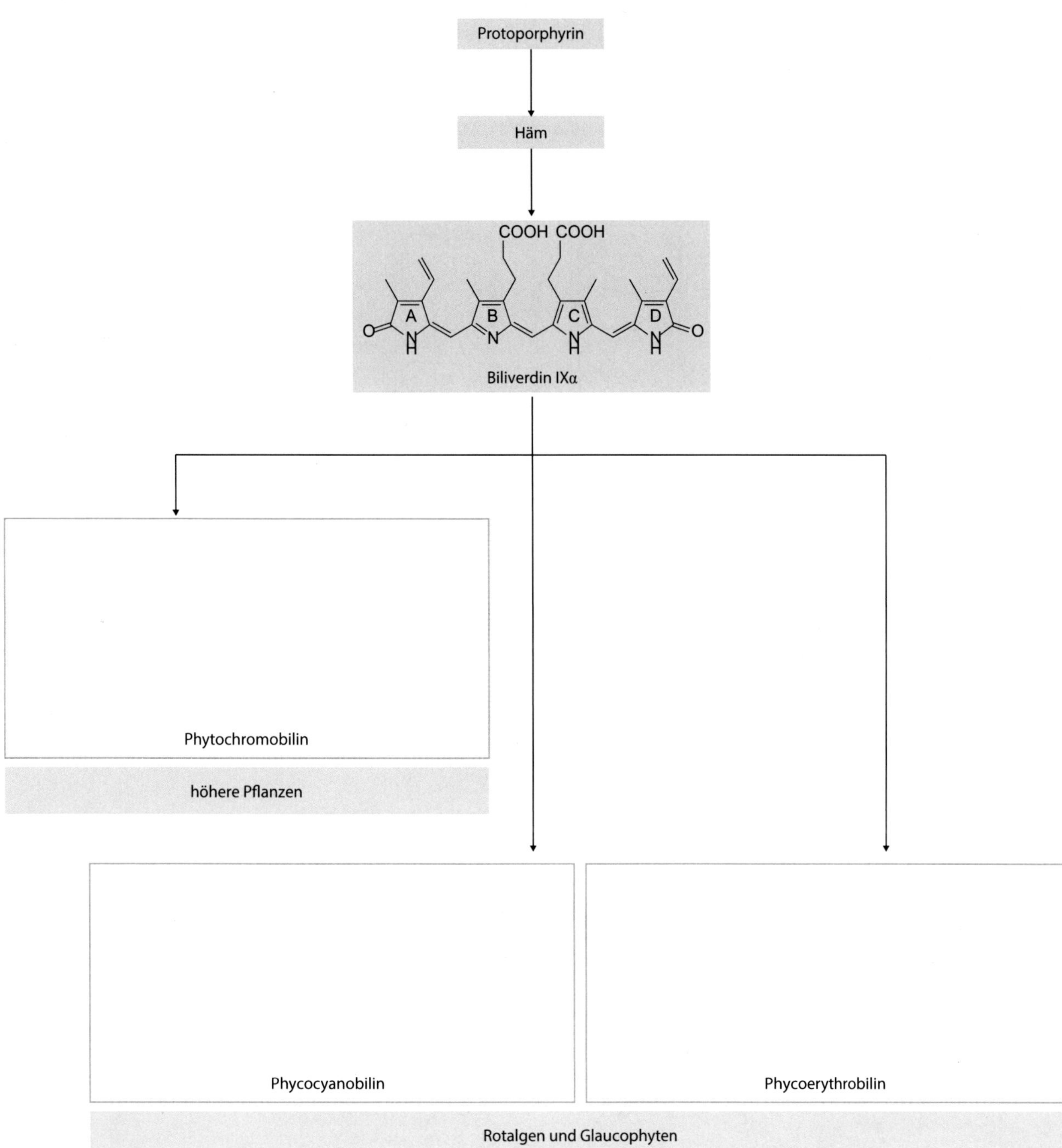

Nach Boenigk (Hrsg.), Boenigk Biologie, © Springer-Verlag GmbH Deutschland, ein Teil von Springer Nature 2021

153) Desmotubulus. Kolorieren Sie die Strukturen im Bereich eines Tüpfelkanals mit Plasmodesmos im Längsschnitt (oben) und Querschnitt (unten): Strukturproteine (grün), Callose (rot), endoplasmatisches Retikulum (hellblau), ER-Membran (dunkelblau), Zellwand (helllila), Mittellamelle (dunkellila); Cytoplasma (hellgelb), Zellmembran (gelb).

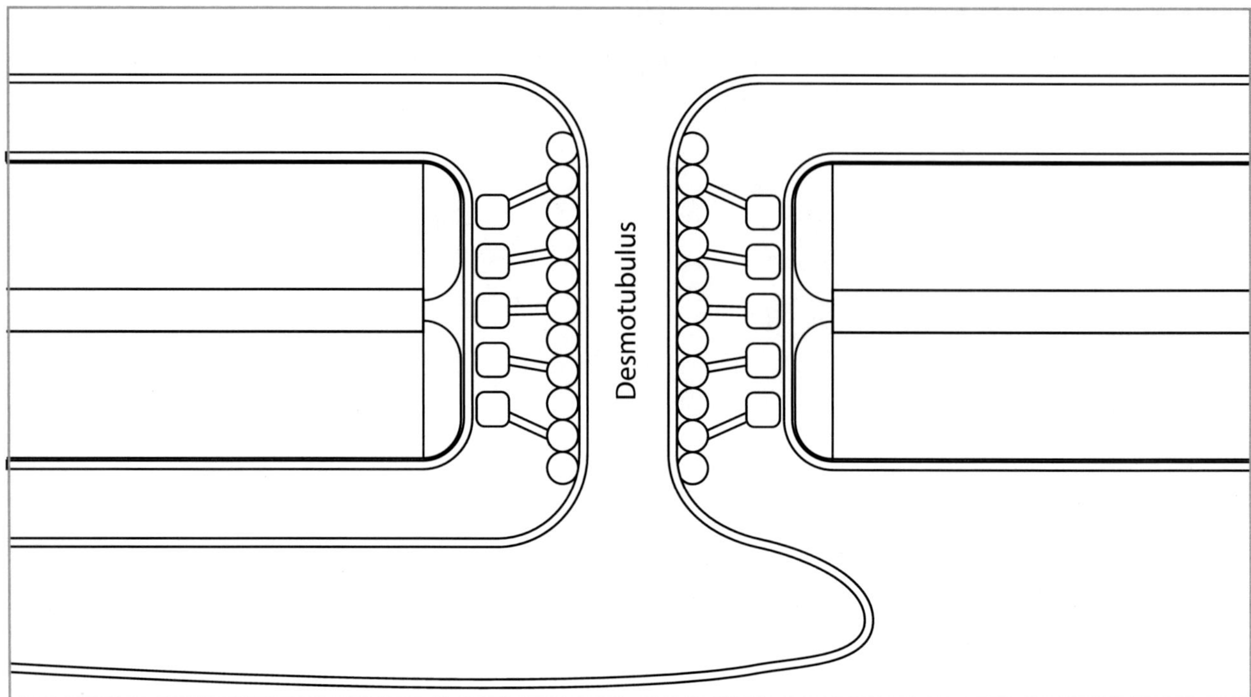

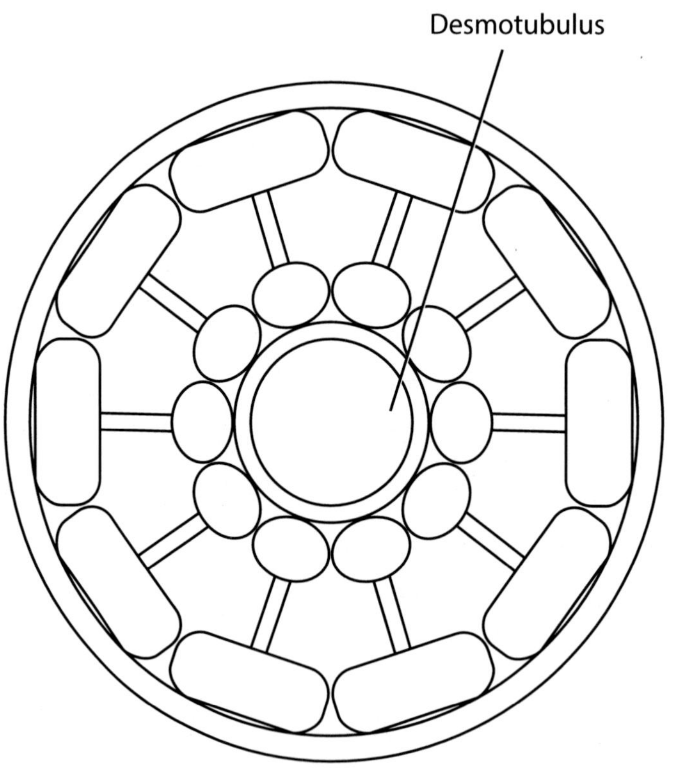

Nach Boenigk (Hrsg.), Boenigk Biologie, © Springer-Verlag GmbH Deutschland, ein Teil von Springer Nature 2021

154) Regulation von Zellwachstum, Progression und Endoreplikation: Geben Sie an, welche Mechanismen aktivierend und welche hemmend sind – versehen Sie dafür die roten Linien jeweils in Richtung der Wirkung mit Pfeilspitzen (Aktivierung) bzw. mit Querstrichen (Hemmung).

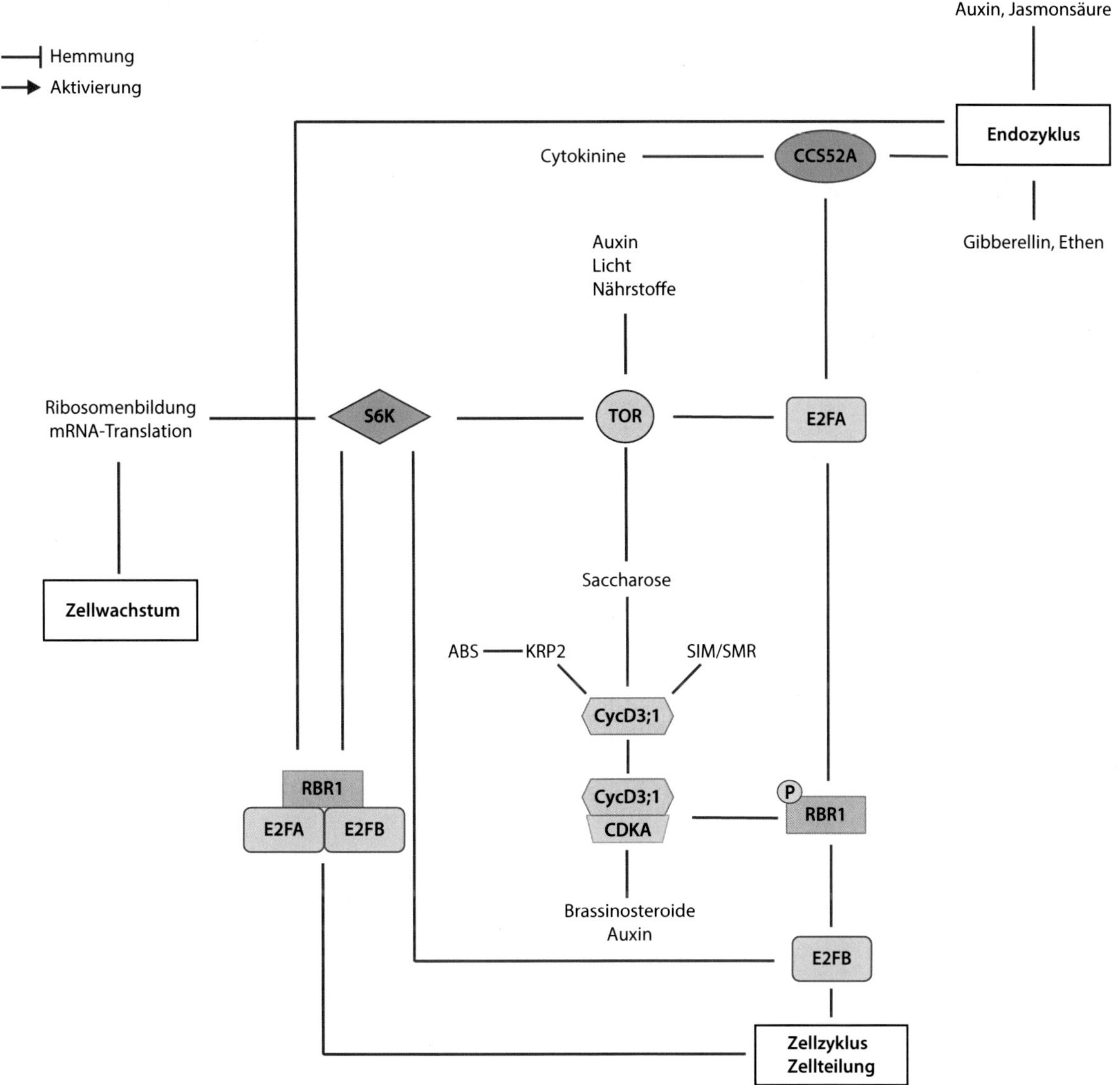

Nach Boenigk (Hrsg.), Boenigk Biologie, © Springer-Verlag GmbH Deutschland, ein Teil von Springer Nature 2021

155) Pflanzlichen Embryogenese. Bei der pflanzlichen Embryogenese von *Arabidopsis* korrelieren die unterschiedlichen Entwicklungsstadien mit der Expression verschiedener spezifischer Gene in den einzelnen Zellschichten. Kolorieren Sie die Zellen entsprechend der vorgegebenen Kombinationen der spezifischen Gene (nicht für alle dargestellten Zellen sind die entsprechenden Kombinationen dargestellt): ATML1 (*Arabidopsis thaliana* meristem layer 1), PDF2 (protodermal factor 2), RPK1/2 (receptor-like tyrosine kinase 1/2), SCR (scarecrow) und SHR (short root).

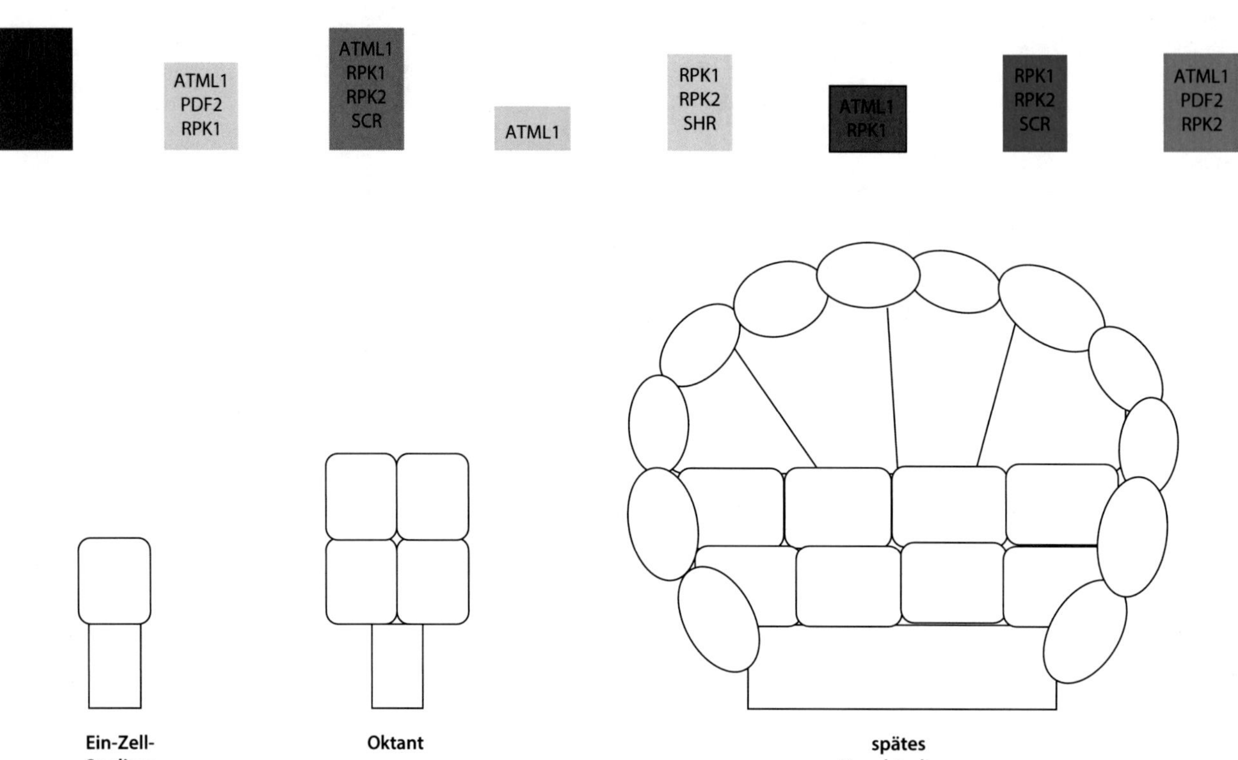

Nach Boenigk (Hrsg.), Boenigk Biologie, © Springer-Verlag GmbH Deutschland, ein Teil von Springer Nature 2021

156) Phytohormone. Skizzieren Sie durch Pfeile die Transportrichtung von Auxin im Bereich der Sprossspitze bei Lichteinfall von oben. Skizzieren Sie dann von dieser Zeichnung ausgehend das Wachstum bei Lichteinfall von der Seite, stellen Sie auch hier die Transportrichtung und -menge von Auxin dar. Nutzen Sie die Strichdicke der Pfeile, um jeweils die relative Menge von Auxin an beiden Seiten der Sprossachse darzustellen.

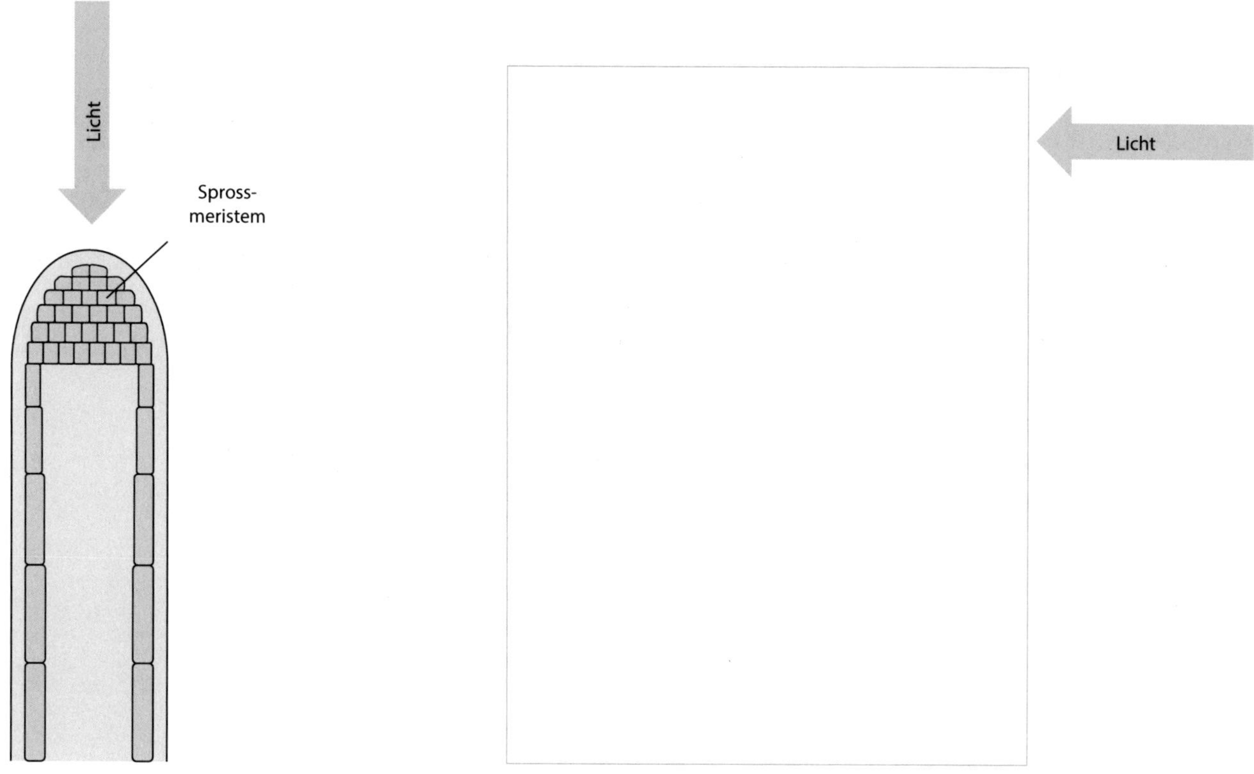

Nach Boenigk (Hrsg.), Boenigk Biologie, © Springer-Verlag GmbH Deutschland, ein Teil von Springer Nature 2021

4

157) Phytohormone. Zeichnen Sie die Strukturformeln der genannten Phytohormone.

Cytokinin *trans*-Zeatin

Auxin Indolessigsäure

Abscisinsäure

Ethen

Nach Boenigk (Hrsg.), Boenigk Biologie, © Springer-Verlag GmbH Deutschland, ein Teil von Springer Nature 2021

158) Wassertransport in Pflanzen. Skizzieren Sie exemplarisch den Transportweg von Wasser und Mineralsalzen in den Zentralzylinder der Wurzel. Stellen Sie dabei einen vorwiegend apoplastischen und einen vorwiegend symplastischen Transportweg dar und beschriften Sie diese.

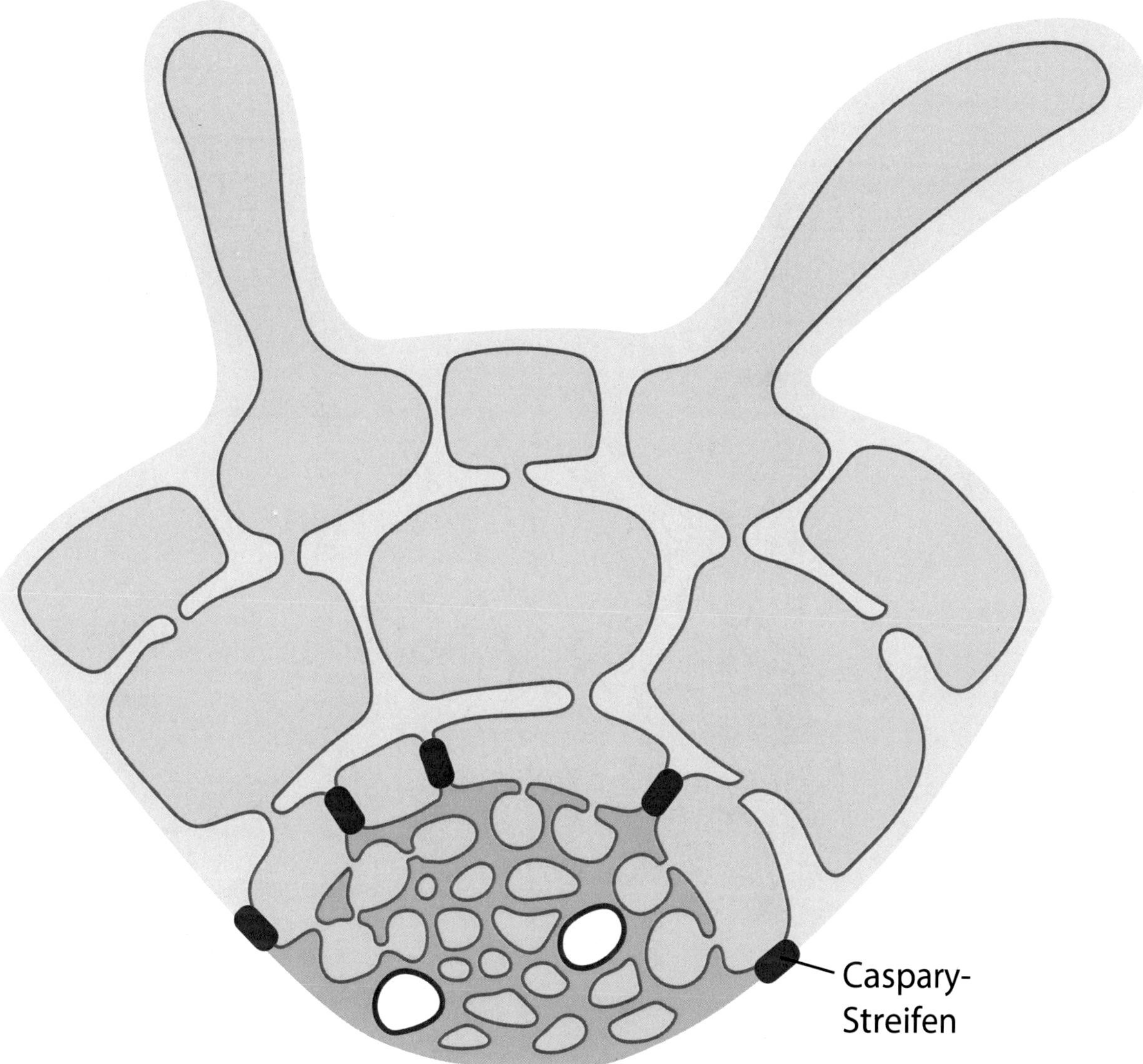

Nach Boenigk (Hrsg.), Boenigk Biologie, © Springer-Verlag GmbH Deutschland, ein Teil von Springer Nature 2021

159) Bio-Mandala: Malen zum Entspannen.

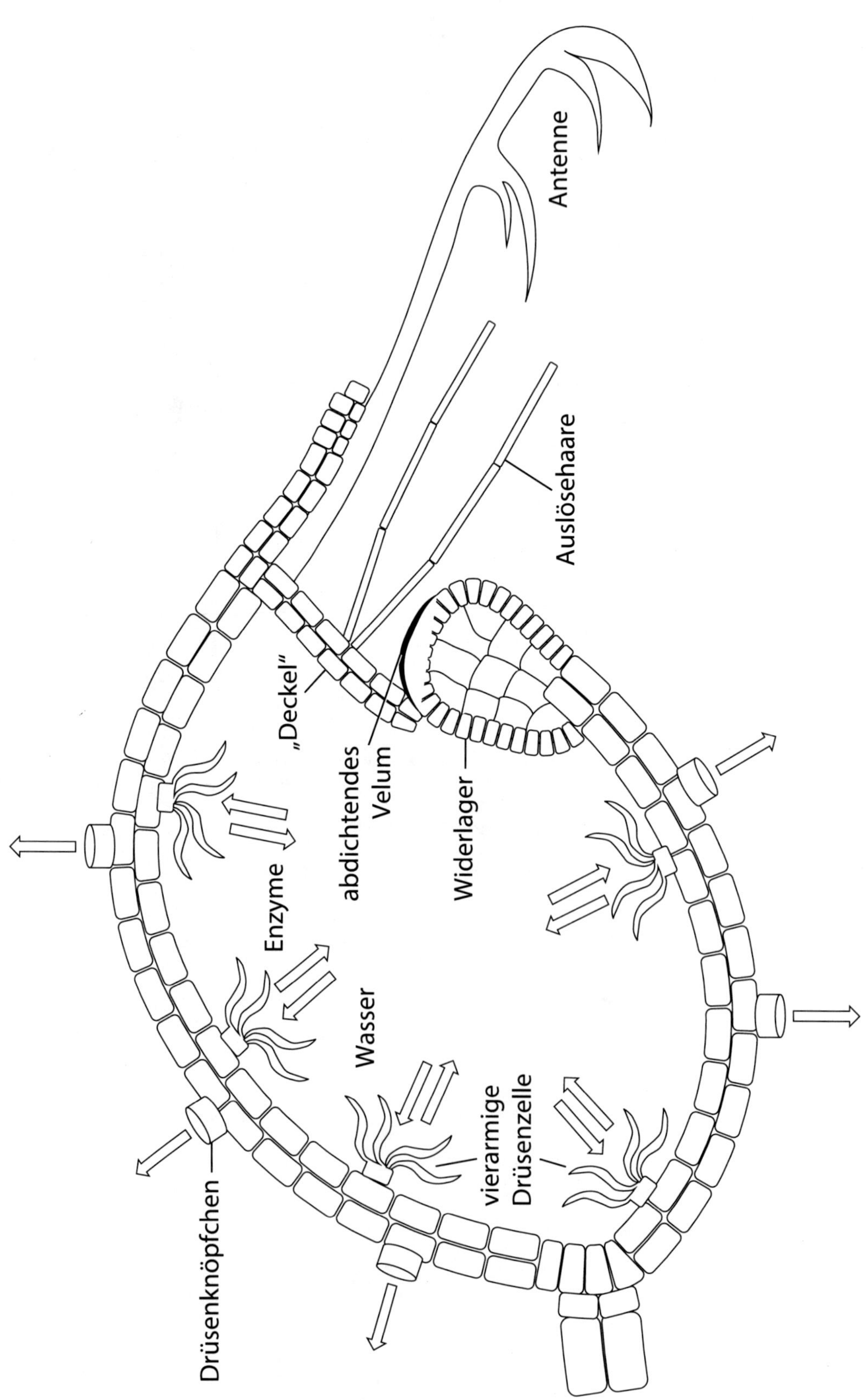

Nach Boenigk (Hrsg.), Boenigk Biologie, © Springer-Verlag GmbH Deutschland, ein Teil von Springer Nature 2021

160) Leitgewebe der Pflanzen. Kolorieren Sie Elemente des Xylems (hellblau), Siebzellen des Phloems (hellgrün) und Geleitzellen (gelb). Verdeutlichen Sie durch blaue Pfeile die Transportrichtung von Wasser und durch schwarze Pfeile die Transportrichtung von Assimilaten (stellen Sie dabei auch den Austausch zwischen Xylem und Phloem sowie Mesophyll- und Wurzelzellen dar).

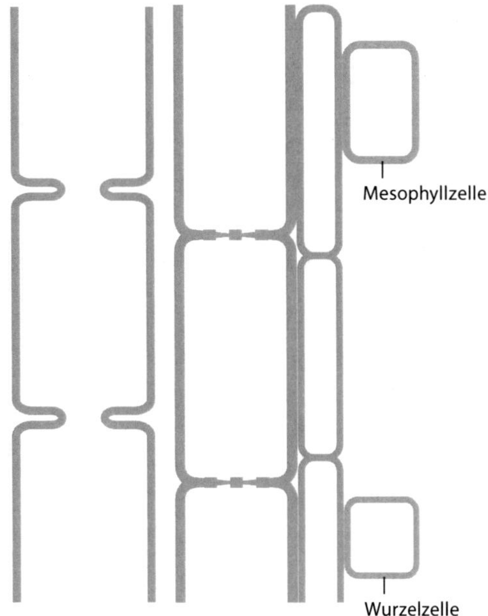

161) Plasmolyse. Zeichnen Sie eine vollturgeszente Zelle, eine Zelle in Grenzplasmolyse und eine plasmolysierte Zelle. Stellen Sie dabei Zellwand (rot), Plasmalemma, Cytoplasma (hellgrün) und Zentralvakuole (hellblau) dar. Stellen Sie alle Membranen als schwarze Linien dar.

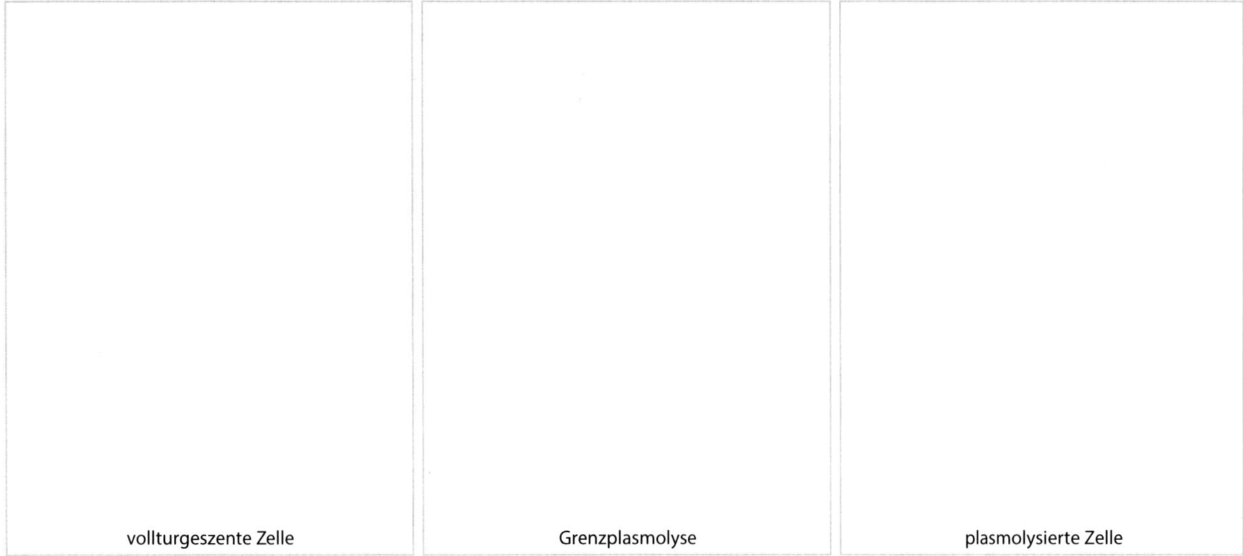

Nach Boenigk (Hrsg.), Boenigk Biologie, © Springer-Verlag GmbH Deutschland, ein Teil von Springer Nature 2021

4

162) Anordnung der Plastiden im Palisadenparenchym. Zeichnen Sie in die Zellen des Palisadenparenchyms die Lage der Plastiden, der Zentralvakuole und des Zellkerns ein. Nutzen Sie folgende Farben und Symbolik.

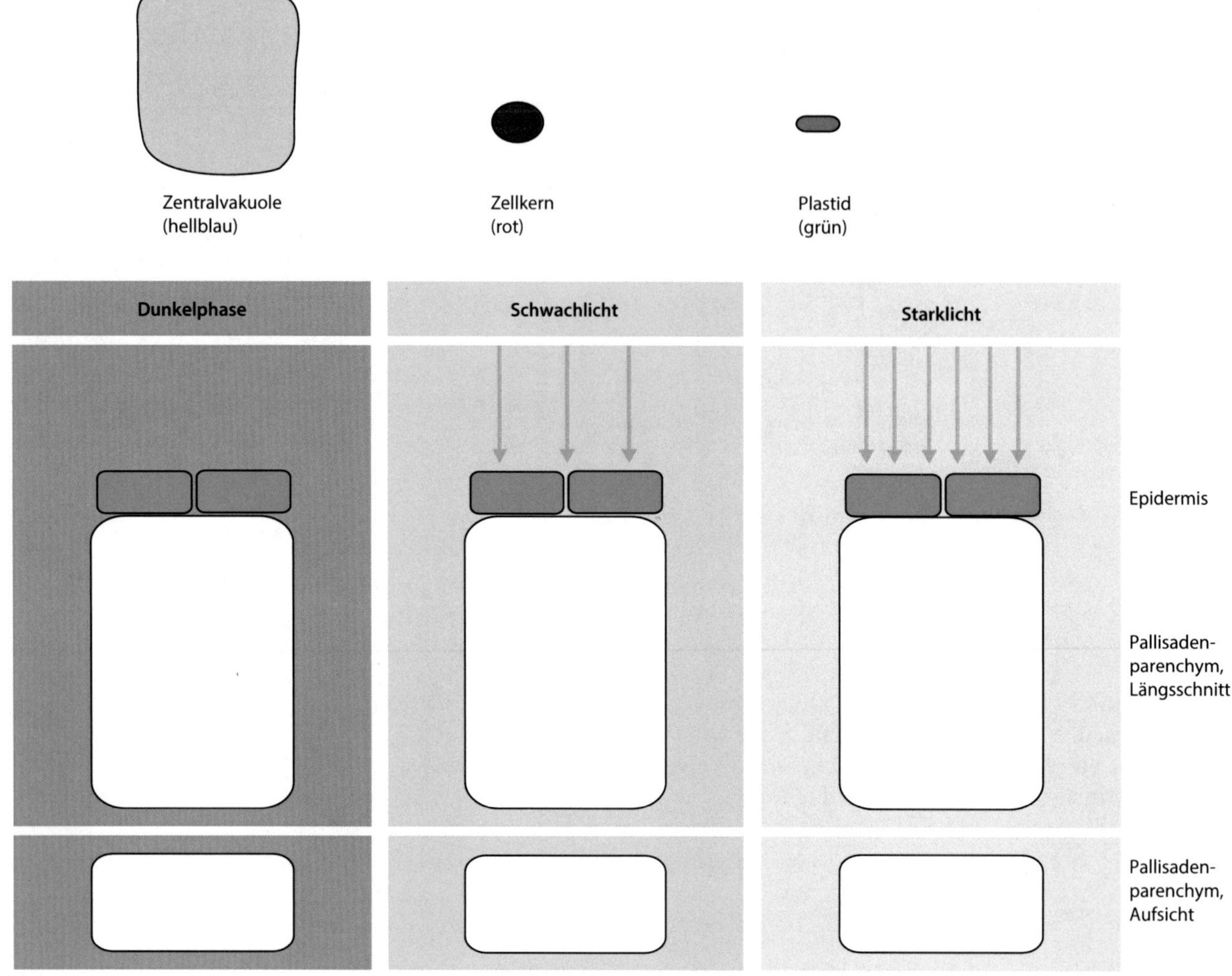

Nach Boenigk (Hrsg.), Boenigk Biologie, © Springer-Verlag GmbH Deutschland, ein Teil von Springer Nature 2021

163) Augenfleck. Skizzieren Sie den Aufbau des Augenflecks, stellen Sie dabei Augenfleckkörnchen (rot), Kanalrhodopsine (blau) und spannungsabhängige Calciumkanäle (grün) dar. Verdeutlichen Sie durch Pfeile den Weg (und ggf. die Reflexion) von Licht, das von innen bzw. von außen einfällt. Die Plasmamembran sowie die Doppelmembran des Chloroplasten und die Thylakoidmembran sind vorgegeben.

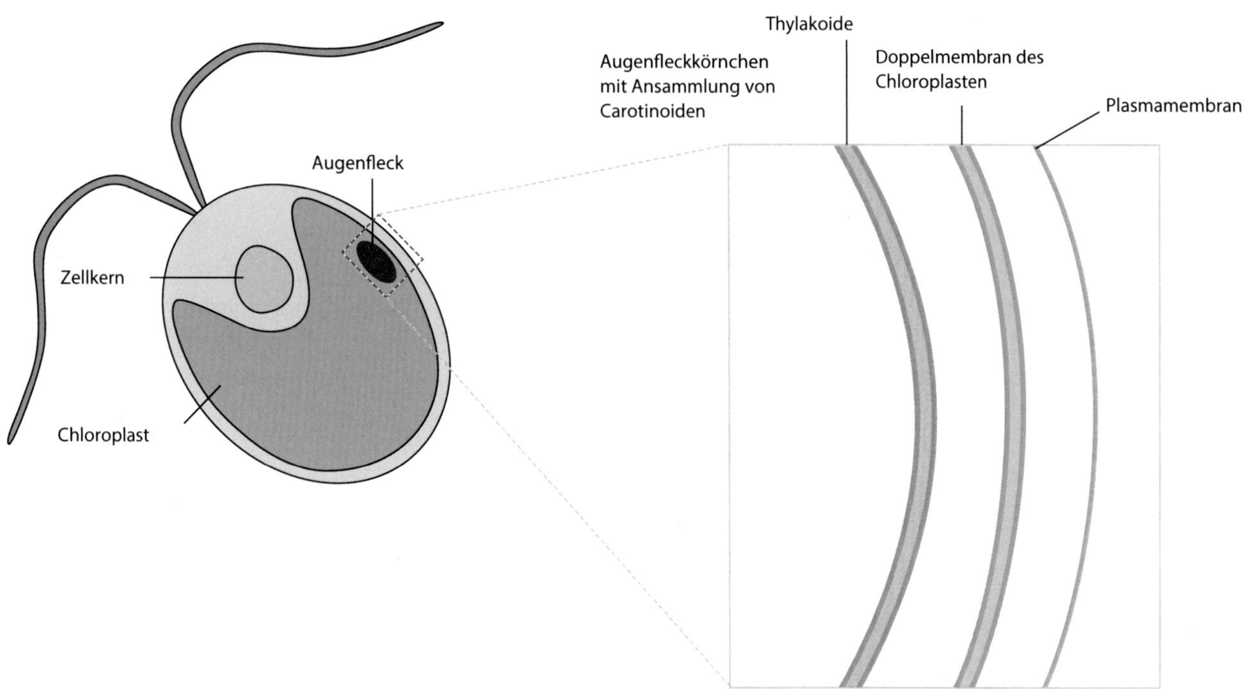

Nach Boenigk (Hrsg.), Boenigk Biologie, © Springer-Verlag GmbH Deutschland, ein Teil von Springer Nature 2021

164) Doliporus. Kolorieren Sie wie folgt: ER (blau), Zellwand (rot), Doliporus (grau). Nutzen Sie ggf. für Aufsicht und Anschnitte unterschiedliche Farbintensitäten.

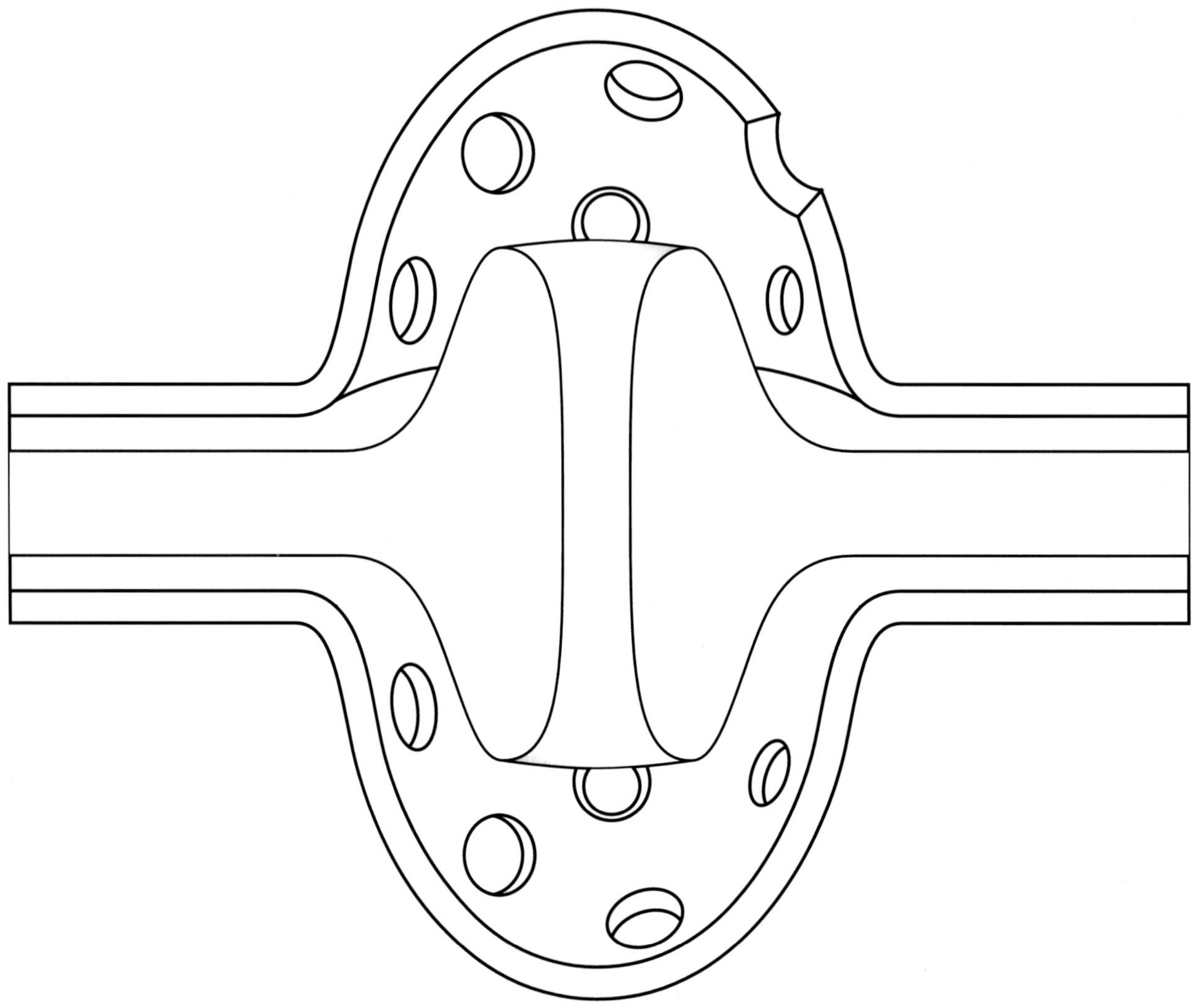

Nach Boenigk (Hrsg.), Boenigk Biologie, © Springer-Verlag GmbH Deutschland, ein Teil von Springer Nature 2021

165) Haustorium. Kolorieren Sie die Schemazeichnungen der Ausbildung des Haustoriums von *Cuscuta* wie folgt: *Cuscuta* (blau), Wirtspflanze: Epidermis (rot), Parenchym (grün), Leitbündel (gelb).

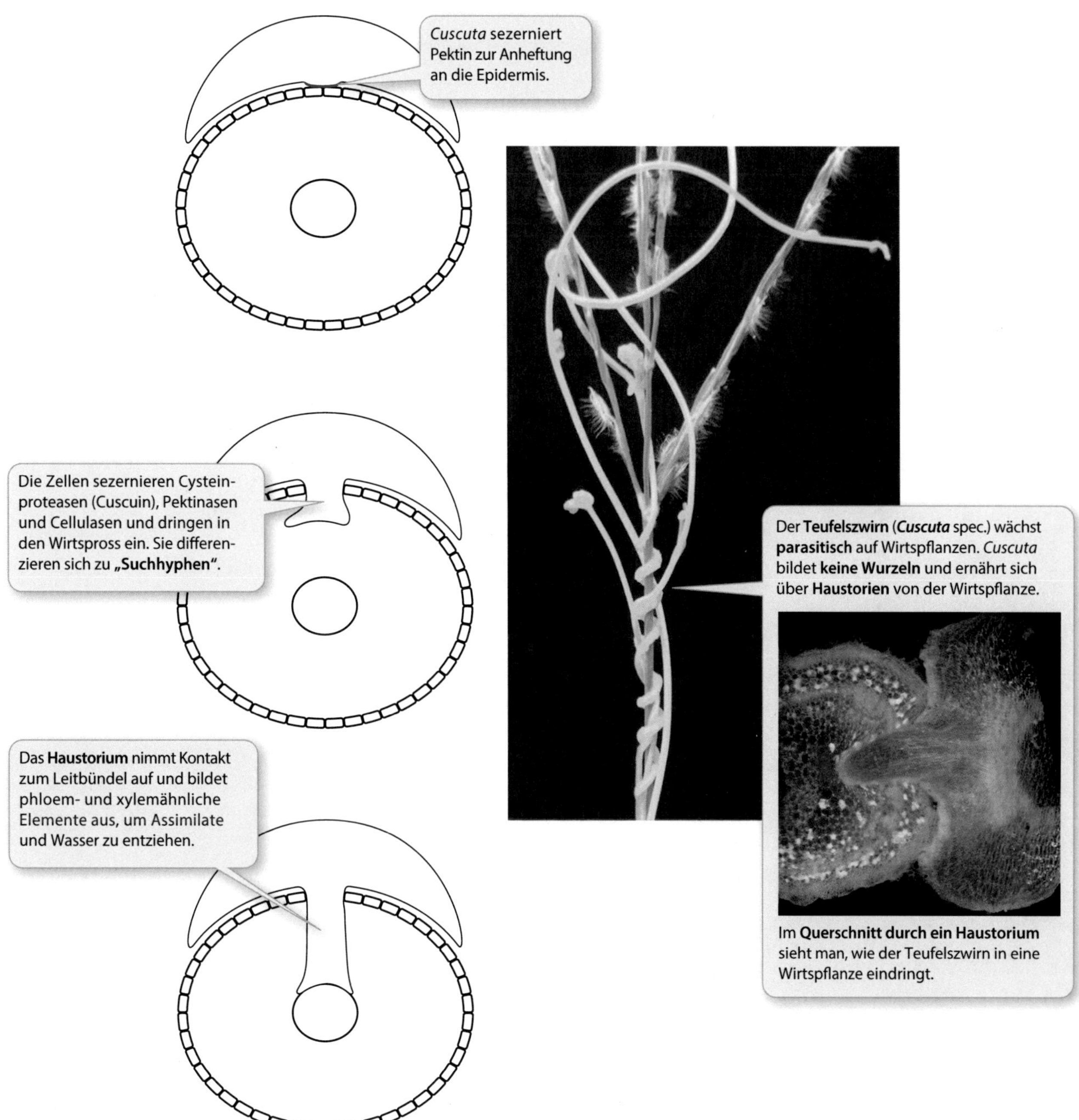

Cuscuta sezerniert Pektin zur Anheftung an die Epidermis.
Die Zellen sezernieren Cystein-proteasen (Cuscuin), Pektinasen und Cellulasen und dringen in den Wirtspross ein. Sie differen-zieren sich zu **„Suchhyphen"**.
Das **Haustorium** nimmt Kontakt zum Leitbündel auf und bildet phloem- und xylemähnliche Elemente aus, um Assimilate und Wasser zu entziehen.
Der **Teufelszwirn** (***Cuscuta*** spec.) wächst **parasitisch** auf Wirtspflanzen. *Cuscuta* bildet **keine Wurzeln** und ernährt sich über **Haustorien** von der Wirtspflanze.
Im **Querschnitt durch ein Haustorium** sieht man, wie der Teufelszwirn in eine Wirtspflanze eindringt.

Nach Boenigk (Hrsg.), Boenigk Biologie, © Springer-Verlag GmbH Deutschland, ein Teil von Springer Nature 2021

166) Porus zwischen benachbarten Pilzzellen. Skizzieren Sie Lage und Funktion von Woronin-Körpern im Bereich des Porus zwischen benachbarten Zellen einer Pilzhyphe. Stellen Sie links die Situation in nicht geschädigten, intakten Zellen dar, rechts die Situation nach Verletzung und Cytoplasmaströmung in Pfeilrichtung.

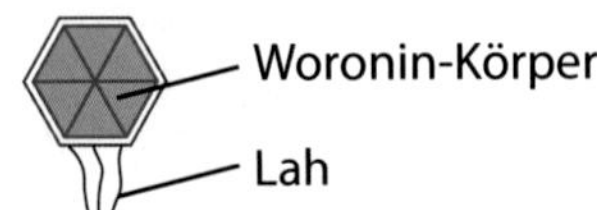

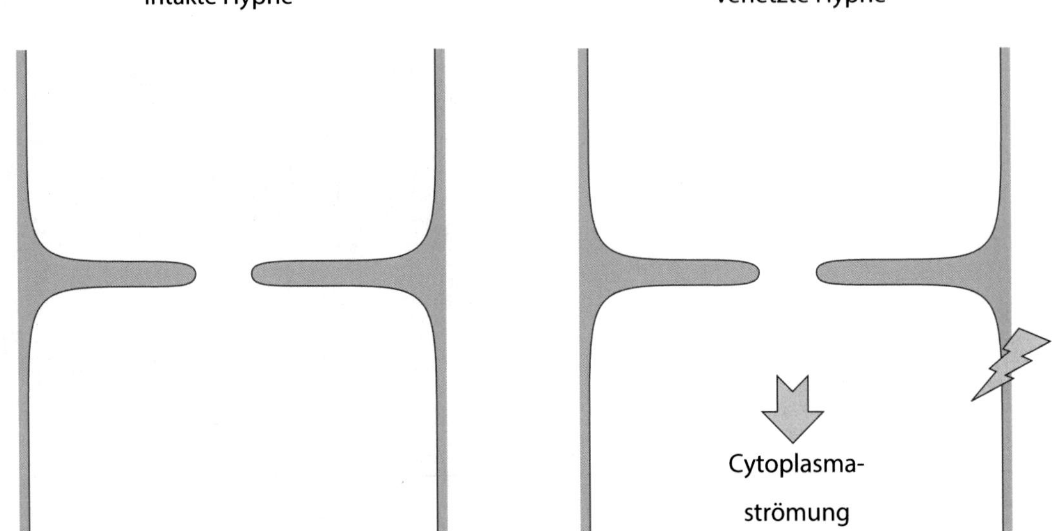

Nach Boenigk (Hrsg.), Boenigk Biologie, © Springer-Verlag GmbH Deutschland, ein Teil von Springer Nature 2021

167) Wachstum von Pilzhyphen. Skizzieren Sie die Hyphenskizze und das Hyphenwachstum einer dikaryotischen Hyphe der Basidiomycota. Stellen Sie insbesondere die Schnallenbildung und die Kernverhältnisse in den apikalen Zellen und der Schnalle dar. Setzen Sie dafür die Darstellung der Hyphe fort und stellen Sie verschiedene Stadien der Schnallenbildung dar.

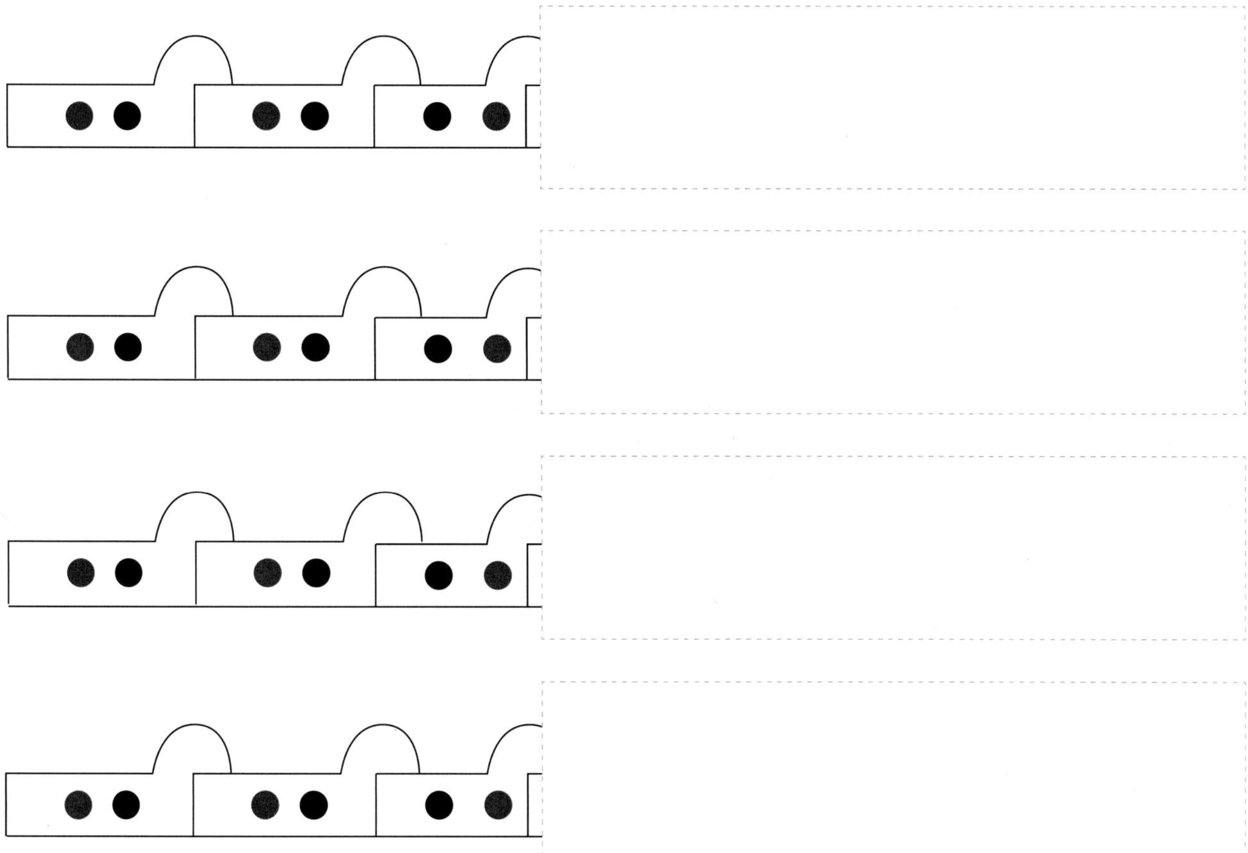

Nach Boenigk (Hrsg.), Boenigk Biologie, © Springer-Verlag GmbH Deutschland, ein Teil von Springer Nature 2021

168) Wirkung der Infochemikalie Dimethylsulfid. Dimethylsulfid (DMS) der Protisten dient als Infochemikalie in marinen Kreisläufe und lockt Prädatoren zu ihrer Beute. Stellen Sie die Strukturformeln der Moleküle dar.

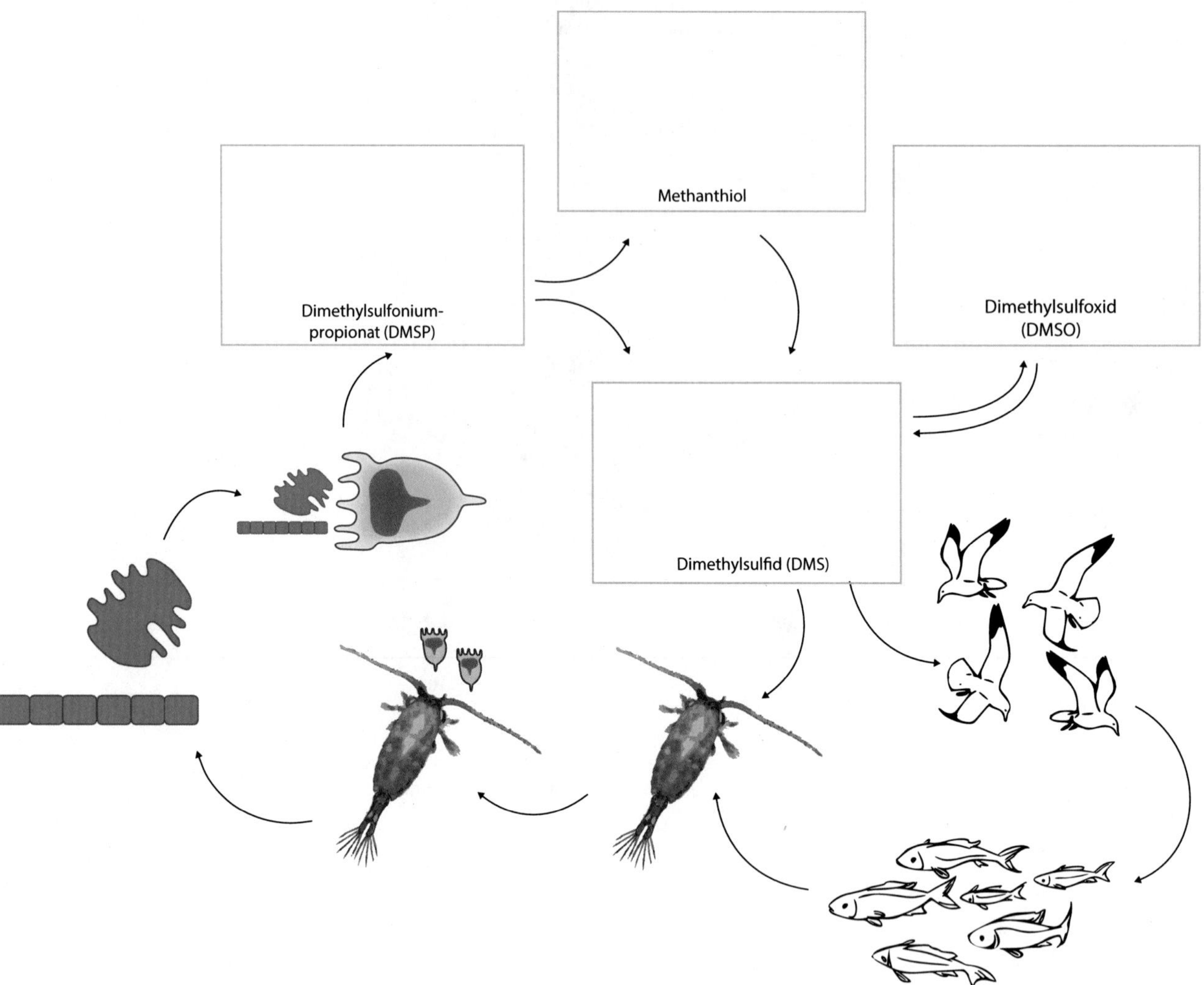

Nach Boenigk (Hrsg.), Boenigk Biologie, © Springer-Verlag GmbH Deutschland, ein Teil von Springer Nature 2021

169) Neutralisierung von Radikalen durch Ascorbinsäure. Stellen Sie die Reaktion von Ascorbinsäure mit einem Radikal dar. Geben Sie die Strukturformel des Produkts an und heben Sie den resonanzstabilisierten Bereich farbig hervor.

OH, HO, O, O, $^{-}$O, OH + R• ⟶

170) Chlorosom. Kolorieren Sie ein Chlorosom der grünen Bakterien: Cytosol (hellblau), periplasmatischer Raum (hellrot), Bacteriochlorophyll (dunkelgrün), Chlorosom (hellgrün), Basalplatte der Chlorosomen (blau), FMO (rot), Zellmembran – Lipide (helllila), Zellmembran – PS I (gelb), Zellmembran – andere Membranproteine (lila).

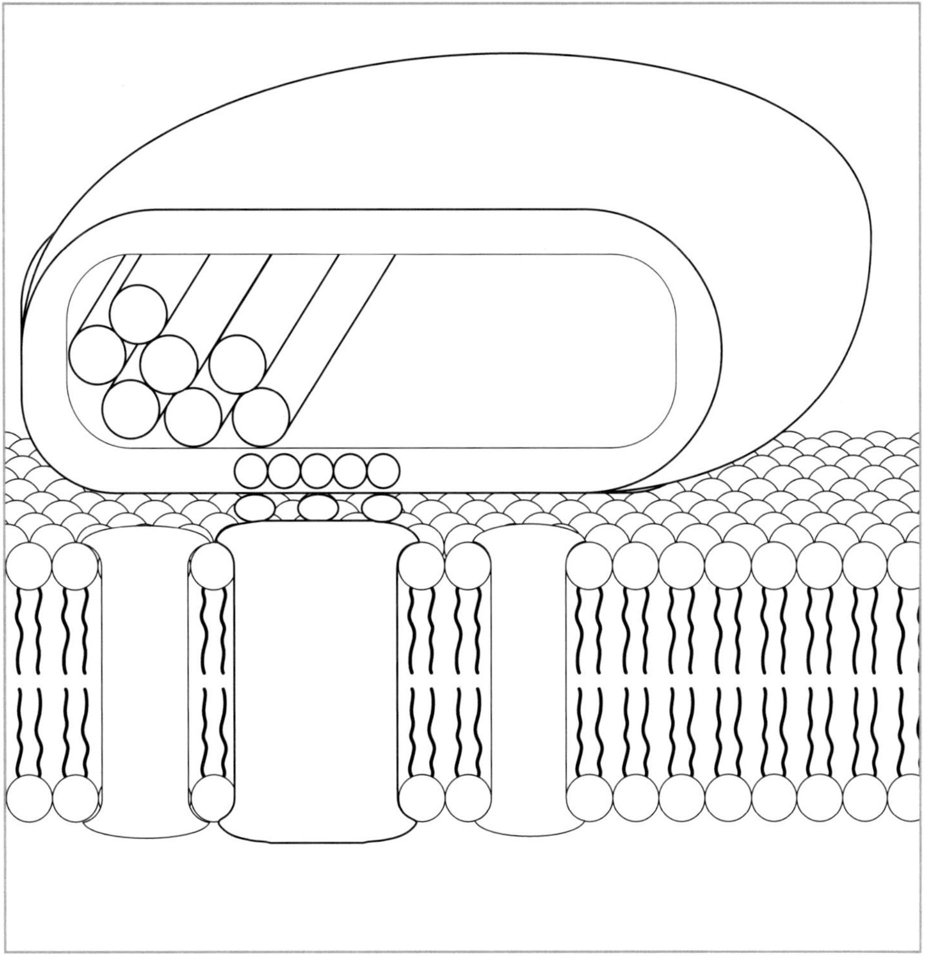

Nach Boenigk (Hrsg.), Boenigk Biologie, © Springer-Verlag GmbH Deutschland, ein Teil von Springer Nature 2021

171) Membraneinfaltungen bei Purpurbakterien. Vervollständigen Sie die Zeichnungen der Zellen von Purpurbakterien mit den artspezifischen Einfaltungen der inneren Zellmembran.

Rhodospirillum rubrum

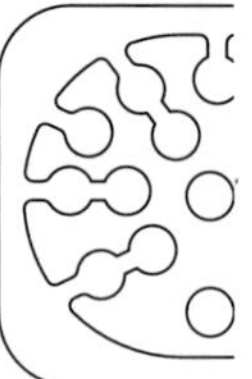

Rhodospirillum molischianum

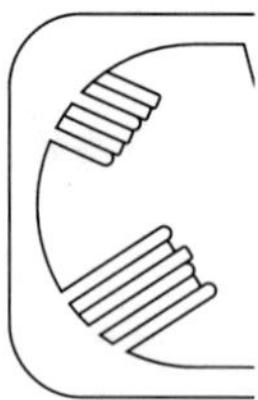

Rhodopseudomom palustris

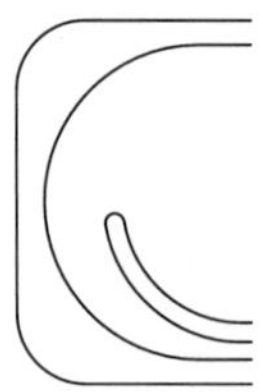

Rhodospirillum tenue

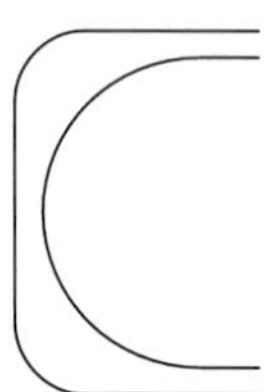

Thiocapsa pfennigi

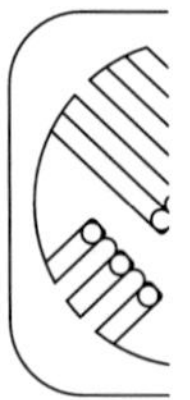

Rhodomicrobium vannielii

172) ATP-Synthase. Skizzieren Sie eine ATP-Synthase und berücksichtigen Sie dabei die Orientierung in der Membran, den Fluss von Protonen und den Ort der Synthesereaktion von ATP in Bezug auf die Membran. Beschriften Sie zudem CF_0 und CF_1.

innen

Membran

außen

Nach Boenigk (Hrsg.), Boenigk Biologie, © Springer-Verlag GmbH Deutschland, ein Teil von Springer Nature 2021

173) Knallgasreaktion des chemolithotrophen Bakteriums *Aquifex aeolicus*. Ergänzen Sie im Reaktionsschema die Synthese sowie den Verbrauch von ATP.

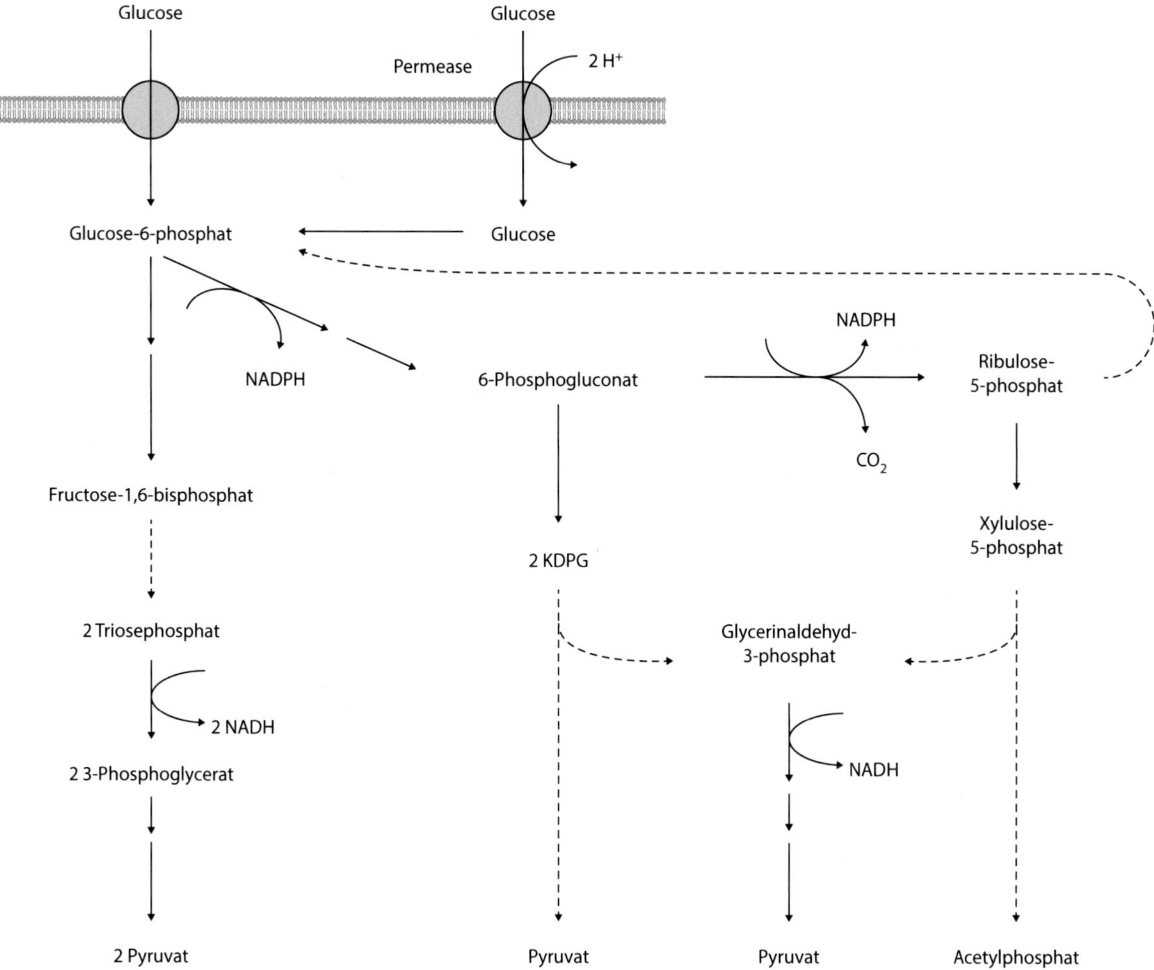

Nach Boenigk (Hrsg.), Boenigk Biologie, © Springer-Verlag GmbH Deutschland, ein Teil von Springer Nature 2021

174) Oxidation von Nitrit zu Nitrat an der Cytoplasmamembran eines nitritoxidierenden Bakteriums. Kolorieren Sie: Transmembrankomplex I (hellrot), Transmembrankomplex II (hellblau), NxR (orange), Cytochrom *c* (gelb), Periplasma (helllila), Cytoplasma (hellgrün).

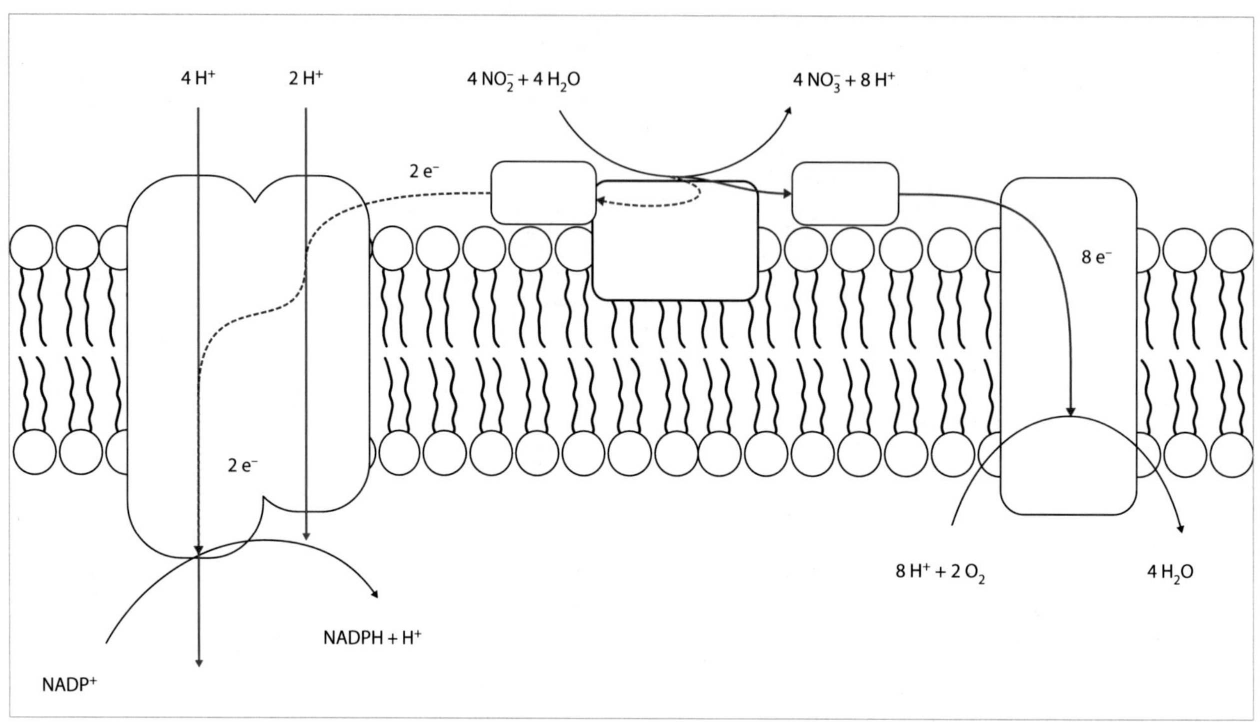

Nach Boenigk (Hrsg.), Boenigk Biologie, © Springer-Verlag GmbH Deutschland, ein Teil von Springer Nature 2021

175) Stoffwechselwege in aeroben und anaeroben Schichten eines Gewässers. Skizzieren Sie durch Kolorieren der jeweiligen Schichten, welche Prozesse in der Luft (hellblau), im Wasser (dunkelblau), in aeroben Sedimentschichten (grün) und in anaeroben Sedimentschichten (rot) ablaufen.

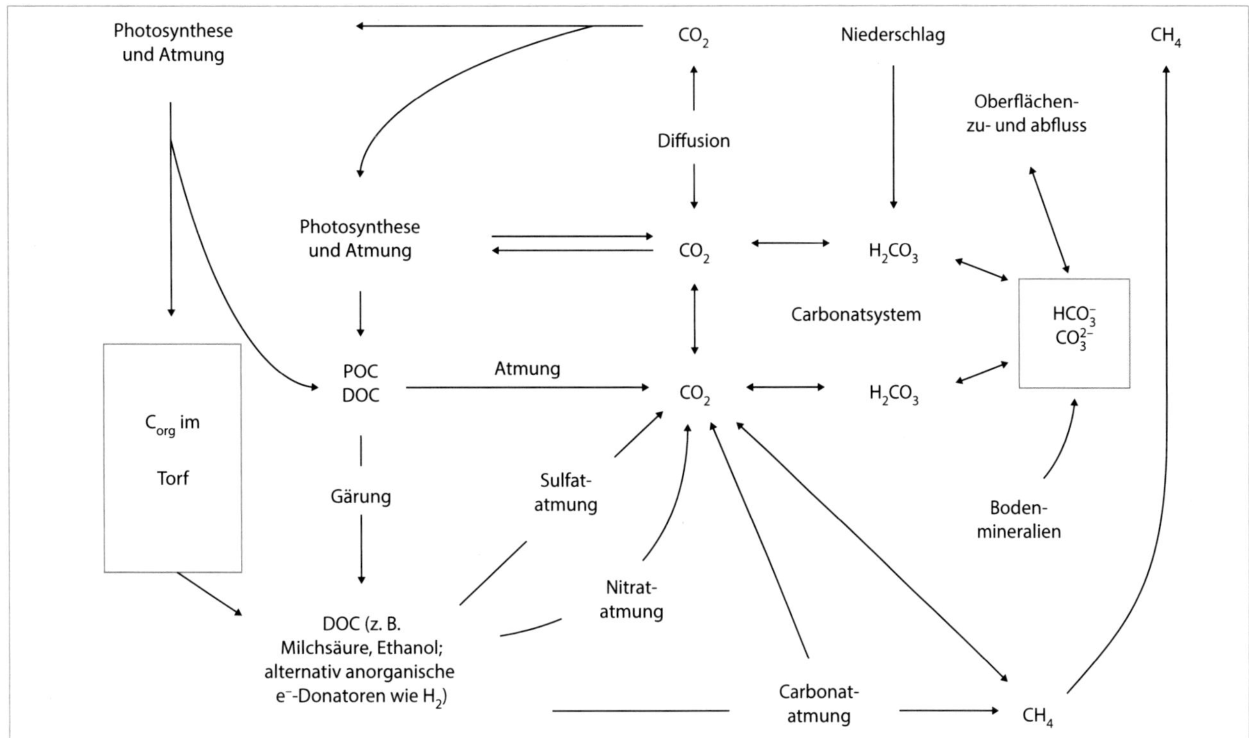

176) Verhalten von Mikroorganismen gegenüber Sauerstoff. Skizzieren Sie (durch Punktieren) in welchem Bereich die genannten Bakterien im Sauerstoffgradienten in einem einseitig offenen Gelnährmedium wachsen. Unterschiedliche Konzentrationen von Bakterien bzw. unterschiedlich gutes Wachstum können Sie durch die Dichte der Punkte darstellen.

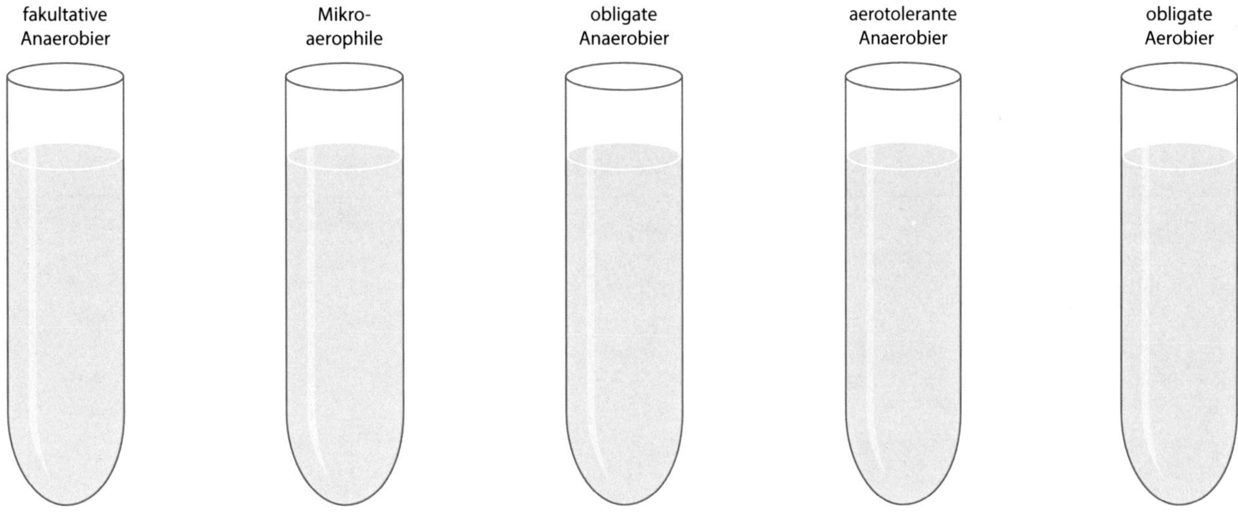

Nach Boenigk (Hrsg.), Boenigk Biologie, © Springer-Verlag GmbH Deutschland, ein Teil von Springer Nature 2021

177) Temperaturspektrum von Mikroorganismen. Kolorieren Sie die Optimumkurven wie folgt: *Polaromonas* (blau), *Geobacillus* (rot), *Thermococcus* (schwarz), *Escherichia* (gelb), *Pyrolobus* (grün).

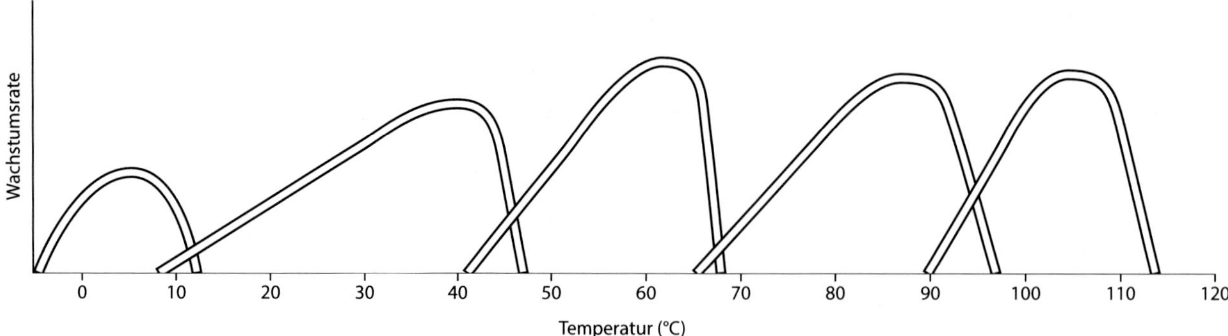

178) Wachstumsrate in Abhängigkeit vom Salzgehalt. Skizzieren Sie die Optimumkurven des Zellwachstums als Funktion der NaCl-Konzentration für nichthalophile (z. B. *Escherichia*: grün), halotolerante (z. B. *Staphylococcus*: blau), halophile (z. B. *Aliivibrio*: rot) und extremhalophile Bakterien (z. B. *Halobacterium*: lila).

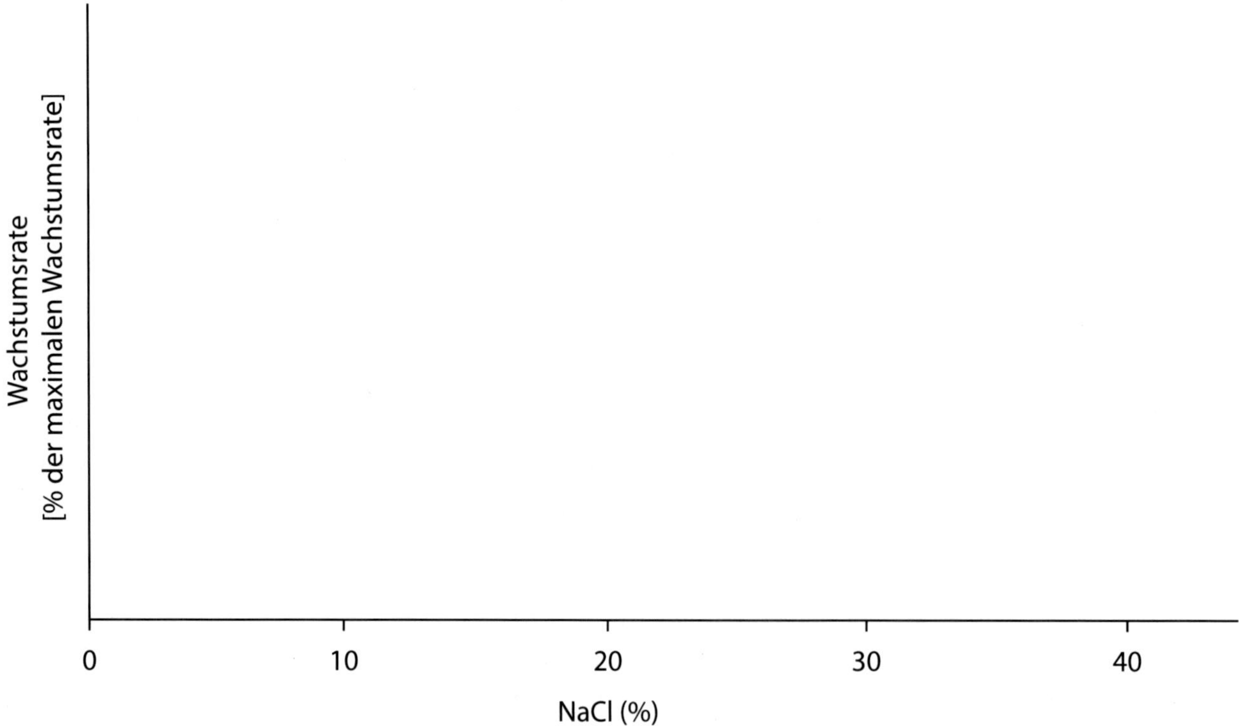

Nach Boenigk (Hrsg.), Boenigk Biologie, © Springer-Verlag GmbH Deutschland, ein Teil von Springer Nature 2021

179) Gleitbewegung von *Oscillatoria*. Kolorieren Sie den dargestellten Ausschnitt der Zelloberfläche von *Oscillatoria*: helicale Proteinfibrillen (dunkelblau), S-Layer (hellblau), äußere Membran (Aufsicht) (hellrot), Peptidoglycan (Anschnitt: dunkellila, Aufsicht: helllila), Cytoplasma (hellgrün), Porenorganell (gelb).

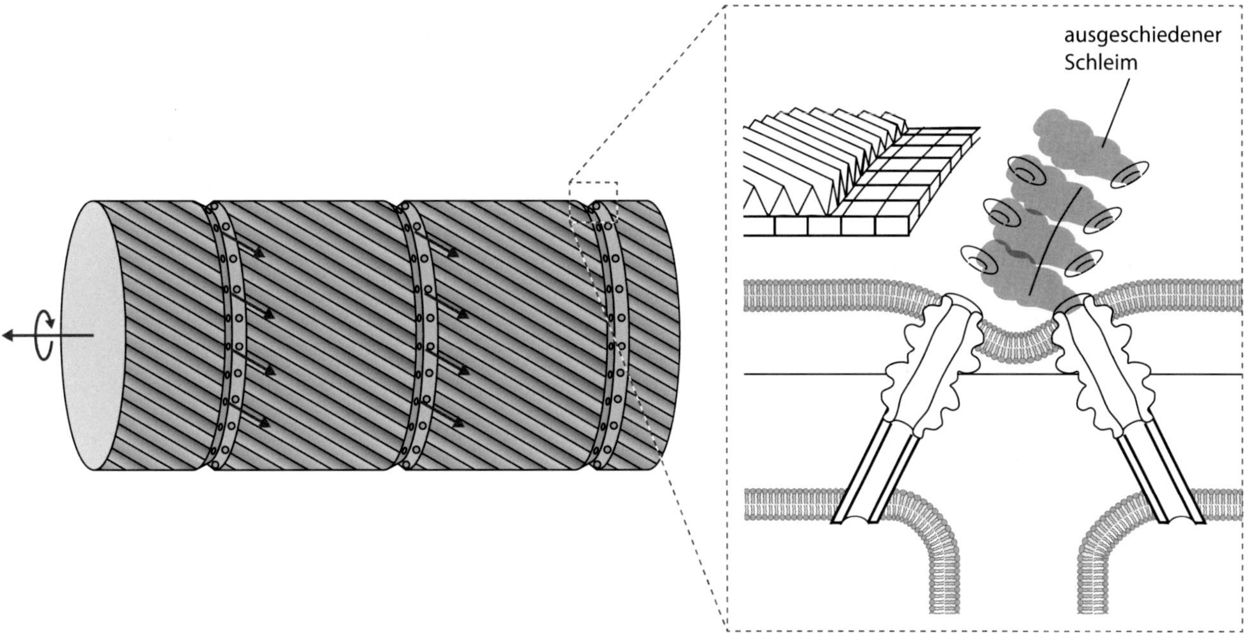

Nach Boenigk (Hrsg.), Boenigk Biologie, © Springer-Verlag GmbH Deutschland, ein Teil von Springer Nature 2021

180) Bio-Mandala: Malen zum Entspannen.

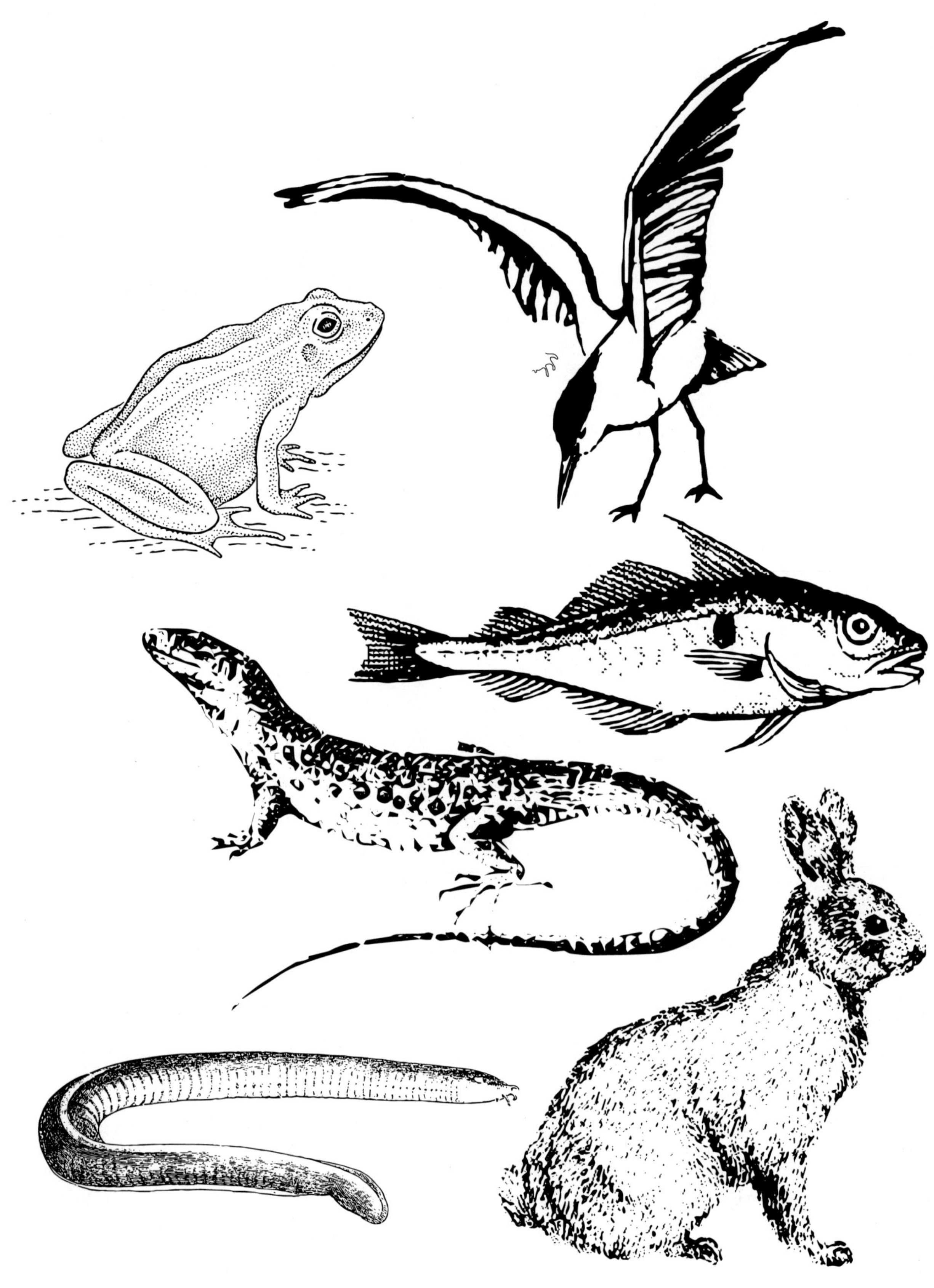

Nach Boenigk (Hrsg.), Boenigk Biologie, © Springer-Verlag GmbH Deutschland, ein Teil von Springer Nature 2021

Evolution und Systematik

© Der/die Herausgeber bzw. der/die Autor(en),
exklusiv lizenziert an Springer-Verlag GmbH, DE, ein Teil von Springer Nature 2022
J. Boenigk, *Boenigk, Biologie – Malbuch,* https://doi.org/10.1007/978-3-662-65463-7_5

Evolution

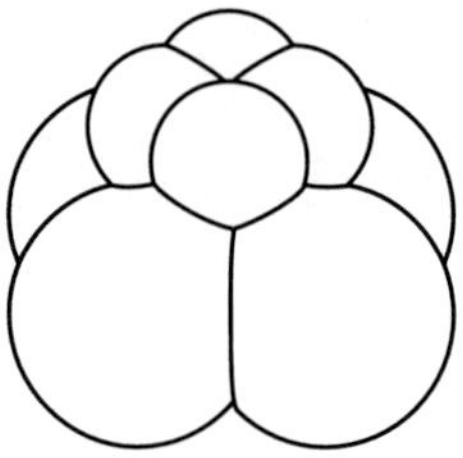

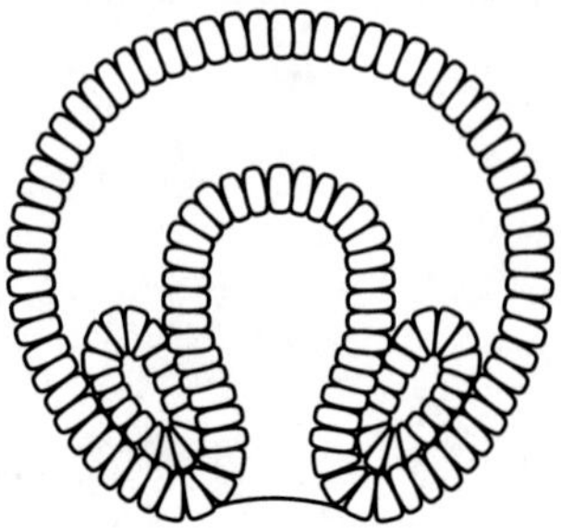

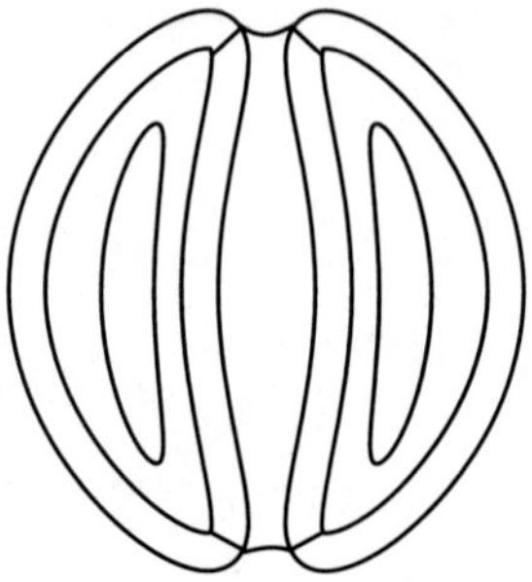

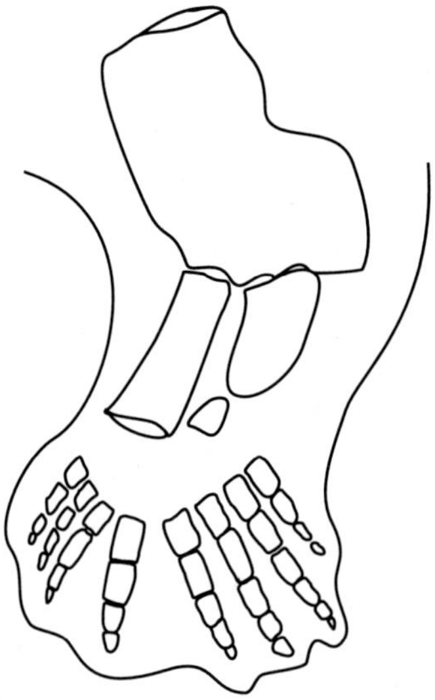

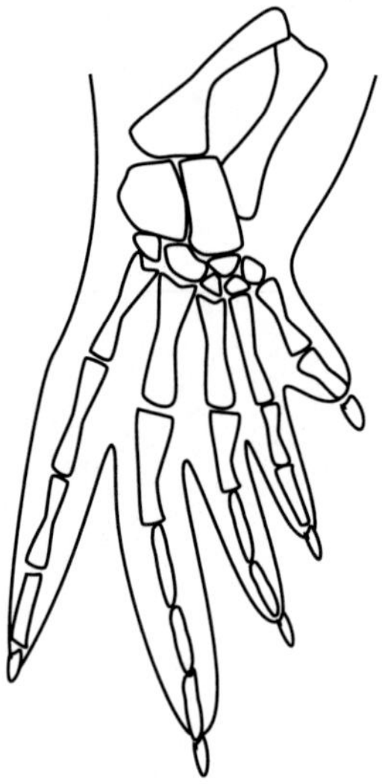

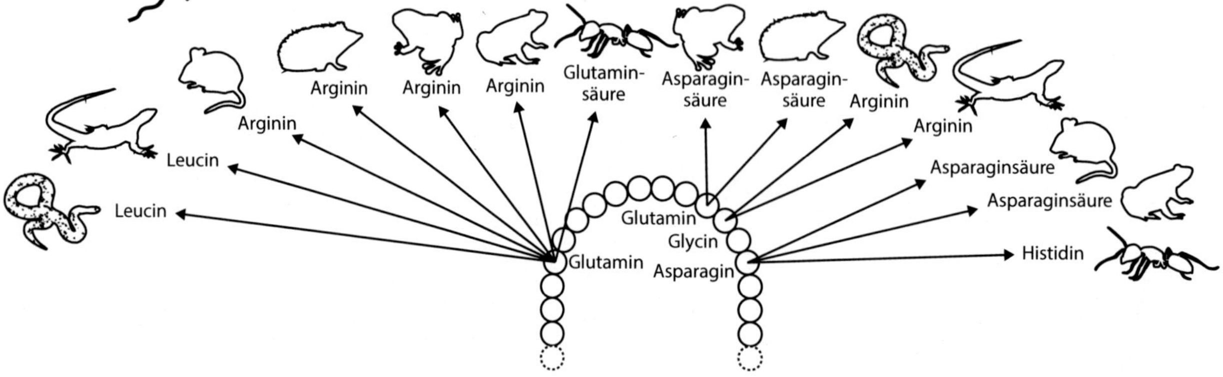

Leucin
Leucin
Arginin
Arginin
Arginin
Arginin
Glutaminsäure
Asparaginsäure
Asparaginsäure
Arginin
Arginin
Asparaginsäure
Asparaginsäure
Histidin
Glutamin
Glutamin
Glycin
Asparagin

Nach Boenigk (Hrsg.), Boenigk Biologie, © Springer-Verlag GmbH Deutschland, ein Teil von Springer Nature 2021

181) Phylogenetische Bäume. Skizzieren Sie die Verwandtschaftsverhältnisse zwischen Lepidosauria (Schuppenechsen), Aves (Vögel) und Crocodylomorpha (Krokodile). Vervollständigen Sie dafür den phylogenetischen Baum.

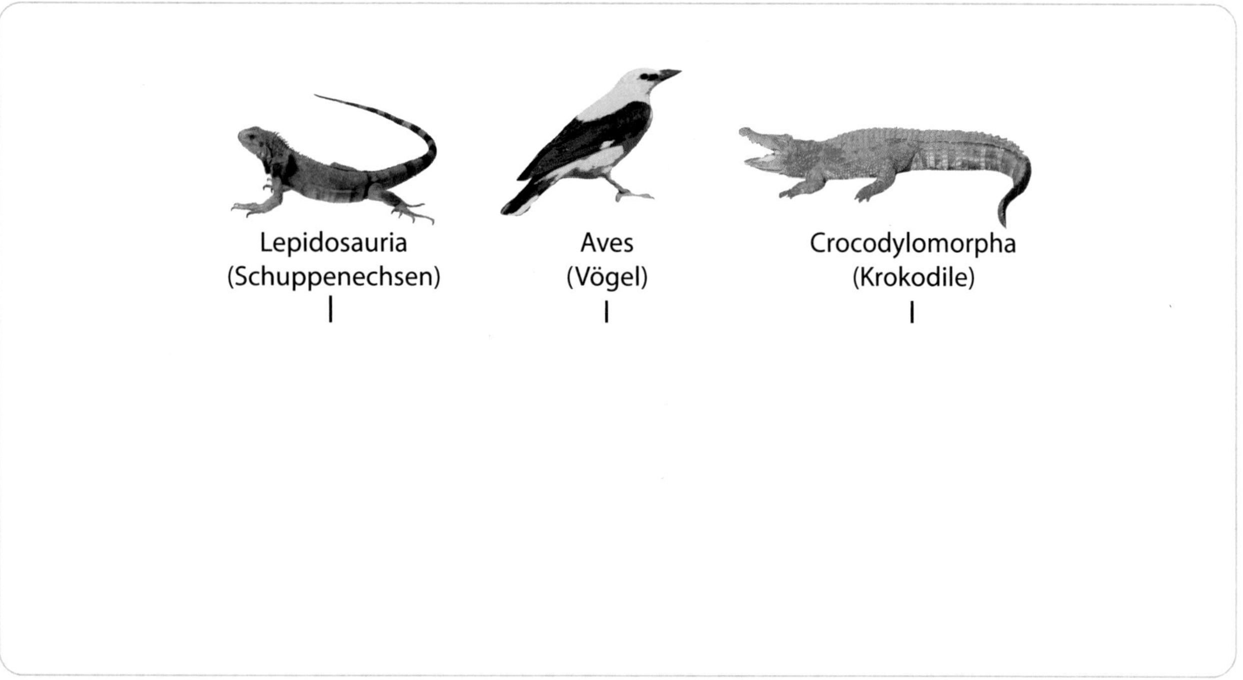

182) Drei Domänen. Stellen Sie dar, welche Eigenschaften auf alle drei Domänen zutreffen (rot unterlegen), welche nur auf Archaea und Bacteria (gelb unterlegen), welche nur auf Eukaryota und Bacteria (blau unterlegen) und welche nur auf Eukaryota und Archaea (grün unterlegen) zutreffen. Merkmale, die sich nur in einer Domäne finden, umkreisen Sie mit folgender Linienfarbe: Eukaryota (blau), Bacteria (rot), Archaea (grün).

Translation mit Initiator-tRNA, die Formylmethionin überträgt

mRNA und tRNA

DNA als Erbmaterial

meist viele lineare Chromosomen

Aufbau der Membranen aus unverzweigten Esterlipiden

Transkription mit Pribnow-Box

in einer von einer Membran umgebenen Zelle organisiert

meist nur ein ringförmiges Chromosom

Ablauf der Transkription mit TATA-Box in der Promotorregion der Gene

80S-Ribosomen

membranumschlossenener Zellkern

Membran aus verzweigten Etherlipiden

70S-Ribosomen

Translation läuft über Ribosomen

Plasmide

membranumschlossene Organellen

ATP-Synthasen

Gene häufig mit Introns

Nach Boenigk (Hrsg.), Boenigk Biologie, © Springer-Verlag GmbH Deutschland, ein Teil von Springer Nature 2021

183) Anteile verschiedener Organismengruppen an den wissenschaftlich beschriebenen Arten. Kolorieren Sie das Diagramm entsprechend der Legende.

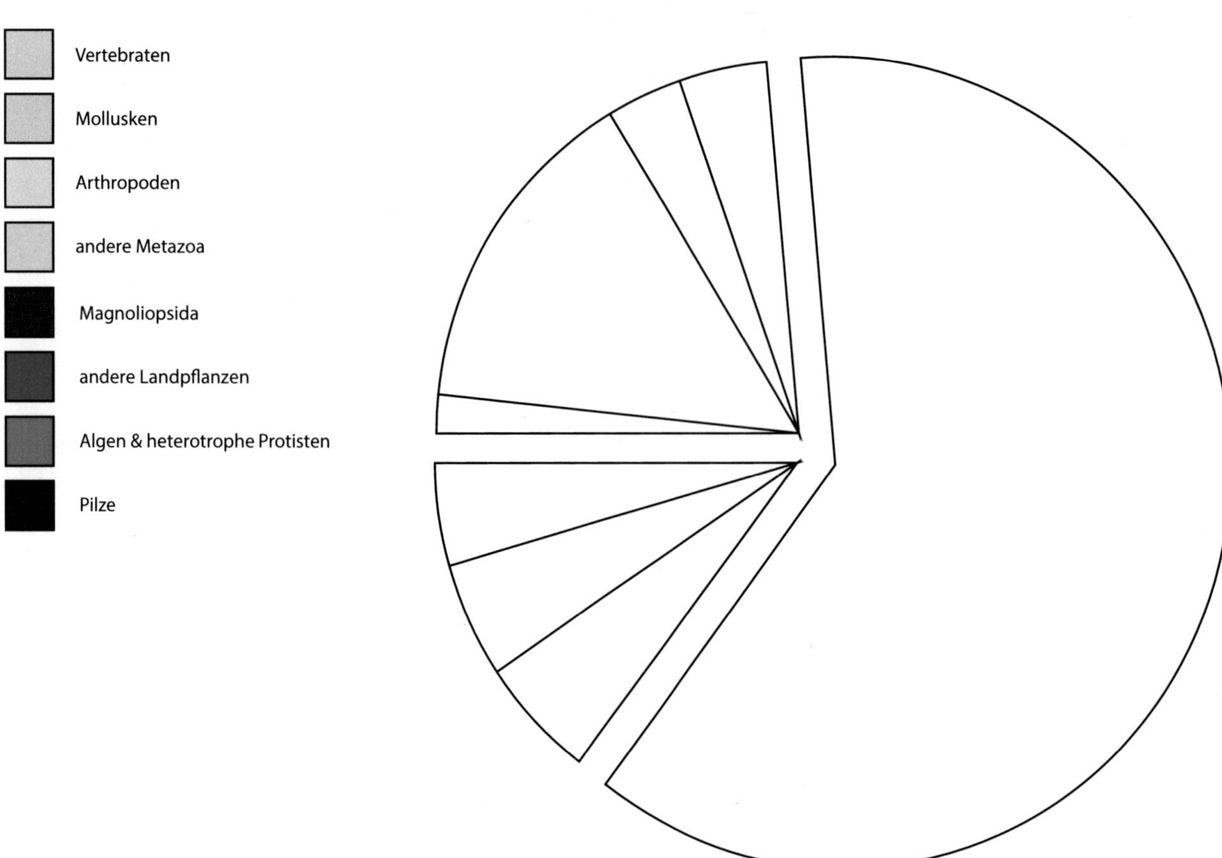

184) Artensterben. Tragen Sie für die dargestellten Organismengruppen jeweils den Anteil der Arten, die in den letzten 500 Jahren ausgestorben sind (rot), und den Anteil gefährdeter Arten (blau) als Säulendiagramme auf.

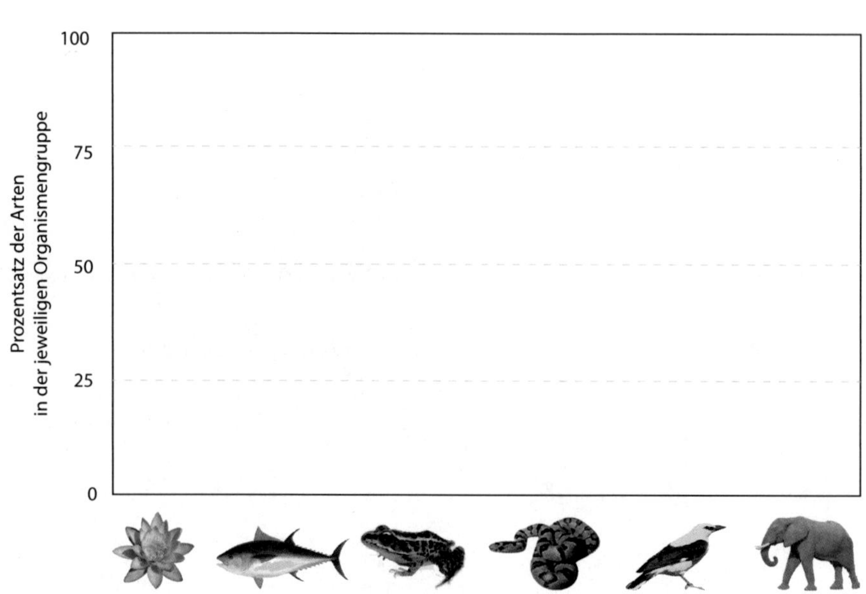

Nach Boenigk (Hrsg.), Boenigk Biologie, © Springer-Verlag GmbH Deutschland, ein Teil von Springer Nature 2021

185) Phylogenie der Laufvögel. Stellen Sie die historische Interpretation der Verwandtschaftsverhältnisse von Laufvögeln (links) und die moderne Interpretation der Phylogenie (rechts) dar (zeichnen Sie die Verzweigungen ein, die äußeren Äste sind jeweils vorgegeben).

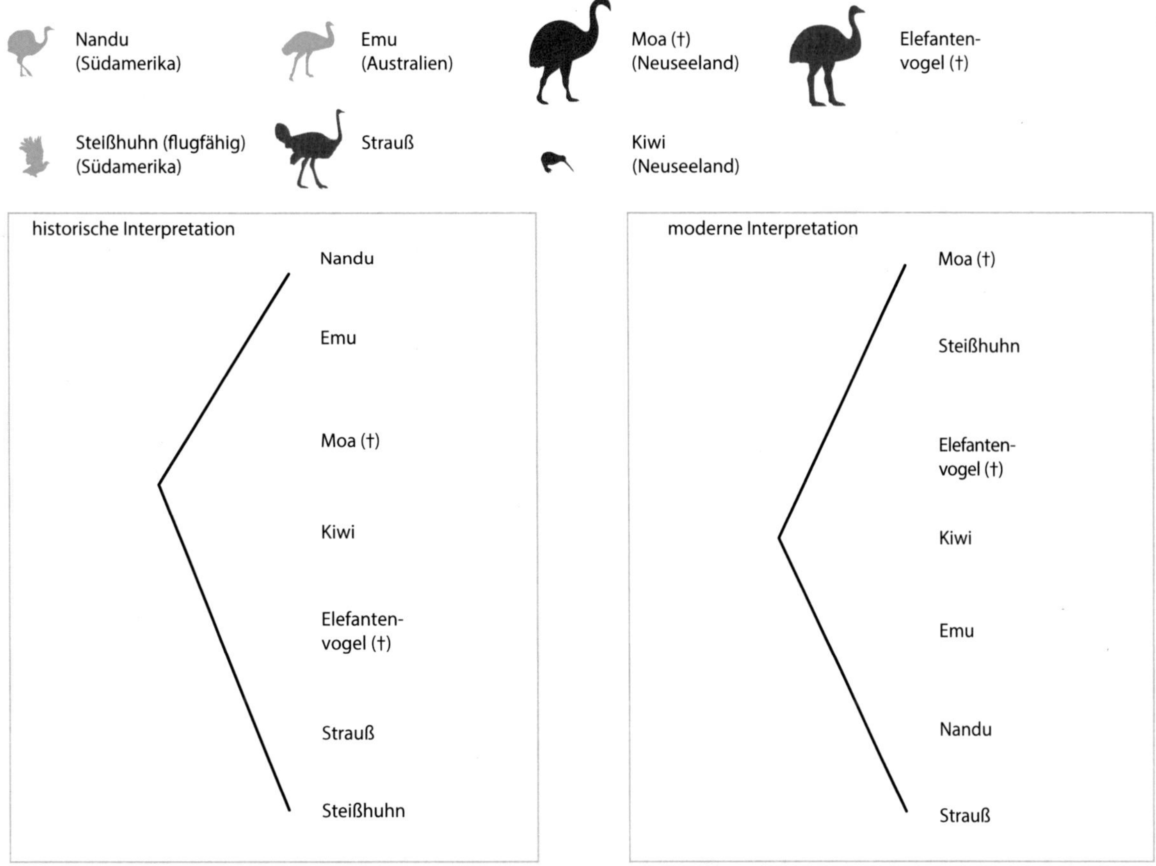

Nach Boenigk (Hrsg.), Boenigk Biologie, © Springer-Verlag GmbH Deutschland, ein Teil von Springer Nature 2021

186) Hardy-Weinberg-Regel. Die Häufigkeit des Genotyps *AA* in Abhängigkeit der Allelfrequenz des Allels *A* ist gegeben (gelb). Zeichnen Sie in das Diagramm die Häufigkeit des heterozygoten Genotyps *Aa* (blau) und des homozygoten Genotyps *aa* (rot) entsprechend der nach der Hardy-Weinberg-Regel zu erwartenden Verteilung ein.

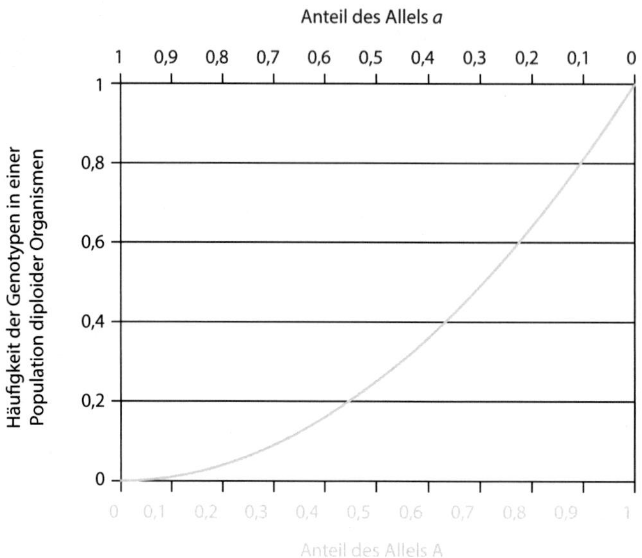

187) Selektion. Stellen Sie ausgehend von der dargestellten Häufigkeitsverteilung eines Merkmals das Ergebnis von stabilisierender Selektion, gerichteter Selektion (zugunsten kleiner Merkmalsausprägung) und disruptiver Selektion dar (das Maximum der ursprünglichen Verteilung ist jeweils durch die gestrichelte Linie dargestellt).

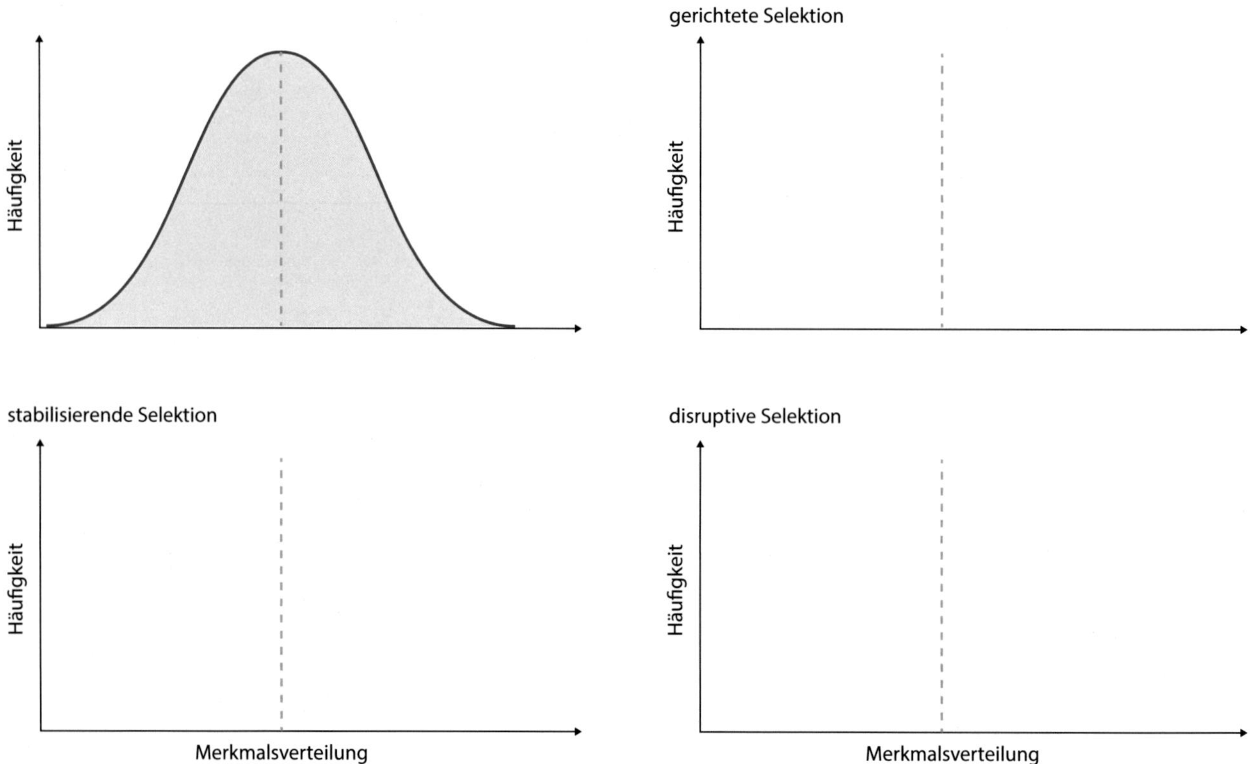

Nach Boenigk (Hrsg.), Boenigk Biologie, © Springer-Verlag GmbH Deutschland, ein Teil von Springer Nature 2021

188) Phylogenie der Dinosauria. Kolorieren Sie die Taxa, die zu den Dinosauria gehören, rot und stellen Sie die Verwandtschaftsbeziehungen durch einen phylogenetischen Baum dar (setzen Sie links von den Taxa die Äste fort und von diesen ausgehend den phylogenetischen Baum).

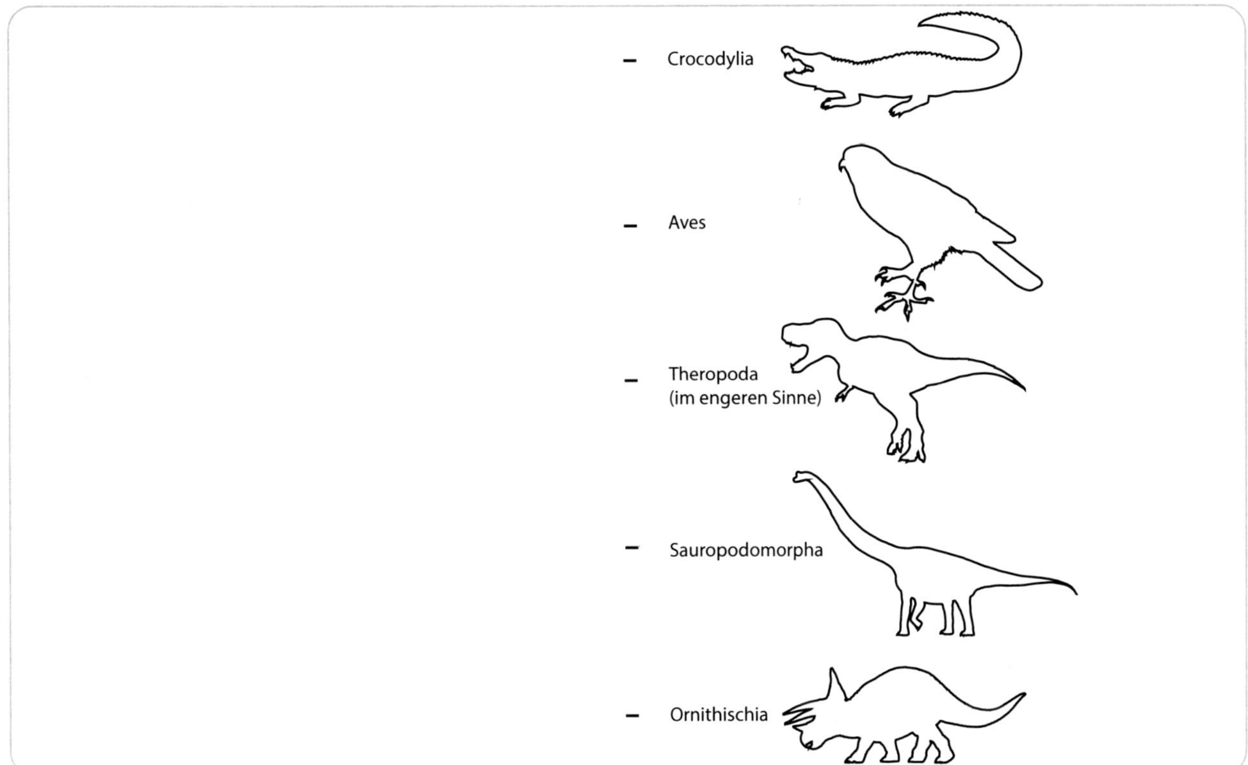

Nach Boenigk (Hrsg.), Boenigk Biologie, © Springer-Verlag GmbH Deutschland, ein Teil von Springer Nature 2021

5

189) Phylogenie der Dinosauria. Der Stammbaum oben links zeigt die korrekten Verwandtschaftsverhältnisse. Kolorieren Sie die Taxa aller Stammbäume, die ebenfalls die korrekten Verwandtschaftsverhältnisse zeigen.

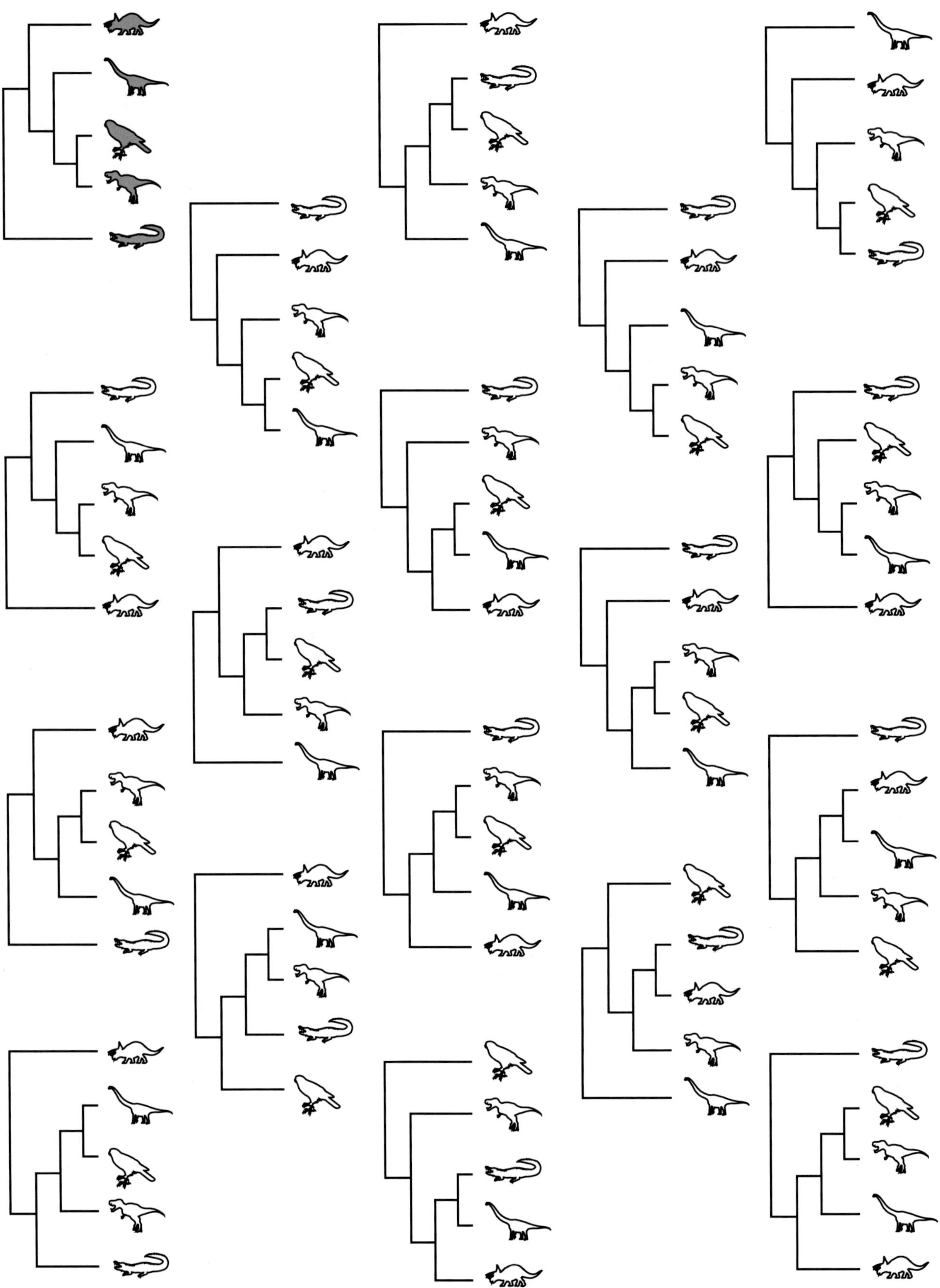

Nach Boenigk (Hrsg.), Boenigk Biologie, © Springer-Verlag GmbH Deutschland, ein Teil von Springer Nature 2021

190) Verwandtschaftsbeziehungen bei der Honigbiene. Stellen Sie die Abstammung der Drohnen und Arbeiterinnen der Honigbiene dar. Kolorieren Sie die Eltern jeweils rot.

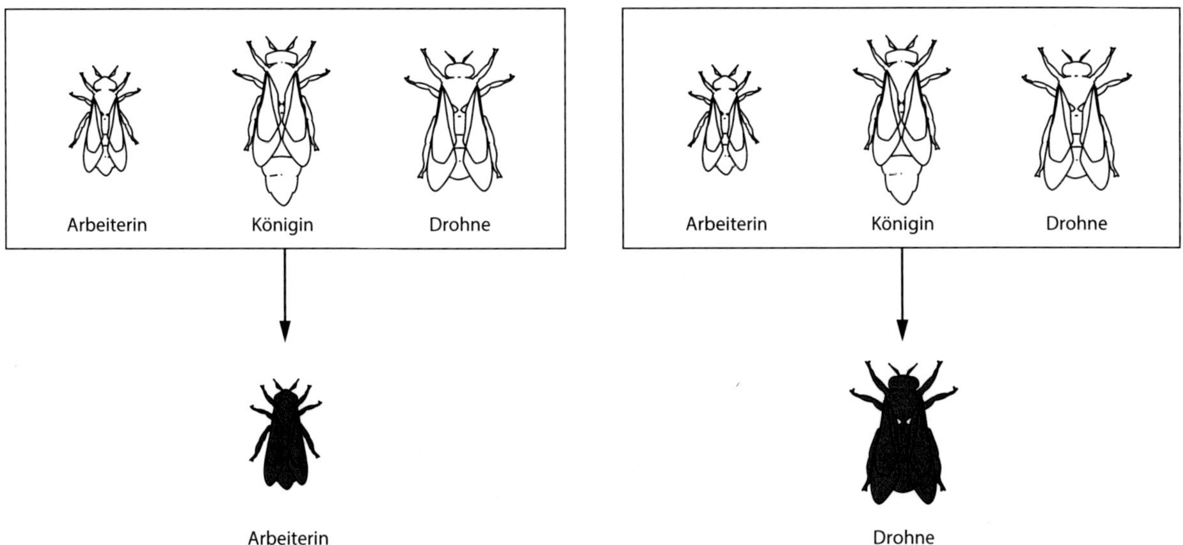

191) Kladistik. Die weißen Balken stehen für Mutationen, die sich auf die Blütenfarbe auswirkt. Welche der Mutationen führen zu einer Synapomorphie? Kolorieren Sie die jeweilige Mutation (Balken) und die Nachfahren, die dieses Merkmal tragen. Falls es mehrere solcher Mutationen gibt, nutzen Sie unterschiedliche Farben.

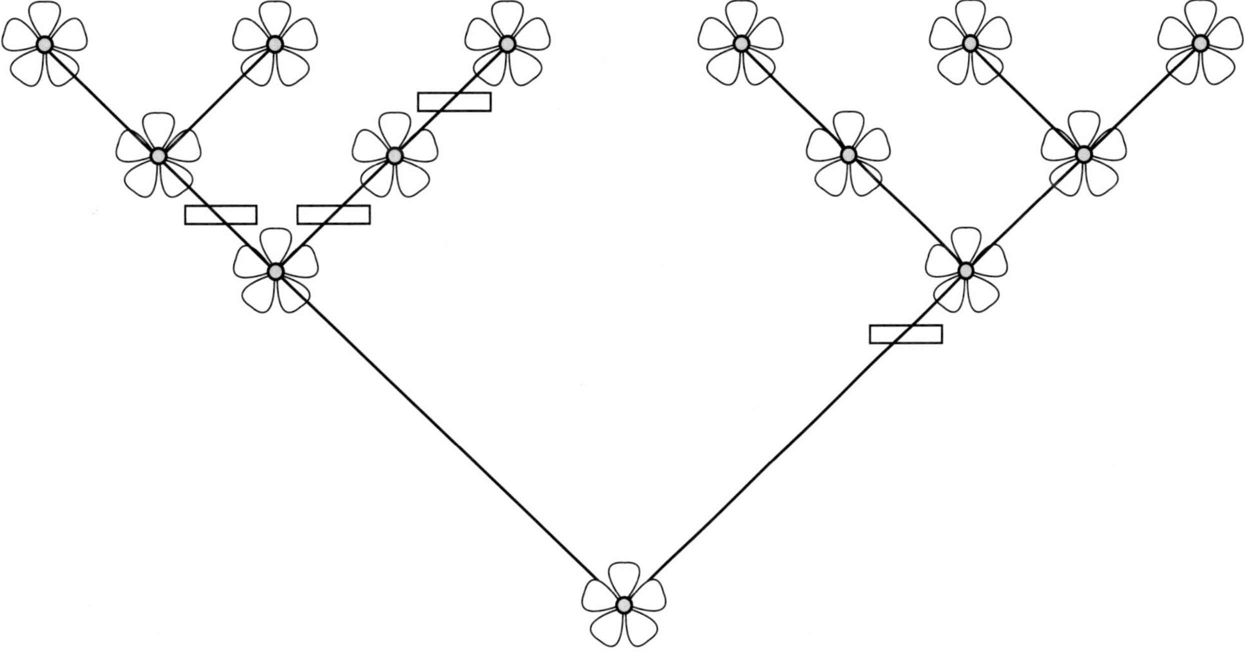

Nach Boenigk (Hrsg.), Boenigk Biologie, © Springer-Verlag GmbH Deutschland, ein Teil von Springer Nature 2021

192) Biogeografie und Hybridzone der Aaskrähe. Zeichnen Sie das Verbreitungsgebiet der Nebelkrähe (*Corvus corone cornix*: blau) und der Rabenkrähe (*Corvus corone corone*: rot) sowie die Hybridisierungszone (lila) ein.

Nebelkrähe (Corvus corone cornix)

Rabenkrähe (Corvus corone corone)

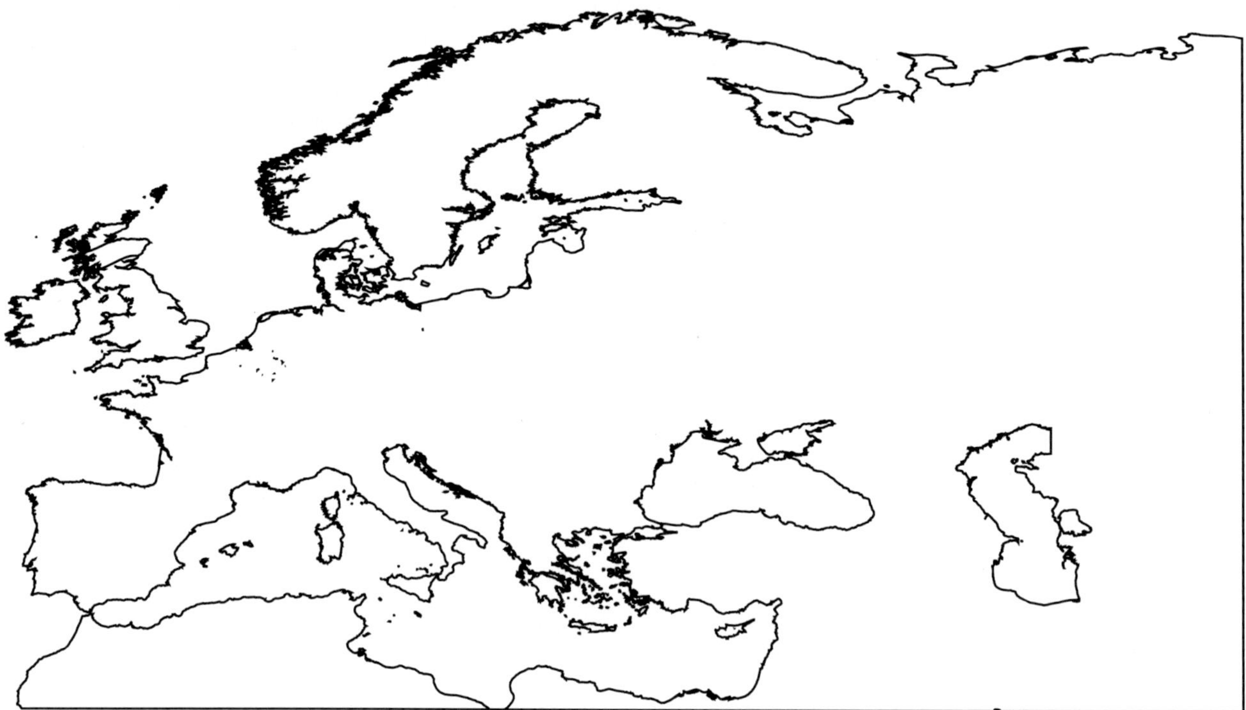

Nach Boenigk (Hrsg.), Boenigk Biologie, © Springer-Verlag GmbH Deutschland, ein Teil von Springer Nature 2021

193) Verbreitung des Schneehasen. Kolorieren Sie das Verbreitungsgebiet von Schneehasen (rot).

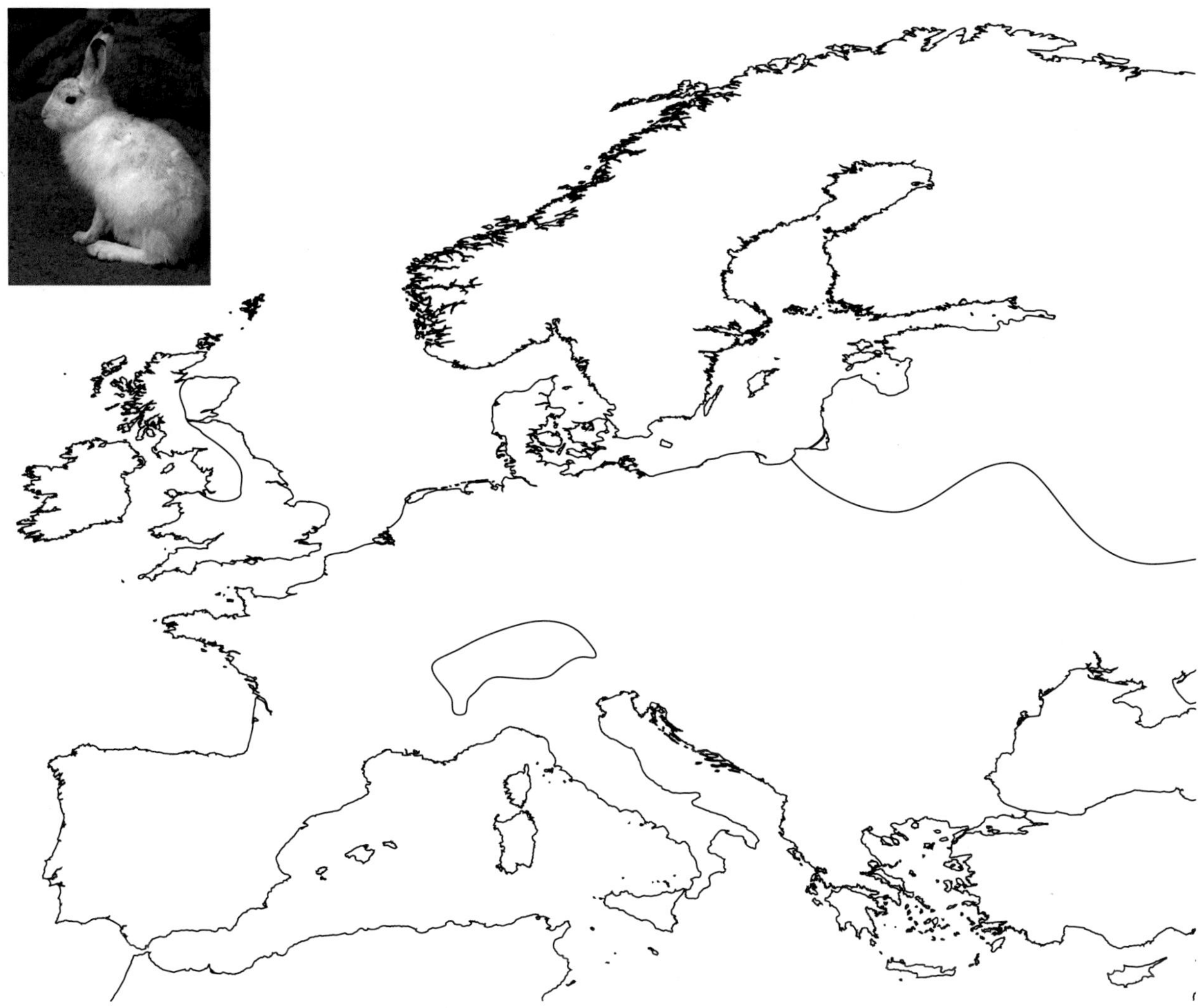

Nach Boenigk (Hrsg.), Boenigk Biologie, © Springer-Verlag GmbH Deutschland, ein Teil von Springer Nature 2021

194) Homologie. Kolorieren Sie die jeweils homologen Knochen im Vogelflügel (links) und im Flügel der Fledermaus (rechts) entsprechend der Vorgaben am Beispiel des menschlichen Arms.

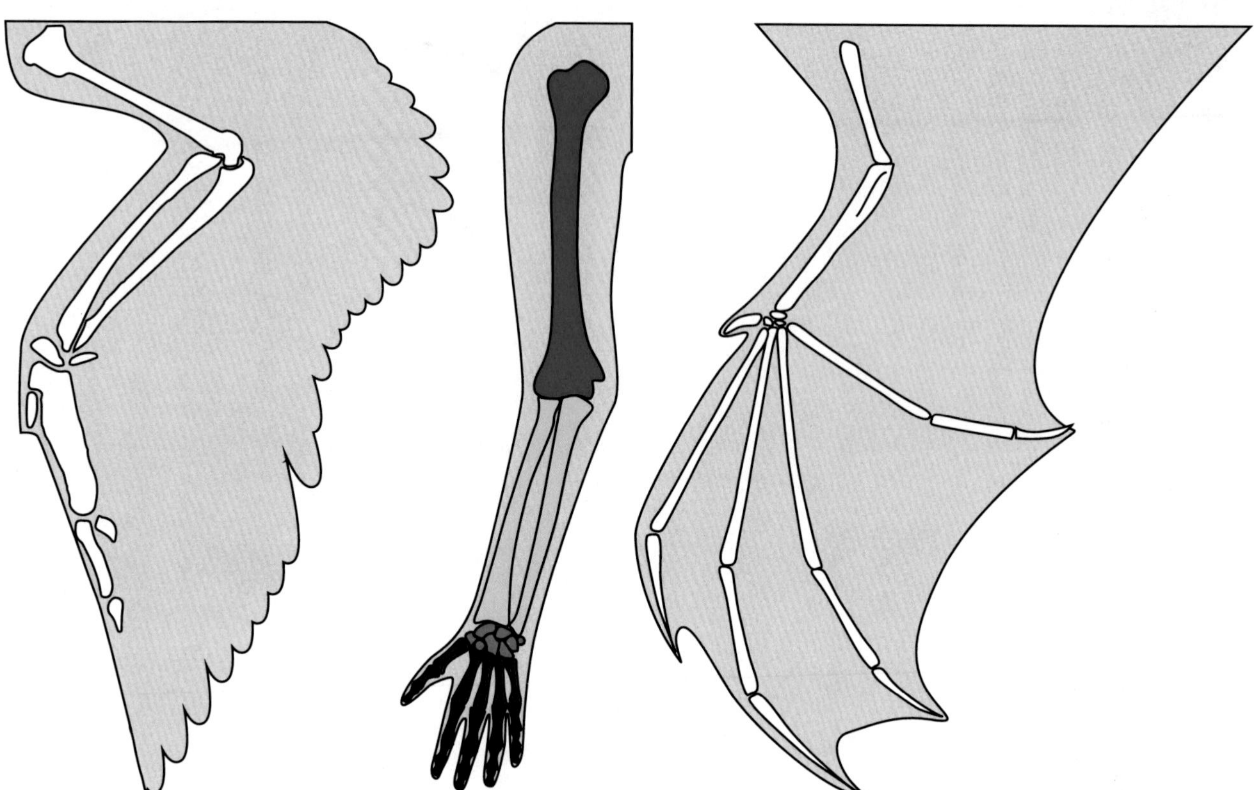

195) Sequenzalignment. Kolorieren Sie wie folgt (entsprechend der ersten sechs als Beispiel bereits eingefärbten Spalten): gleiche Base in einer Spalte bei allen Arten (weiß/keine Kolorierung), bei abweichenden Basen in einer Spalte alle Basen dieser Spalte kolorieren: A (grün), T (rot), G (gelb), C (blau).

Mensch	AGGTCAAGTTGAGCCCA---GAGGGCAGAAAGTTGATCATTGTGCACGCC
Schimpanse	AGGTCAAGTTGAGCCCA---GAGGGCAGAAAGTTGATCATTGTGCACACC
Gorilla	AGGTCAAGTTGAGCCCA---GAGGGCAGAAAGTTGATCATTGTGCACGCC
Orang-Utan	AGGTCAAATTGAGCCCA---GAGGGCAGAAGGTTGATCACTGTGCACGCC
Gibbon	AGGTCAAGTTGAGCCCAGAGGAGGGCAGAAGGTTGATCACTGTGCACGCC
Rhesusaffe	AGGTCAAGTTGAGCCCAGAAGAGGGACAGAAGGTTGATCACTGTGCACGCC
Pavian	AGGTCAAGTTGAGCCCAGAAGAGGGGCTGAAGGTTGATCACTGTGCACGCC
Patasaffe	AGGTCAAGTTGAGCCCAGAAGAGGGGCAGAAGGTTGATCACTGTGCACGCC
Stummelaffe	AGGTCAAGTTGAGCCCAGAAGAGGGGCAGAAGGTTGATCACTGTGCACGCC
Marmosette	AGGTCAGCTGAGCCCAGAGGAGGGGCAGAAGGTTGATCACTGTGCACGCC
Tamarin	AGGTCAGCTGAGCCCAGAGGAGGGGCAGAAGGTTGGTCACTGTGCACGCC
Nachtaffe	AGGTCAGCTGAGCCCAGAGGAGGGGCAGAAGGTTGATCACTGTGCACACC
Springaffe	AGGTCAGCTGAGCCCAGAGGAGGGGCAGAAGGTTGATCTCTGTGCACGCC
Sakiaffe	AGGTCGGCTGAGCCCAGAGGAGGGGCAGAAGGTTGATCACTGTGCACGCC
Totenkopfaffe	AGGTCAGCTGAGACCAGAGGAAAGGCAGAACGTTGATCACTGTGCACGCC
Brüllaffe	AGGTCAGTTGAGCCCAGAGGAGGGGCAGAAGGTTGATCGCTGTGCACGCC
Klammeraffe	AGGTCAGTTGAGCCCAGAGGAAGGGCAGAAGGTTGATCGCTGTGCACGCC
Wollaffe	AGGTCAGTTGAGCCCAGAGGAAGGGCAGAAGGTTGATCGCTGTGCACGCC

Nach Boenigk (Hrsg.), Boenigk Biologie, © Springer-Verlag GmbH Deutschland, ein Teil von Springer Nature 2021

196) Phylogenetische Bäume. Gegeben ist ein ungewurzelter phylogenetischer Baum mit den Taxa A, B, C und D. Zeichnen Sie von diesem Baum ausgehend die drei an den Stellen 1, 2 bzw. 3 gewurzelten phylogenetischen Bäume.

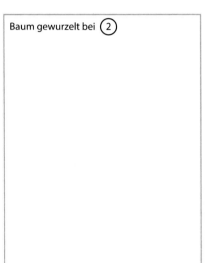

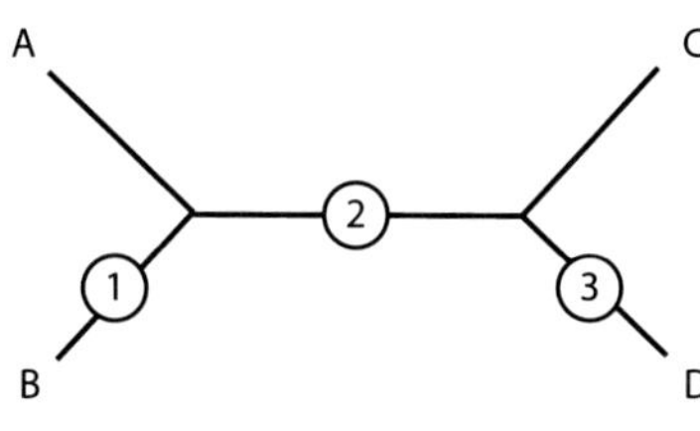

197) Phylogramm und Kladogramm. Zeichnen Sie auf der linken Seite das dem rechts dargestellten Phylogramm entsprechende Kladogramm.

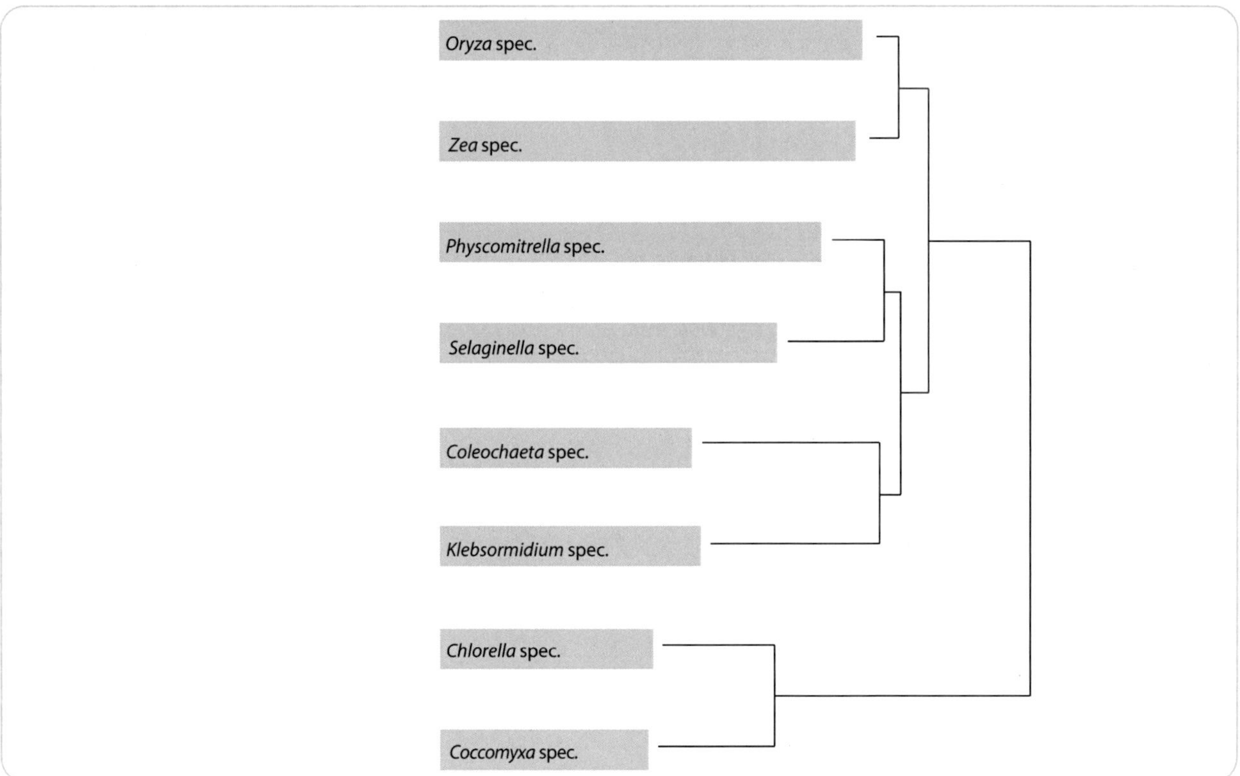

Nach Boenigk (Hrsg.), Boenigk Biologie, © Springer-Verlag GmbH Deutschland, ein Teil von Springer Nature 2021

198) Phylogenetische Bäume. Kolorieren Sie den Hintergrund der folgenden Organismengruppen im phylogenetischen Baum: Schwestergruppe der Landpflanzen (rot), Schwestergruppe der Nacktsamer (grün), Schwestergruppe der Samenpflanzen (blau).

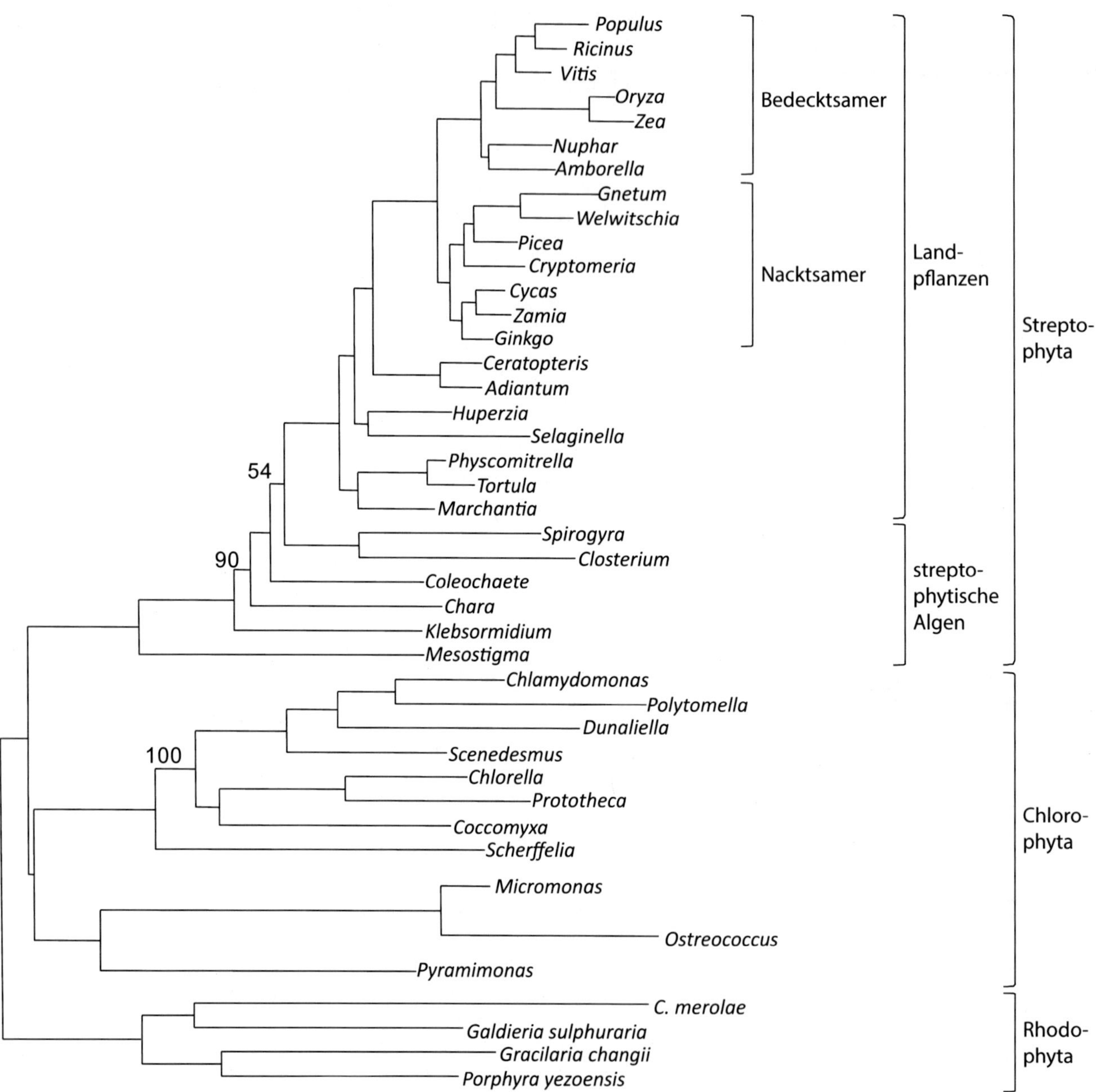

Nach Boenigk (Hrsg.), Boenigk Biologie, © Springer-Verlag GmbH Deutschland, ein Teil von Springer Nature 2021

199) Skizzieren Sie einen Stammbaum für die α- und β-Hämoglobine von Mensch und Schimpanse (α-Hämoglobin Mensch, β-Hämoglobin Mensch, α-Hämoglobin Schimpanse, β-Hämoglobin Schimpanse) ausgehend von einem α/β-Hämoglobin-Vorläufermolekül.

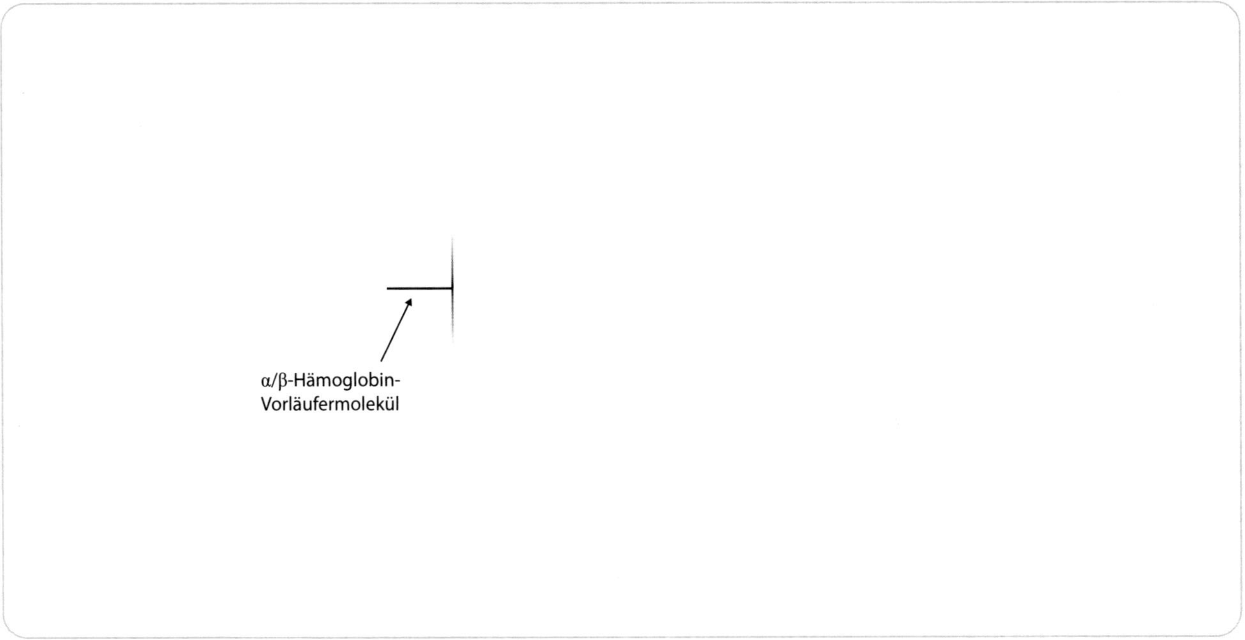

Nach Boenigk (Hrsg.), Boenigk Biologie, © Springer-Verlag GmbH Deutschland, ein Teil von Springer Nature 2021

200) Phylogenie der Insekten. Kolorieren Sie die zu den Pterygota gehörenden Insecta grün, andere Insecta blau. Deuten Sie zudem durch Kolorierung des Hintergrunds des phylogenetischen Baums die geologische Ära (Känozoikum: gelb, Mesozoikum: blau, Paläozoikum: rot) an.

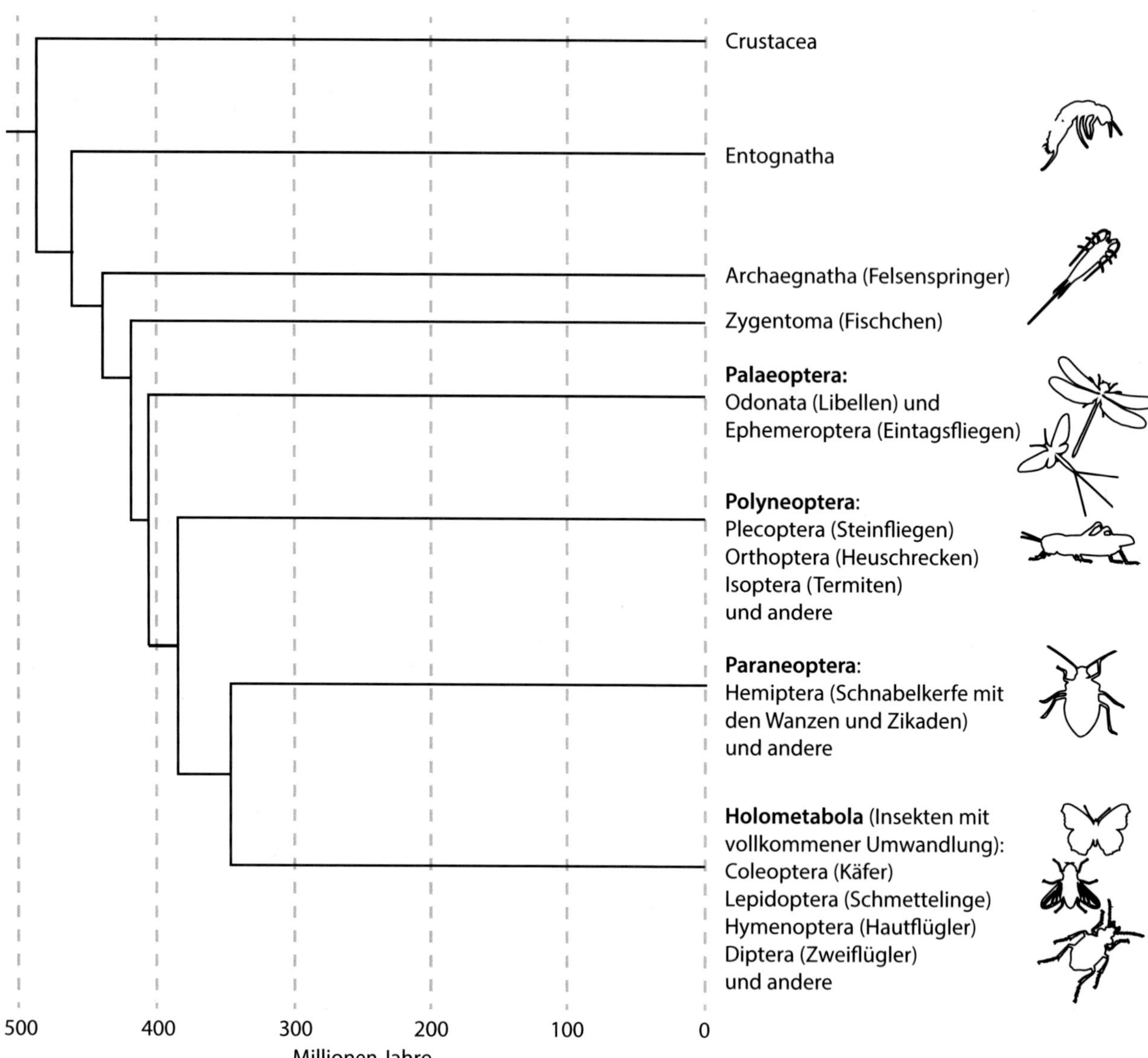

Nach Boenigk (Hrsg.), Boenigk Biologie, © Springer-Verlag GmbH Deutschland, ein Teil von Springer Nature 2021

201) Ordnen Sie durch Kolorieren zu, in welchen Segmenten/Bereichen des Embryos bzw. der Larve und der adulten Tiere von *Drosophila* die Hox-Gene Antp (rot), Ubx (blau) und abd-A (gelb) aktiv sind.

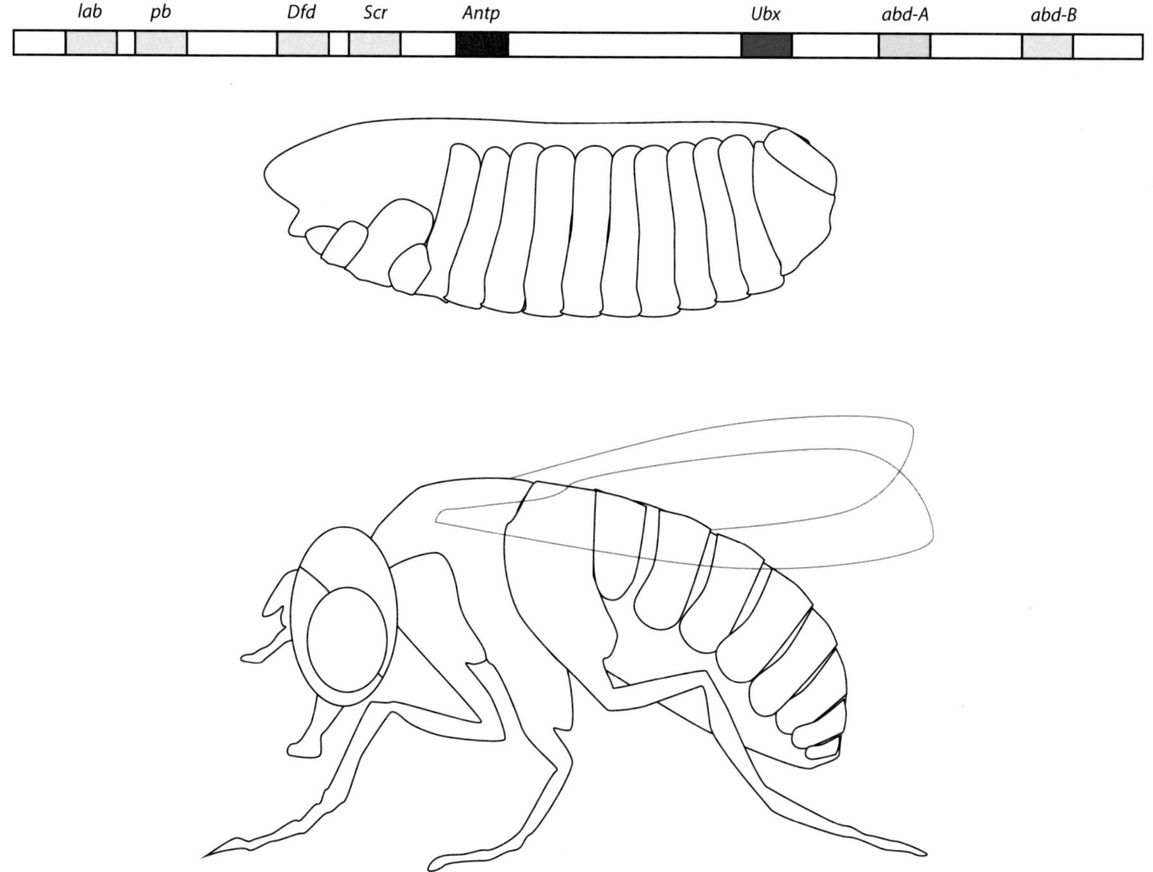

202) Genomgröße und Anteil codierender Sequenzen. Tragen Sie in das Diagramm jeweils die realisierten Bereiche der Sequenzanteile [%] codierender Gene als Funktion der Genomgröße für Eukaryoten (blau), Prokaryoten (rot), Plastiden und Mitochondrien (gelb) und Viren (grün) ein. Stellen Sie die Bereiche jeweils als Ellipsen dar.

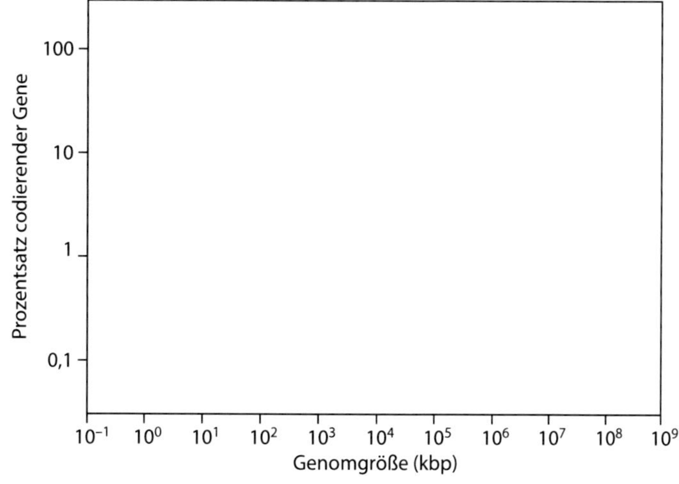

Nach Boenigk (Hrsg.), Boenigk Biologie, © Springer-Verlag GmbH Deutschland, ein Teil von Springer Nature 2021

5

203) Genomgröße und Anteil codierender Sequenzen. Tragen Sie in das Diagramm die Bereiche der realisierten Genomgrößen als Funktion der Anzahl proteincodierender Gene ein für obligate parasitische und symbiontische Prokaryoten (blau) und für freilebende Prokaryoten (rot). Stellen Sie die Bereiche jeweils als Ellipsen dar.

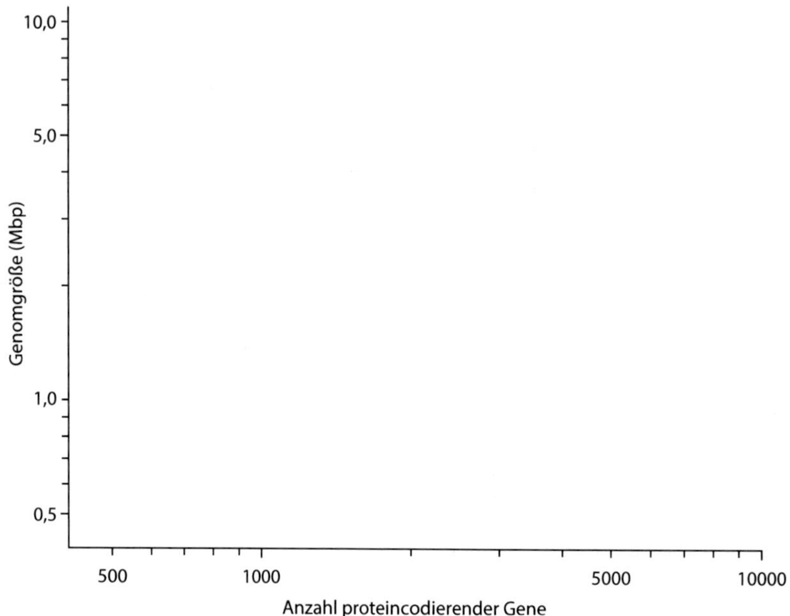

204) Bio-Mandala: Malen zum Entspannen.

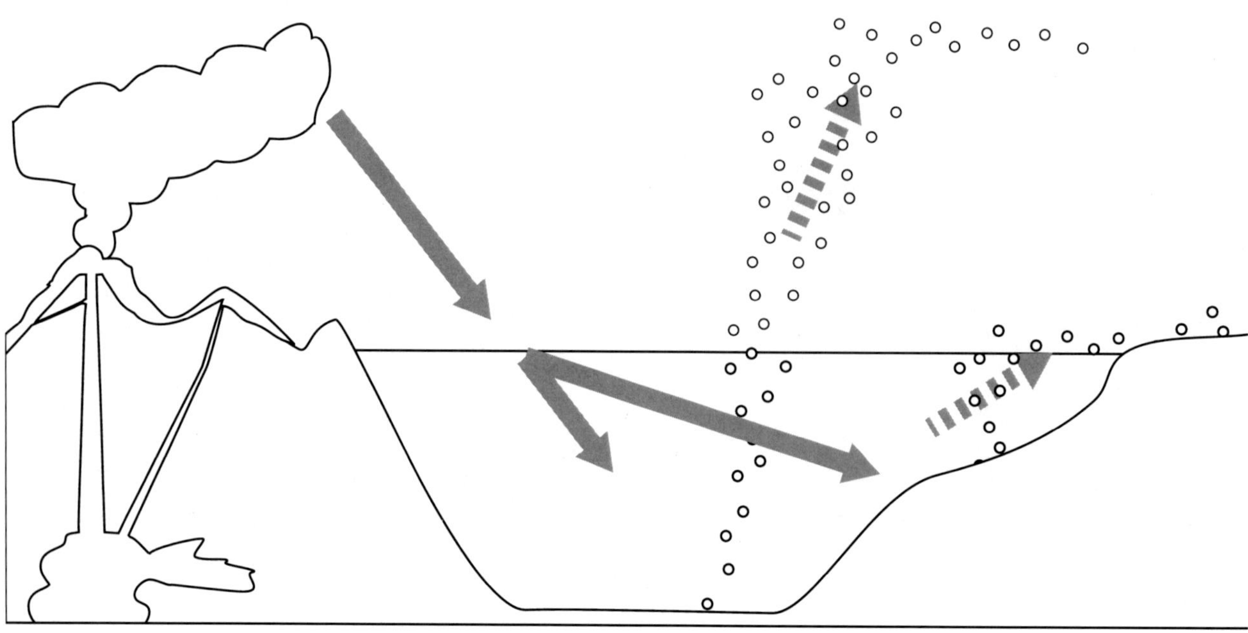

Nach Boenigk (Hrsg.), Boenigk Biologie, © Springer-Verlag GmbH Deutschland, ein Teil von Springer Nature 2021

205) Schematischer Aufbau der Erde. Kolorieren Sie den Schnitt durch die Erde: Erdmantel (orange), Erdkern (gelb), ozeanische Platte (grün), kontinentale Platte (blau).

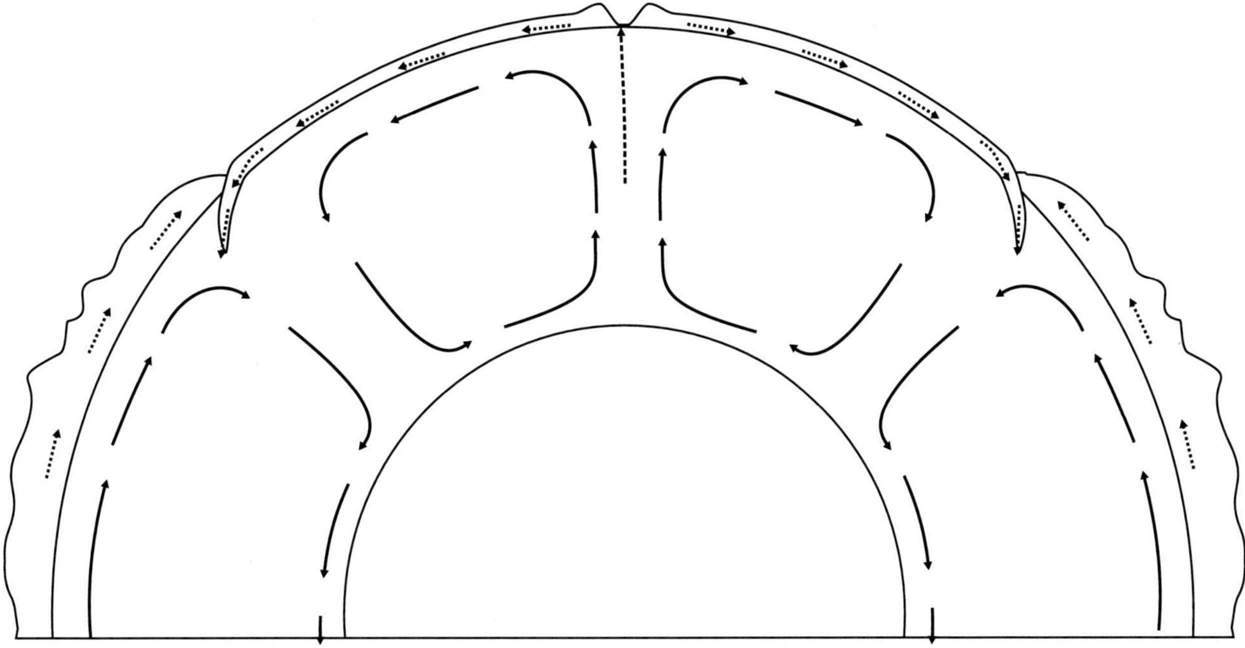

206) Marine Fauna des unteren Paläozoikums. Kolorieren Sie die marine Fauna des unteren Paläozoikums: Agnatha (rot), Nautiloidea (blau), Trilobita (gelb), Archaeocyatha (grün), Graptolithen (lila) und Conodontentier (orange).

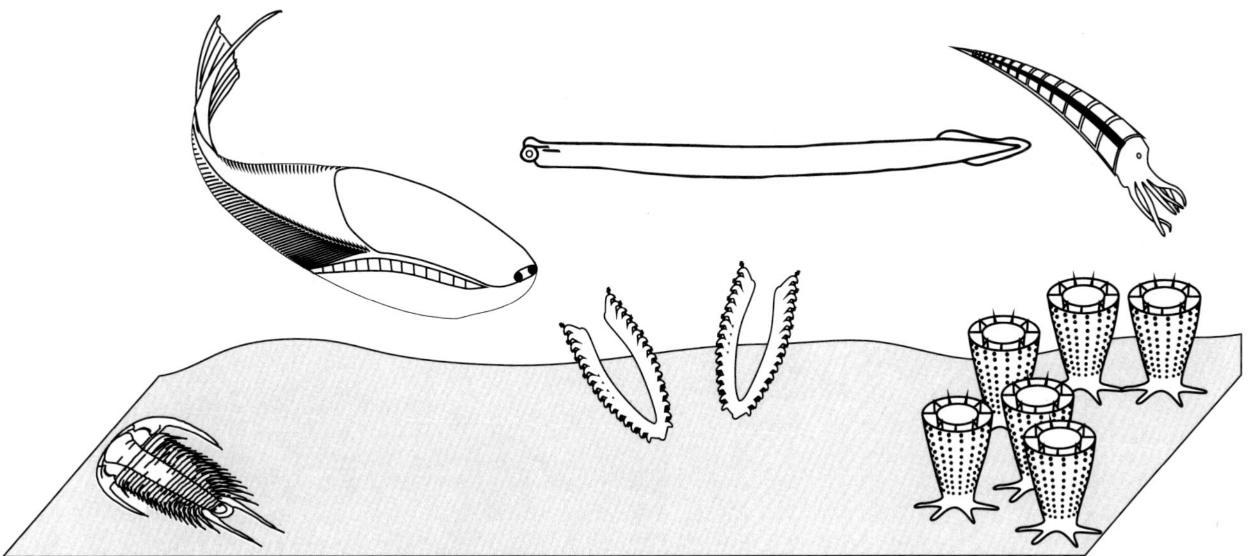

Nach Boenigk (Hrsg.), Boenigk Biologie, © Springer-Verlag GmbH Deutschland, ein Teil von Springer Nature 2021

207) Plattentektonik. Kolorieren Sie die Kontinentalplatten jeweils wie in der Legende angegeben.

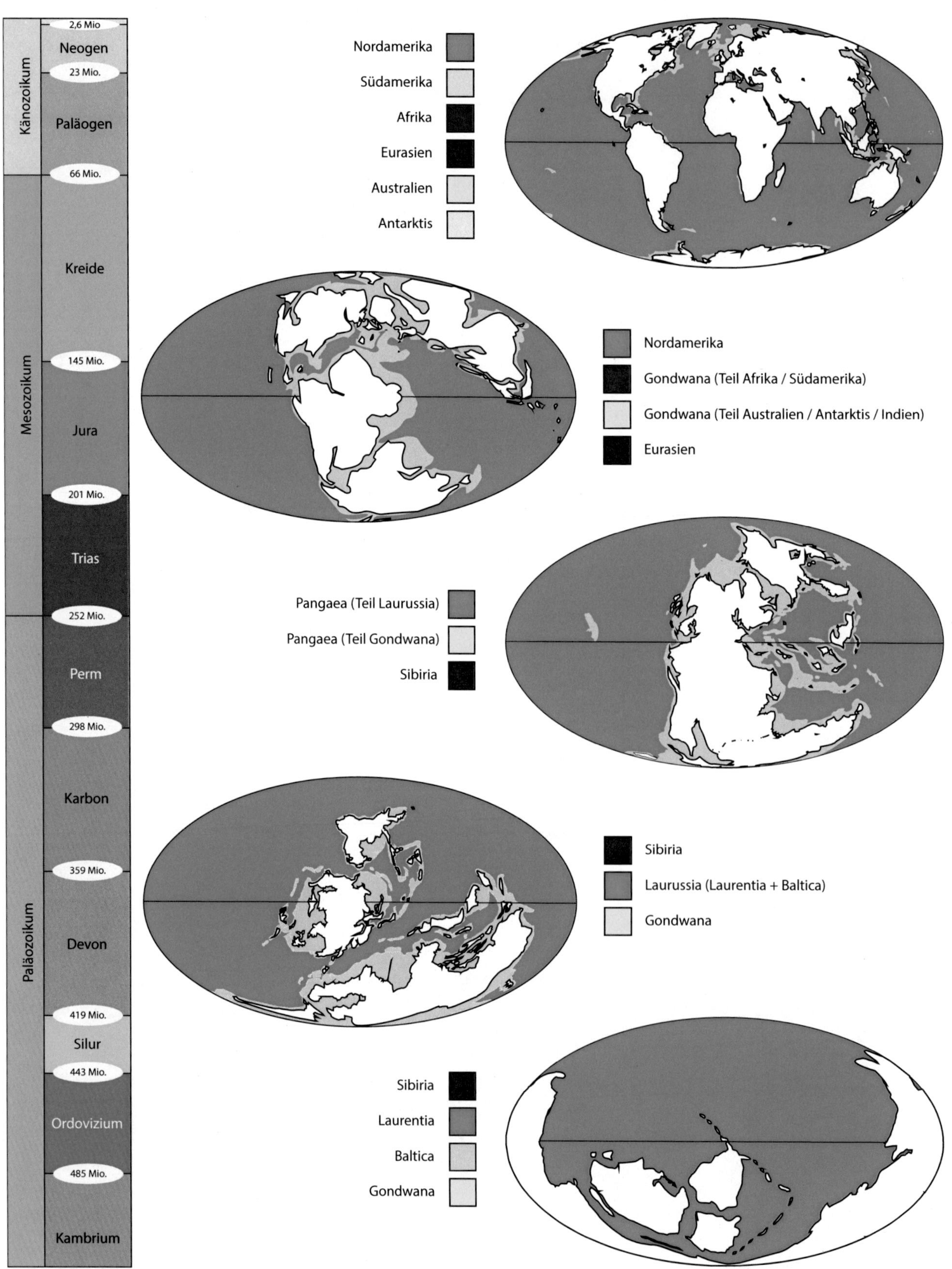

Nach Boenigk (Hrsg.), Boenigk Biologie, © Springer-Verlag GmbH Deutschland, ein Teil von Springer Nature 2021

208) Marine Fauna des oberen Paläozoikums. Kolorieren Sie die marine Fauna des oberen Paläozoikums: Placodermi (rot), Nautiloidea (dunkelblau), Trilobita (gelb), Ammonoidea (hellblau), Rugosa (grün), Crinoidea (lila) und Brachiopoda (orange).

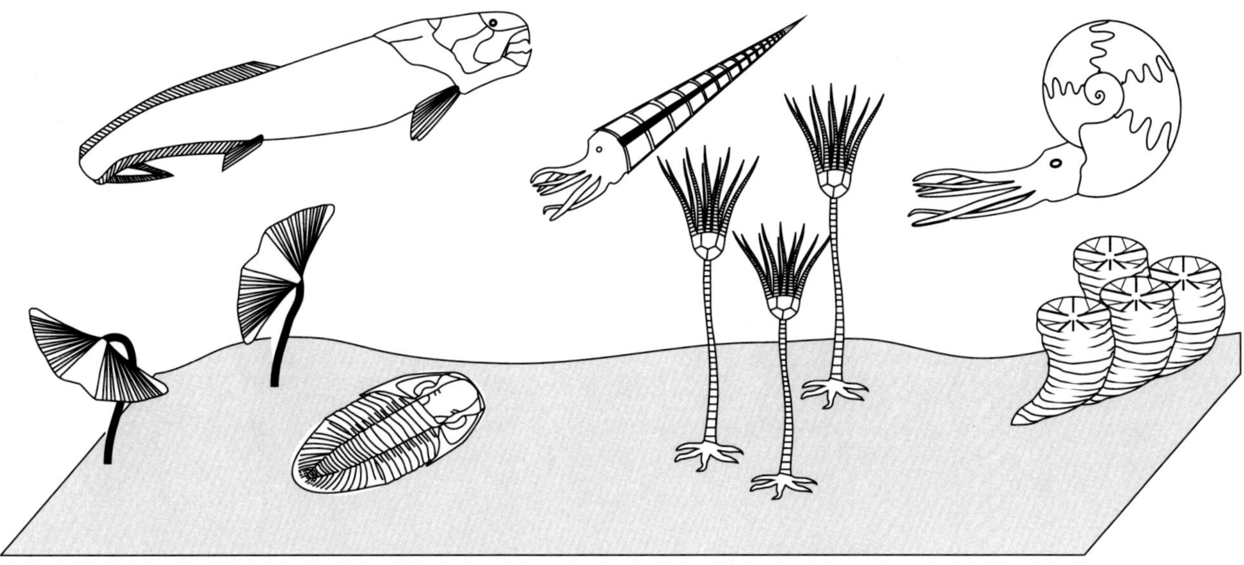

209) Vergleich von Same und Ei. Kolorieren Sie wie folgt: Embryo (dunkelrot), Dotter/Endosperm (gelb), Samenschale/Eischale (dunkelblau), Amnionhöhle/Amnionflüssigkeit und Allantois (hellrot), Suspensor (orange), Chorion (hellgrün), Eiklar (hellblau).

Nach Boenigk (Hrsg.), Boenigk Biologie, © Springer-Verlag GmbH Deutschland, ein Teil von Springer Nature 2021

210) Marine Fauna des Mesozoikums. Kolorieren Sie die marine Fauna des Mesozoikums: Haie (rot), Ammonitida (dunkelblau), Dinoflagellata (gelb), Ceratitida (hellblau), Scleractinia (dunkelgrün), Asteroidea (lila), Bivalvia (orange), Bacillariophyceae (hellgrün), Haptophyta (grau).

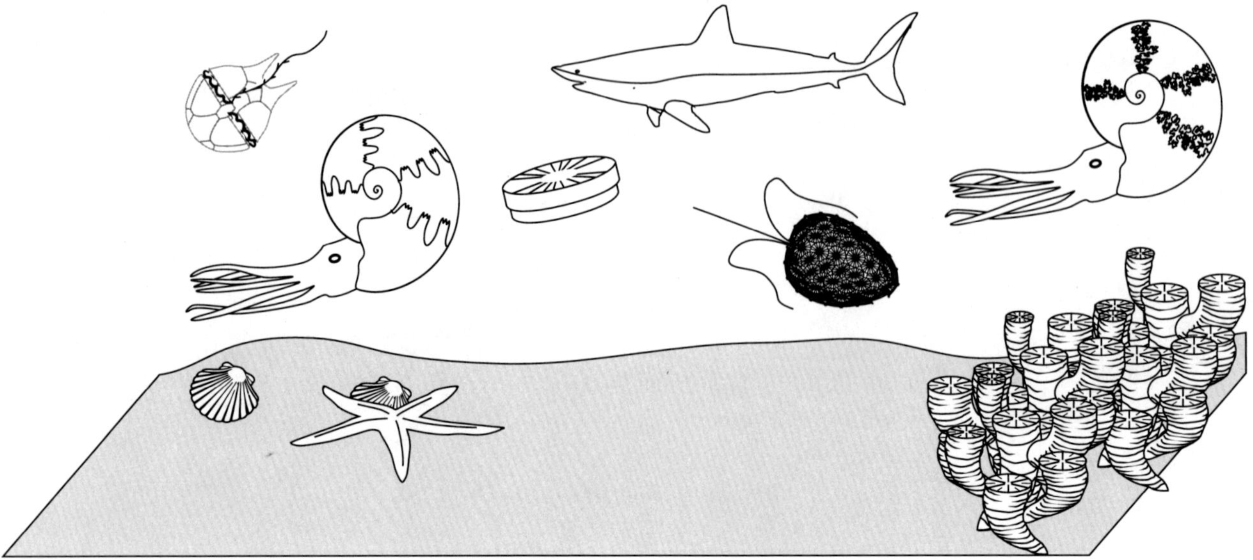

211) Dinosauria. Kolorieren Sie Dinosauria der Trias lila, des Jura blau und der Kreide grün. Kolorieren Sie dabei herbivore Arten in hellen Farben, carnivore in kräftigen/dunklen Farben.

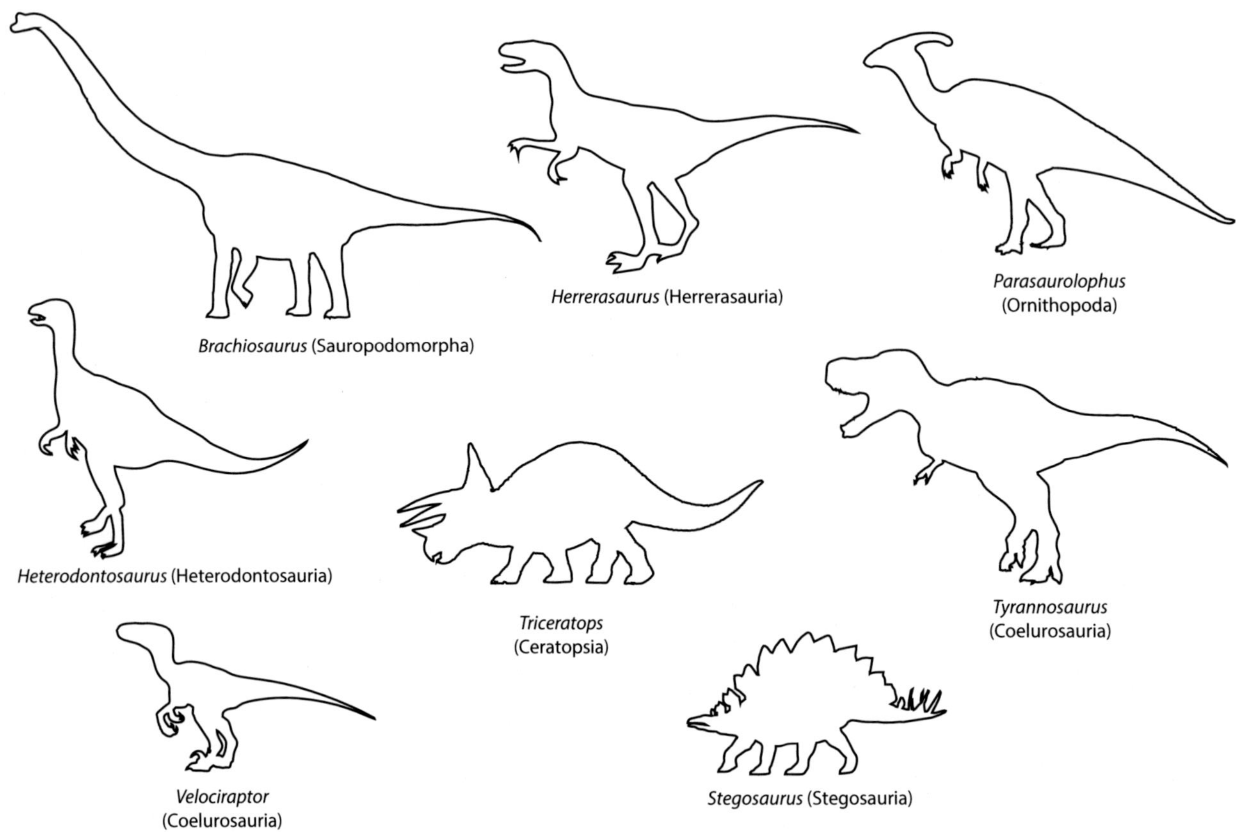

Nach Boenigk (Hrsg.), Boenigk Biologie, © Springer-Verlag GmbH Deutschland, ein Teil von Springer Nature 2021

212) Beckenknochen der Ornithischia und der Saurischia. Kolorieren Sie die Beckenknochen der Vogelbeckendinosaurier (Ornithischia) in hellen Farben und die Beckenknochen der Echsenbeckendinosaurier (Saurischia) in kräftigen Farben wie folgt: Ilium (rot), Ischium (blau), Pubis (gelb).

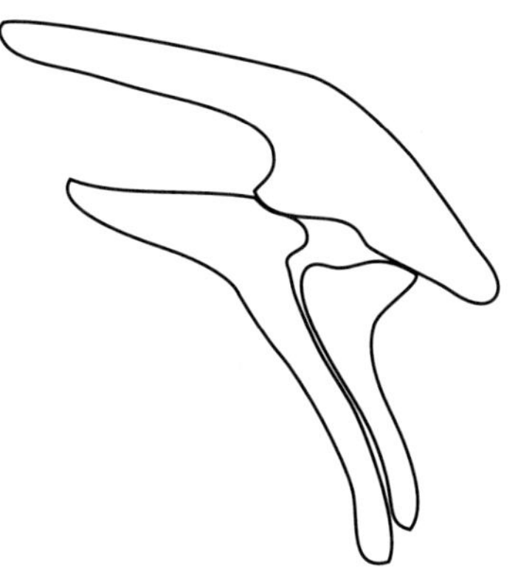

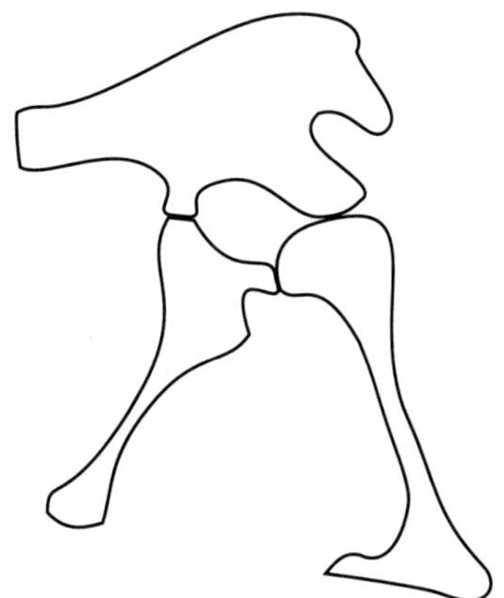

213) Entwicklung der Diversität der Gymnospermen und Angiospermen und der wichtigsten Bestäuber von insektenbestäubten Pflanzen. Kolorieren Sie die dargestellten Organismen in derselben Farbe, in der die Entwicklung der Diversität dieser Gruppe dargestellt ist.

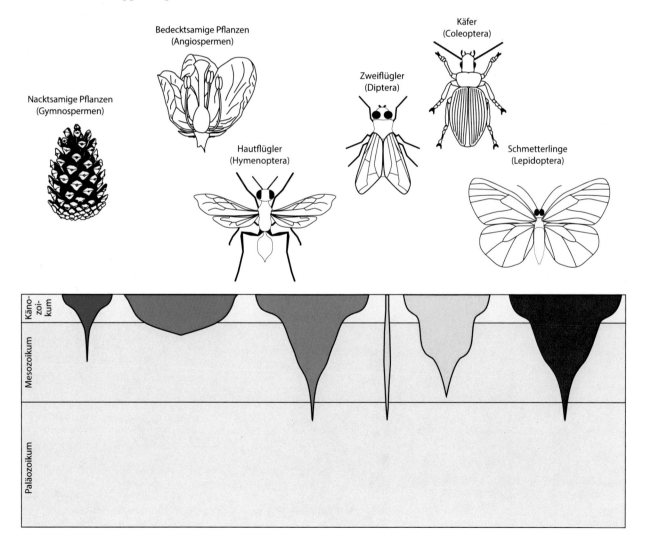

Nach Boenigk (Hrsg.), Boenigk Biologie, © Springer-Verlag GmbH Deutschland, ein Teil von Springer Nature 2021

214) Systematik der Metazoa. Unterlegen Sie die Organismengruppen, die zu den Spiralia gehören, rot, die zu den Ecdysozoa gehörenden Organismengruppen grün, die zu den Deuterostomia gehörenden Organismengruppen blau. Bilateria, die zu keiner der vorgenannten Gruppen gehören, unterlegen Sie gelb und andere Eumetazoa lila.

Porifera
Acoela
Arthropoda
Rotatoria
Annelida
Bryozoa
Placozoa
Chordata
Nematoda
Echinodermata
Plathelminthes
Myxozoa
Ctenophora
Nephrozoa
Hemichordata
Mollusca
Cnidaria
Brachiopoda

215) Evolution des Menschen. Ordnen Sie die Vertreter der Hominini zeitlich ein. Kolorieren Sie wie folgt: 0–0,5 Mio. Jahre (rot), 0,5–2,2 Mio. Jahre (gelb), 2,2–4 Mio. Jahre (blau), 4–8 Mio. Jahre (lila), 8–15 Mio. Jahre (hellrot). Linien der Hominini, die sich zwei dieser Zeitfenster zuordnen lassen, kolorieren Sie mit der entsprechenden Mischfarbe.

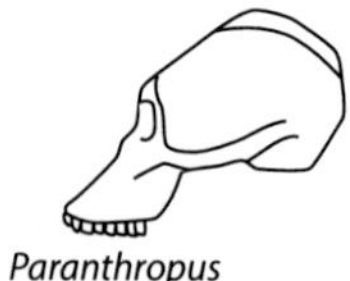
Paranthropus aethiopicus

Sahelanthropus tchadensis

Homo neanderthalensis

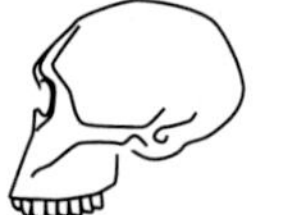
Homo rudolfensis

Australopithecus afarensis

Homo sapiens

Homo habilis

Homo ergaster

Paranthropus robustus

Homo erectus

Nach Boenigk (Hrsg.), Boenigk Biologie, © Springer-Verlag GmbH Deutschland, ein Teil von Springer Nature 2021

216) Keimblätter der Metazoa. Kolorieren Sie die Lage der Keimblätter sowie des Coeloms bei den verschiedenen Bauplänen der Embryonalentwicklung bei Metazoa: Ektoderm (grün), Mesoderm (rot), Entoderm (gelb), Coelom (blau).

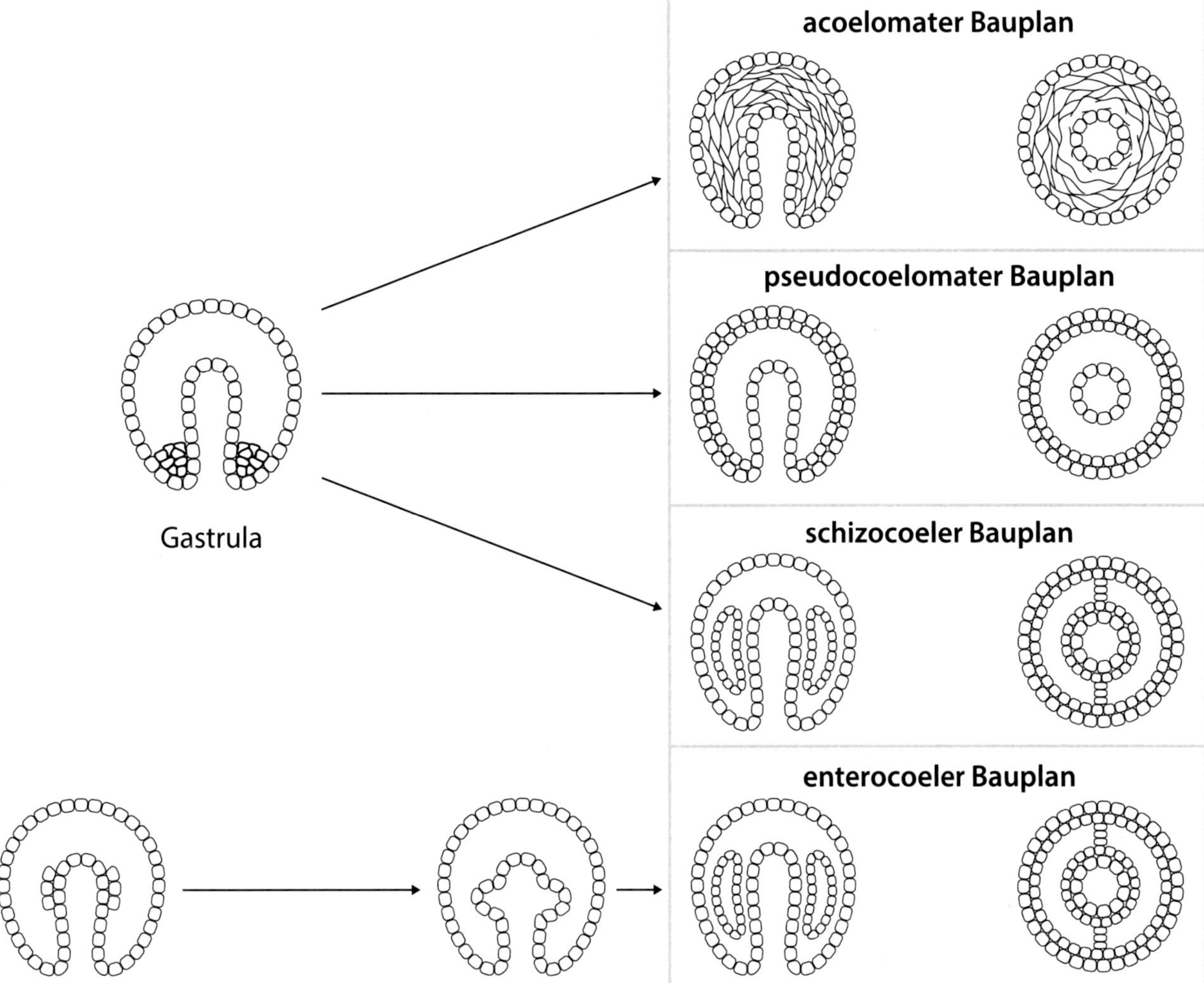

Nach Boenigk (Hrsg.), Boenigk Biologie, © Springer-Verlag GmbH Deutschland, ein Teil von Springer Nature 2021

217) Schwämme. Kolorieren Sie die Schemazeichnung wie folgt und deuten Sie die Richtung der Wasserströmung mit Pfeilen an: Mesohyl (helllila), Choanocyten (blau), Amöbocyten (gelb), Spicula (grün).

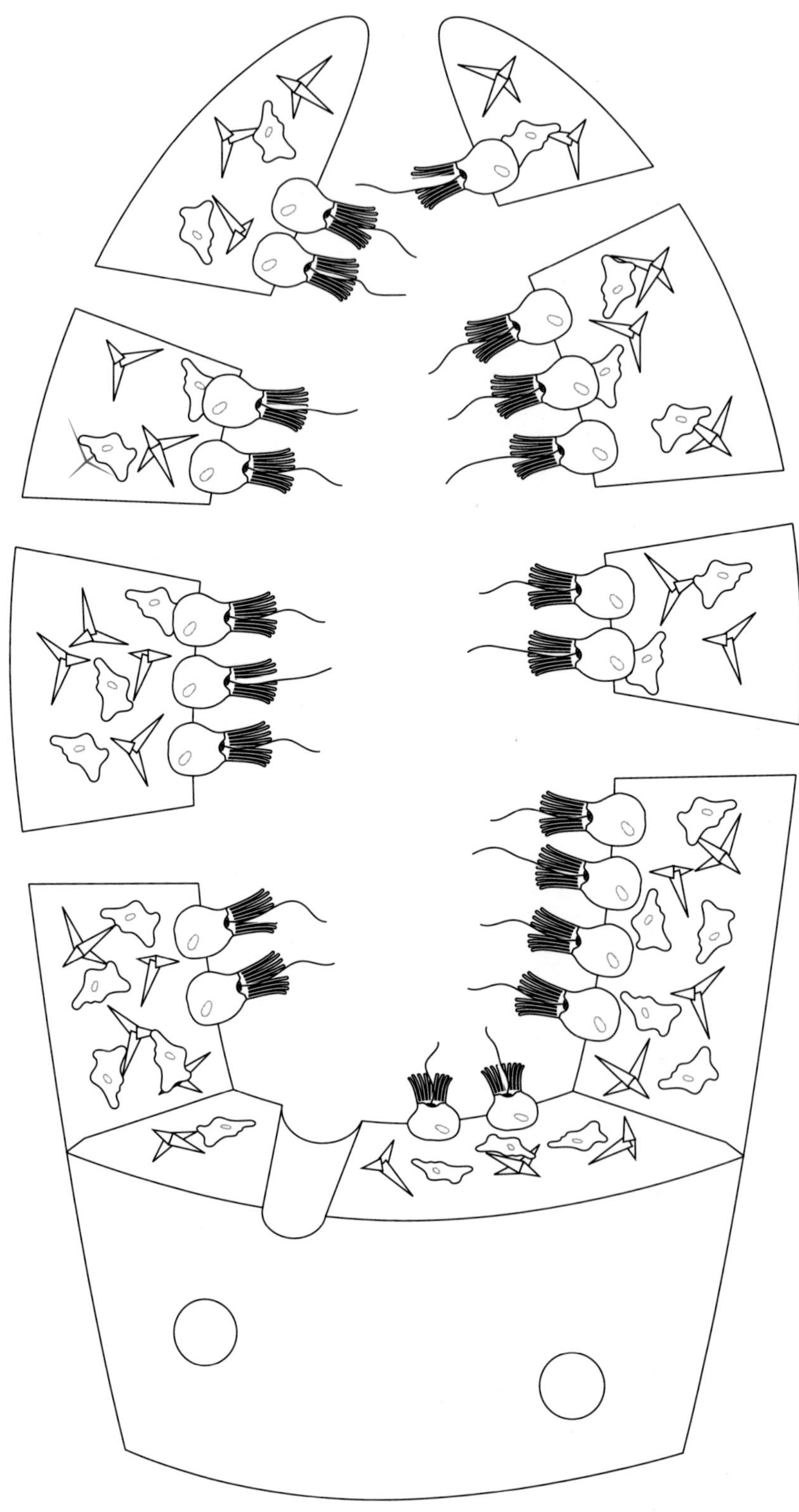

Nach Boenigk (Hrsg.), Boenigk Biologie, © Springer-Verlag GmbH Deutschland, ein Teil von Springer Nature 2021

218) Placozoa. Kolorieren Sie die Schemazeichnung des Schnitts durch einen Placozoa: Zellen des Dorsalepithels (rot), Glanzkugel (hellrot), Zylinderzellen (gelb), Drüsenzelle (blau), andere Zellen des Ventralepithels (orange), syncytiale Faserzellen (grün), Zellkerne aller Zellen (lila).

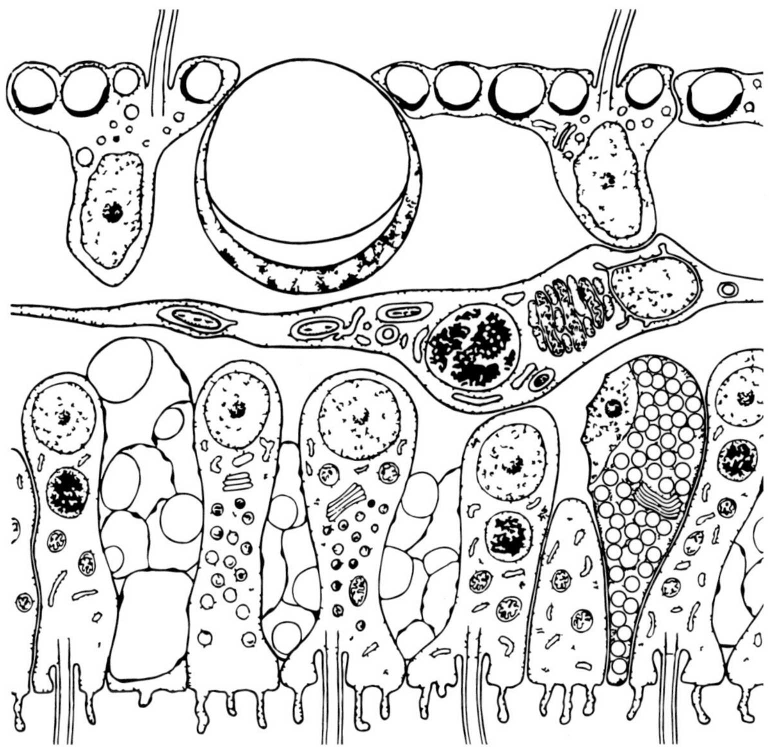

219) Ctenophora. Vervollständigen Sie die Schemazeichnungen der Rippenqualle und beschriften Sie die Strukturen.

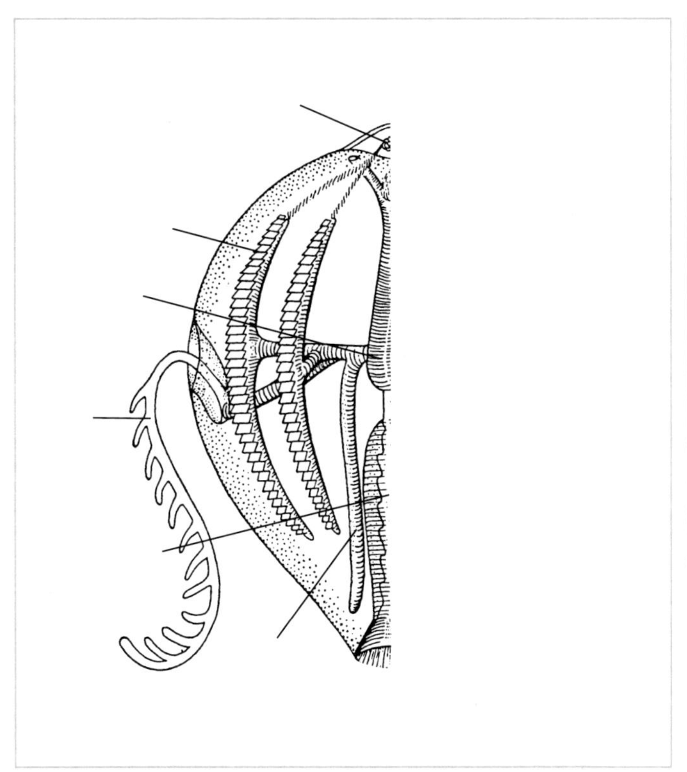

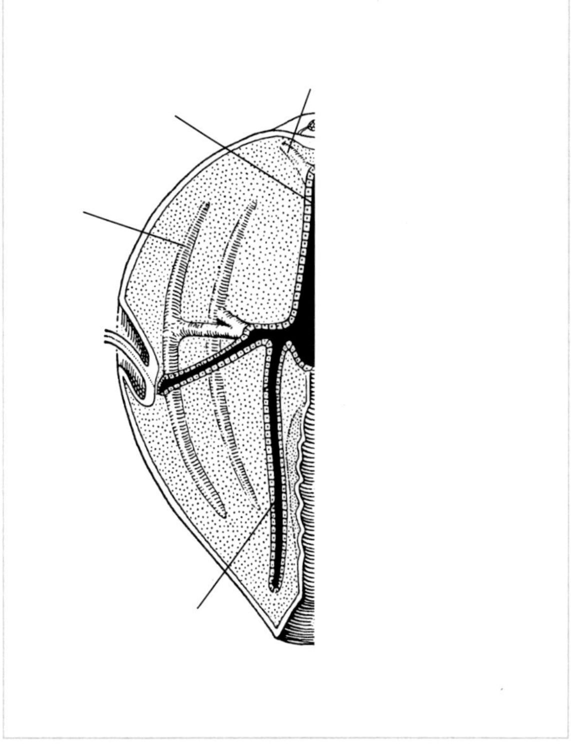

Nach Boenigk (Hrsg.), Boenigk Biologie, © Springer-Verlag GmbH Deutschland, ein Teil von Springer Nature 2021

220) Cnidaria. Kolorieren Sie die Schemazeichnung von Polyp (links) und Meduse (rechts) wie folgt: Epidermis (dunkelblau), Mesogloea (hellblau), Gastrodermis (gelb), Gastrovaskularraum (orange). Beschriften Sie in der Zeichnung jeweils Tentakel, Mundöffnung sowie oralen und aboralen Pol.

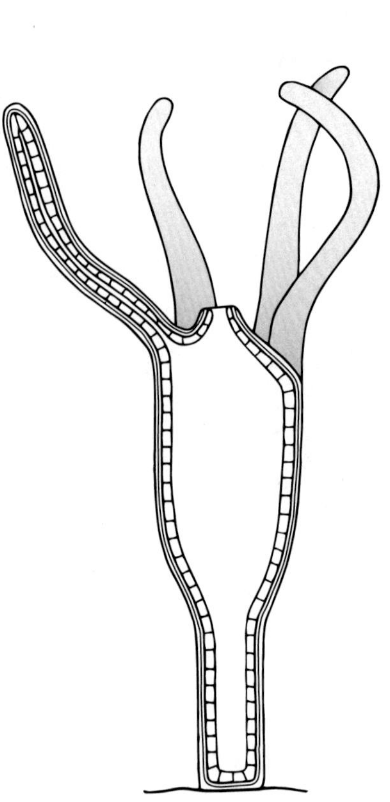

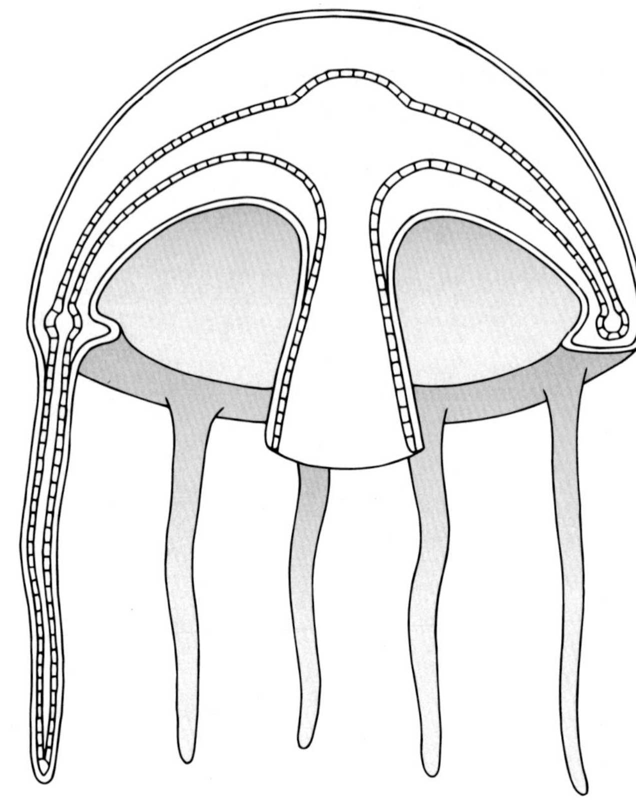

Nach Boenigk (Hrsg.), Boenigk Biologie, © Springer-Verlag GmbH Deutschland, ein Teil von Springer Nature 2021

221) Furchung der Deuterostomia und Protostomia. Skizzieren Sie die Lage der Zellen im Achtzellstadium der Radialfurchung der Deuterostomia und der Spiralfurchung der Protostomia.

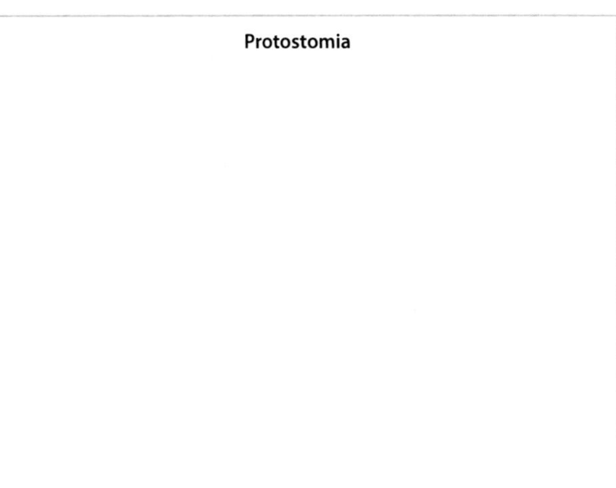

222) Trematoda. Kolorieren Sie die Schemazeichnung eines Trematoden: Mundsaugnapf (dunkelblau), Bauchsaugnapf (hellblau), Pharynx (gelb), Darm (rot), Protonephridien, Exkretionskanal und Blase (grün).

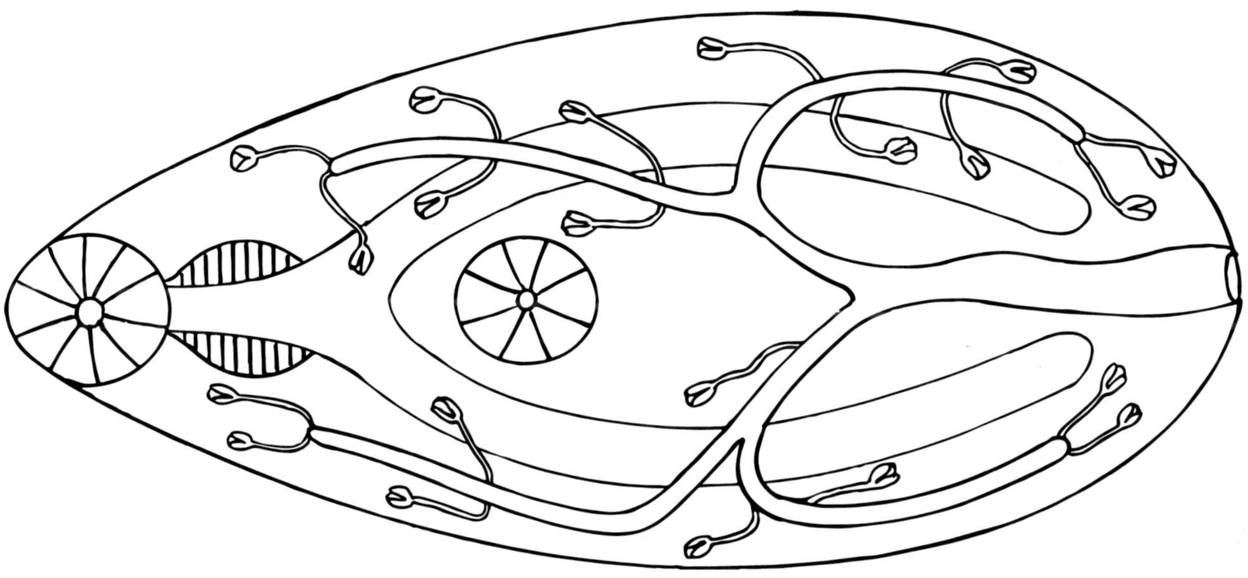

Nach Boenigk (Hrsg.), Boenigk Biologie, © Springer-Verlag GmbH Deutschland, ein Teil von Springer Nature 2021

223) Vervollständigen Sie die Schemazeichnungen eines Rädertierchens und beschriften Sie die Strukturen.

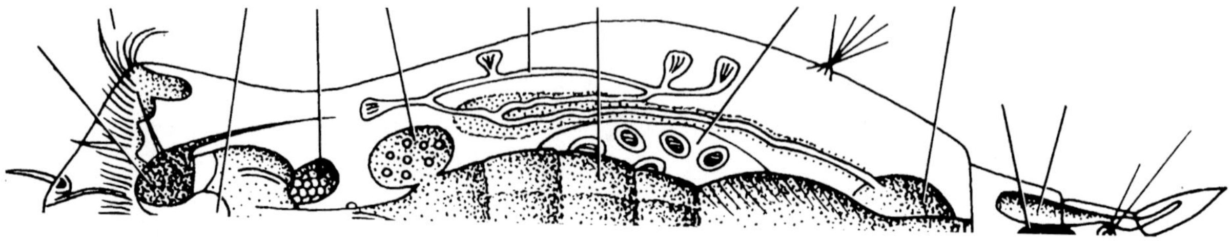

224) Cephalopoda. Kolorieren Sie die folgenden Strukturen der Schemazeichnung eines Cephalopoden: Magen-Darm-Trakt (Mund, Ösophagus, Magen, Caecum, Darm und Anus) (grün), Gehirn (gelb), Mitteldarmdrüse (blau), Schulp (orange), Herz (rot), Kieme (hellblau), Mantel (lila).

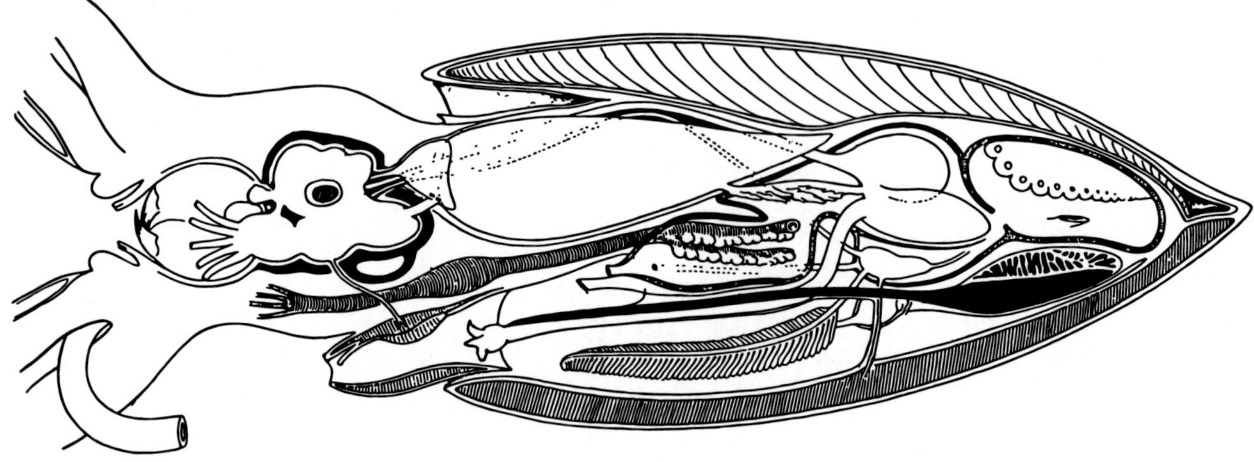

Nach Boenigk (Hrsg.), Boenigk Biologie, © Springer-Verlag GmbH Deutschland, ein Teil von Springer Nature 2021

225) Annelida. Kolorieren Sie Querschnitt sowie Längsschnitt in Aufsicht und Seitenansicht eines Anneliden: Epidermis (braun), Ringmuskulatur (dunkellila), Längsmuskulatur (helllila), Coelomepithel (dunkelblau), Coelom (hellblau), Nervensystem (gelb), Blutgefäße (dunkelrot), Darm (dunkelgrün), Metanephridien (hellgrün).

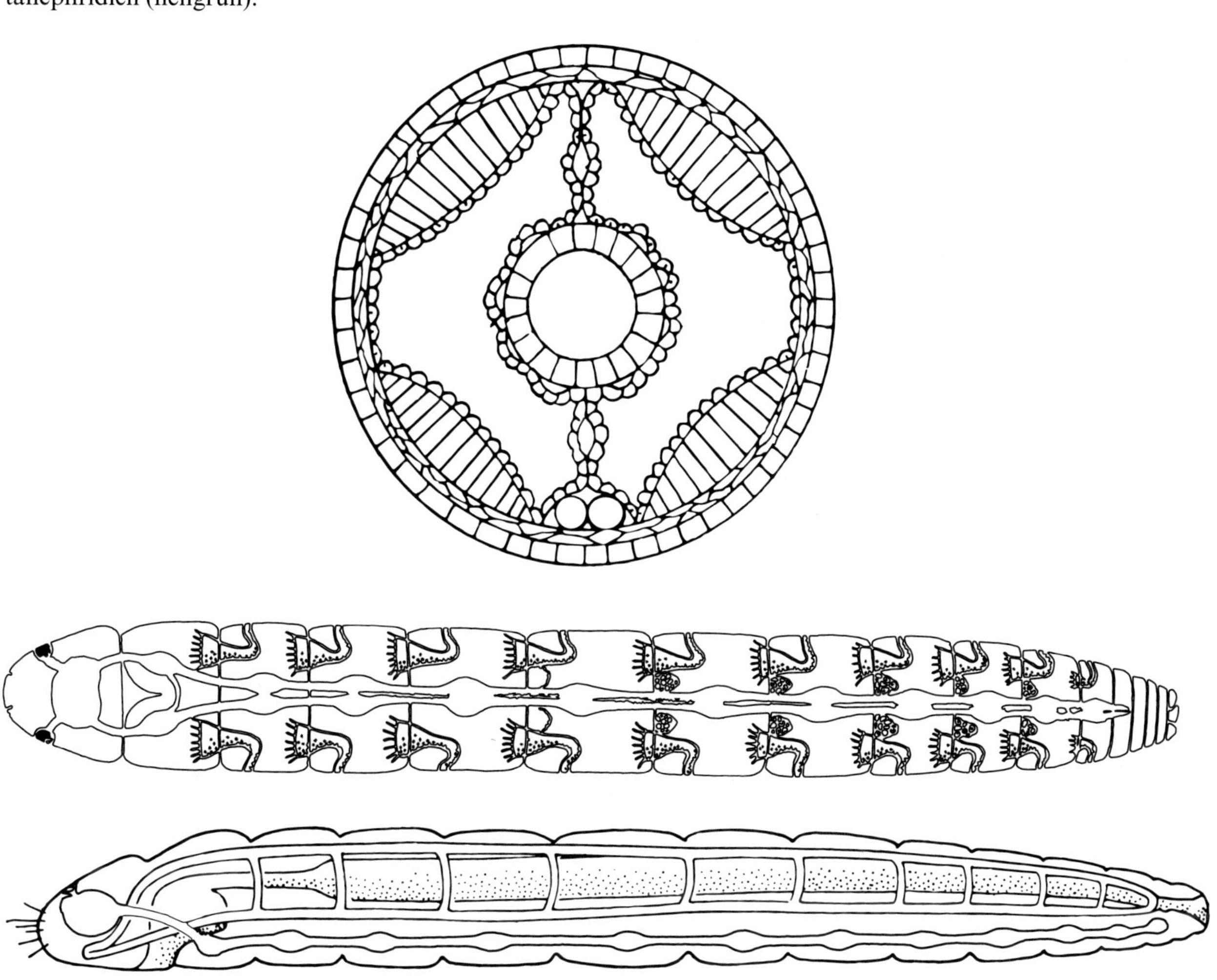

Nach Boenigk (Hrsg.), Boenigk Biologie, © Springer-Verlag GmbH Deutschland, ein Teil von Springer Nature 2021

226) Arthropoda. Kolorieren Sie die Abschnitte der Arthropodenbeine wie folgt: Coxa (gelb), Trochanter (orange), Präfemur (hellrot), Femur (dunkelrot), Patella (dunkelblau), Tibia (hellblau), Tarsus (dunkelgrün), Prätarsus (hellgrün).

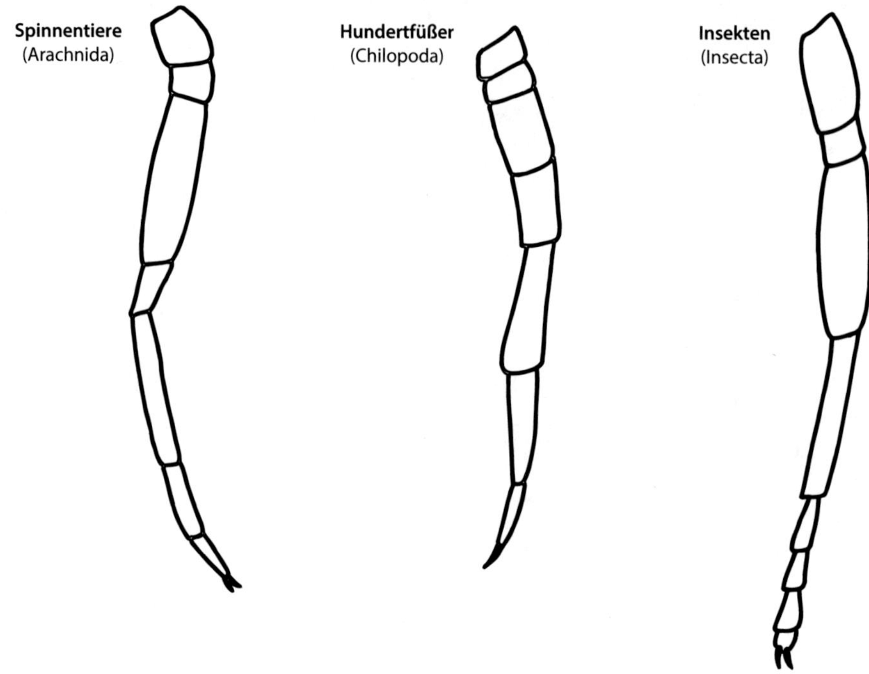

227) Arthropoda, Insecta. Kolorieren Sie Verdauungssystem, Blutkreislaufsystem und Geschlechtsorgane: Gefäße des Blutkreislaufsystems bzw. Herz (rot), Vorderdarm (grün), Speicheldrüse (lila), Mitteldarm (hellblau), Malpighi-Gefäße (dunkelblau), Enddarm (orange), Geschlechtsorgane (inkl. Hoden, Samenstränge, Penis) (gelb).

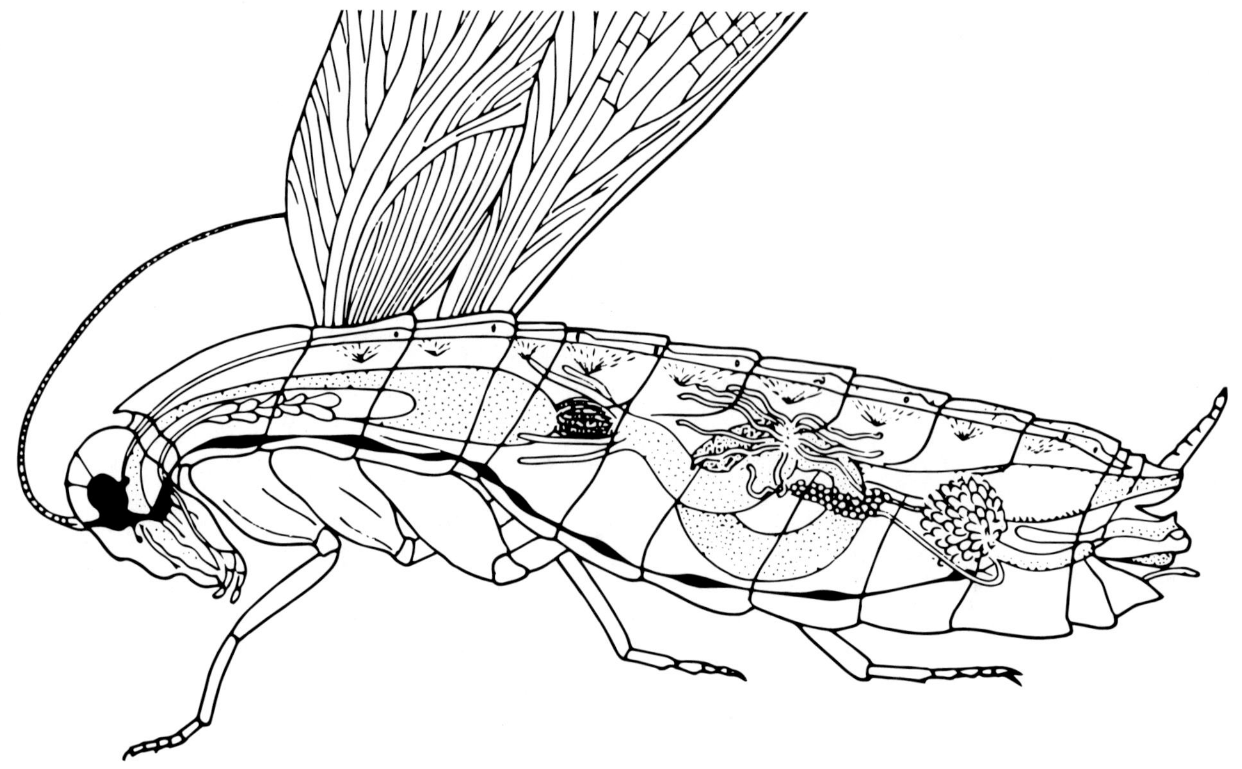

Nach Boenigk (Hrsg.), Boenigk Biologie, © Springer-Verlag GmbH Deutschland, ein Teil von Springer Nature 2021

228) Decapoda. Kolorieren Sie die Extremitäten decapoder Krebse: 1. und 2. Antenne (dunkelblau), Mandibel (dunkelgrün), 1. und 2. Maxille (hellgrün), Kieferfüße (rot), Schreitbeine/Peraeopoden (lila), Pleopoden (gelb), Uropod (hellblau).

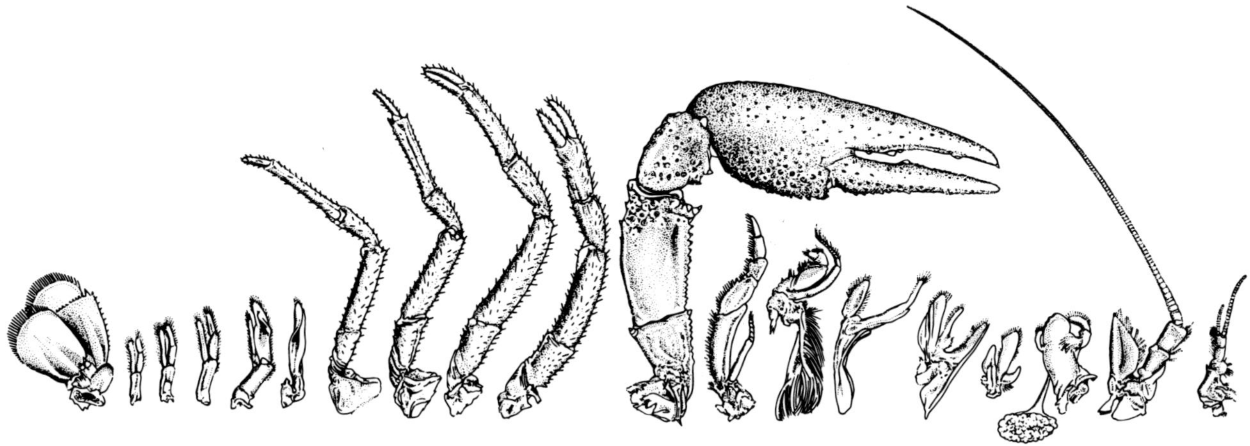

229) Morphologie der Coleoptera. Kolorieren Sie die Körperabschnitte wie folgt: Elytren (gelb), Pronotum (rot), Scutellum (lila), Labrum (dunkelblau), Clypeus (hellblau), Femur (dunkelgrün), Tibia (hellgrün).

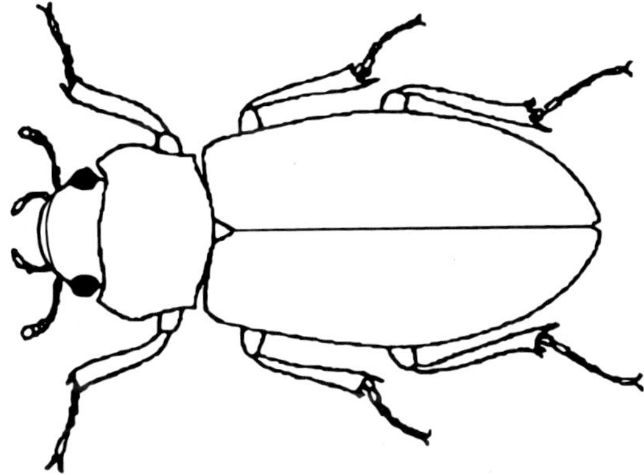

230) Anatomie der Seeigel. Kolorieren Sie die folgenden Organe bzw. Bereiche: Laterne des Aristoteles (lila), Ösophagus (dunkelblau), Magen (rot), Darm (gelb), Madreporit, Steinkanal (und Axocoel) und Ringkanal (grün), Ampullen (entlang der Radiärkanäle) (hellblau), Gonaden (orange).

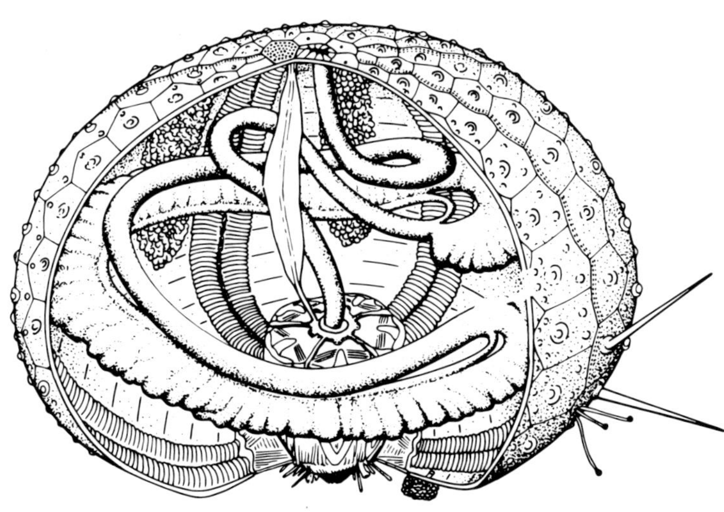

Nach Boenigk (Hrsg.), Boenigk Biologie, © Springer-Verlag GmbH Deutschland, ein Teil von Springer Nature 2021

231) Bauplan der Vögel. Kolorieren Sie wie folgt: Furcula (dunkelrot), Scapula (hellrot), Sternum (orange), Pygostyl (gelb), Ilium, Ischium und Pubis (dunkelgrün), Femur und Humerus (dunkellila), Ulna und Tibiotarsus (dunkelblau), Metacarpalia und Tarsometatarsus (hellblau), Radius (hellrot), Coracoid (gelb), Wirbelsäule (helllila), Schädel (inkl. Schnabel) (hellgrün).

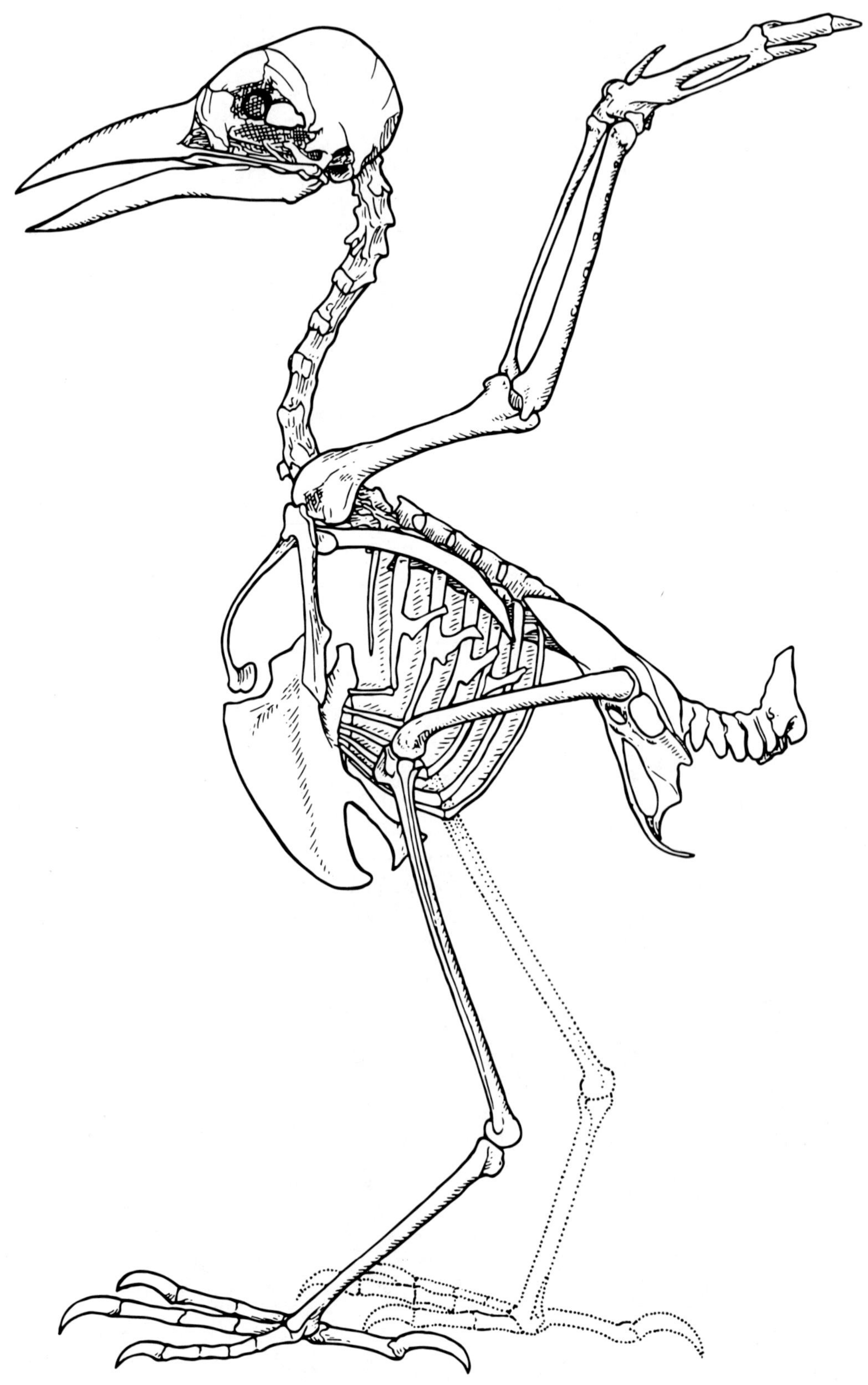

Nach Boenigk (Hrsg.), Boenigk Biologie, © Springer-Verlag GmbH Deutschland, ein Teil von Springer Nature 2021

232) Zellteilung (Cytokinese) bei den Viridiplantae. Skizzieren Sie die Lage und Ausrichtung der Miktrotubuli im Phycoplast und im Phragmoplast.

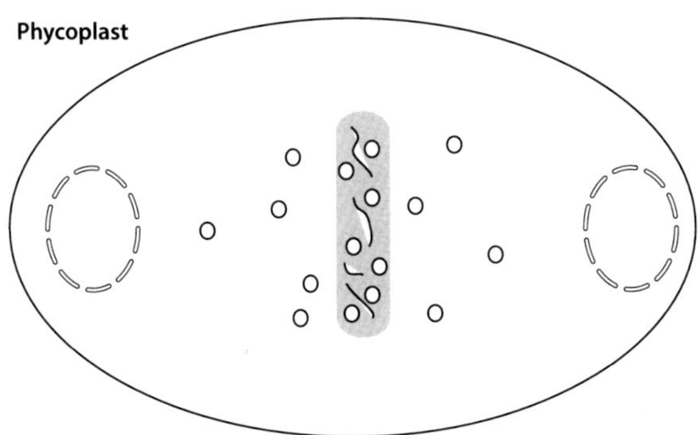

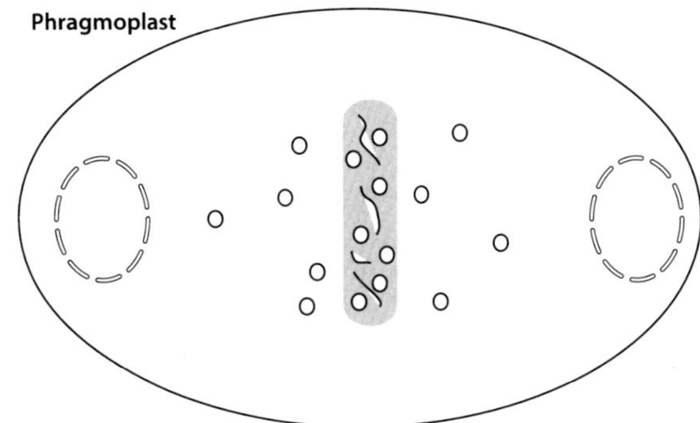

233) Embryo der Embryophyta. Skizzieren Sie die Lage des Embryos im Archegonium der Moose und in der Samenanlage der Samenpflanzen.

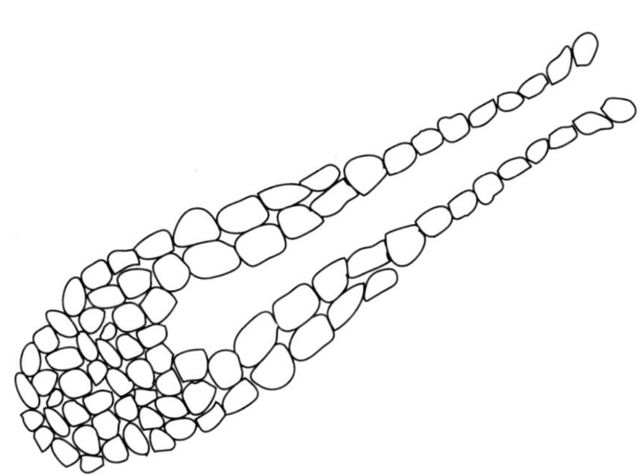

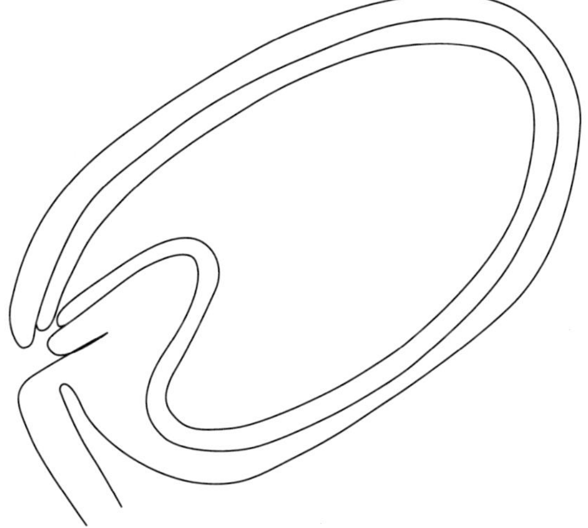

Nach Boenigk (Hrsg.), Boenigk Biologie, © Springer-Verlag GmbH Deutschland, ein Teil von Springer Nature 2021

234) Kormus. Kolorieren die die Querschnitte durch Blatt, Sprossachse und Wurzel: Endodermis (grün), Epidermis (gelb), Hypodermis (gelb), fasciculäres Kambium (hellgelb), interfasciculäres Kambium (gelb), Kollenchym und Sklerenchym (hellgrün), Parenchym (hellblau), Perizykel (lila), Phloem (orange), Rhizodermis (rot), Xylem (blau), Wurzelhaare (hellrot).

Nach Boenigk (Hrsg.), Boenigk Biologie, © Springer-Verlag GmbH Deutschland, ein Teil von Springer Nature 2021

235) Bio-Mandala: Malen zum Entspannen.

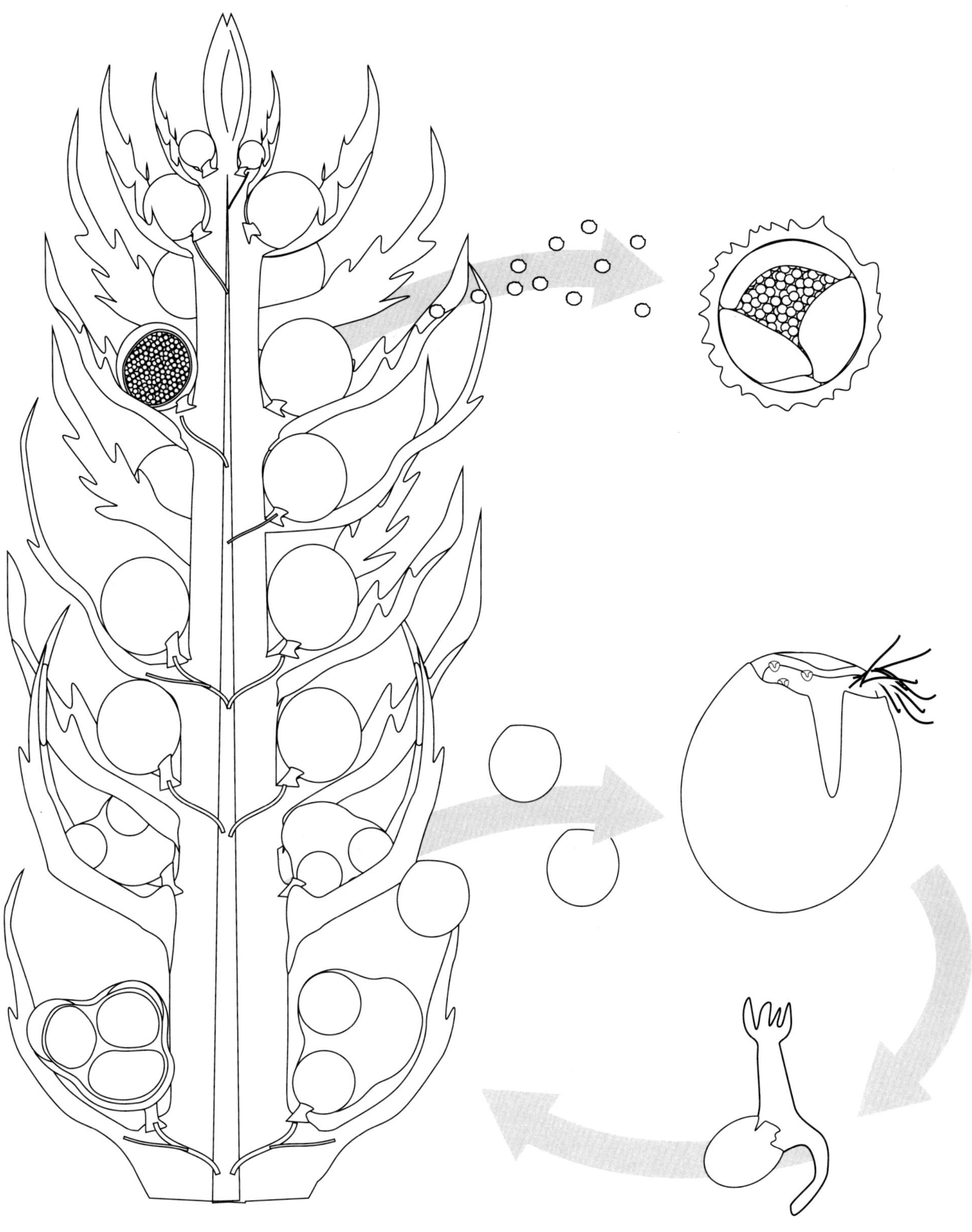

Nach Boenigk (Hrsg.), Boenigk Biologie, © Springer-Verlag GmbH Deutschland, ein Teil von Springer Nature 2021

5

236) Sprossachse. Kolorieren Sie die Gewebe im Sprossquerschnitt der Samenpflanzen: Epidermis (gelb), Parenchym (hellblau), Kollenchym (grün), Xylem (rot), Phloem (hellgrün), Kambium (dunkelblau), Sklerenchymscheide (lila).

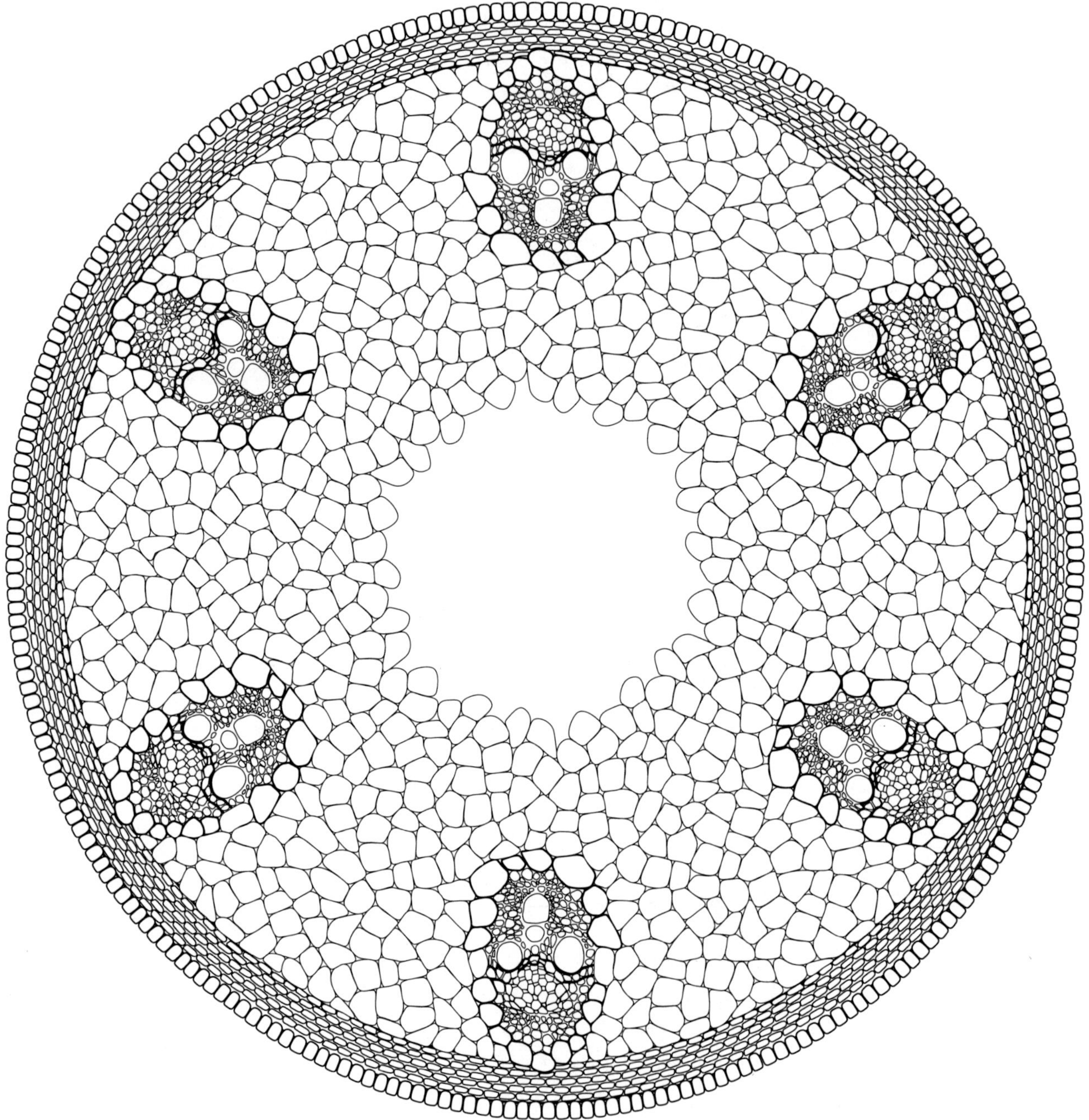

Nach Boenigk (Hrsg.), Boenigk Biologie, © Springer-Verlag GmbH Deutschland, ein Teil von Springer Nature 2021

237) Wurzel. Kolorieren Sie die Gewebe im Querschnitt der Wurzel: Rhizodermis (gelb), Endodermis (hellblau), Parenchym (hellgrün), Hypodermis (dunkelblau), Perikambium (lila), Phloem (dunkelgrün), Xylem (rot).

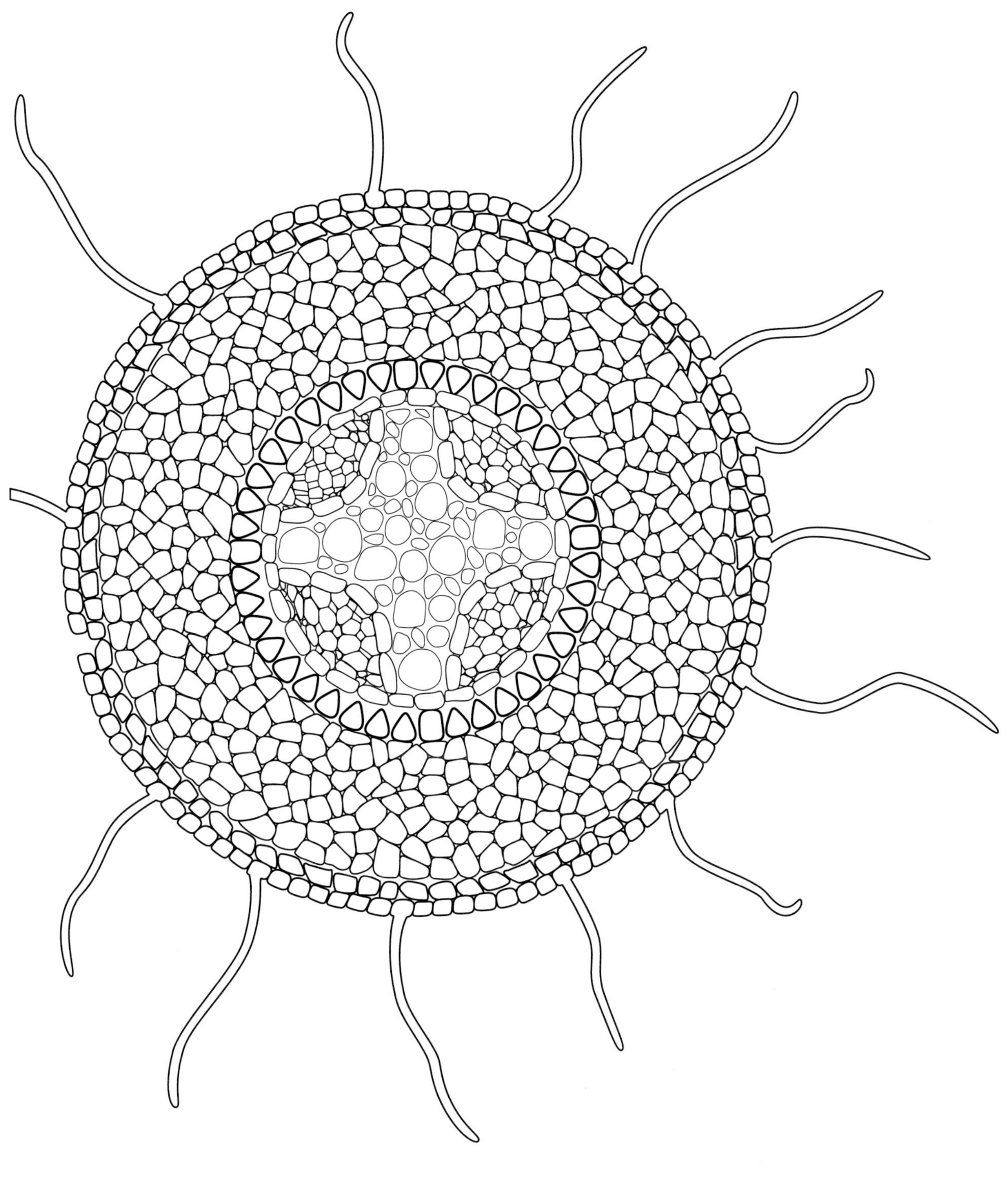

Nach Boenigk (Hrsg.), Boenigk Biologie, © Springer-Verlag GmbH Deutschland, ein Teil von Springer Nature 2021

238) Wurzel. Kolorieren Sie die Gewebe im Längsschnitt der Wurzel: Kalyptra (orange), Rhizodermis (gelb), Vegetationspunkt (helllila), Endodermis (hellblau), Parenchym (hellgrün), Hypodermis (dunkelblau), Perikambium (dunkellila), Phloem (dunkelgrün), Xylem (rot).

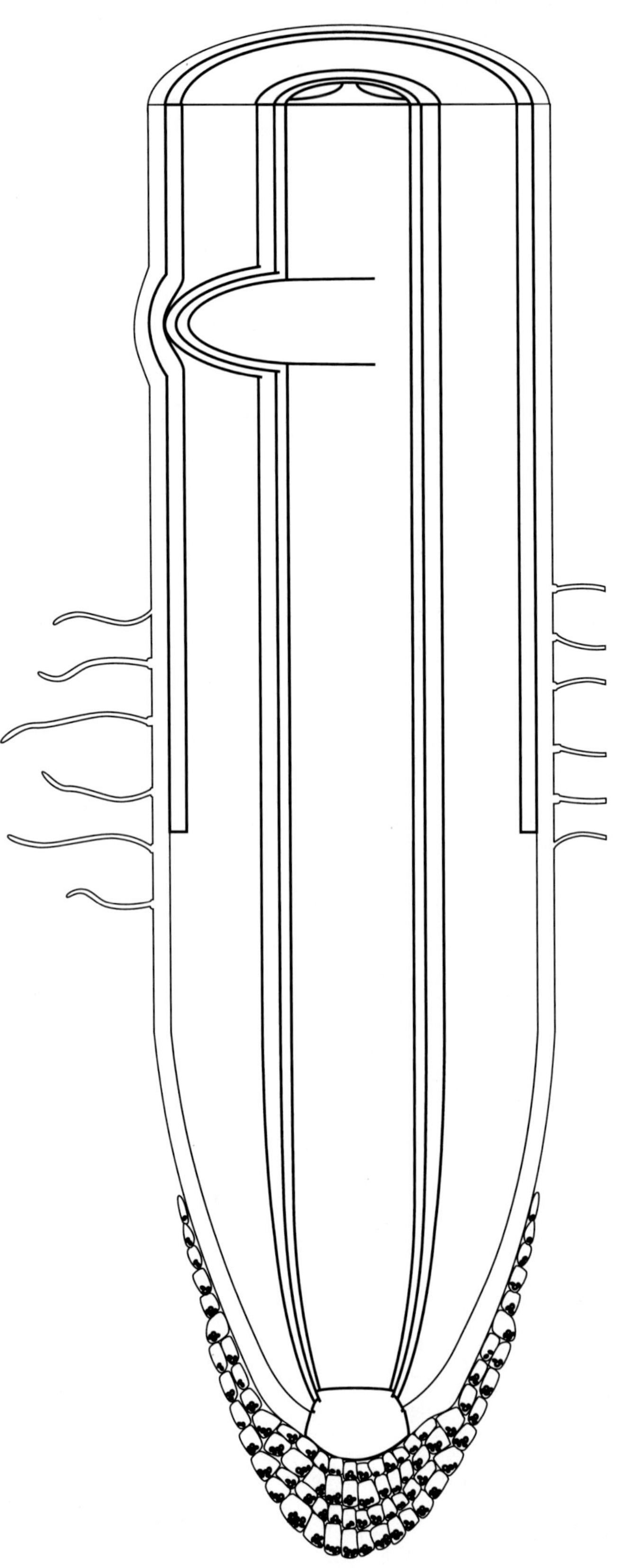

Nach Boenigk (Hrsg.), Boenigk Biologie, © Springer-Verlag GmbH Deutschland, ein Teil von Springer Nature 2021

239) Laubblatt. Kolorieren Sie den Blattausschnitt: Vakuolen (gelb), Plastiden (grün), Zellkerne (rot), Cytosol (orange), Zellwand (helllila), Cuticula (hellgrün), Interzellularen (blau).

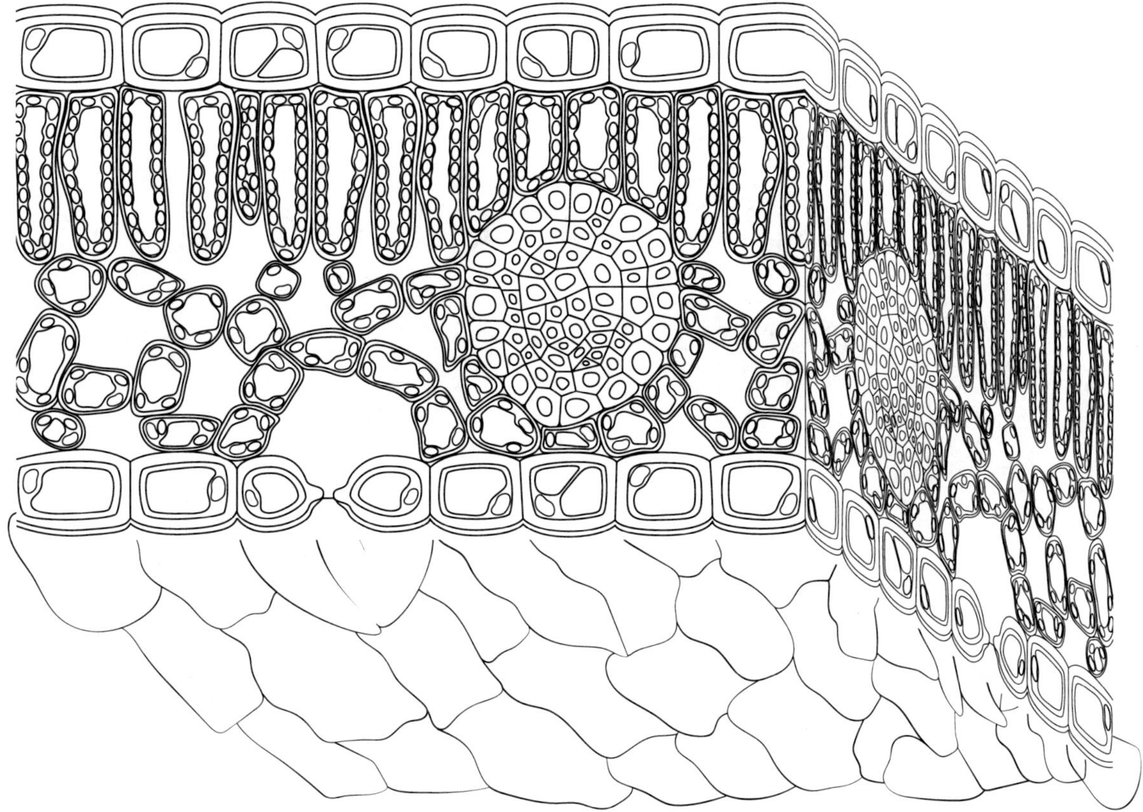

Nach Boenigk (Hrsg.), Boenigk Biologie, © Springer-Verlag GmbH Deutschland, ein Teil von Springer Nature 2021

240) Nadelblatt. Kolorieren Sie den Querschnitt durch ein Nadelblatt: Epidermis und Hypodermis (gelb), Parenchym (grün), Harzkanäle (orange), Phloem (blau), Xylem (rot), Endodermis (lila).

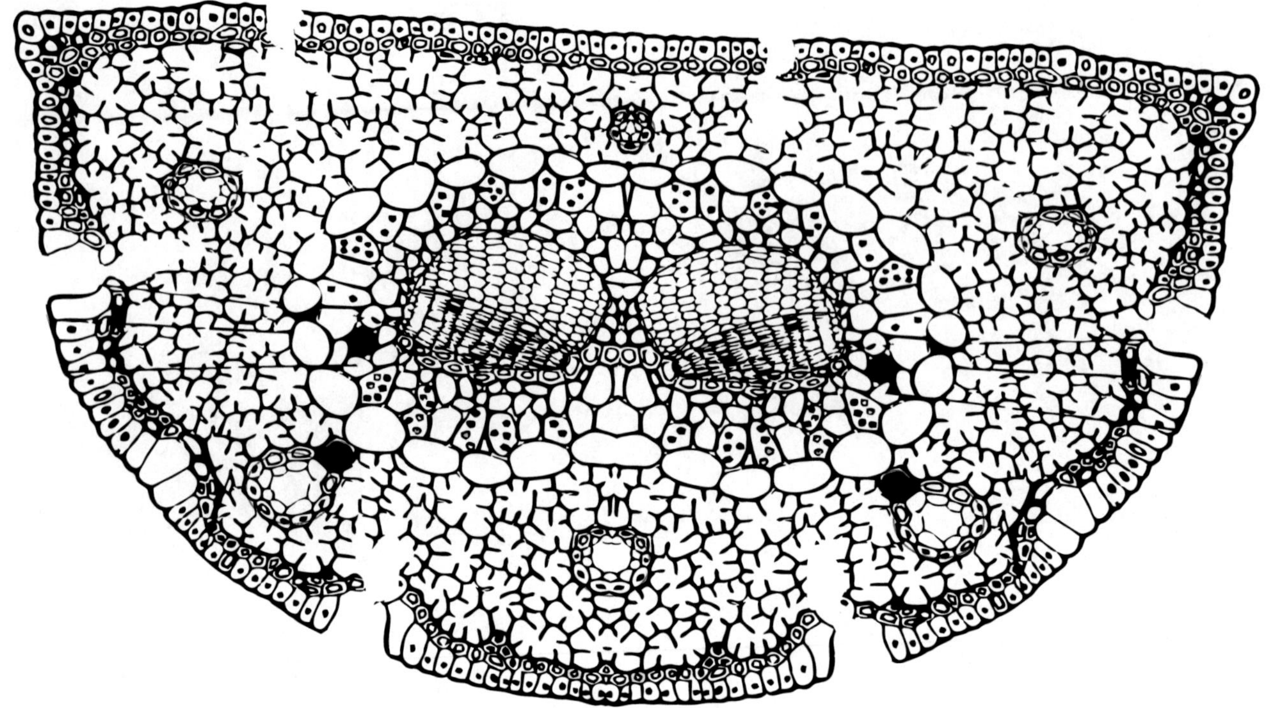

Nach Boenigk (Hrsg.), Boenigk Biologie, © Springer-Verlag GmbH Deutschland, ein Teil von Springer Nature 2021

241) Bio-Mandala: Malen zum Entspannen,

Nach Boenigk (Hrsg.), Boenigk Biologie, © Springer-Verlag GmbH Deutschland, ein Teil von Springer Nature 2021

5

242) Generationswechsel der Samenpflanzen. Kolorieren Sie die haploiden Zellen und Strukturen gelb, diploide Zellen und Strukturen blau.

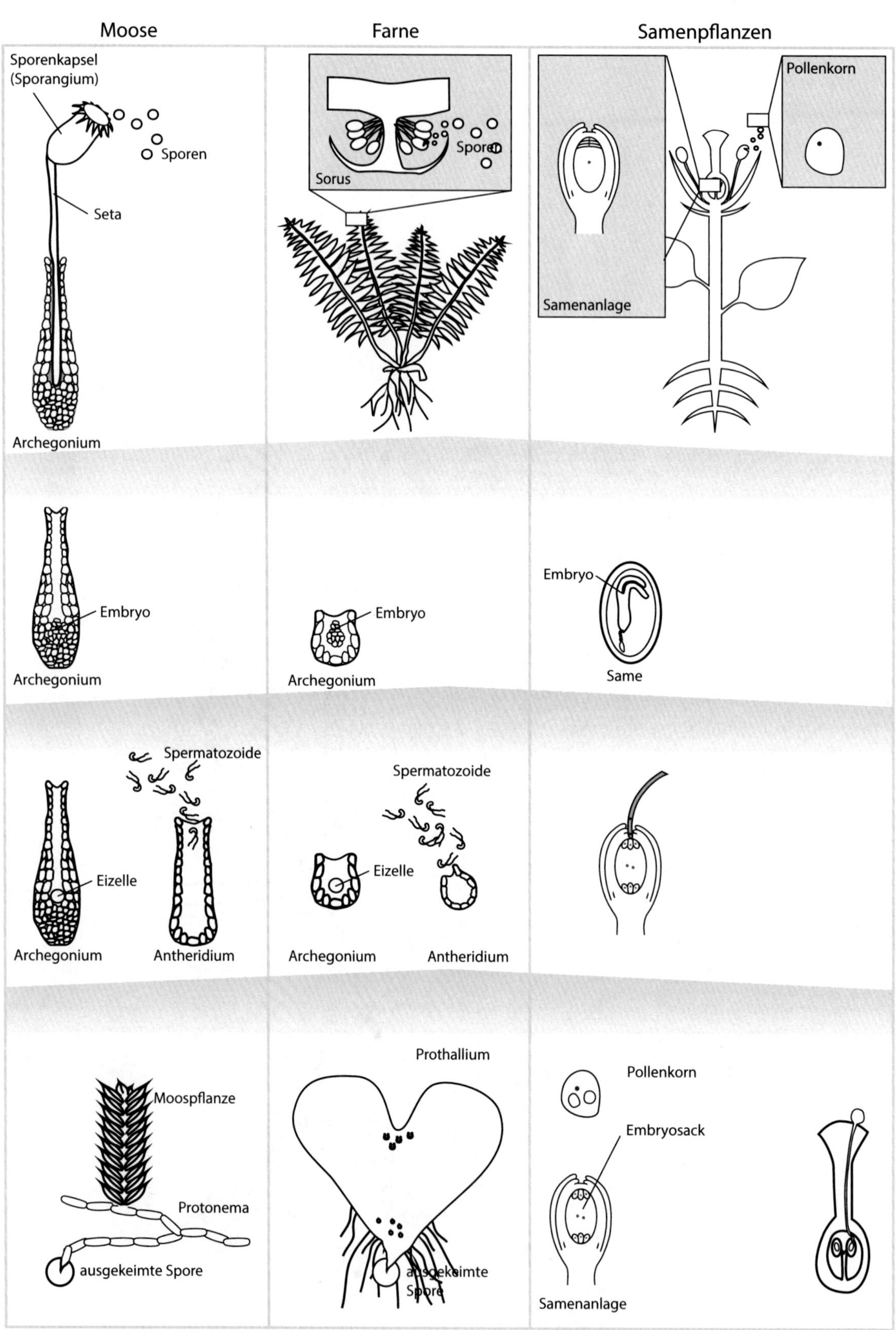

Nach Boenigk (Hrsg.), Boenigk Biologie, © Springer-Verlag GmbH Deutschland, ein Teil von Springer Nature 2021

243) Stelentypen. Kolorieren Sie jeweils das Xylem (dunkelrot) und Phloem (dunkelblau) der verschiedenen Leitbündelsysteme (Stele) der Landpflanzen. In den Fällen, in denen die relative Lage von Xylem und Phloem zueinander unklar ist, gehen Sie von einem Innenxylem aus. Kolorieren Sie das restliche Gewebe je für die verschiedenen Leitbündelsysteme in folgenden Farben: Aktinostele (helllila), Ataktostele (hellblau), Eustele (gelb), Plektostele (hellrot), Polystele (hellgrün), Protostele (dunkelgrün), Siphonostele (orange).

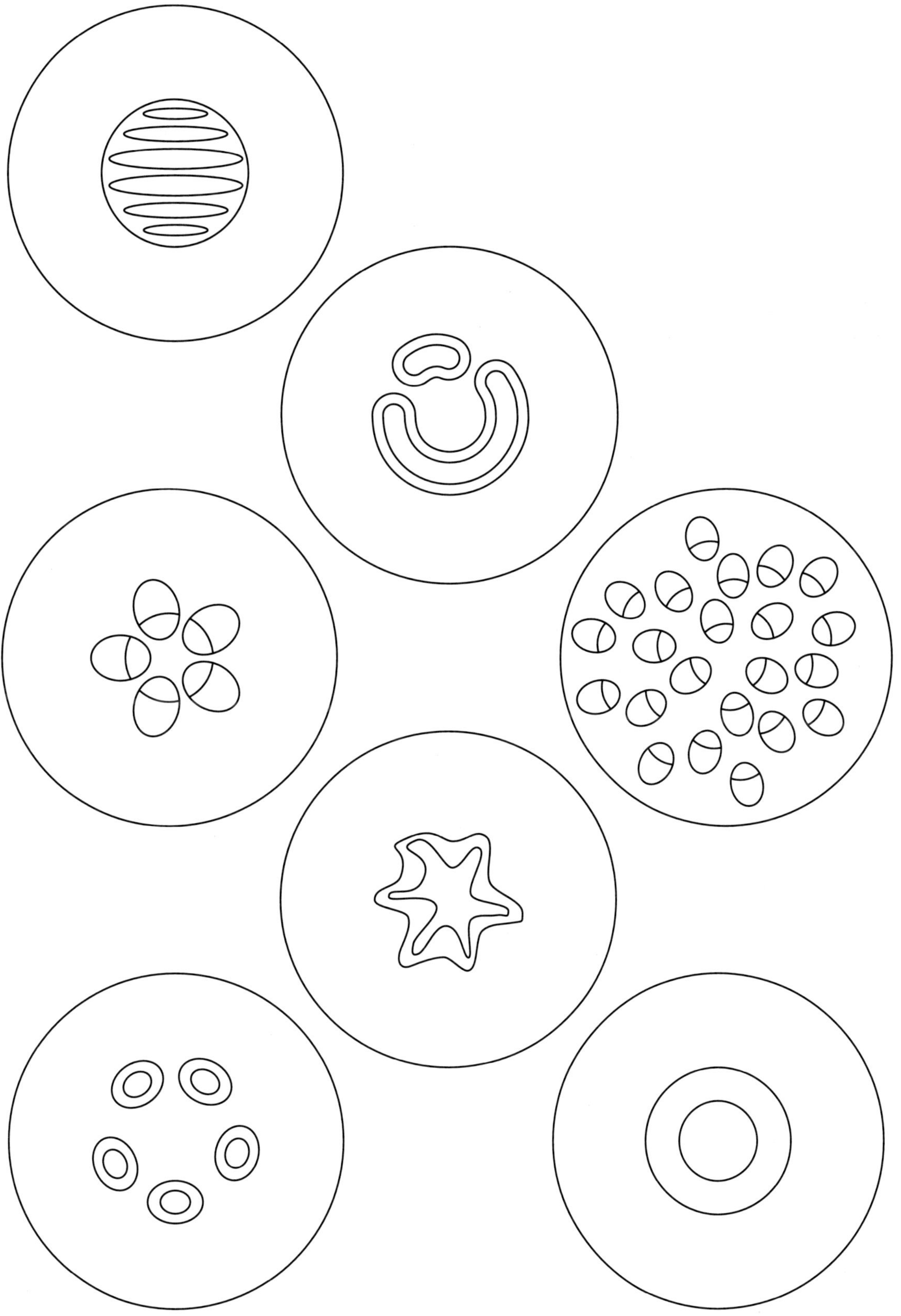

Nach Boenigk (Hrsg.), Boenigk Biologie, © Springer-Verlag GmbH Deutschland, ein Teil von Springer Nature 2021

5

244) Blüte. Vervollständigen Sie die Zeichnung der Blüte einer bedecktsamigen Pflanze.

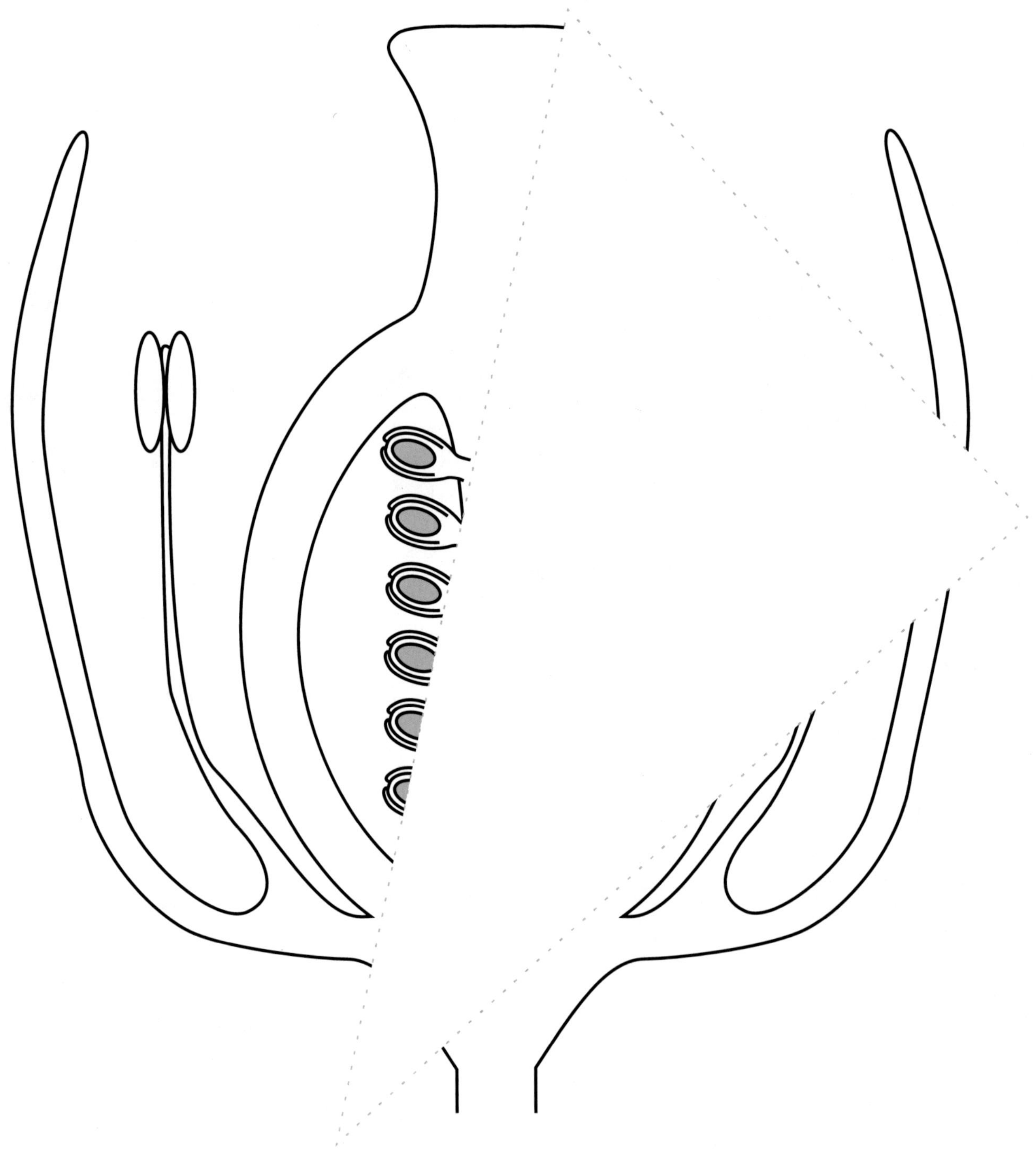

Nach Boenigk (Hrsg.), Boenigk Biologie, © Springer-Verlag GmbH Deutschland, ein Teil von Springer Nature 2021

245) Gymnospermen. Vervollständigen Sie die Zeichnung eines weiblichen Zapfens der Nacktsamer.

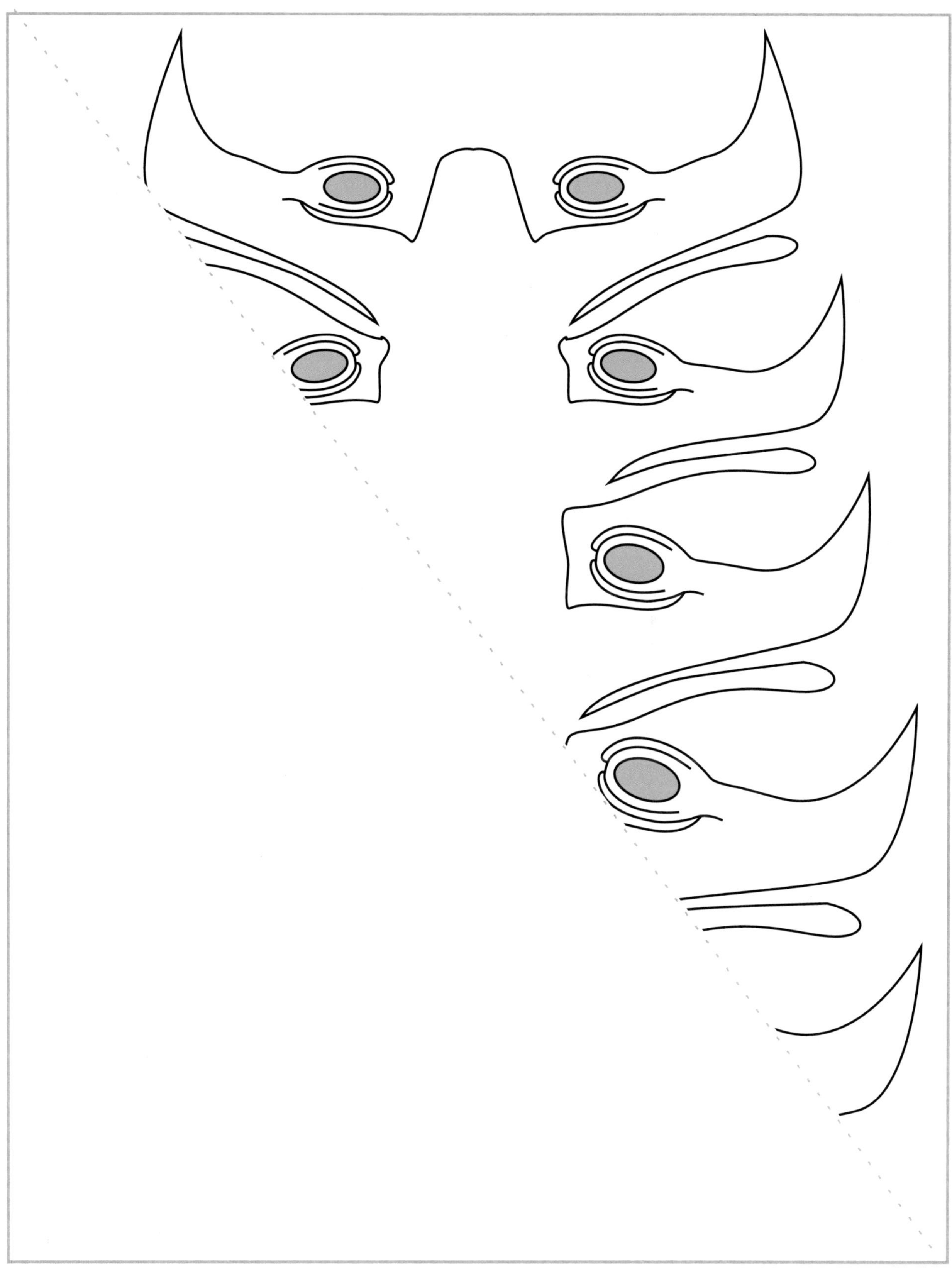

Nach Boenigk (Hrsg.), Boenigk Biologie, © Springer-Verlag GmbH Deutschland, ein Teil von Springer Nature 2021

246) Samenanlage. Zeichnen Sie eine atrope, eine anatrope und eine campylotrope Samenanlage.

247) Samenanlage. Kolorieren Sie Samenanlage: Eizelle (gelb), Synergiden (rot), Antipoden (grün), Pollenkorn und Pollenschlauch (lila), Embryosack (hellblau), Integumente (dunkelblau), Nucellus (orange).

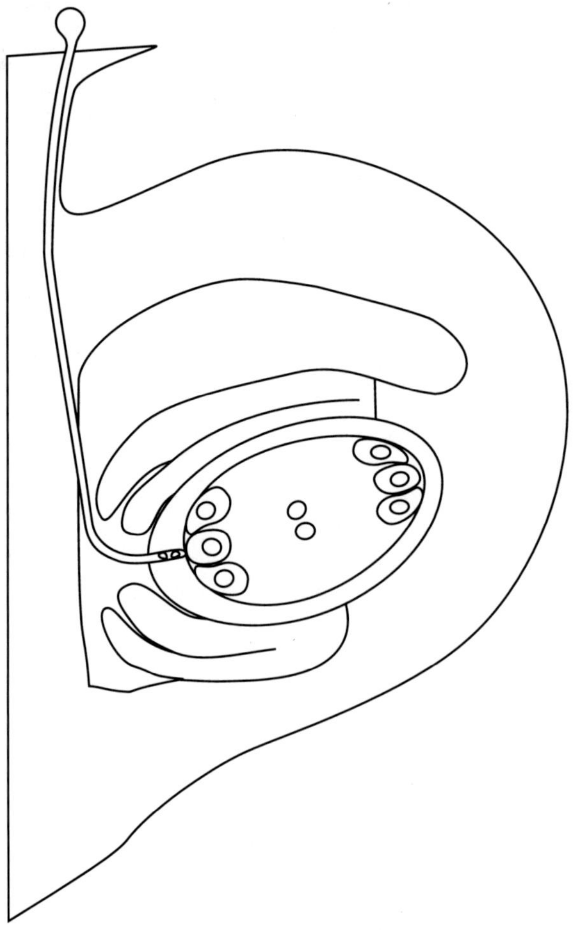

Nach Boenigk (Hrsg.), Boenigk Biologie, © Springer-Verlag GmbH Deutschland, ein Teil von Springer Nature 2021

248) Blütenstand. Skizzieren Sie die folgenden Blütenstände und deuten Sie Blüte, Tragblatt und Blütenstiele an (als Beispiel ist der Kolben vorgegeben).

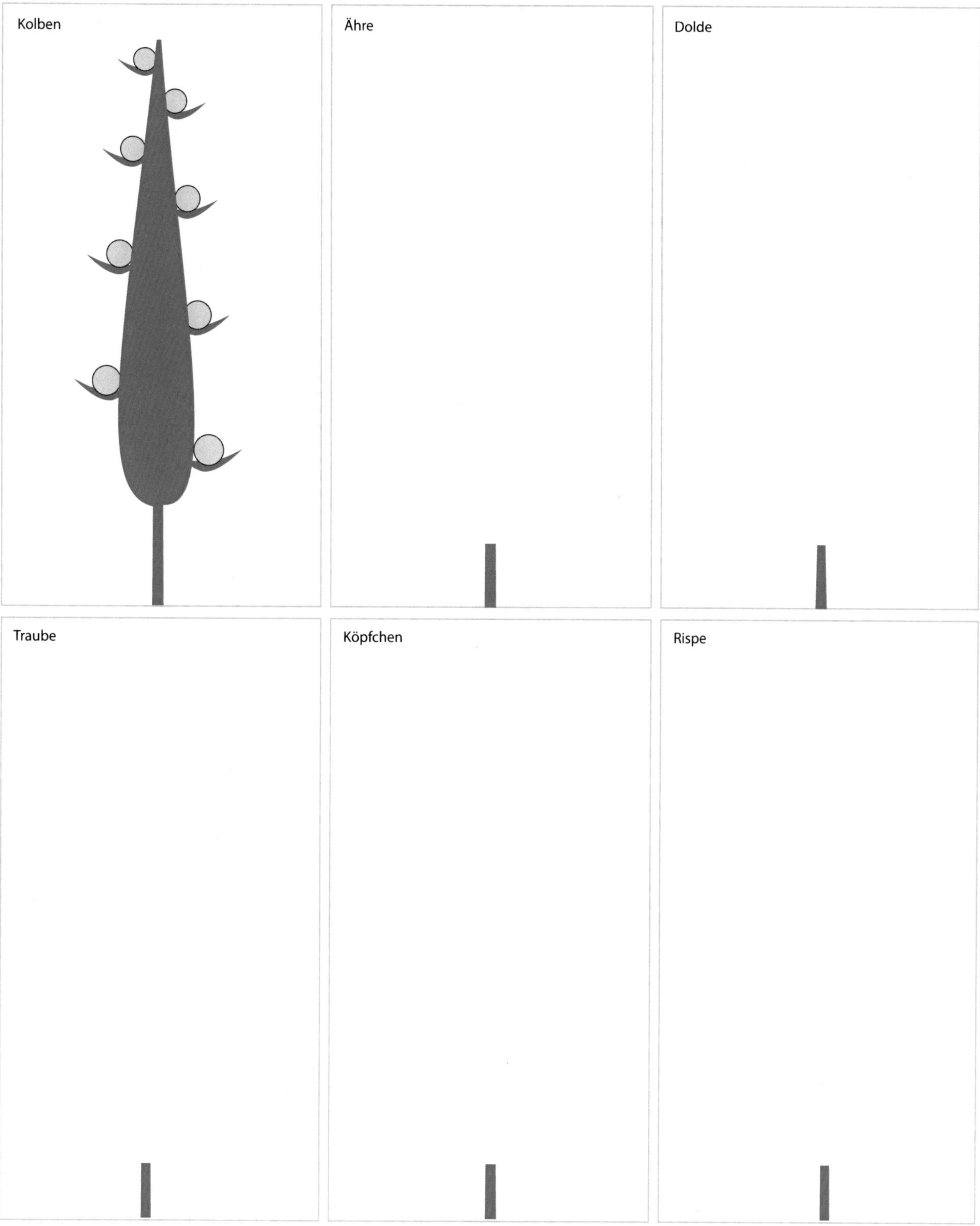

Nach Boenigk (Hrsg.), Boenigk Biologie, © Springer-Verlag GmbH Deutschland, ein Teil von Springer Nature 2021

249) Blüte der Süßgräser. Kolorieren Sie Fruchtknoten und Narbenäste (blau), Deckspelzen (grün), Hüllspelzen (rot), Lodiculae (lila), Staubblätter (gelb).

Nach Boenigk (Hrsg.), Boenigk Biologie, © Springer-Verlag GmbH Deutschland, ein Teil von Springer Nature 2021

250) Pilzzelle. Kolorieren Sie die Hefezelle (oben) und die Pilzhyphe (unten) wie folgt: Zellkern (innen: dunkelrot, außen: hellrot), ER (innen: dunkellila, außen helllila), Dictyosomen (gelb), Mitochondrien (innen: dunkelblau, außen: hellblau), Vesikel (innen: dunkelgrün, außen: hellgrün), Zellwand (außen und Septen: dunkelbraun, innen: hellbraun), Vakuole (innen: dunkelorange, außen: hellorange).

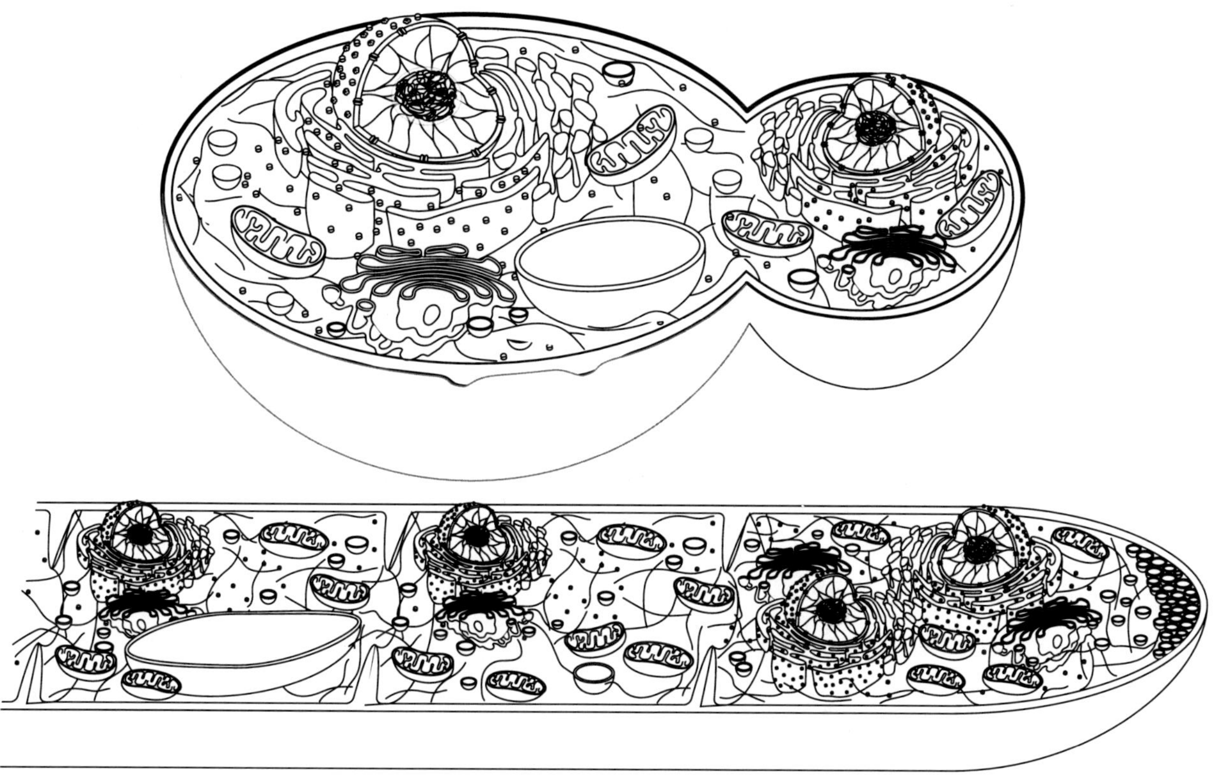

Nach Boenigk (Hrsg.), Boenigk Biologie, © Springer-Verlag GmbH Deutschland, ein Teil von Springer Nature 2021

251) Kolorieren Sie die Fruchtkörpertypen entsprechend der Vorgaben und benennen Sie die Fruchtkörpertypen (Apothecium, Pseudothecium, Kleistothecium, Perithecium): Ascospore (gelb), Ascus (blau), Peridie (grün), Paraphysen (rot), Hypothecium (dunkellila), Excipulum (helllila).

Fruchtkörpertyp:

____

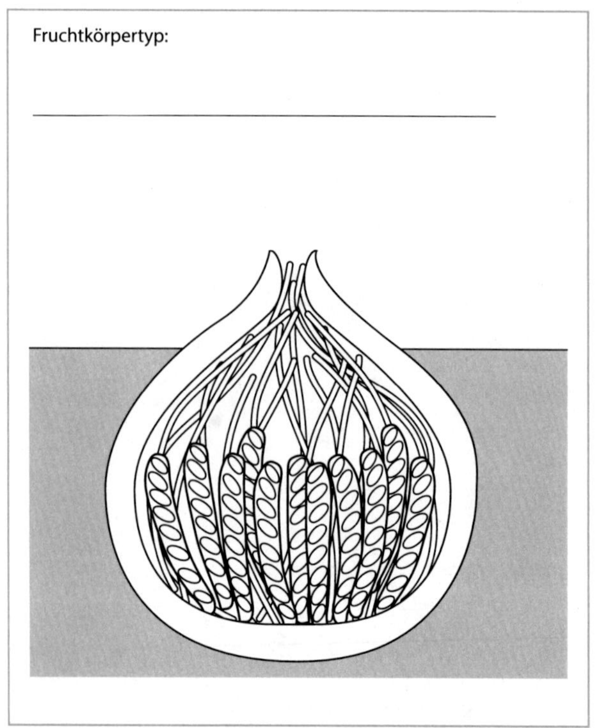

Fruchtkörpertyp:

____

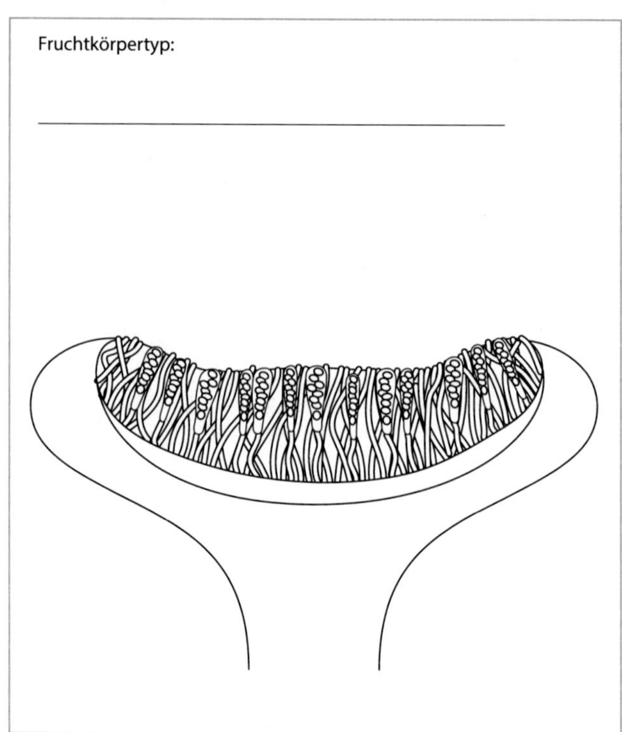

Fruchtkörpertyp:

____

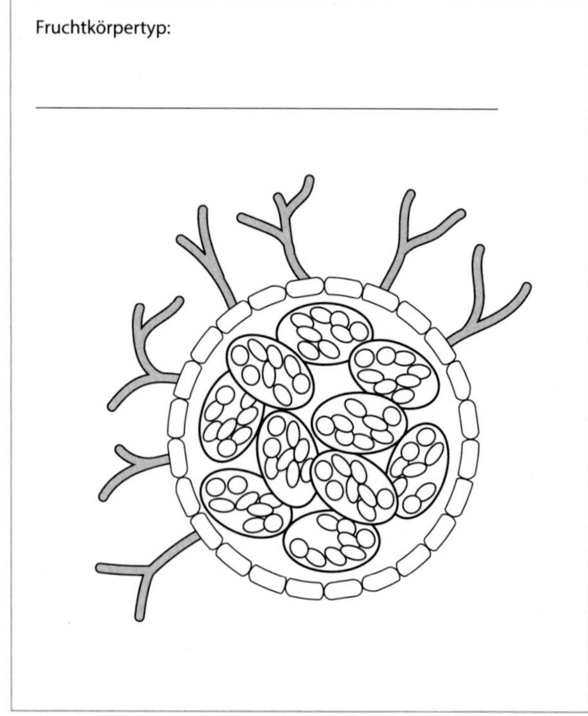

Fruchtkörpertyp:

____

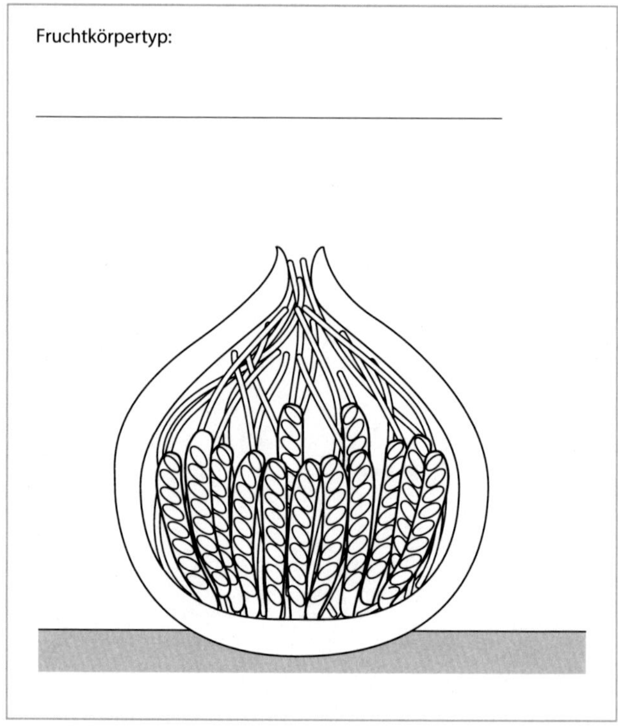

Nach Boenigk (Hrsg.), Boenigk Biologie, © Springer-Verlag GmbH Deutschland, ein Teil von Springer Nature 2021

252) Diversität von Plastiden. Ordnen Sie durch Kolorieren der Plastidinnenräume die Chlorophylle zu: Plastiden mit Chl *a* und Chl *b* (grün), Plastiden mit Chl *a* und Chl *c* (orange), Plastiden nur mit Chl *a* (rot), Plastiden ohne Chlorophylle (gelb).

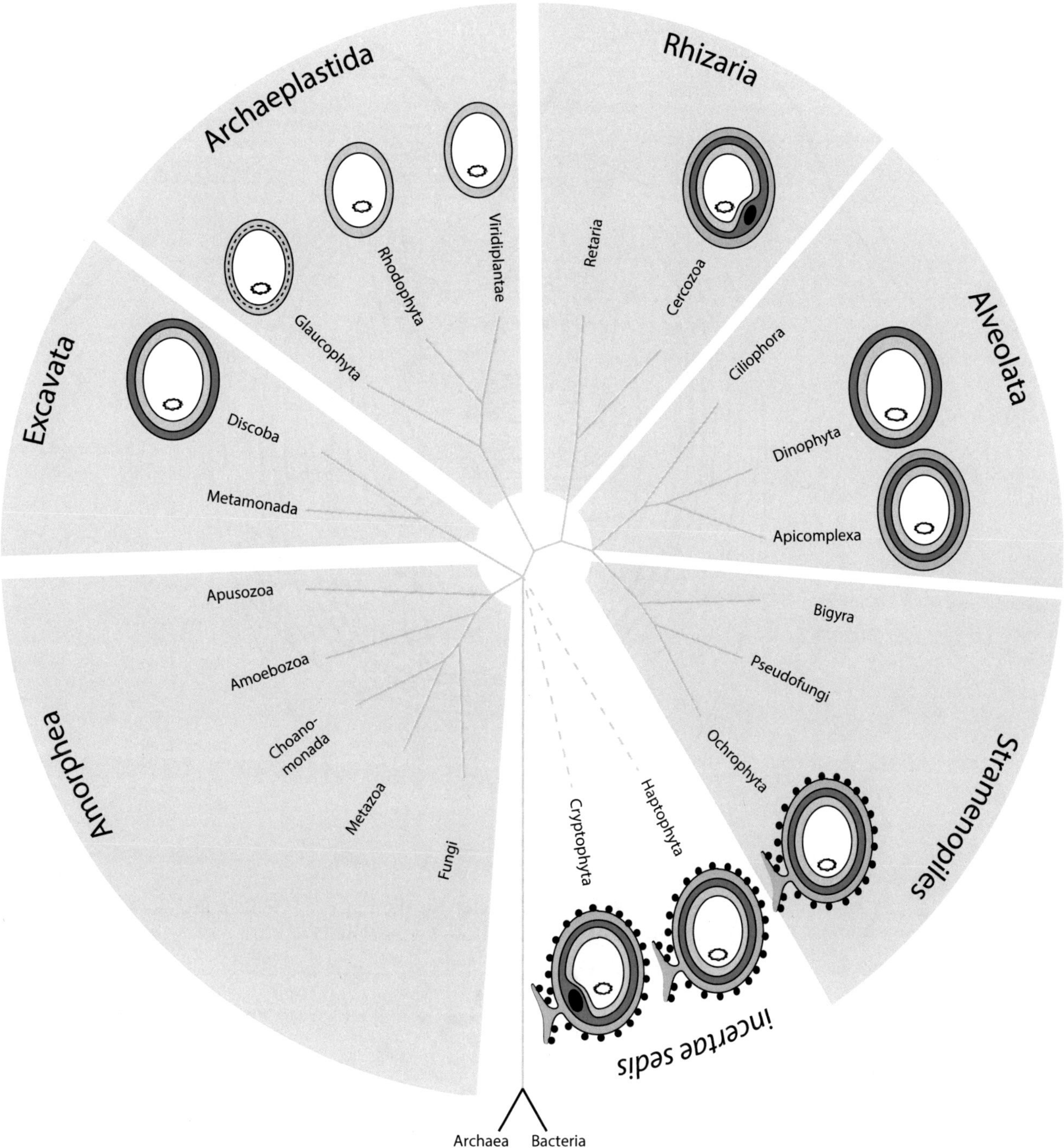

Nach Boenigk (Hrsg.), Boenigk Biologie, © Springer-Verlag GmbH Deutschland, ein Teil von Springer Nature 2021

253) Chlorophyta. Kolorieren Sie die Schemazeichnung einer Grünalge: Plastidenmembranen (grün) Thylakoide (gelb), Pyrenoid (hellgrau), Stärkekörner (dunkelgrau), Mitochondrien (rot), Zellkern (innen: dunkelorange, außen: hellorange), Dictyosom (lila), ER (innen: dunkelblau, außen: hellblau), Vesikel (hellgrün).

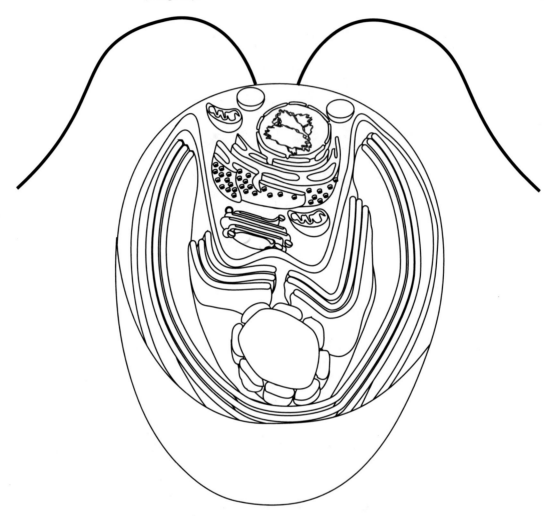

254) Chlorophyta. Skizzieren Sie die Lage der Geißeln und der Geißelwurzeln (Mikrotubuli) der Geißelbasis von Grünalgen.

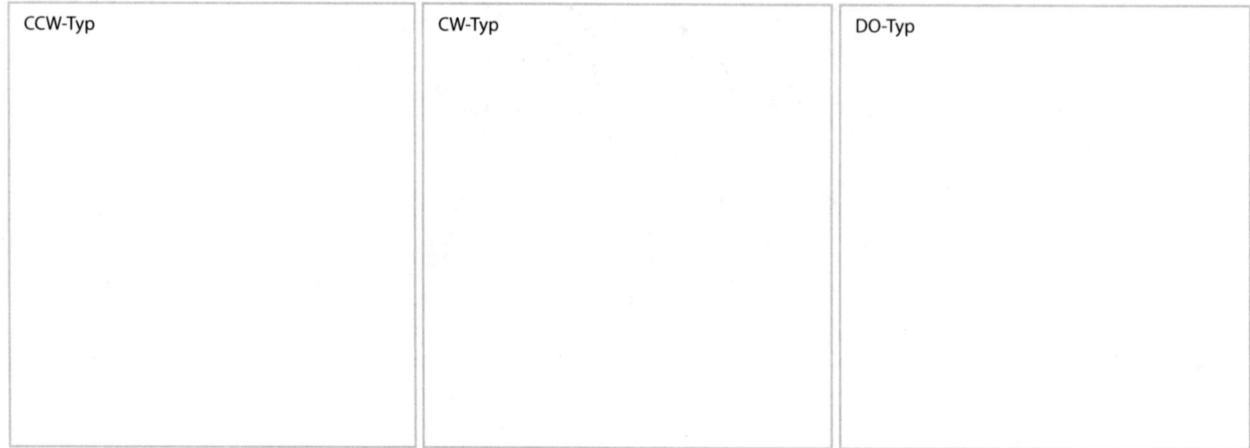

Nach Boenigk (Hrsg.), Boenigk Biologie, © Springer-Verlag GmbH Deutschland, ein Teil von Springer Nature 2021

255) Kinetoplast. Zeichnen Sie eine Schemazeichnung des Kinetoplasten. Deuten Sie dabei dessen Lage in Relation zum Mitochondrium und zur Geißelbasis sowie dessen Verankerung an. Beschriften Sie ihre Zeichnung.

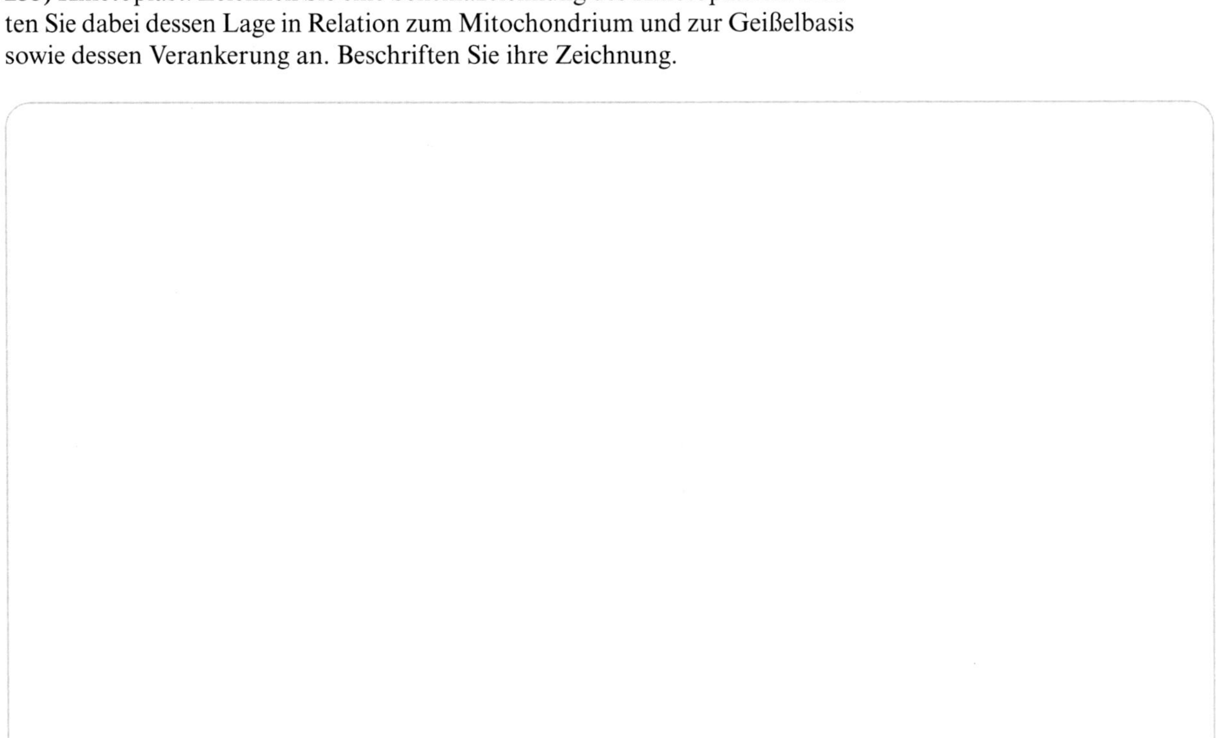

256) Trypanosomatida. Kolorieren Sie die Schemazeichnung der Trypanosomatida: Kinetoplast (gelb), Mitochondrien (Intermembranraum: hellrot, Matrix: dunkelrot), Geißel (dunkelgrün), undulierende Membran (hellgrün), Zellkern (lila).

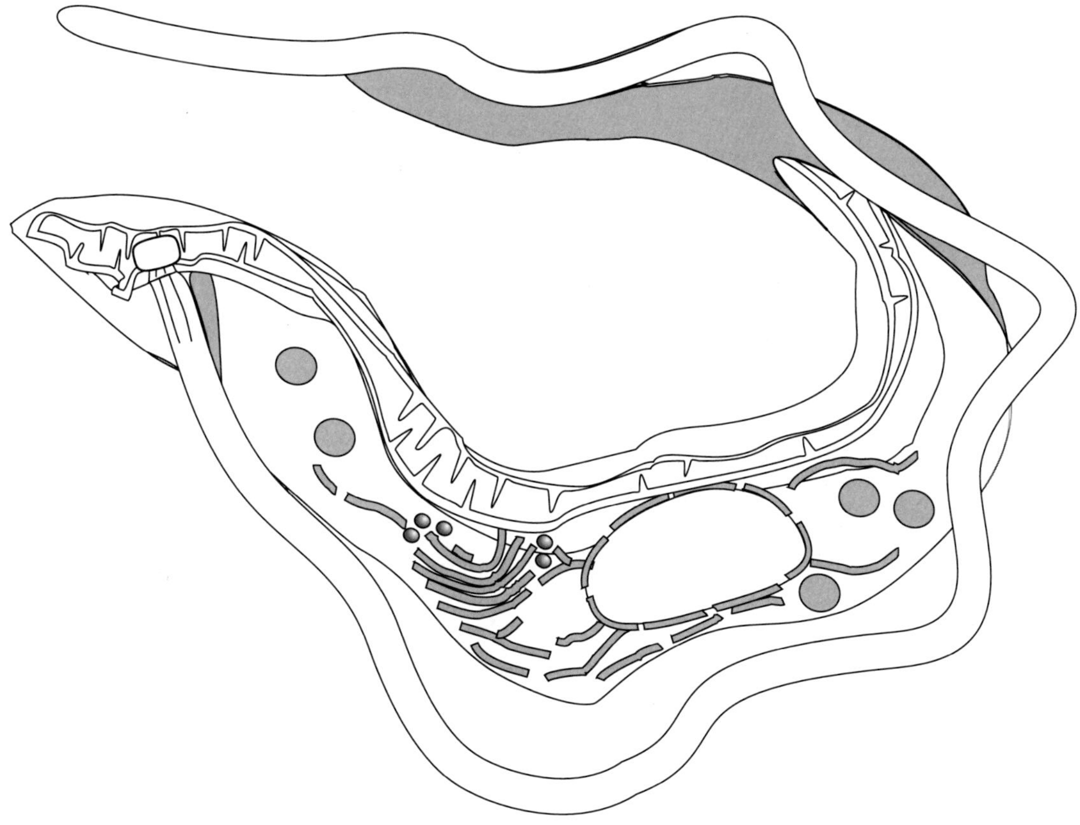

Nach Boenigk (Hrsg.), Boenigk Biologie, © Springer-Verlag GmbH Deutschland, ein Teil von Springer Nature 2021

257) Phylogenie von Algen und ihren Plastiden. Zeichnen Sie die Verwandtschaftsverhältnisse (Kladogramm) der Organismen (oben) und ihrer Plastiden (unten).

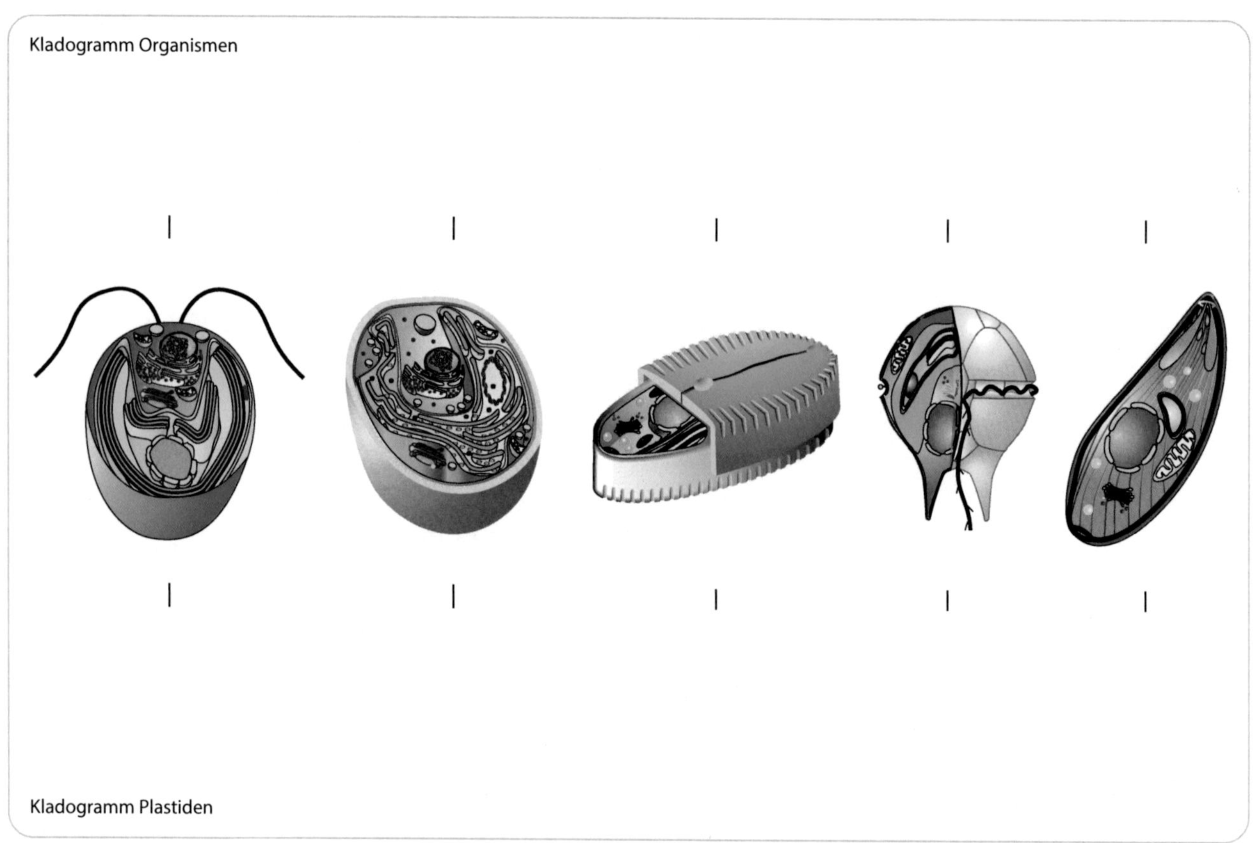

258) Stramenopiles. Vervollständigen Sie die Schemazeichnung einer Goldalge.

Nach Boenigk (Hrsg.), Boenigk Biologie, © Springer-Verlag GmbH Deutschland, ein Teil von Springer Nature 2021

259) Alveolata. Vervollständigen Sie die Schemazeichnung eines Dinoflagellaten.

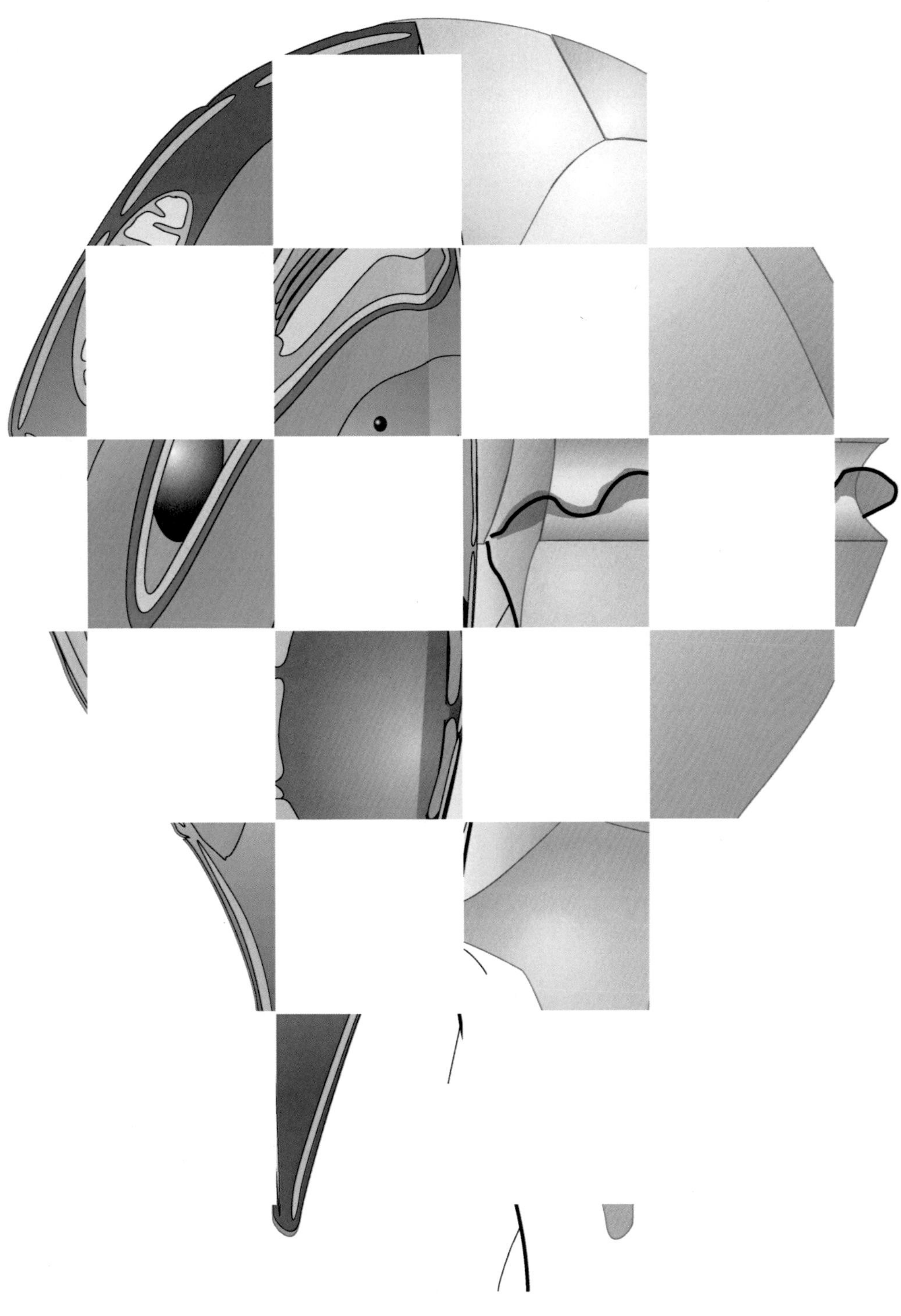

Nach Boenigk (Hrsg.), Boenigk Biologie, © Springer-Verlag GmbH Deutschland, ein Teil von Springer Nature 2021

260) Apicomplexa. Kolorieren Sie die Schemazeichnung der Apicomplexa: Dictyosom (orange), Mitochondrien (Intermembranraum: hellrot, Matrix: dunkelrot), Zellkern (Kernlumen: dunkellila, perinucleärer Raum: hellila), Rhoptrien (dunkelgelb), Mikronemen (hellgelb), Conoid (dunkelblau), innerer Membrankomplex (hellblau), Apicoplast (Lumen: dunkelgrün, Intermembranräume: hellgrün), Mikrotubuli (dunkelblau), Vesikel (grau).

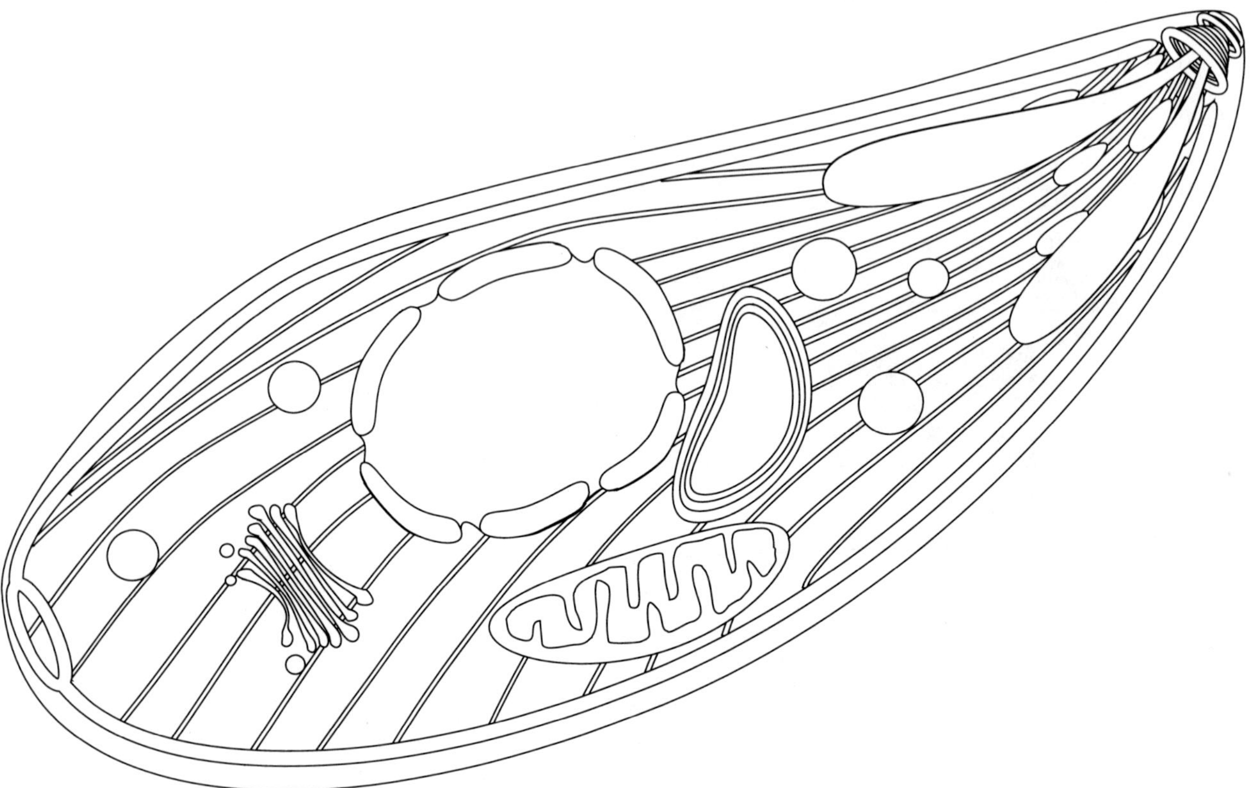

261) Cortex der Ciliaten. Setzen Sie die Struktur bis zum Rand der Begrenzungslinie fort und kolorieren Sie entsprechend der Vorgabe.

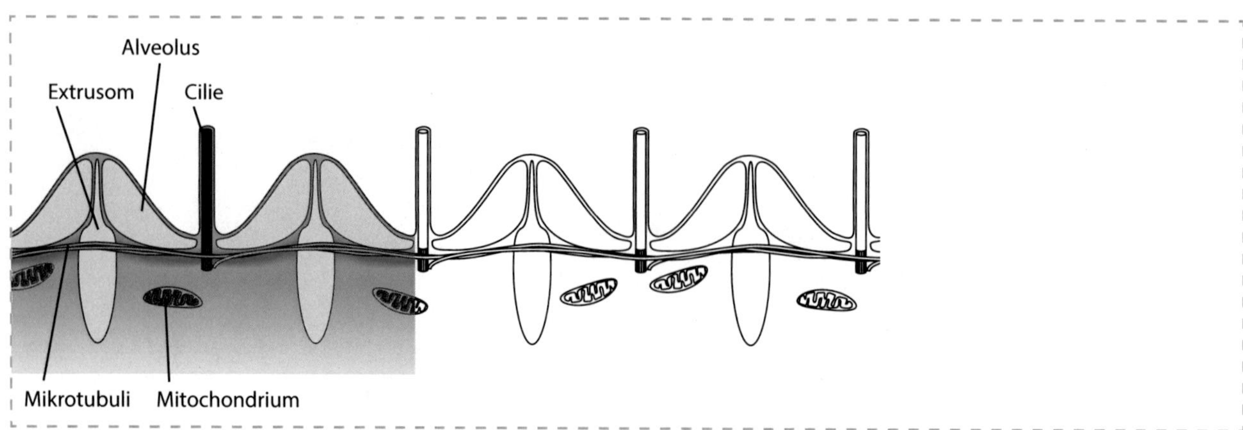

Nach Boenigk (Hrsg.), Boenigk Biologie, © Springer-Verlag GmbH Deutschland, ein Teil von Springer Nature 2021

262) Eukaryotische Geißel. Zeichnen und beschriften Sie einen Querschnitt durch eine eukaryotische Geißel und durch ein Haptonema. Aus der Zeichnung sollte, soweit relevant, die Anordnung von Mikrotubuli, Doppeltubuli sowie des ER und der Zellmembran hervorgehen.

Nach Boenigk (Hrsg.), Boenigk Biologie, © Springer-Verlag GmbH Deutschland, ein Teil von Springer Nature 2021

263) Cryptophyta. Kolorieren Sie die Schemazeichnung der Cryptophyta: Chloroplast-endoplasmatisches Reticulum (CER) (außen: hellblau, innen dunkelblau), Thylakoide (außen: hellgelb, innen: dunkelgelb), Zellkern und Nucleomorph (innen: dunkellila, außen: hellblau, Intermembranraum: dunkelblau), MitochondriCen (außen: hellrot, innen: rot) Plastidlumen (dunkelgrün), Zwischenräume der Plastidmembranen (außen: grün; innen: hellgrün), Plasmalemma (innen: hellbraun, außen: dunkelbraun), Dictyosom (orange), Pyrenoid (helllila), Stärkekörner (grau), Vesikel (innen: dunkelgelb, außen: hellgelb).

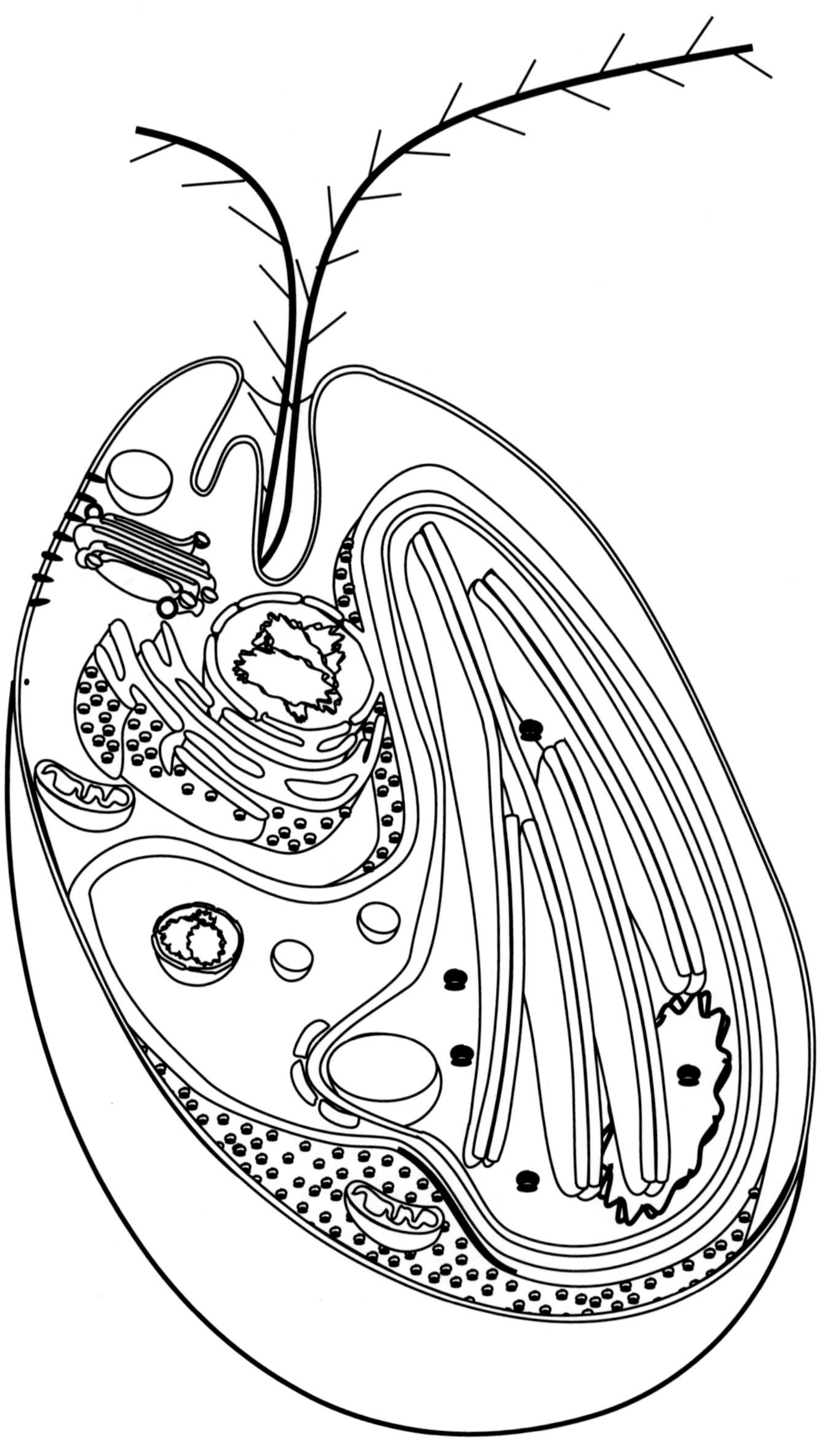

Nach Boenigk (Hrsg.), Boenigk Biologie, © Springer-Verlag GmbH Deutschland, ein Teil von Springer Nature 2021

264) Gesellschaftszusammensetzung von Bakterien in verschiedenen Habitaten. Dargestellt sind die relativen Häufigkeiten verschiedener Bakterientaxa in verschiedenen Ökosystemen. Einige Taxa sind vorgegeben (eingefärbt). Kolorieren Sie die verbleibenden Teile entsprechend der Legende.

Legende:

Alphaproteobacteria (hellrot)
Betaproteobacteria (dunkelrot)
Gammaproteobacteria (hellorange)
Deltaproteobacteria (dunkelorange)
Bacteroidetes (hellblau)
Firmicutes (dunkelblau)
Actinobacteria (hellgrün)
Acidobacteria (dunkelgrün)
Gemmatimonadetes (hellgelb)
Cyanobacteria (gelb)
Verrucomicrobia (helllila)
Planctomycetes (dunkellila)
andere Phyla (schwarz)

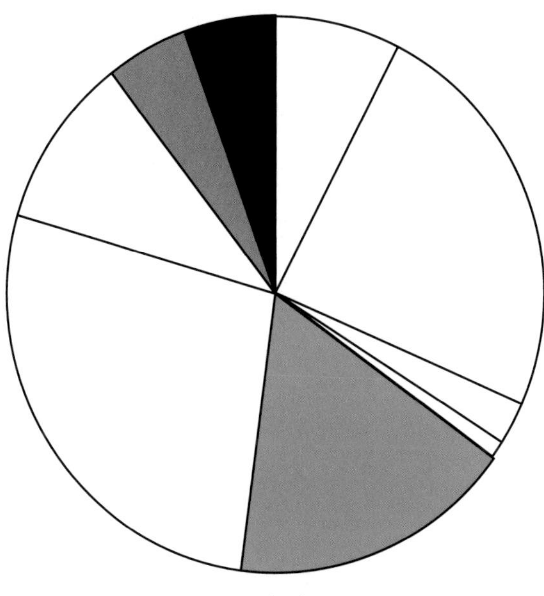

See, Plankton

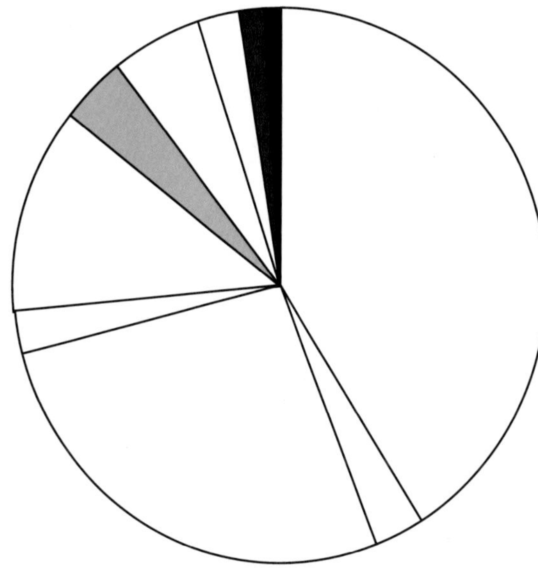

Ozean, Plankton

Boden (A-Horizont)

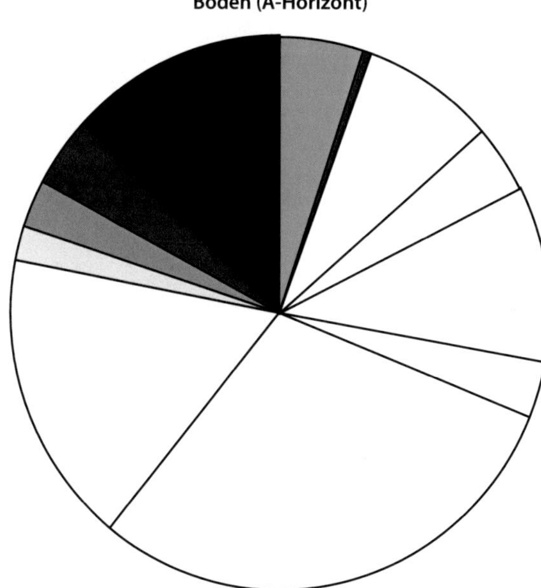

Darm, Mensch

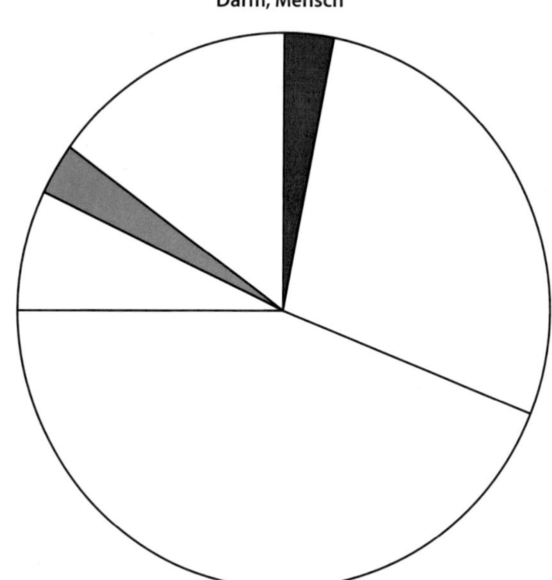

Nach Boenigk (Hrsg.), Boenigk Biologie, © Springer-Verlag GmbH Deutschland, ein Teil von Springer Nature 2021

265) Zellwand der Firmicutes. Ordnen Sie den verschiedenen Großgruppen der Firmicutes den Zellwandaufbau und die Bildung von Endosporen zu. Kolorieren Sie dafür die Hintergründe im phylogenetischen Baum entsprechend der dargestellten Zelltypen.

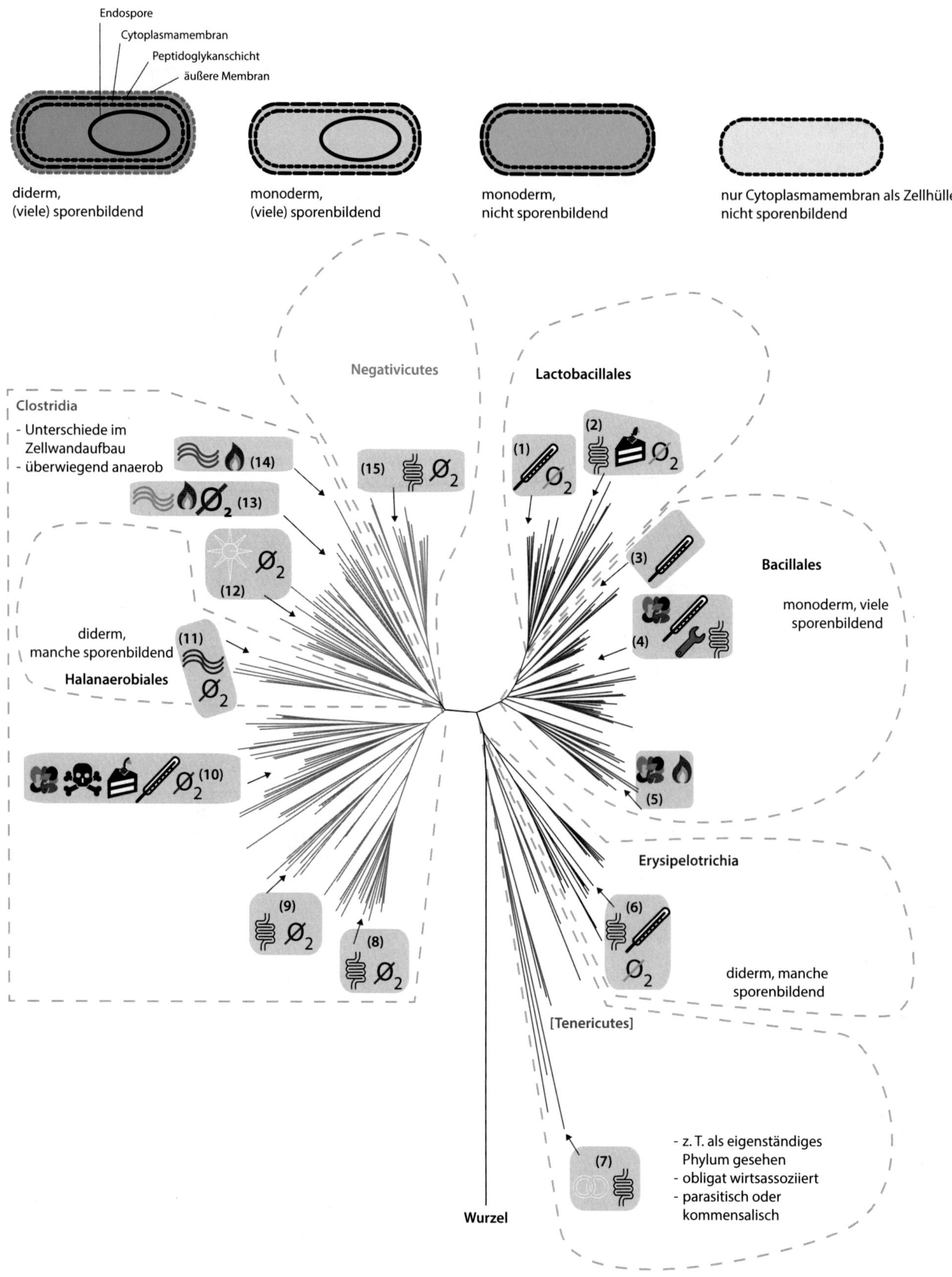

Nach Boenigk (Hrsg.), Boenigk Biologie, © Springer-Verlag GmbH Deutschland, ein Teil von Springer Nature 2021

Ökologie

© Der/die Herausgeber bzw. der/die Autor(en),
exklusiv lizenziert an Springer-Verlag GmbH, DE, ein Teil von Springer Nature 2022
J. Boenigk, *Boenigk, Biologie – Malbuch*, https://doi.org/10.1007/978-3-662-65463-7_6

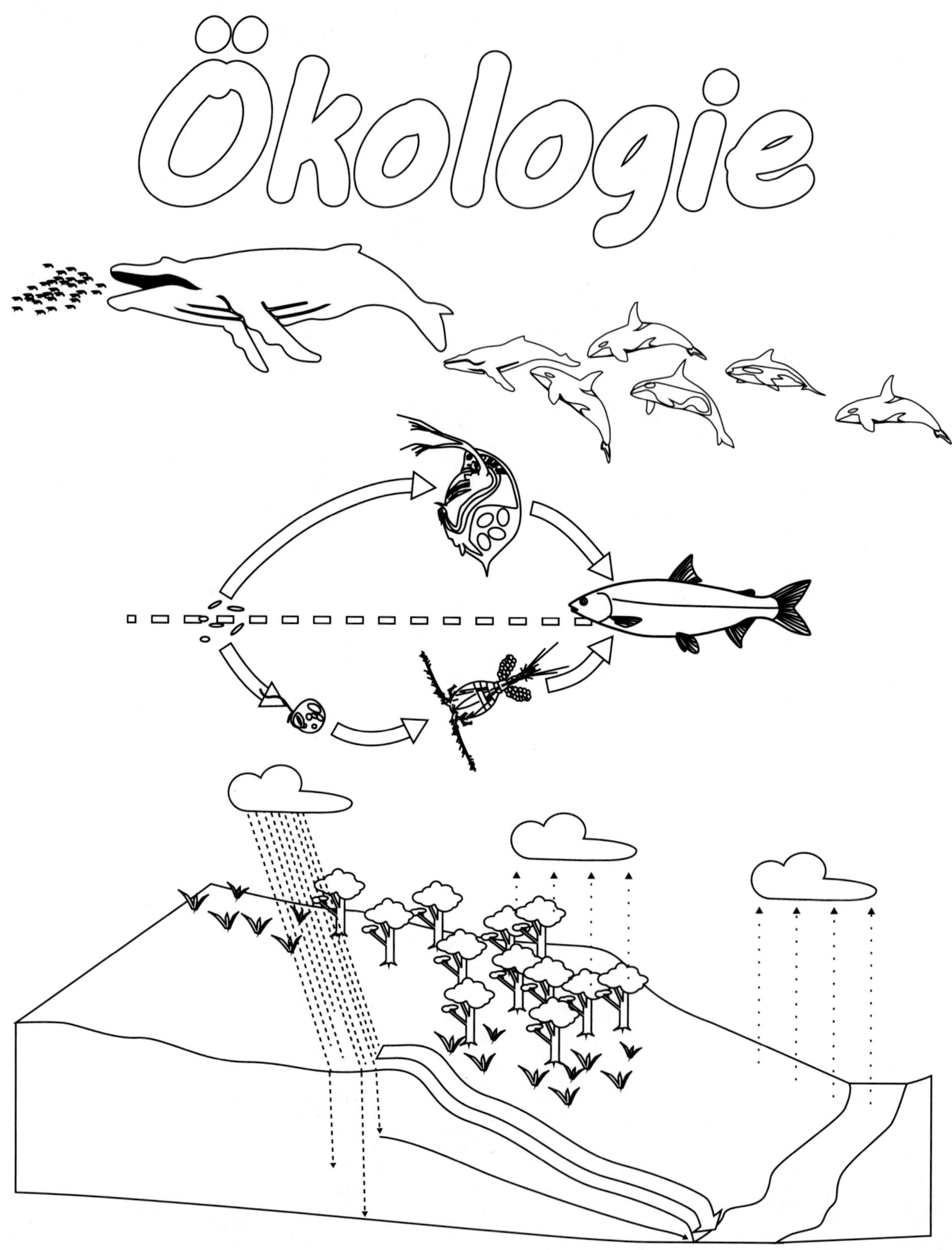

Nach Boenigk (Hrsg.), Boenigk Biologie, © Springer-Verlag GmbH Deutschland, ein Teil von Springer Nature 2021

266) Bio-Mandala: Malen zum Entspannen.

Nach Boenigk (Hrsg.), Boenigk Biologie, © Springer-Verlag GmbH Deutschland, ein Teil von Springer Nature 2021

267) Ordnen Sie den kumulativen Anteil ausgestorbener Arten (Diagramme links) den richtigen Organismengruppen durch Kolorieren der Taxa (Fische, Amphibien, Reptilien, Vögel, Säugetiere) zu.

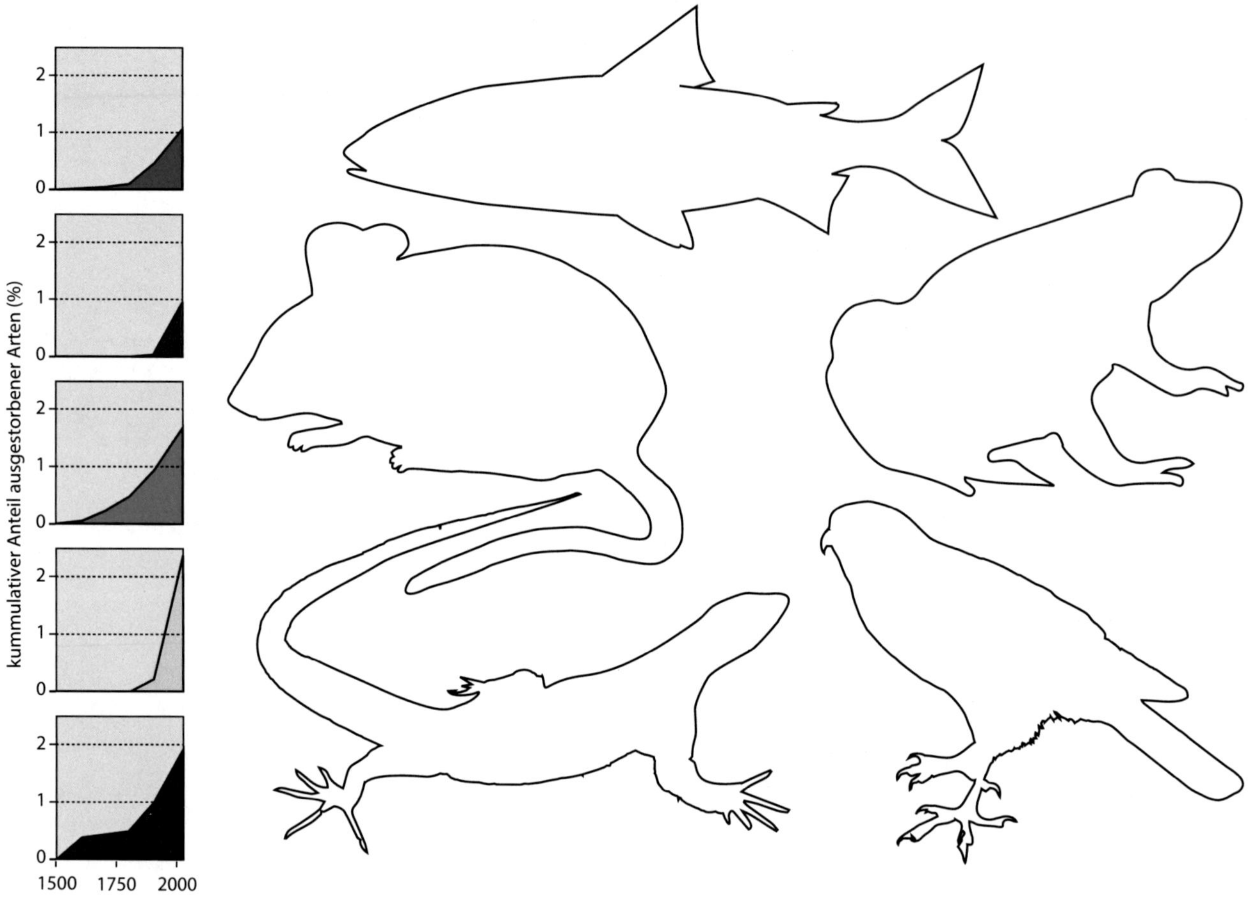

kummulativer Anteil ausgestorbener Arten (%)

1500 1750 2000

268) Ökologische Nische. Kolorieren Sie Präferendum (grün), Pessimum (rot) und Toleranzbereich (blau).

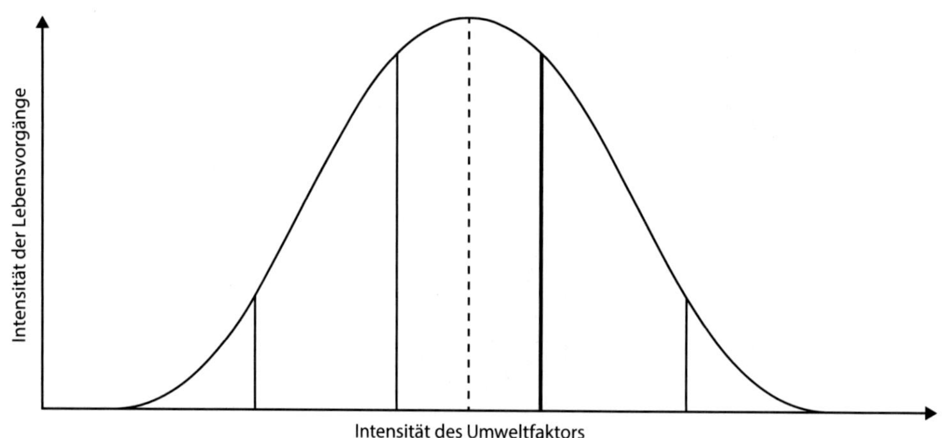

Nach Boenigk (Hrsg.), Boenigk Biologie, © Springer-Verlag GmbH Deutschland, ein Teil von Springer Nature 2021

269) Diversitätsindizes. Kolorieren Sie Habitate mit gleicher Diversität (entsprechend der Definitionen gängiger Diversitätsindizes wie z. B. des Shannon-Index) jeweils in der gleichen Farbe. Nutzen Sie dabei die folgenden Farben (aufsteigend von geringer zu hoher Diversität): gelb, orange, rot, blau, grün.

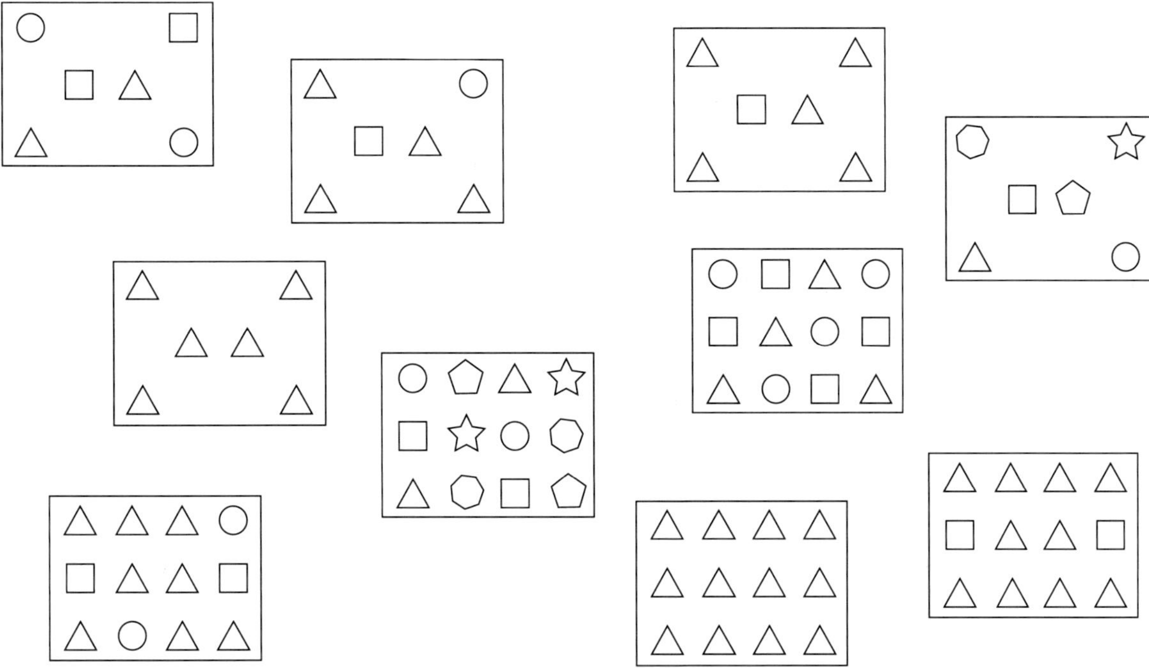

270) Altersstruktur von Populationen. Kolorieren Sie die Bevölkerungspyramiden (Stand 2018 bzw. 2016) wie folgt: Welt gesamt (grün), USA (blau), Ägypten (gelb), Deutschland (rot).

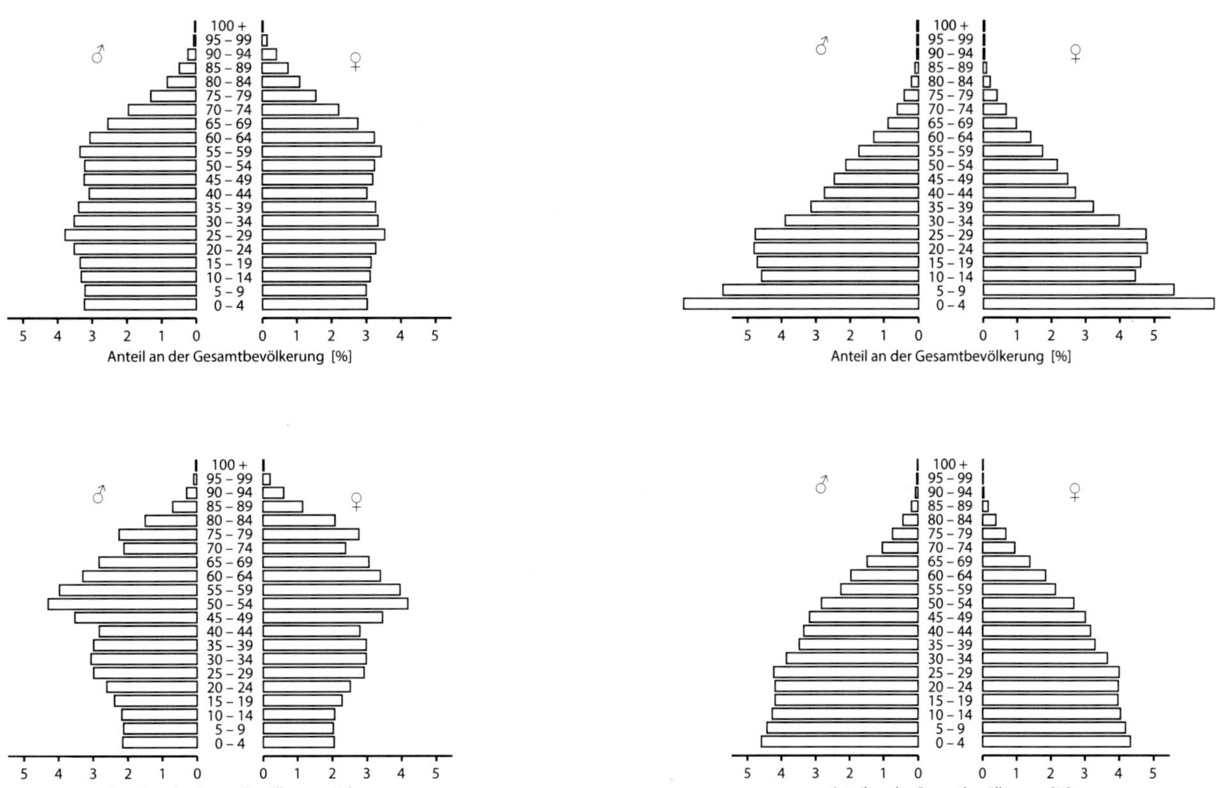

Nach Boenigk (Hrsg.), Boenigk Biologie, © Springer-Verlag GmbH Deutschland, ein Teil von Springer Nature 2021

271) Bio-Mandala: Malen zum Entspannen.

Nach Boenigk (Hrsg.), Boenigk Biologie, © Springer-Verlag GmbH Deutschland, ein Teil von Springer Nature 2021

272) Inselbiogeografie. Gegeben sind die Einwanderungs- und Aussterberaten für kleine und/oder weit vom Festland entfernte Inseln. Zeichnen Sie die Einwanderungsrate (rot) und Aussterberate (blau) für eine große und/oder nahe zum Festland liegende Insel ein.

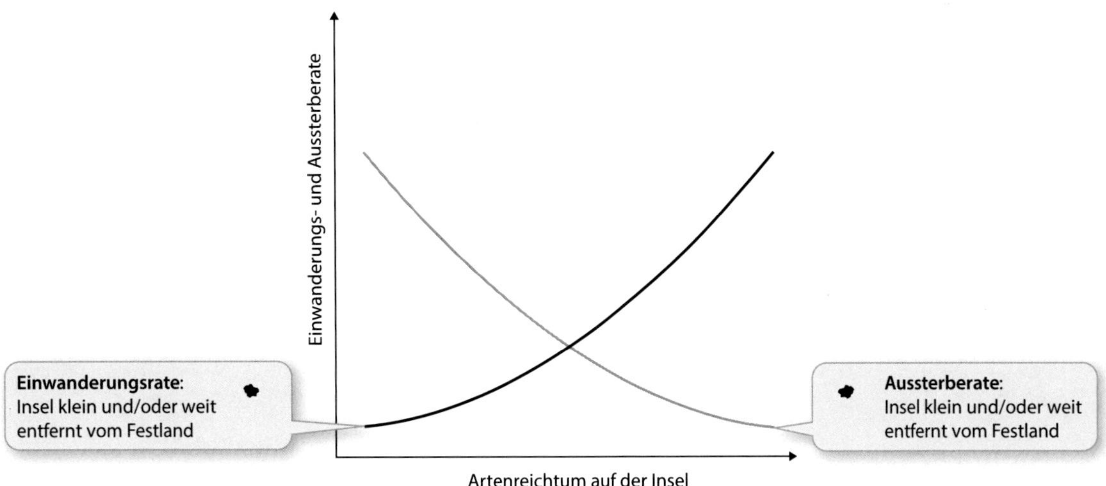

273) Funktionelle Antwort. Ordnen Sie durch Kolorieren die Graphen zu: funktionelle Antwort Typ I (blau), funktionelle Antwort Typ II (gelb), funktionelle Antwort Typ III (rot).

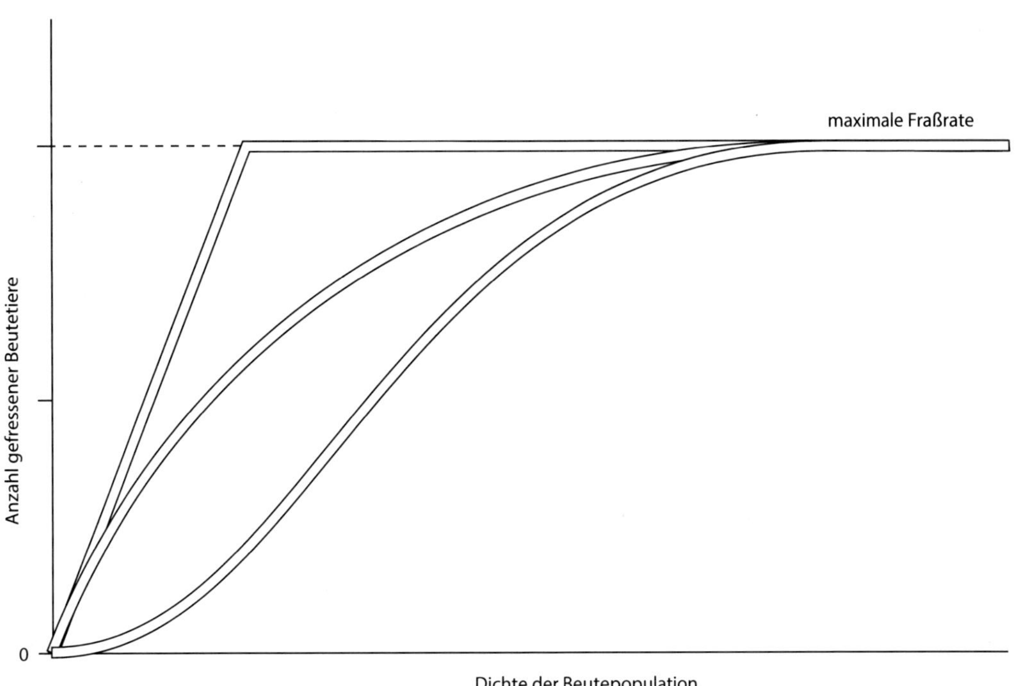

Nach Boenigk (Hrsg.), Boenigk Biologie, © Springer-Verlag GmbH Deutschland, ein Teil von Springer Nature 2021

274) Funktionelle Antwort. Zeichnen Sie die Kurve einer funktionellen Antwort Typ II für eine Halbsättigungskonstante von 10 Individuen Liter^{-1} und einer maximalen Fraßrate von 20 Individuen Stunde^{-1}.

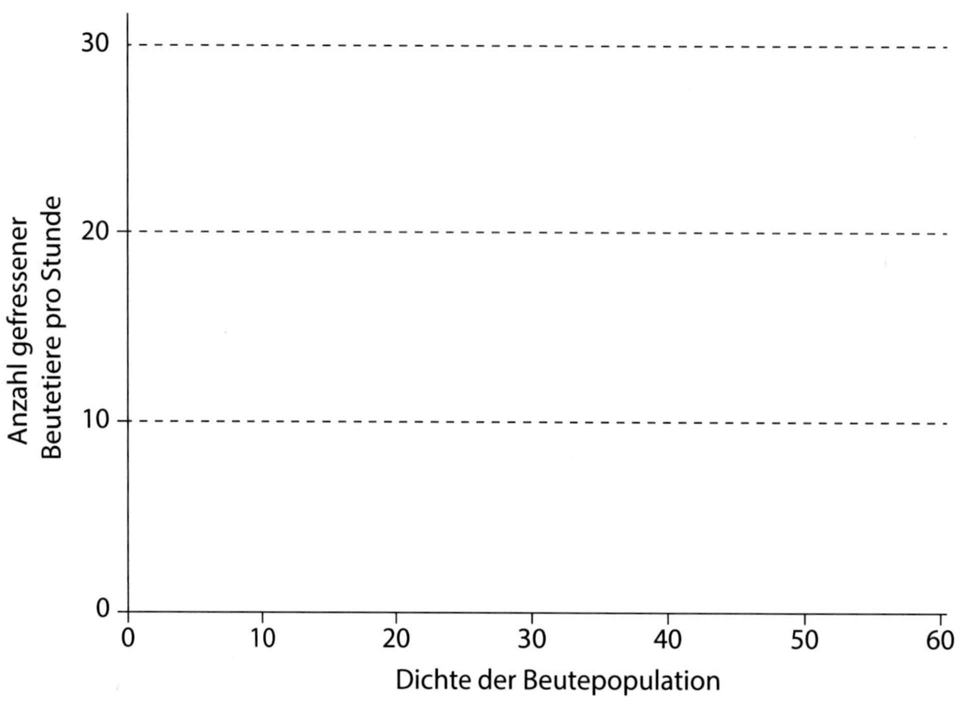

275) Funktionelle Antwort. Dargestellt sind die Zeitbudgets für Nahrungssuche und Nahrungsaufnahme. Kolorieren Sie die Budgets für die Nahrungssuche (rot) und leiten Sie daraus den Graphen der entsprechenden funktionellen Antwort ab (unterer Graph).

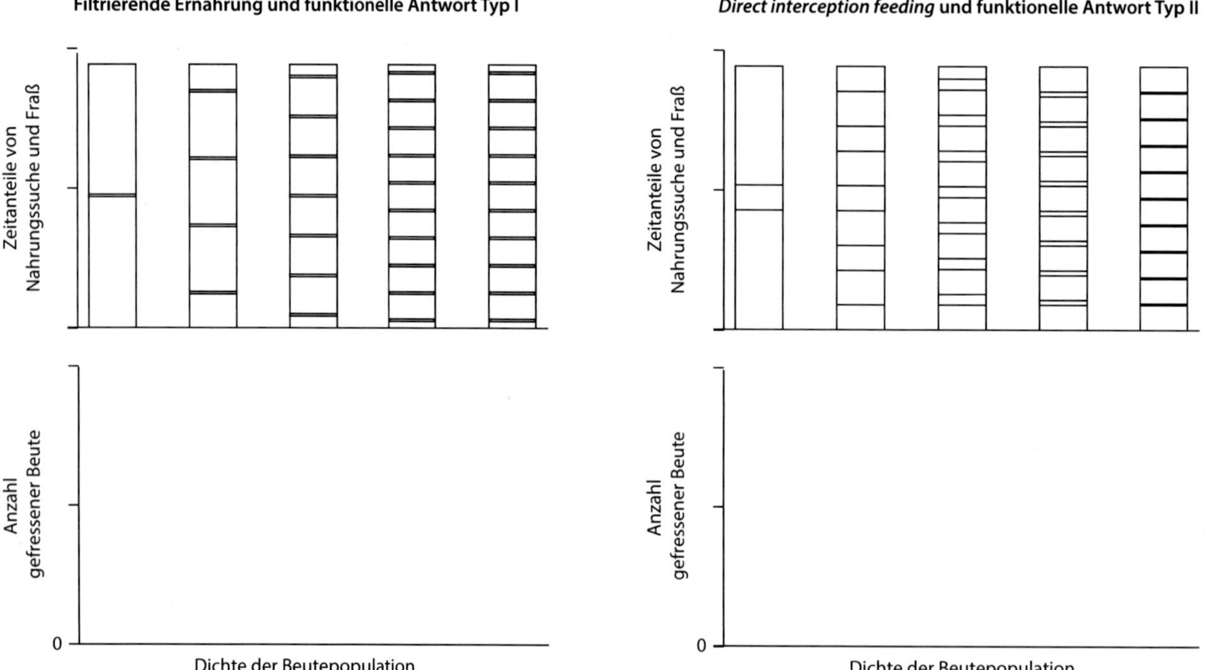

Nach Boenigk (Hrsg.), Boenigk Biologie, © Springer-Verlag GmbH Deutschland, ein Teil von Springer Nature 2021

276) Mägen der Wiederkäuer. Kolorieren Sie wie folgt: Labmagen (rot), Netzmagen (blau), Pansen (gelb), Blättermagen (grün).

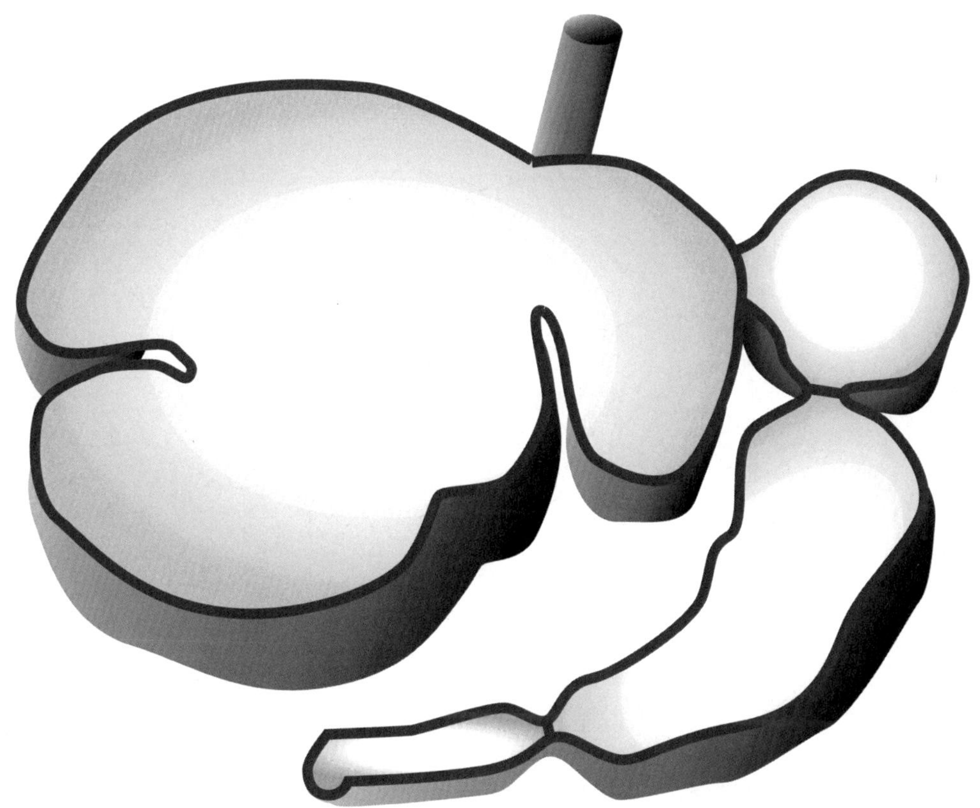

277) Termiten. Kolorieren Sie das Verbreitungsgebiet von Termiten rot.

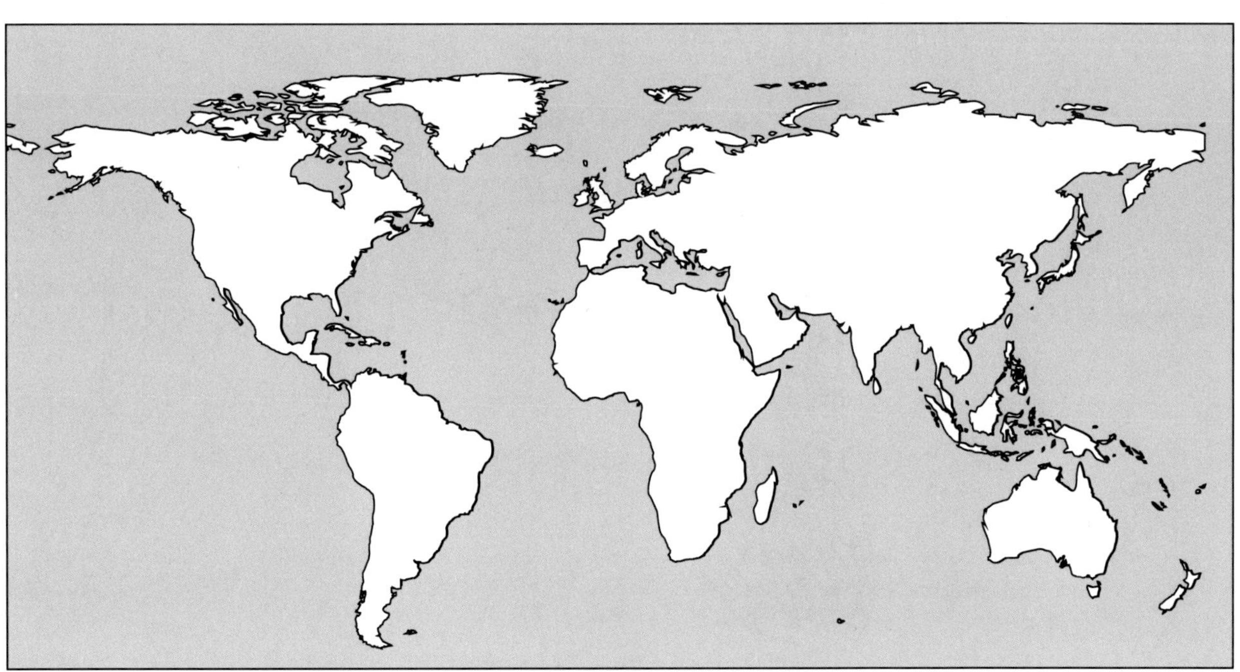

Nach Boenigk (Hrsg.), Boenigk Biologie, © Springer-Verlag GmbH Deutschland, ein Teil von Springer Nature 2021

278) Bio-Mandala: Malen zum Entspannen.

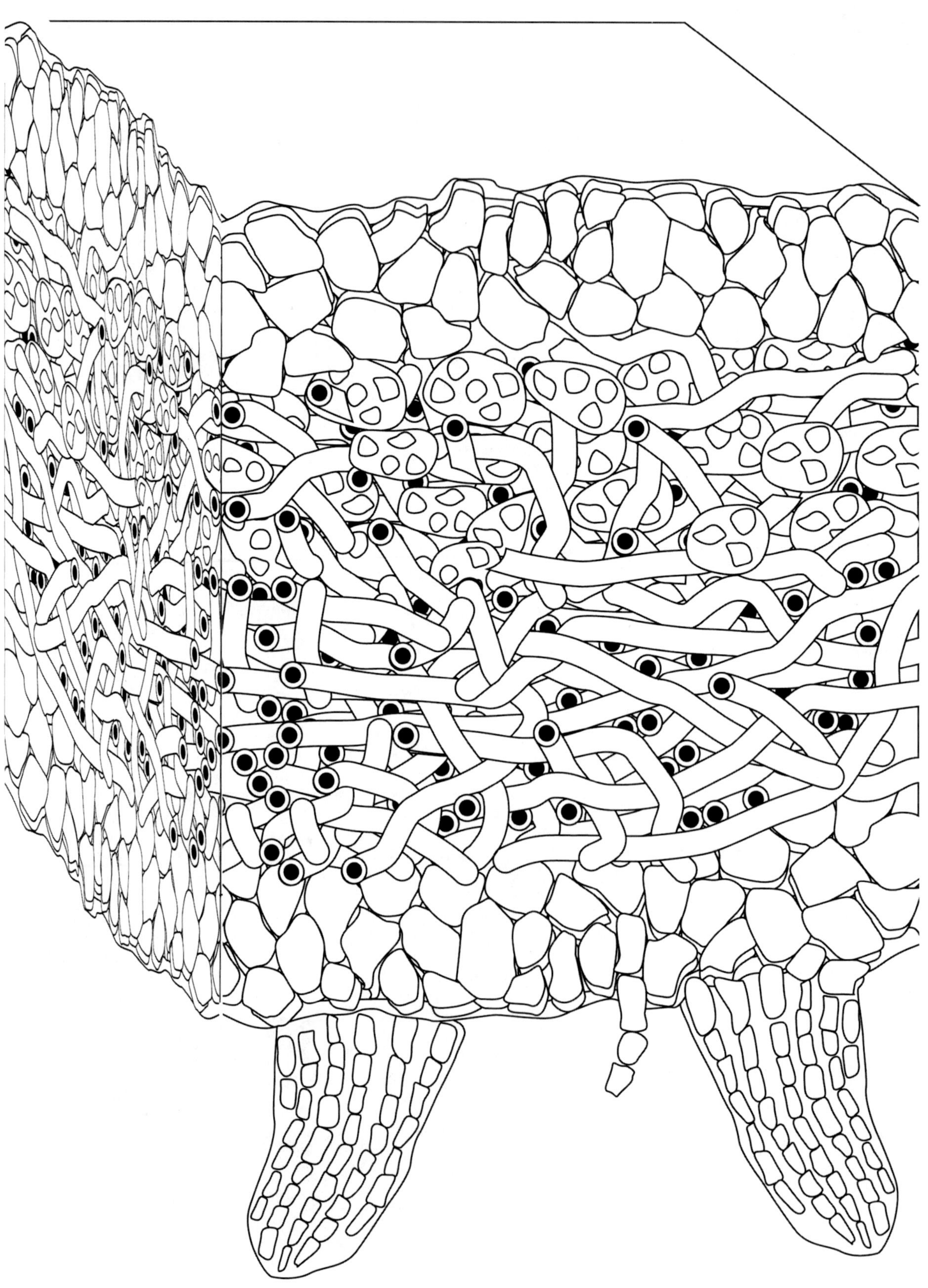

Nach Boenigk (Hrsg.), Boenigk Biologie, © Springer-Verlag GmbH Deutschland, ein Teil von Springer Nature 2021

279) Anteil verschiedener Habitate an der Nettoprimärproduktion. Kolorieren Sie im Diagramm den Anteil von Wäldern (grün), Grasländern (gelb) und Ozeanen (blau) – diese Habitattypen umfassen jeweils mehrere nebeneinanderliegende Segmente des Kreisdiagramms. Heben Sie durch Schraffur innerhalb dieser Habitattypen die Kreissegmente folgender Habitate hervor: Regenwald, Savanne, Kontinentalschelf.

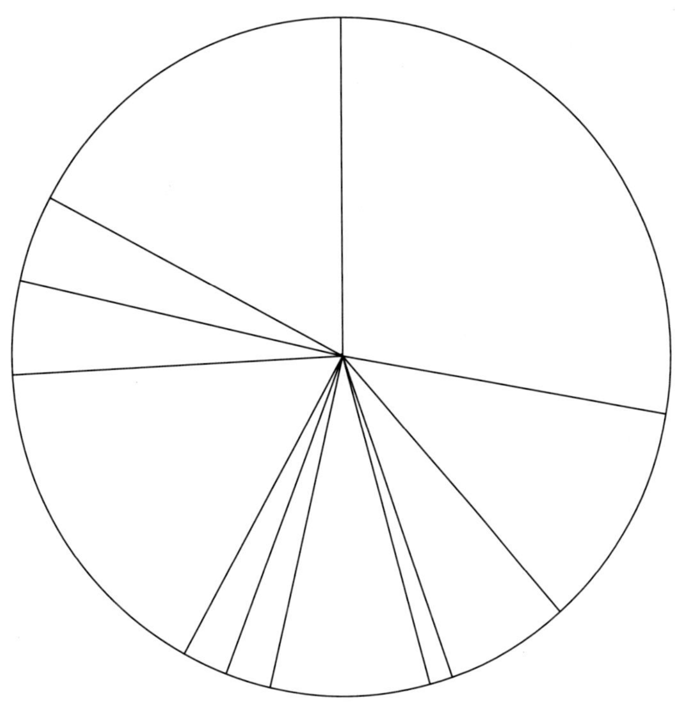

Nach Boenigk (Hrsg.), Boenigk Biologie, © Springer-Verlag GmbH Deutschland, ein Teil von Springer Nature 2021

280) Bio-Mandala: Malen zum Entspannen.

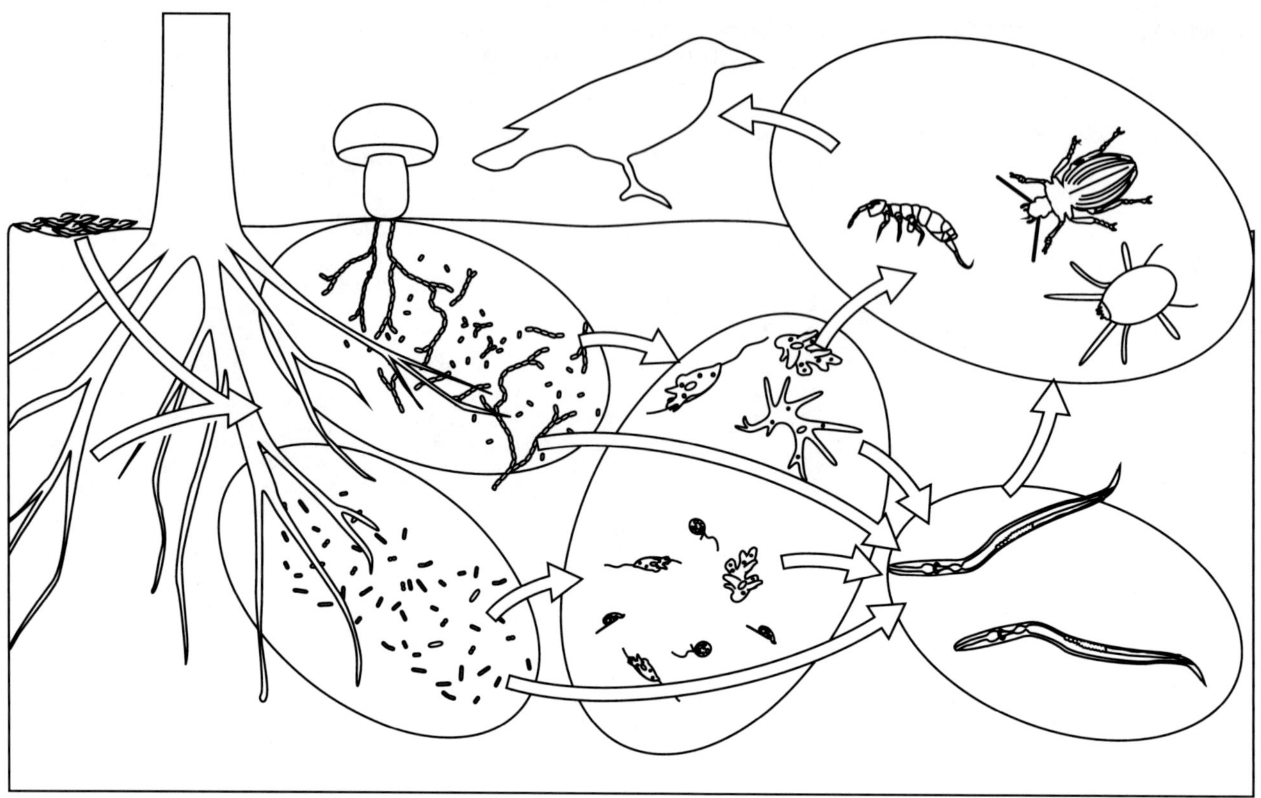

Nach Boenigk (Hrsg.), Boenigk Biologie, © Springer-Verlag GmbH Deutschland, ein Teil von Springer Nature 2021

281) Aquatisches Nahrungsnetz. Kolorieren Sie den Biomasseanteil folgender Organismengruppen im aquatischen Nahrungsnetz: Metazooplankton (hellrot), Rotifera (dunkelrot), Ciliophora (dunkelblau), heterotrophe Flagellaten (hellblau), Bacillariophyceae (dunkelgrün), anderes eukaryotisches Phytoplankton (hellgrün), prokaryotisches Phytoplankton (gelb), Proteobacteria (dunkellila), andere Bakterien (helllila), Fische (orange). Versehen Sie die Linien mit Pfeilspitzen (in Richtung des Nettokohlenstoffflusses).

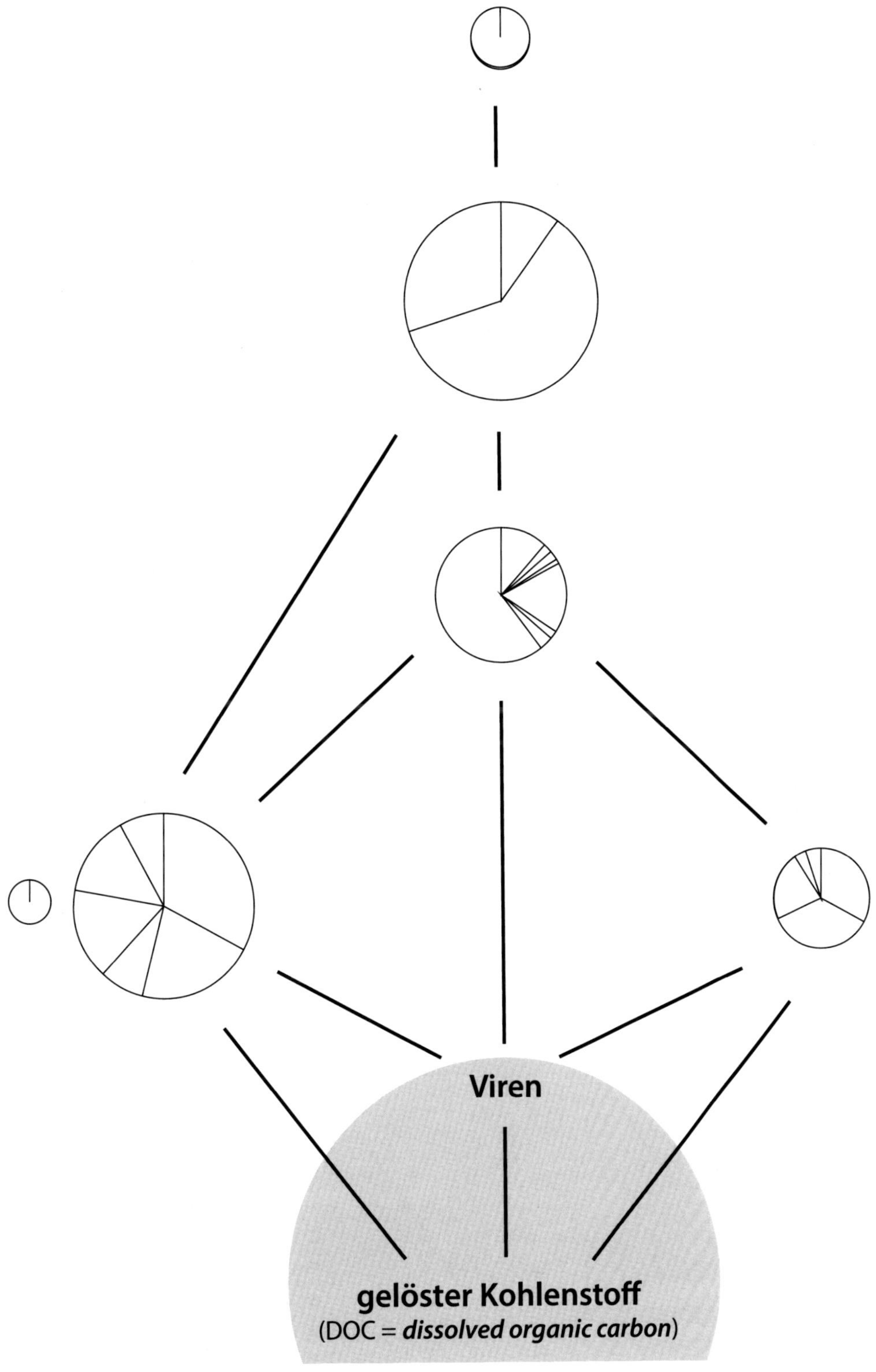

Nach Boenigk (Hrsg.), Boenigk Biologie, © Springer-Verlag GmbH Deutschland, ein Teil von Springer Nature 2021

282) Aerobe und anaerobe Atmung in Gewässersedimenten. Kolorieren Sie entsprechend der folgenden Vorgaben die Bedeutung verschiedener Stoffwechselwege in verschiedenen Tiefen eines aquatischen Sediments: Manganatmung (lila), Methanogenese (schwarz), Nitratatmung (grün), Eisenatmung (rot), aerobe Atmung (blau), Sulfatatmung (gelb).

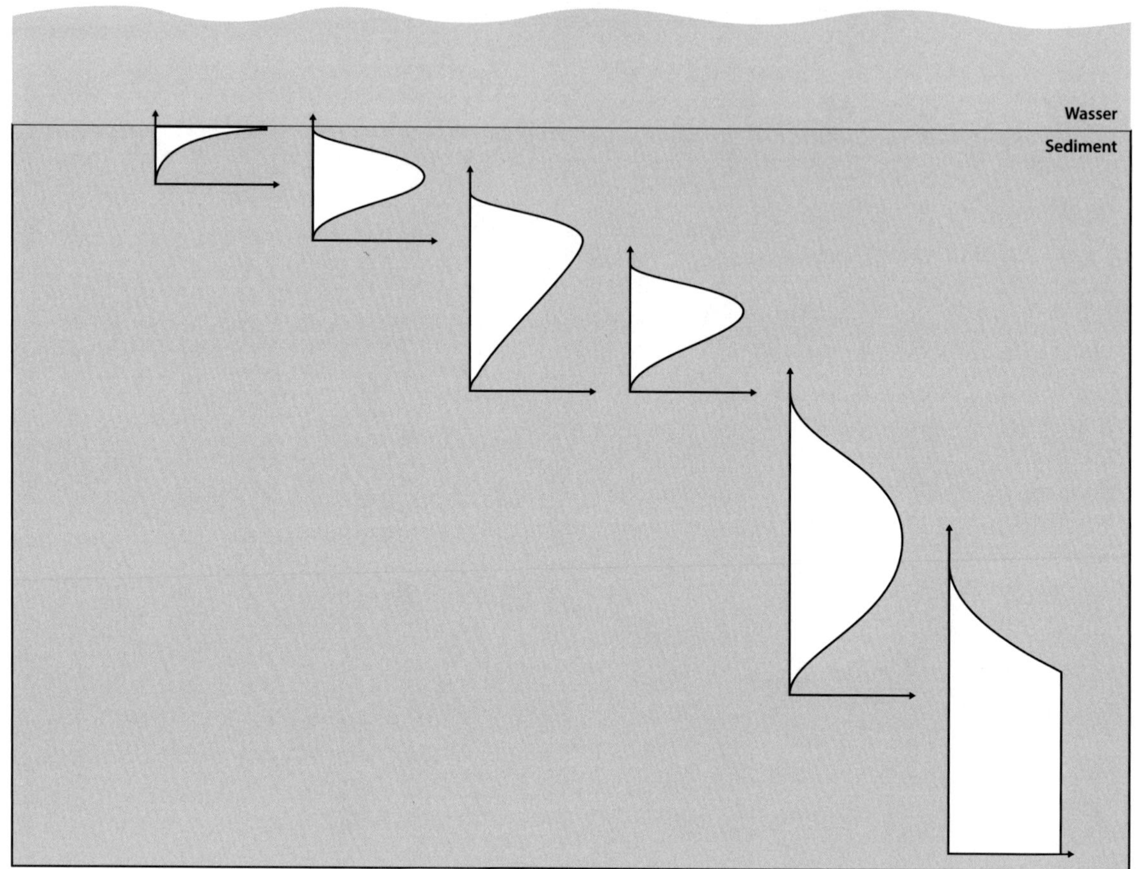

283) Tiefenzonierung aquatischer Sedimente. Stellen Sie die Bereiche aquatischer Sedimente, in denen Methanogenese (grau) bzw. Sulfatatmung (gelb) vorherrschen, den aeroben und suboxischen Bereichen (beide blau) gegenüber. Kolorieren Sie dafür die Hintergründe. Als Orientierung ist die Verfügbarkeit von Sulfat und niedermolekularer organischer Substanz für die Sedimente angegeben (linker Rand entspricht jeweils einem vollständigen Verbrauch bzw. der Nichtverfügbarkeit der Ressource).

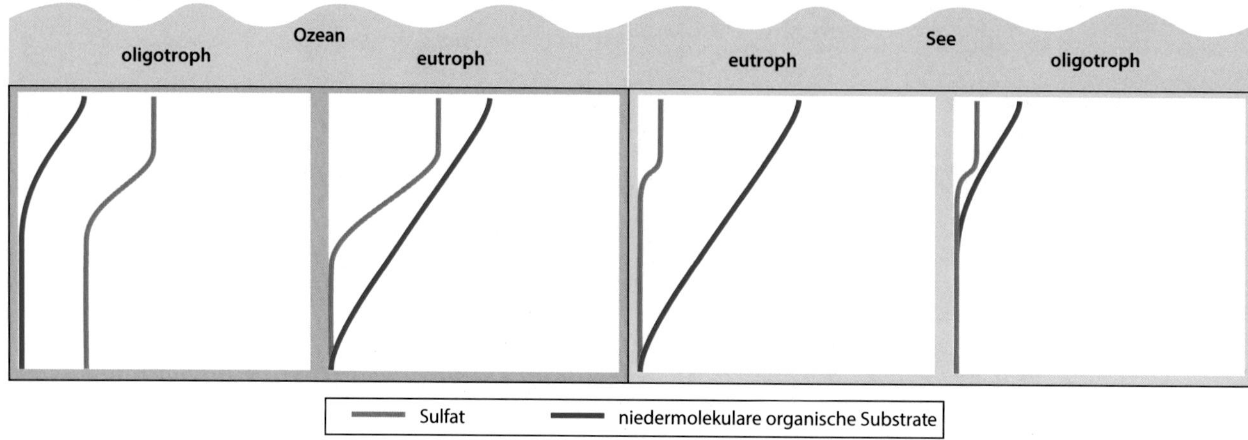

Nach Boenigk (Hrsg.), Boenigk Biologie, © Springer-Verlag GmbH Deutschland, ein Teil von Springer Nature 2021

284) Faunenreiche. Kolorieren Sie die Faunenreiche: Paläarktis (dunkelblau), Nearktis (hellblau), Neotropis (gelb), Äthiopis und Madagassis (rot), Orientalis und Wallacea (orange), Australis (grün), Antarktis (lila).

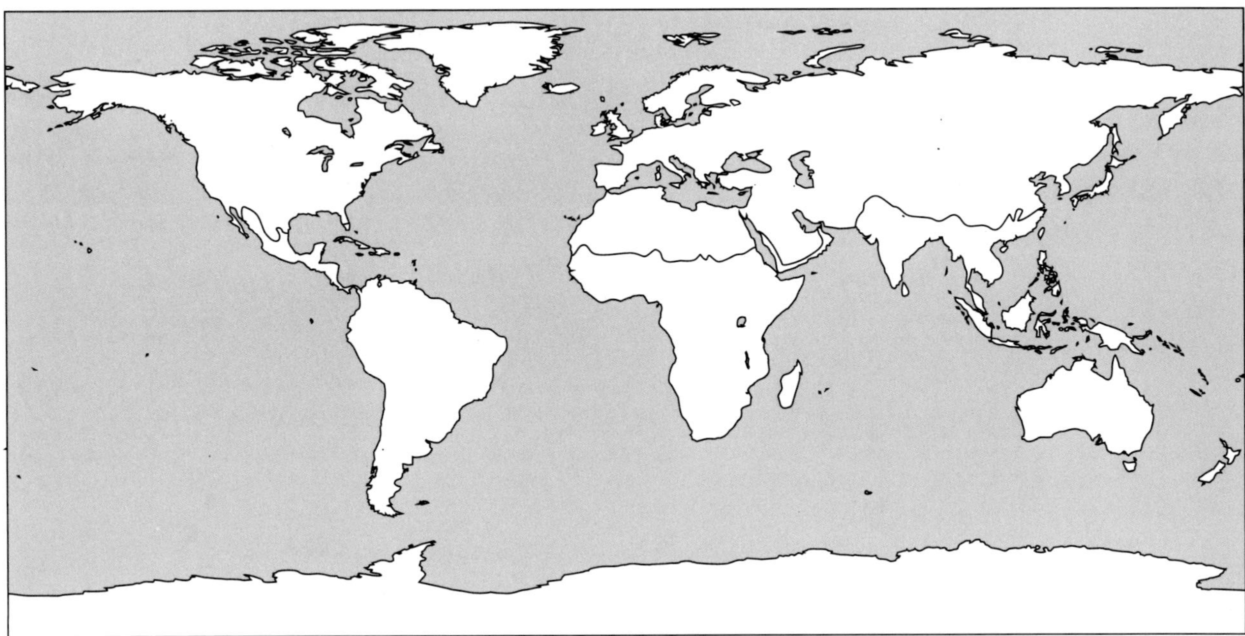

285) Florenreiche. Kolorieren Sie die Florenreiche: Holarktis (dunkelblau), Neotropis (gelb), Paläotropis (rot), Capensis (orange), Australis (grün), Antarktis (lila).

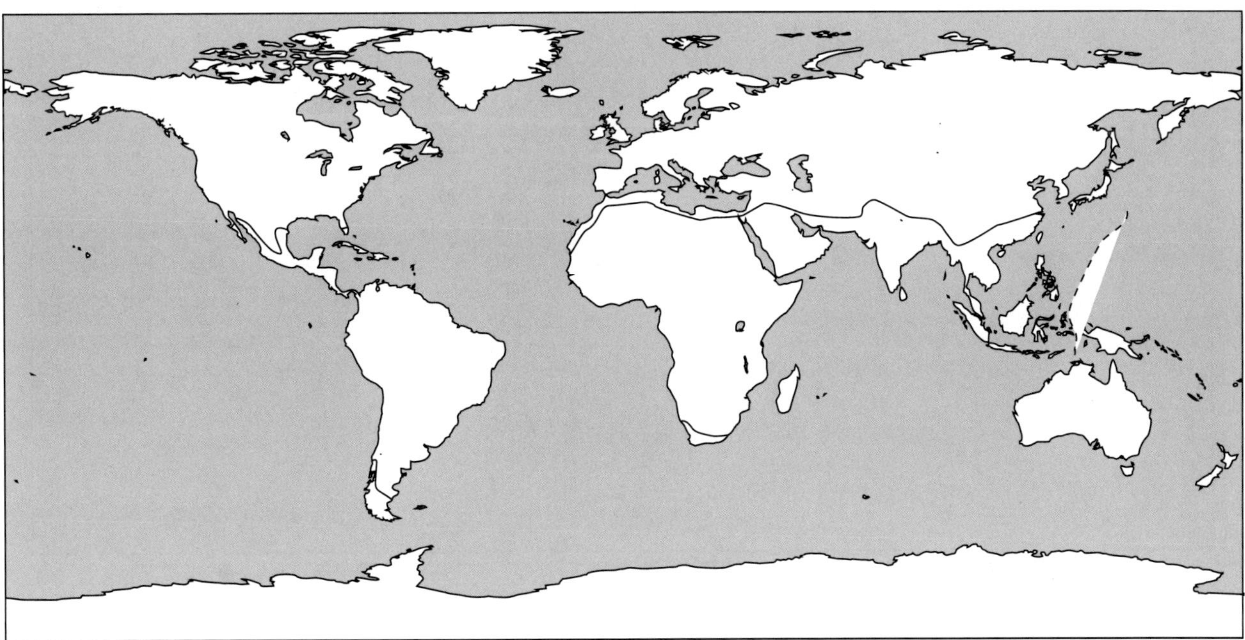

Nach Boenigk (Hrsg.), Boenigk Biologie, © Springer-Verlag GmbH Deutschland, ein Teil von Springer Nature 2021

286) Kolorieren Sie die Haupthabitattypen (Biome): tropischer und subtropischer Wald (grün), temperater Wald (blau), borealer Wald (lila), Grasländer (orange), Wüste (gelb), mediterranes Buschland (rot), Tundra (braun).

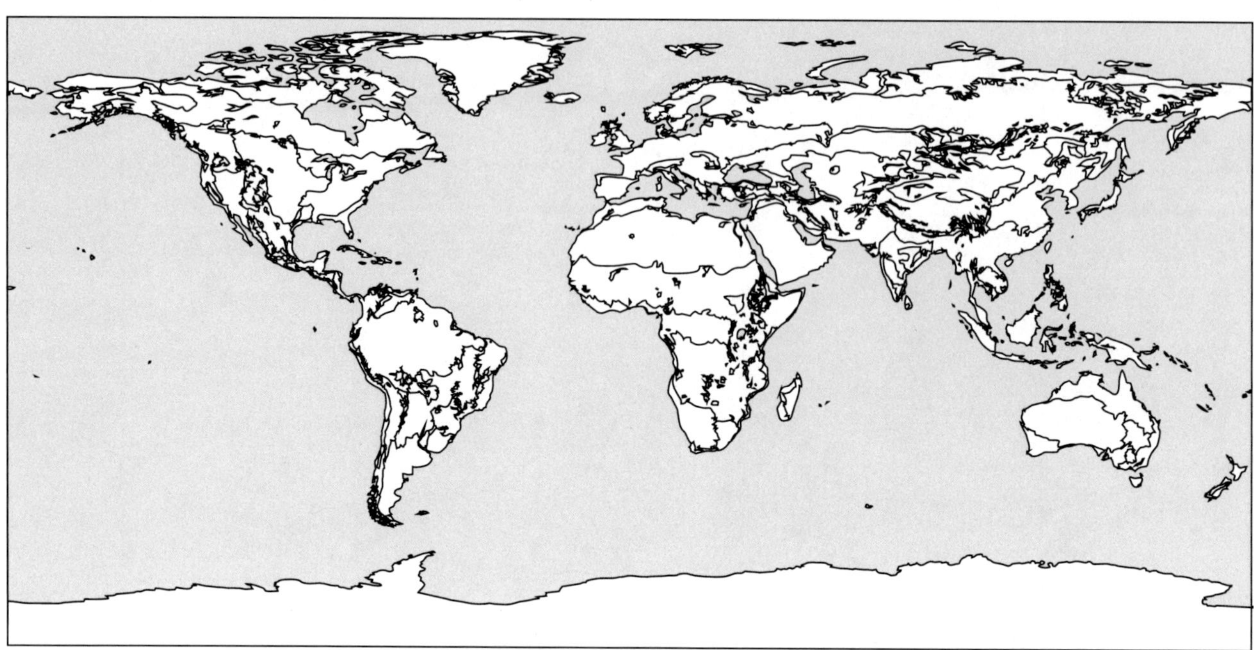

287) Klimazonen. Kolorieren Sie die Zeichnung entsprechend der Legende.

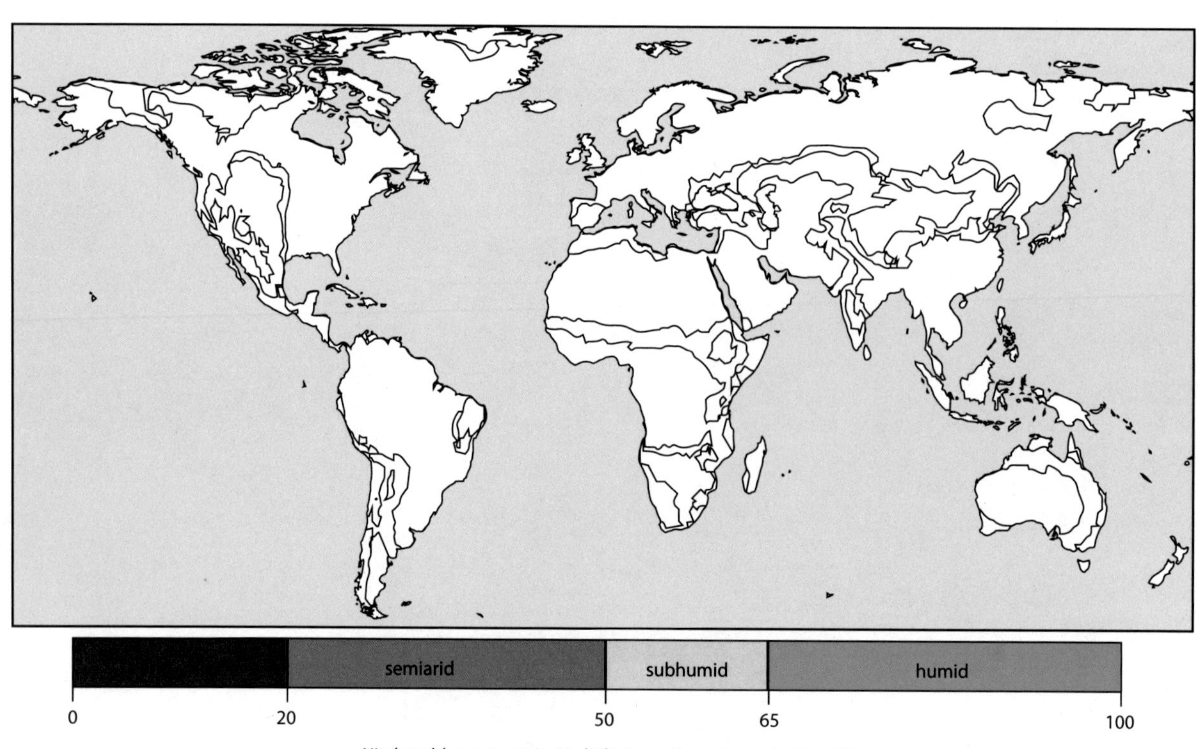

Nach Boenigk (Hrsg.), Boenigk Biologie, © Springer-Verlag GmbH Deutschland, ein Teil von Springer Nature 2021

288) Lebensformen bei Pflanzen der temperaten Klimazone. Kolorieren Sie die überdauernden Pflanzenteile blau, die nicht überdauernden Pflanzenteile gelb.

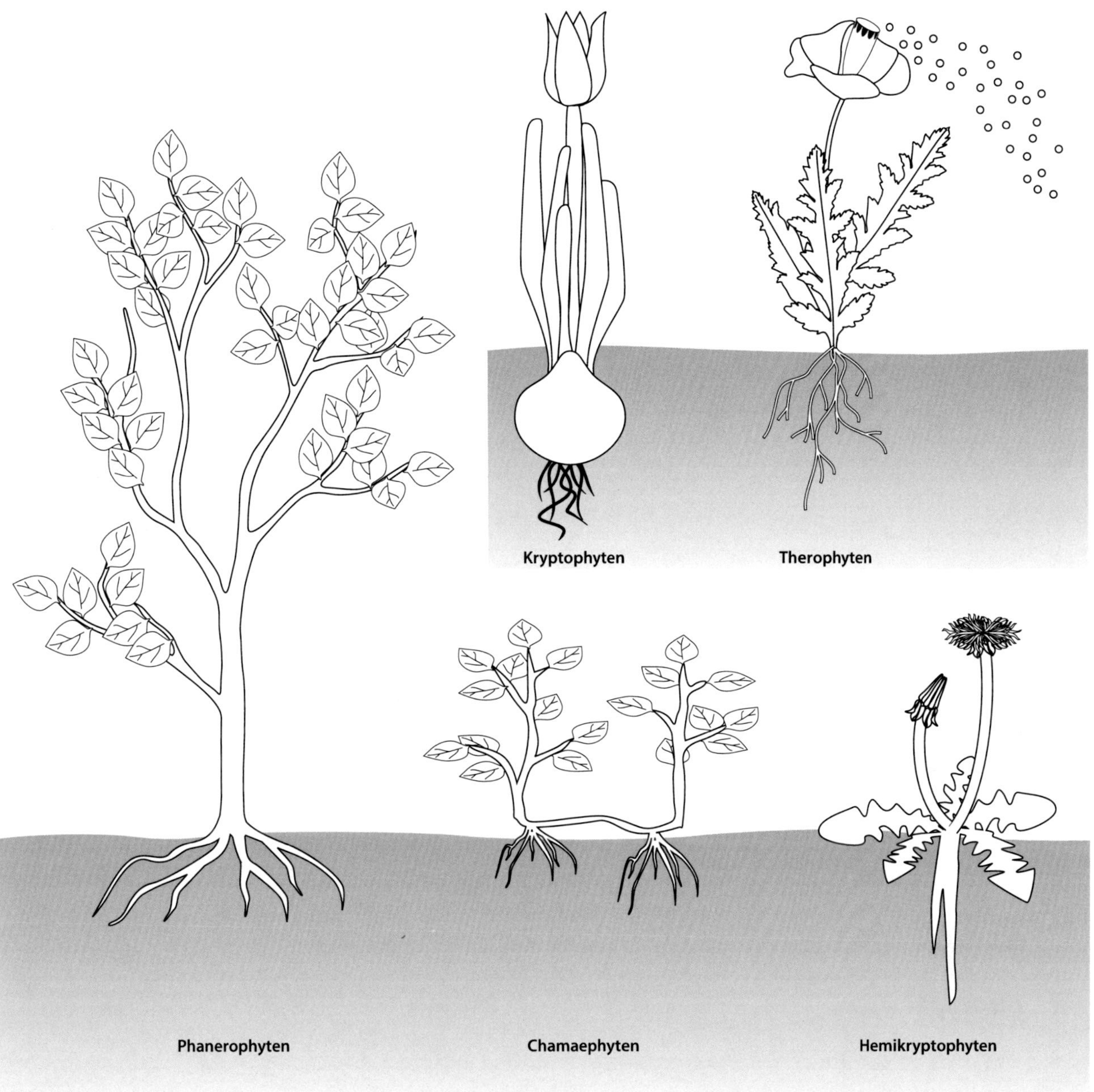

Nach Boenigk (Hrsg.), Boenigk Biologie, © Springer-Verlag GmbH Deutschland, ein Teil von Springer Nature 2021

289) Verbreitung der C_4-Photosynthese. Kolorieren Sie die Karte entsprechend des Anteils von C_4-Pflanzen an der Vegetation.

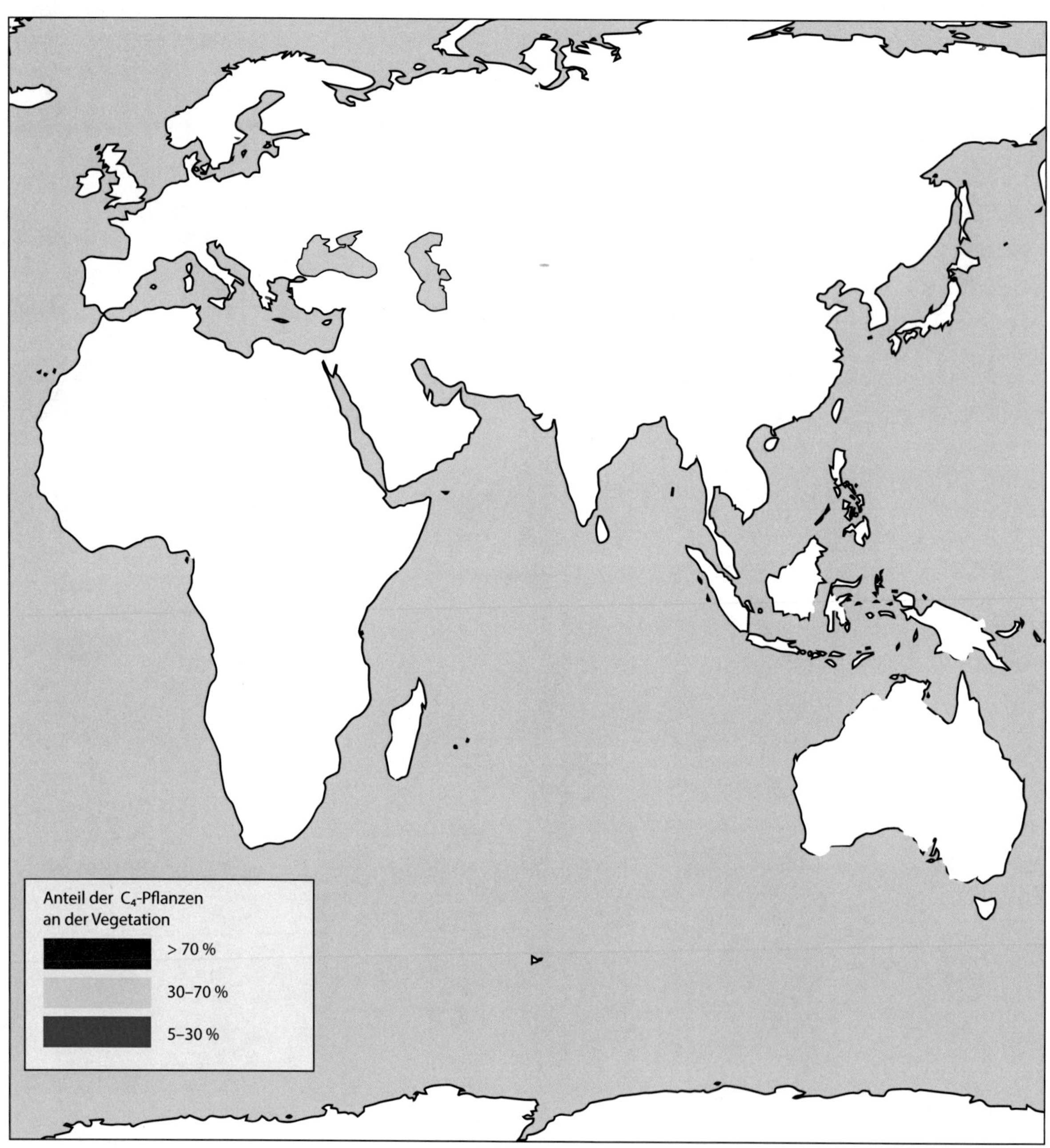

Nach Boenigk (Hrsg.), Boenigk Biologie, © Springer-Verlag GmbH Deutschland, ein Teil von Springer Nature 2021

290) Verbreitung der C_4-Photosynthese. Kolorieren Sie die Karte entsprechend des Anteils von C_4-Pflanzen an der Vegetation.

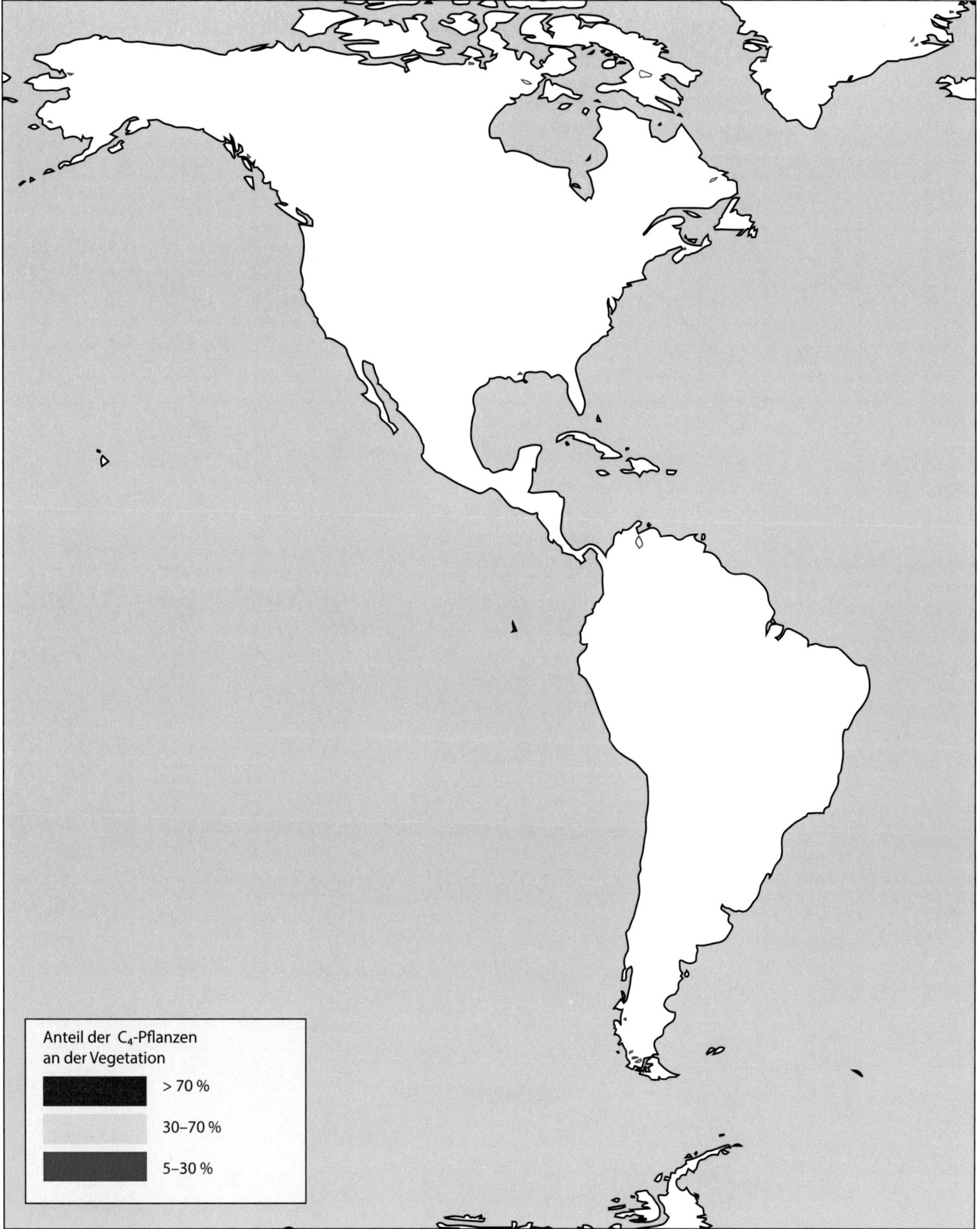

Nach Boenigk (Hrsg.), Boenigk Biologie, © Springer-Verlag GmbH Deutschland, ein Teil von Springer Nature 2021

291) Effizienz der C_3- und C_4-Photosynthese in Abhängigkeit von der CO_2-Konzentration. Kolorieren Sie den Hintergrund im Bereich der CO_2-Konzentration vom Beginn der industriellen Revolution bis heute (blau) und im Bereich der CO_2-Konzentration vor 35 Mio. Jahren (grün).

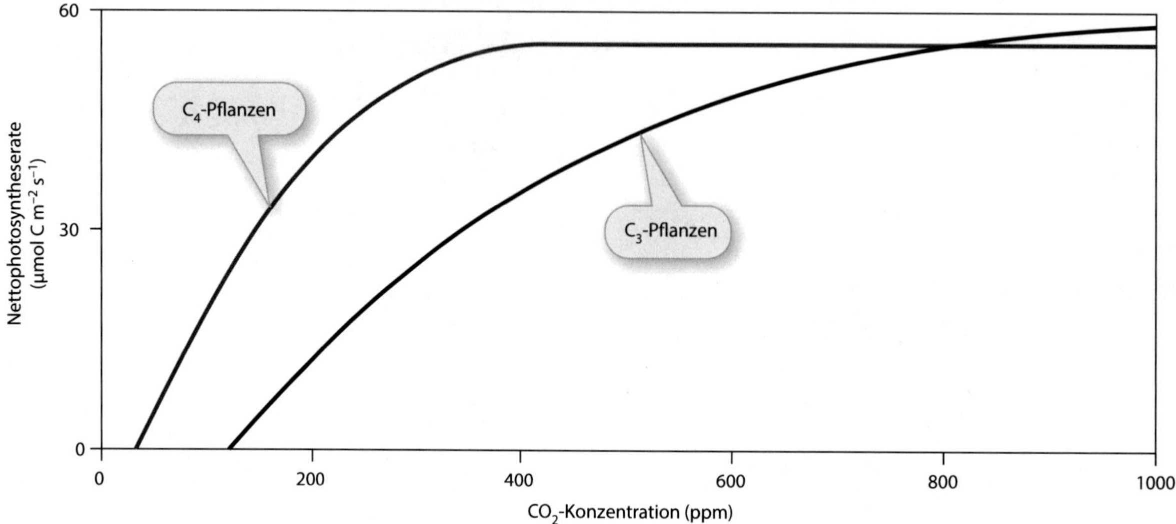

Nach Boenigk (Hrsg.), Boenigk Biologie, © Springer-Verlag GmbH Deutschland, ein Teil von Springer Nature 2021

292) Globale Windsysteme. Zeichnen Sie die Richtung der Windströmungen ein (ergänzen Sie Pfeilspitzen).

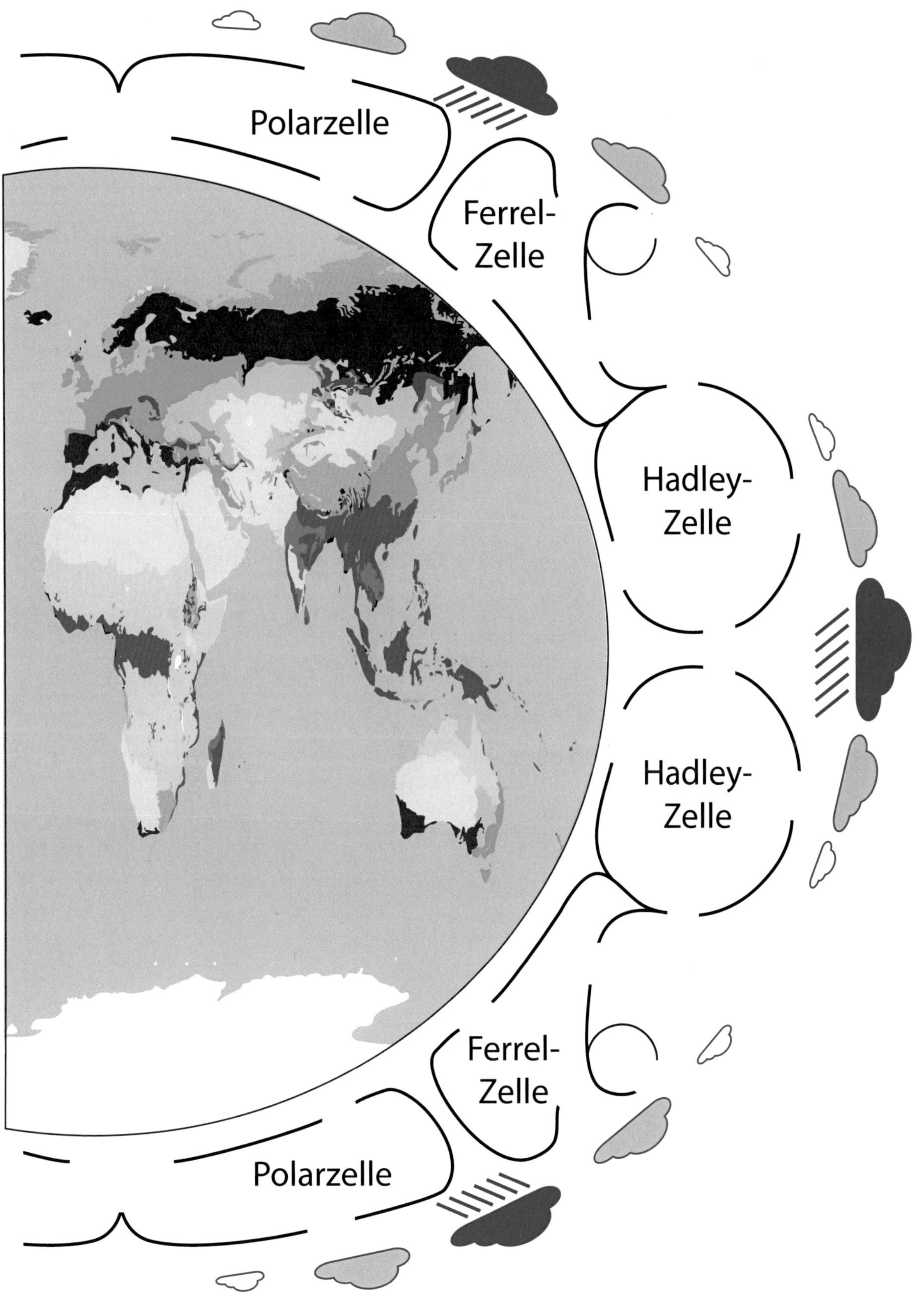

Nach Boenigk (Hrsg.), Boenigk Biologie, © Springer-Verlag GmbH Deutschland, ein Teil von Springer Nature 2021

293) Klimadiagramme. Ordnen Sie die Klimadiagramme den Orten zu – kolorieren Sie dafür die Kreise auf der Karte in der richtigen Farbe.

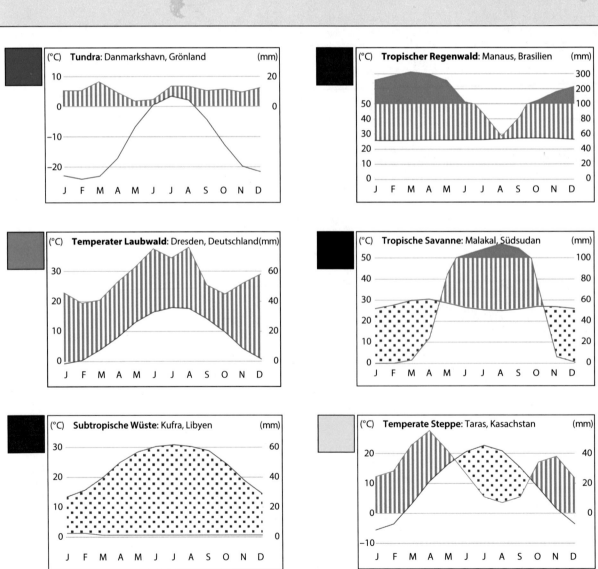

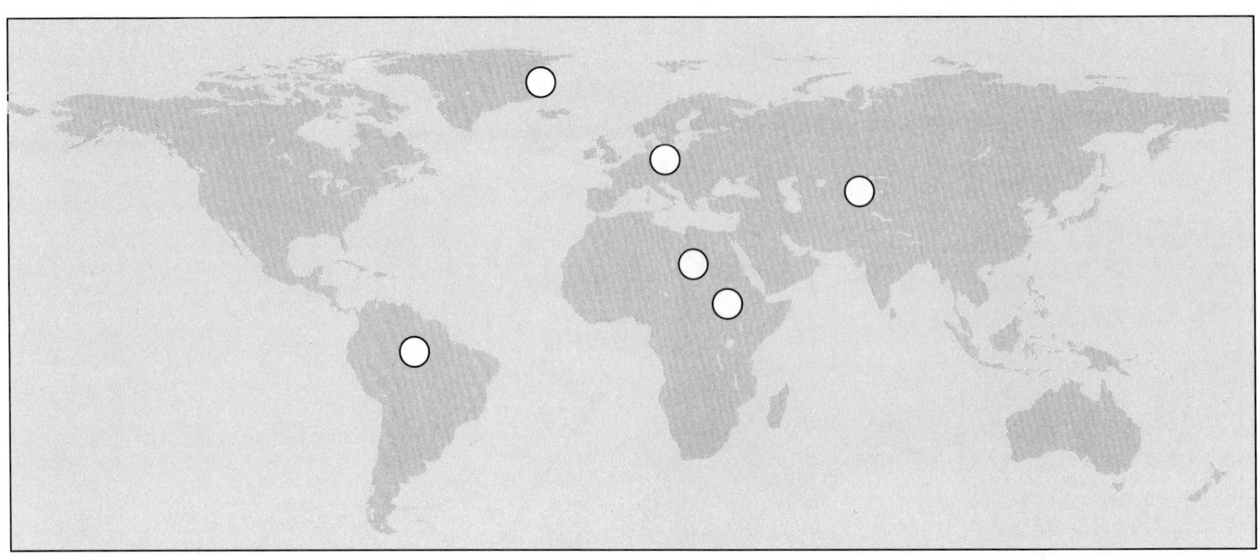

(°C) **Tundra**: Danmarkshavn, Grönland (mm)

(°C) **Tropischer Regenwald**: Manaus, Brasilien (mm)

(°C) **Temperater Laubwald**: Dresden, Deutschland (mm)

(°C) **Tropische Savanne**: Malakal, Südsudan (mm)

(°C) **Subtropische Wüste**: Kufra, Libyen (mm)

(°C) **Temperate Steppe**: Taras, Kasachstan (mm)

Nach Boenigk (Hrsg.), Boenigk Biologie, © Springer-Verlag GmbH Deutschland, ein Teil von Springer Nature 2021

294) Bio-Mandala: Malen zum Entspannen.

Nach Boenigk (Hrsg.), Boenigk Biologie, © Springer-Verlag GmbH Deutschland, ein Teil von Springer Nature 2021

295) Zirkulation in Seen. Vervollständigen Sie die Darstellung mit folgender Symbolik.

Vollzirkulation

Vollzirkulation (unterer Teil des Hypolimnions nicht in jahreszeitliche Zirkulation einbezogen)

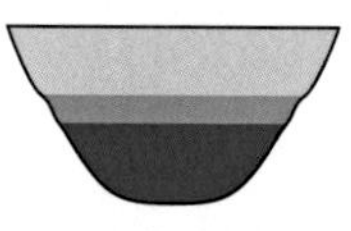
geschichtet

geschichtet (unterer Teil des Hypolimnions nicht in jahreszeitliche Zirkulation einbezogen)

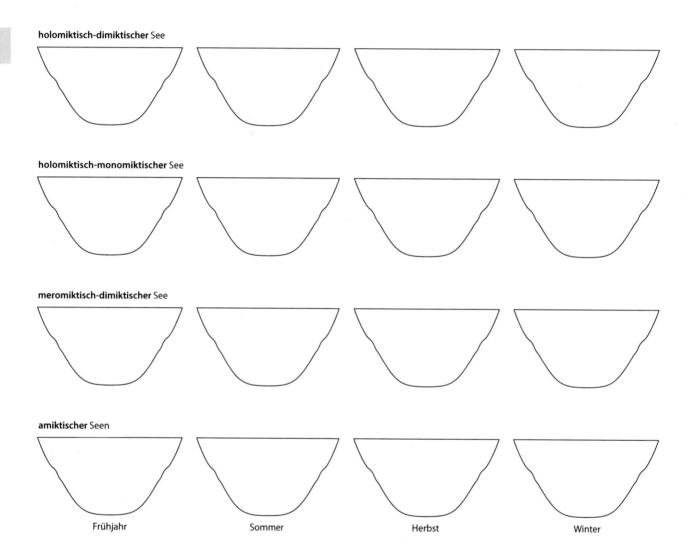

holomiktisch-dimiktischer See

holomiktisch-monomiktischer See

meromiktisch-dimiktischer See

amiktischer Seen

Frühjahr | Sommer | Herbst | Winter

Nach Boenigk (Hrsg.), Boenigk Biologie, © Springer-Verlag GmbH Deutschland, ein Teil von Springer Nature 2021

296) Neobiota. Ordnen Sie durch Kolorieren der Boxen die Begriffe den Definitionen im Schema zu: Neobiota (rot), unbeständige Arten (lila), einheimische Arten (blau), Archäobiota (grün), gebietsfremde Arten (gelb), etablierte Arten (orange).

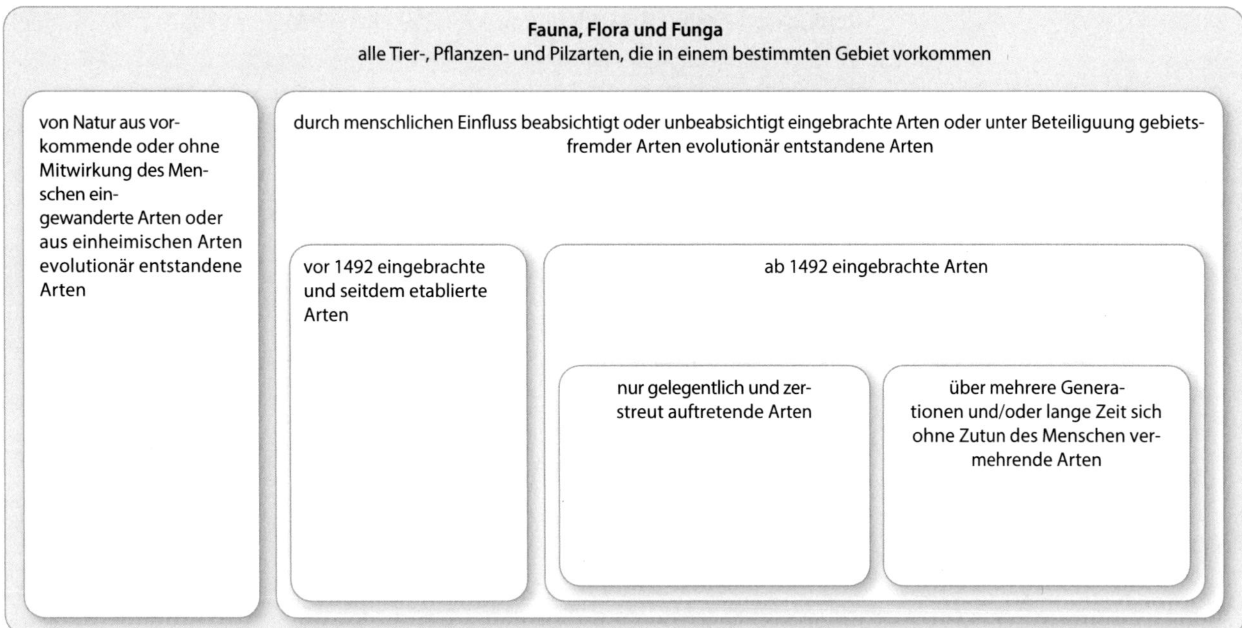
Fauna, Flora und Funga
alle Tier-, Pflanzen- und Pilzarten, die in einem bestimmten Gebiet vorkommen
von Natur aus vorkommende oder ohne Mitwirkung des Menschen eingewanderte Arten oder aus einheimischen Arten evolutionär entstandene Arten
durch menschlichen Einfluss beabsichtigt oder unbeabsichtigt eingebrachte Arten oder unter Beteiliguung gebietsfremder Arten evolutionär entstandene Arten
vor 1492 eingebrachte und seitdem etablierte Arten
ab 1492 eingebrachte Arten
nur gelegentlich und zerstreut auftretende Arten
über mehrere Generationen und/oder lange Zeit sich ohne Zutun des Menschen vermehrende Arten

297) Kohlensäuregleichgewicht. Vervollständigen Sie die Reaktionsgleichung.

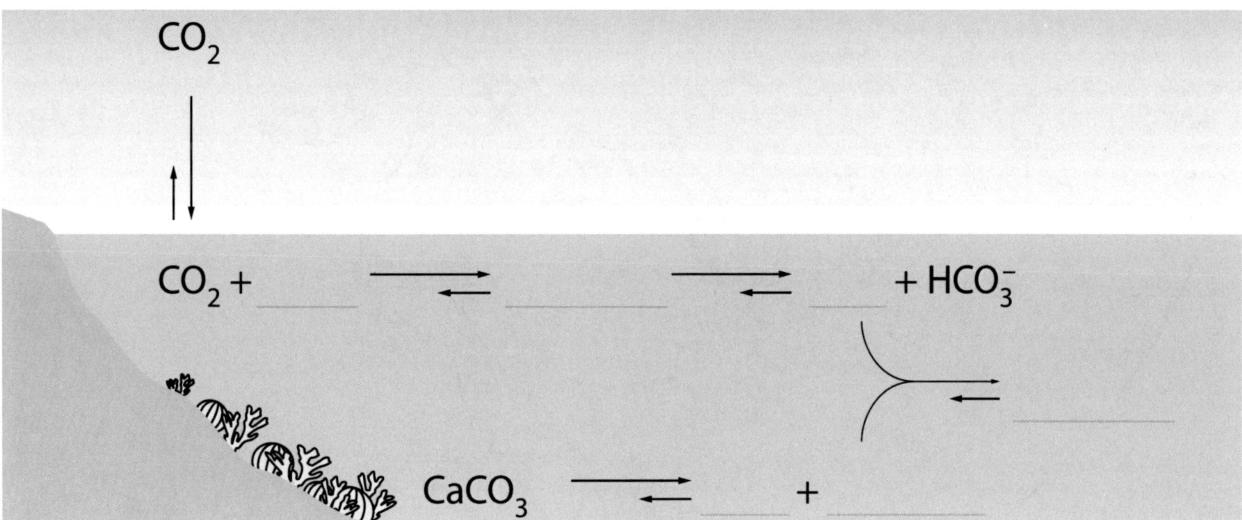
CO_2
CO_2 +
+ HCO_3^-
$CaCO_3$
+

Nach Boenigk (Hrsg.), Boenigk Biologie, © Springer-Verlag GmbH Deutschland, ein Teil von Springer Nature 2021

298) Klimawandel. Kolorieren Sie die Karte wie folgt: Meer ohne Eisbedeckung im September (dunkelblau), Meereis – minimale jährliche Ausdehnung im September (2018) (weiß), Meereis – minimale jährliche Ausdehnung im September (Differenz 1982–2018) (hellblau), Landfläche ohne Permafrost (rot), Permafrost – prognostizierte mittlere Ausdehnung 2080–2099 (hellgrün), Permafrost – Differenz der mittleren Ausdehnung 1980–1999 zur Prognose 2080–2099 (dunkelgrün).

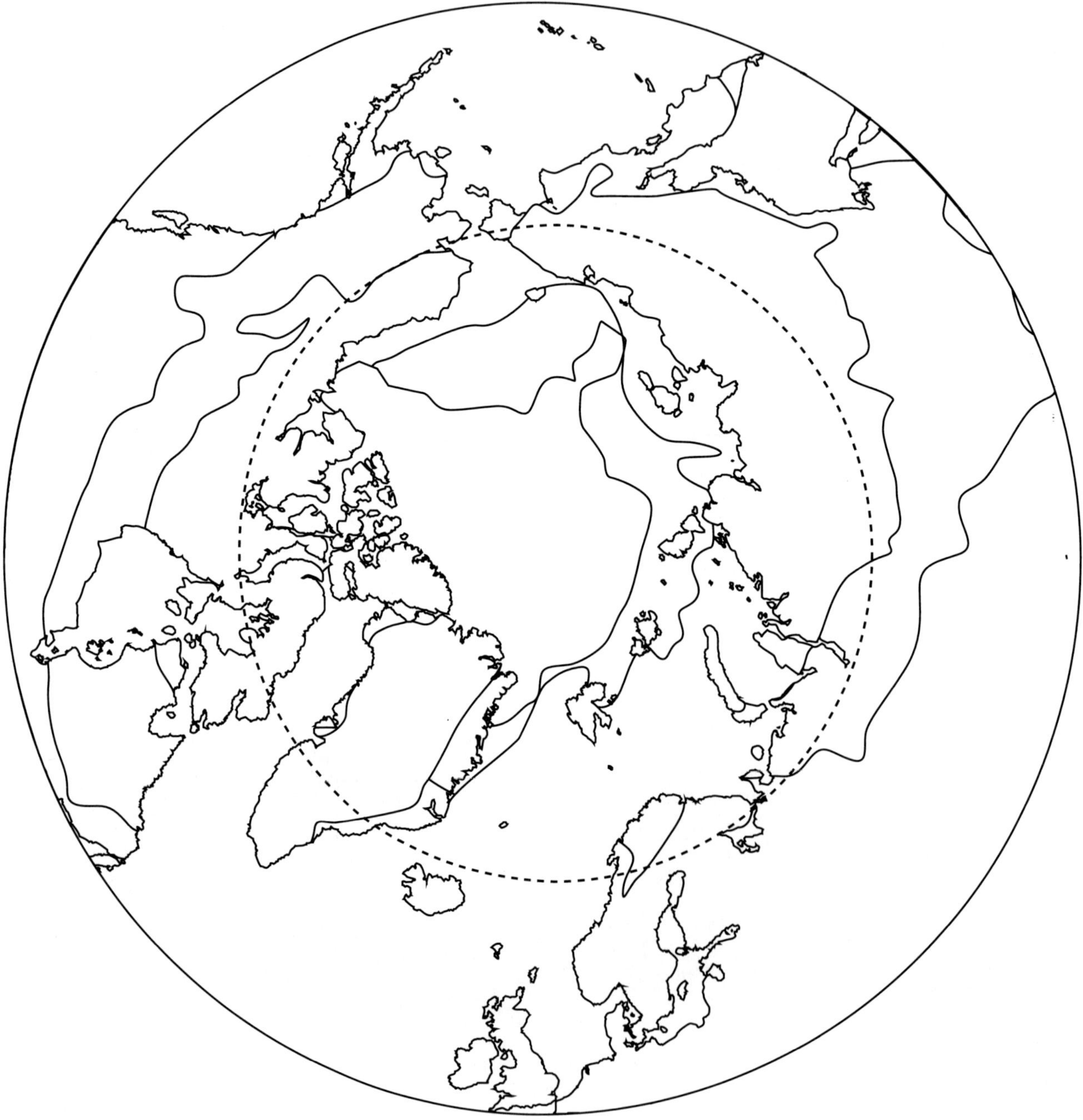

Nach Boenigk (Hrsg.), Boenigk Biologie, © Springer-Verlag GmbH Deutschland, ein Teil von Springer Nature 2021

299) Korallenbleiche. Kolorieren Sie die folgenden Kompartimente/Strukturen: Zellen des oralen Ektoderms (gelb), Zellen der Calcidodermis (orange), Zellen des oralen Entoderms (hellrot), Zellen des aboralen Entoderms (dunkelrot), Coelenteron und Mesogloea (helllila), Plastid (dunkelgrün), Algenzelle (hellgrün), Symbiosom (blau).

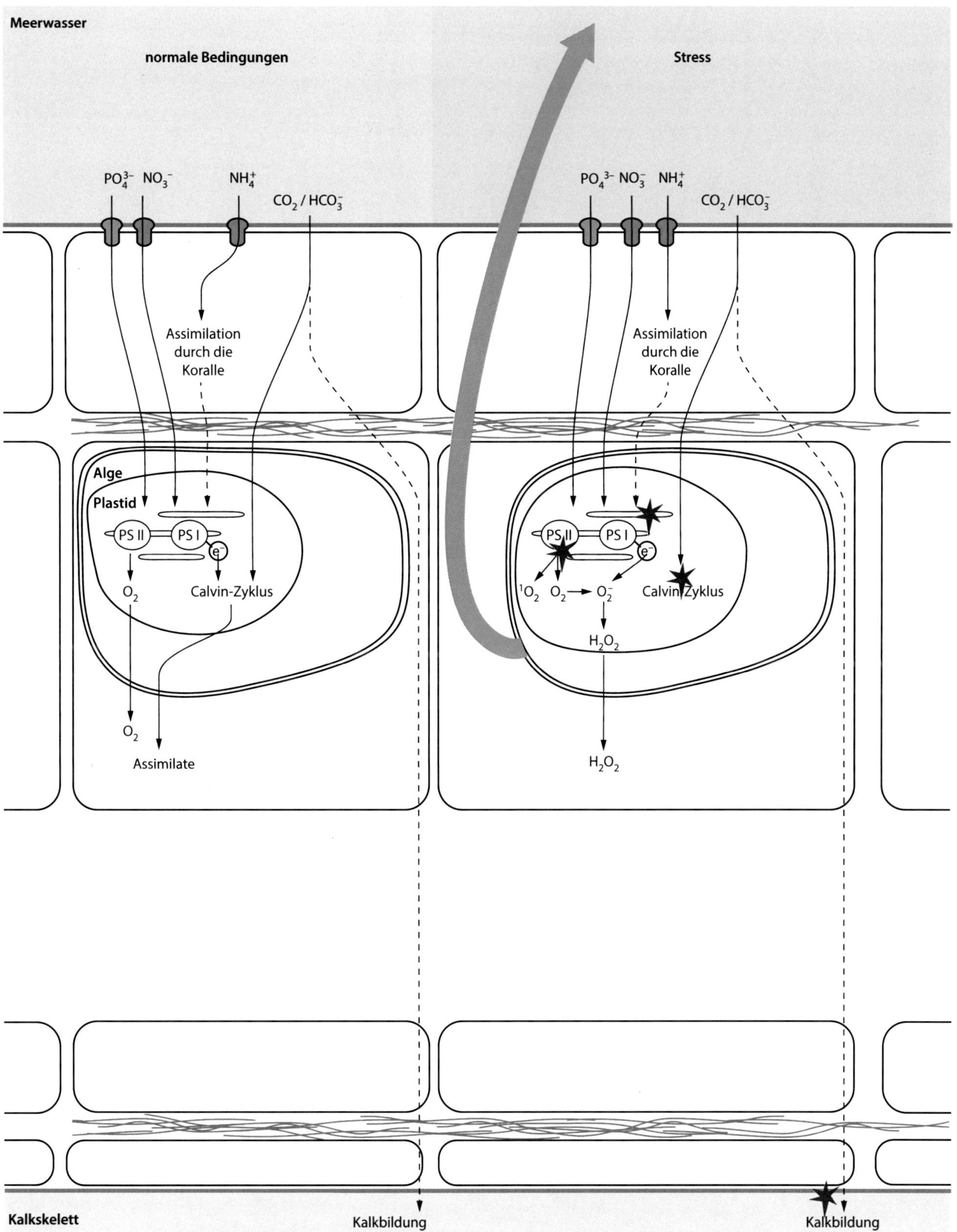

Nach Boenigk (Hrsg.), Boenigk Biologie, © Springer-Verlag GmbH Deutschland, ein Teil von Springer Nature 2021

Lösungen

© Der/die Herausgeber bzw. der/die Autor(en),
exklusiv lizenziert an Springer-Verlag GmbH, DE, ein Teil von Springer Nature 2022
J. Boenigk, *Boenigk, Biologie – Malbuch,* https://doi.org/10.1007/978-3-662-65463-7_7

Grundlagen – Lösungen zu den Aufgaben 1 bis 4

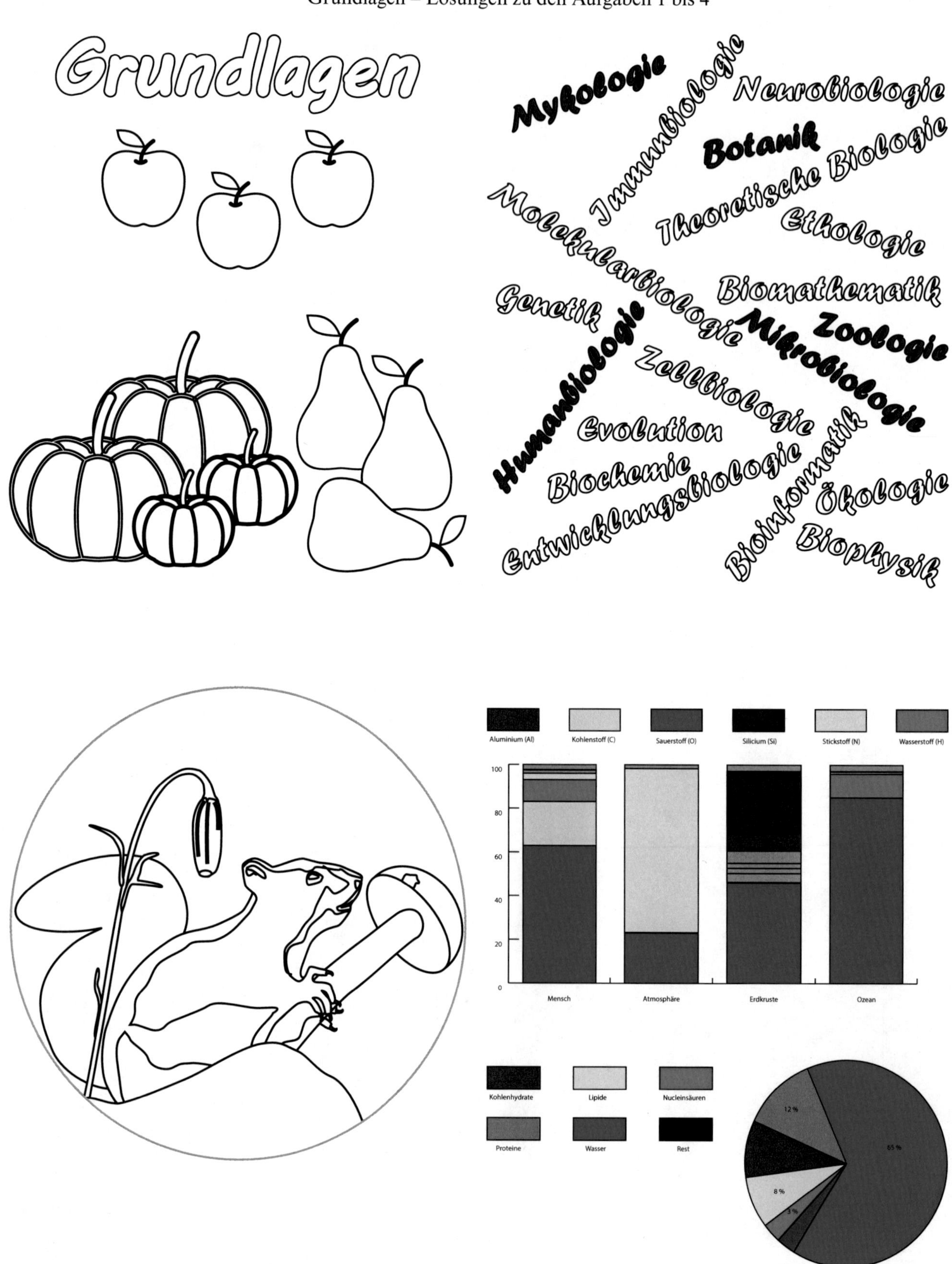

Nach Boenigk (Hrsg.), Boenigk Biologie, © Springer-Verlag GmbH Deutschland, ein Teil von Springer Nature 2021

Grundlagen – Lösungen zu den Aufgaben 5 bis 10

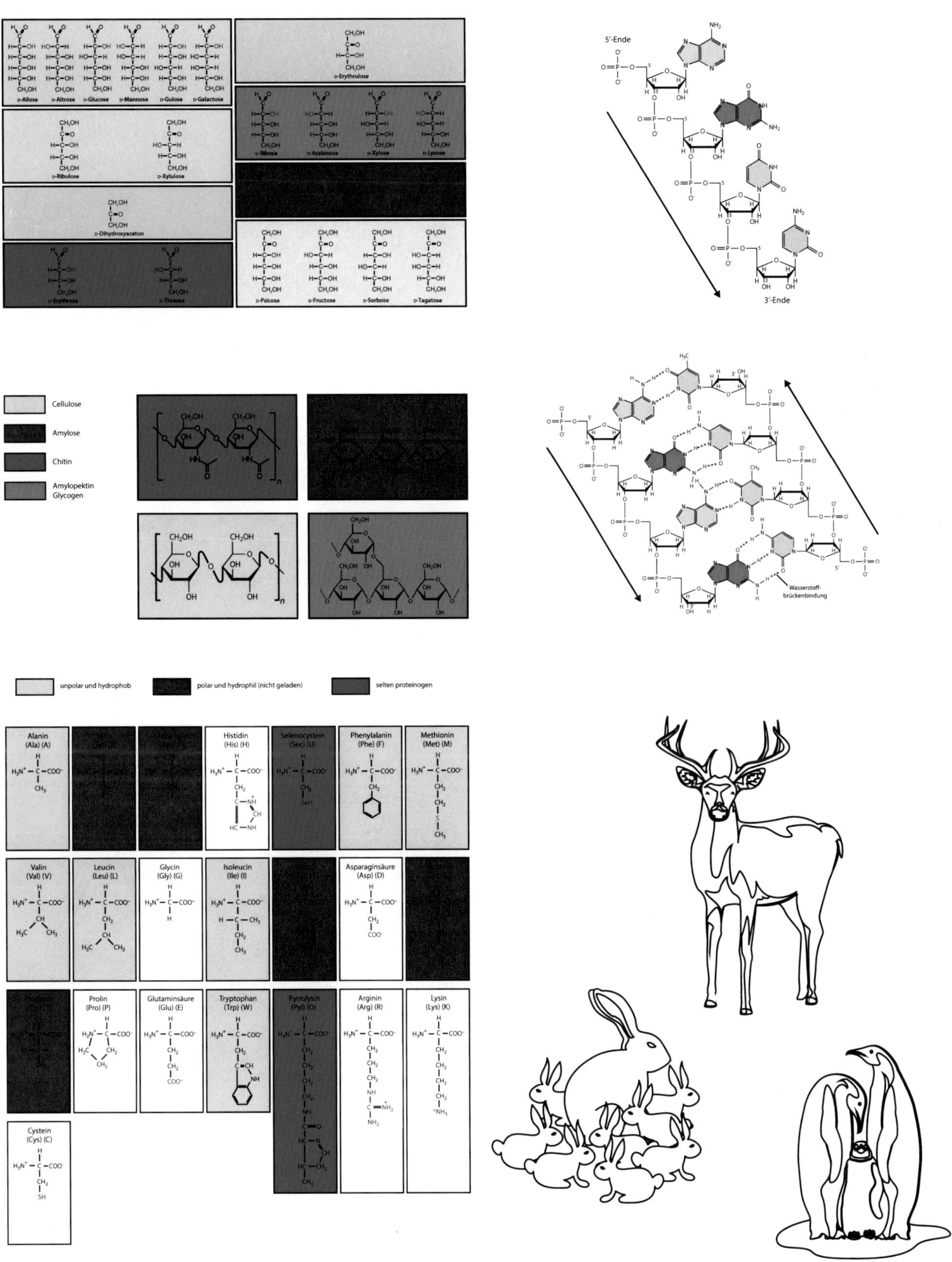

Nach Boenigk (Hrsg.), Boenigk Biologie, © Springer-Verlag GmbH Deutschland, ein Teil von Springer Nature 2021

Cytologie – Lösungen zu den Aufgaben 11 bis 14

Cytologie

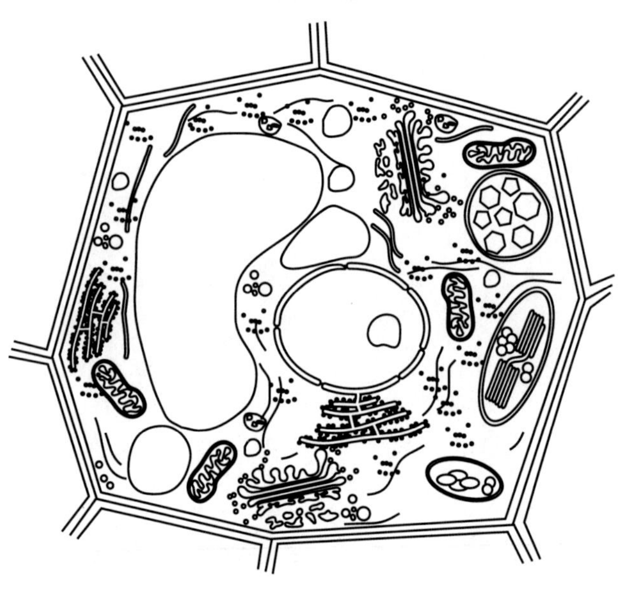

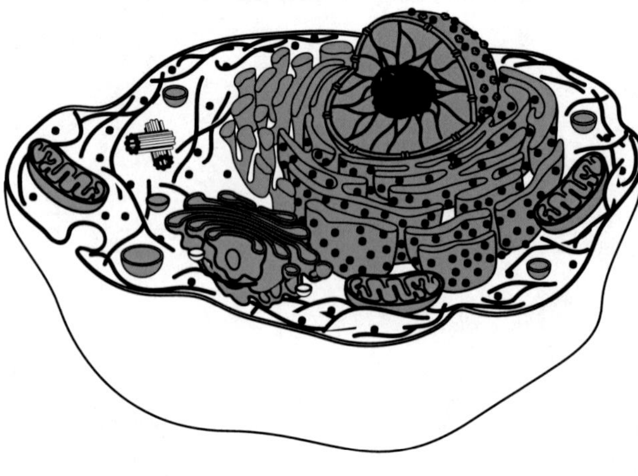

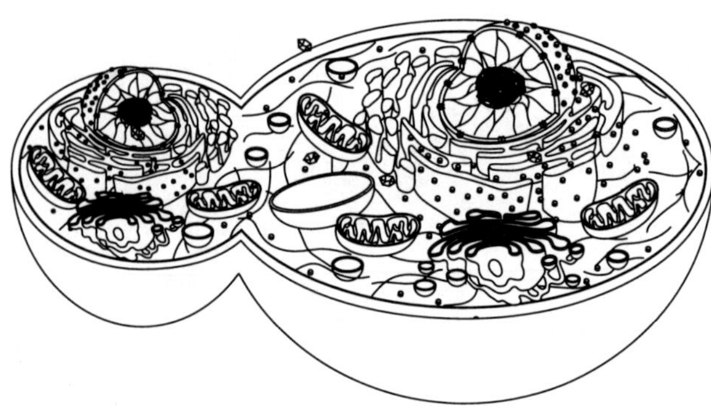

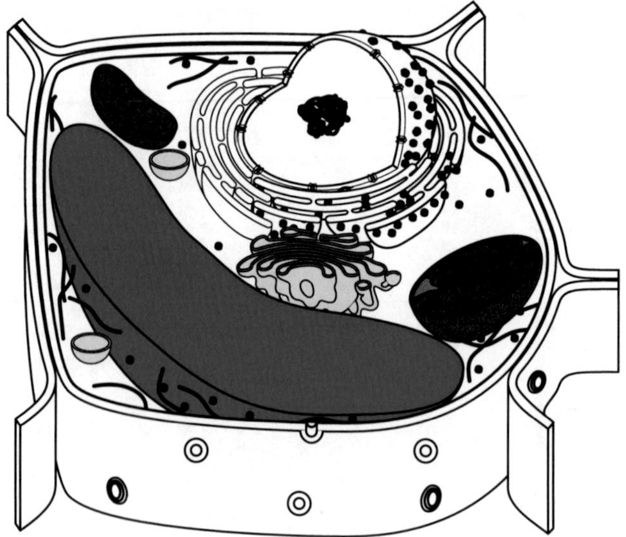

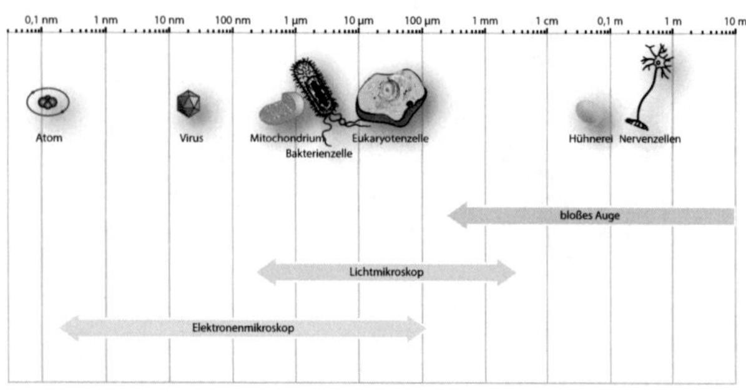

Nach Boenigk (Hrsg.), Boenigk Biologie, © Springer-Verlag GmbH Deutschland, ein Teil von Springer Nature 2021

Cytologie – Lösungen zu den Aufgaben 15 bis 19

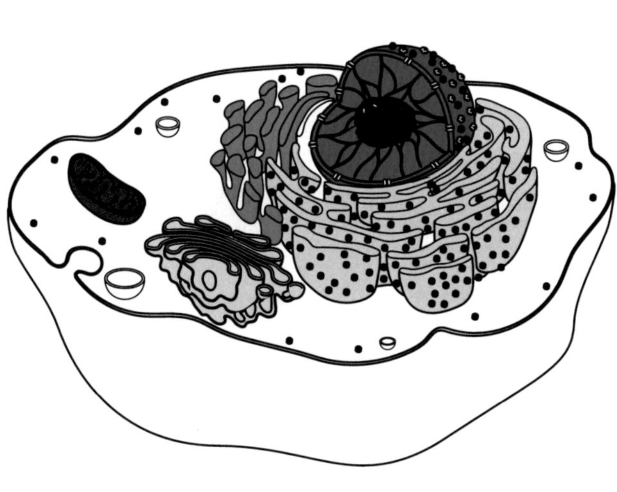

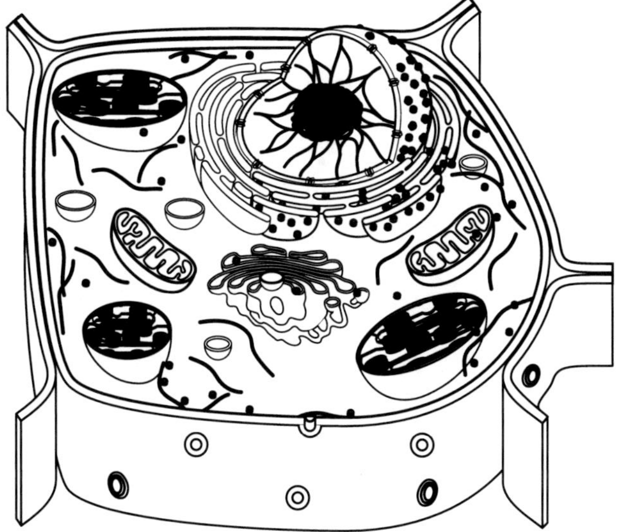

Lösung zu Aufgabe 17: Die Zentralvakuole fehlt

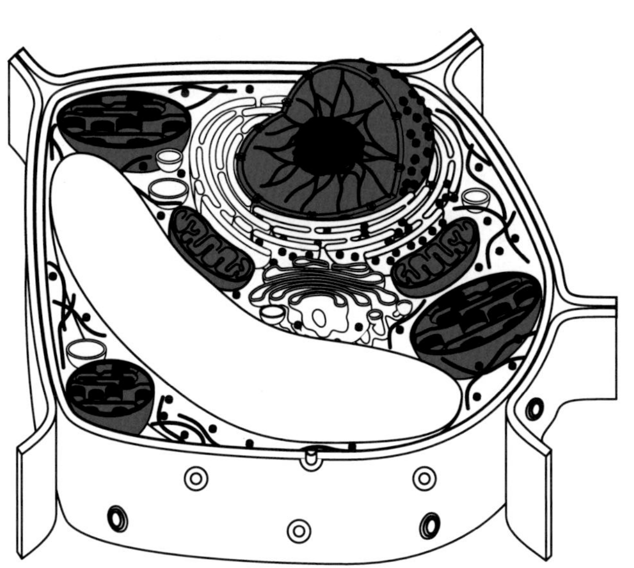

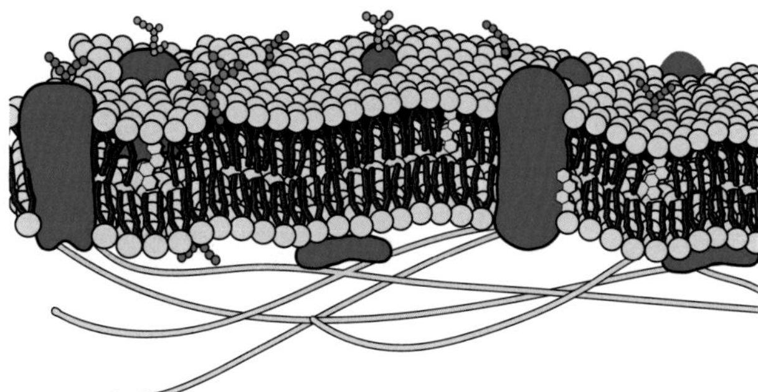

Nach Boenigk (Hrsg.), Boenigk Biologie, © Springer-Verlag GmbH Deutschland, ein Teil von Springer Nature 2021

Cytologie – Lösungen zu den Aufgaben 20 bis 27

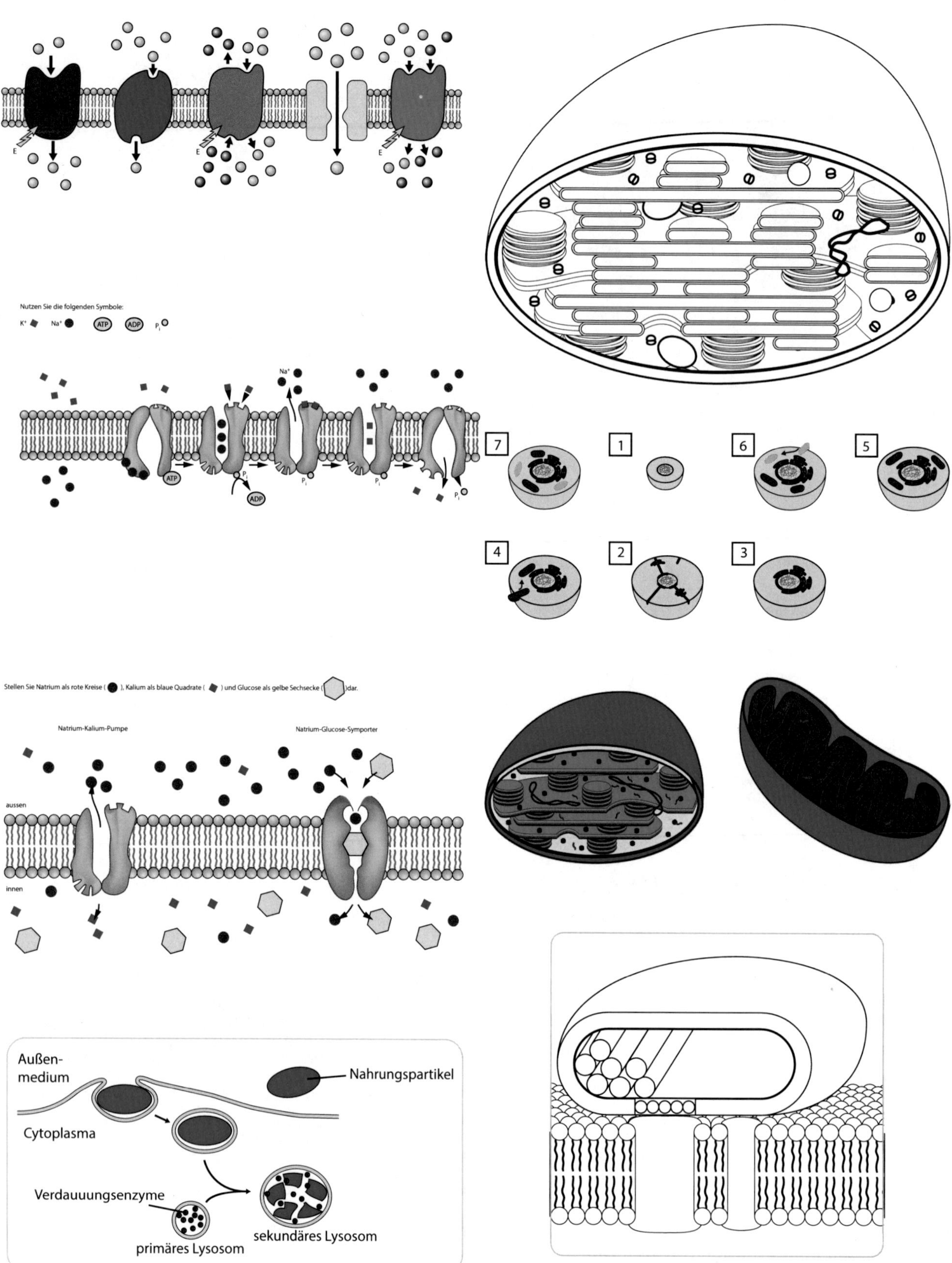

Nach Boenigk (Hrsg.), Boenigk Biologie, © Springer-Verlag GmbH Deutschland, ein Teil von Springer Nature 2021

Cytologie – Lösungen zu den Aufgaben 28 bis 35

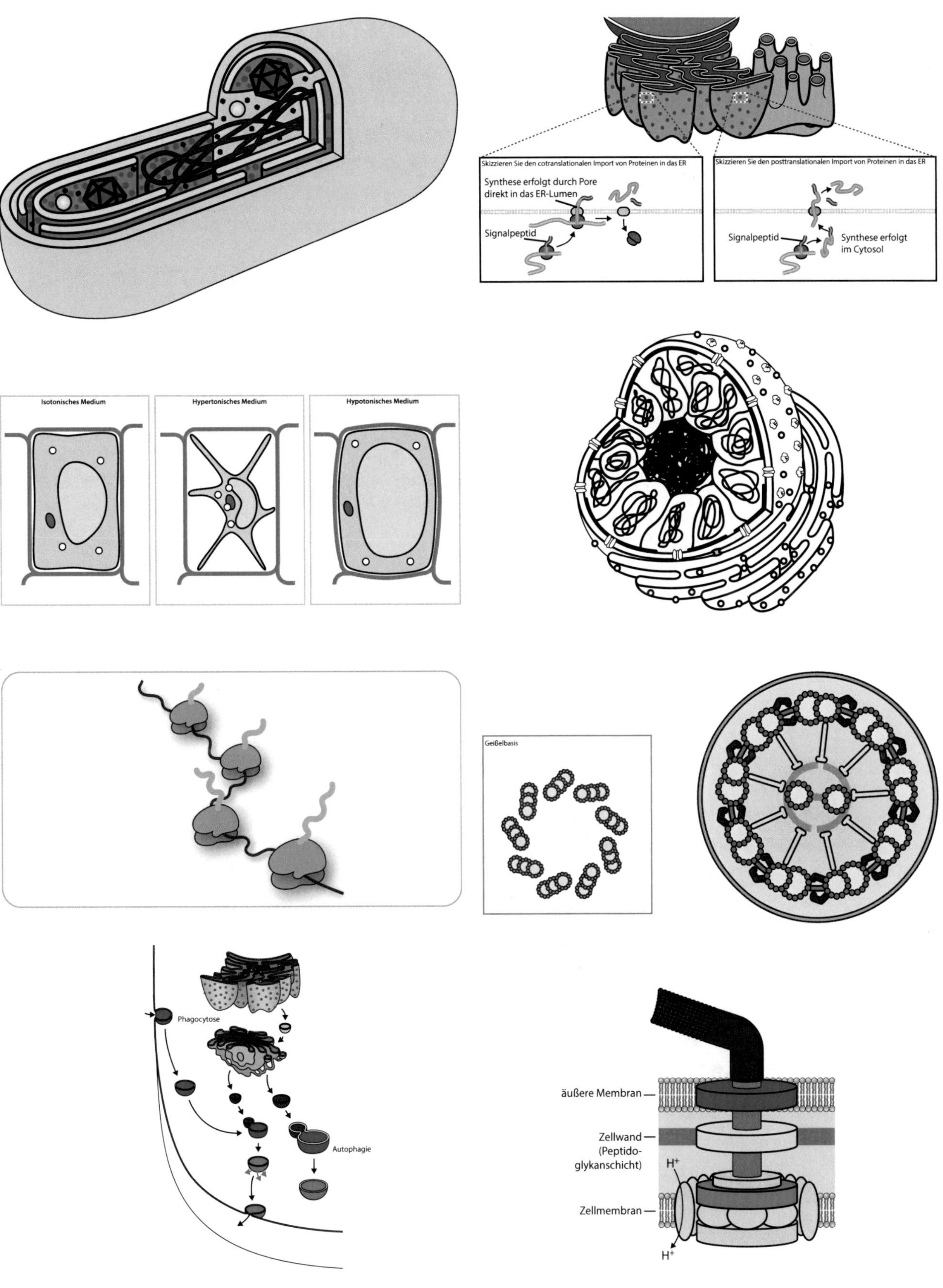

Nach Boenigk (Hrsg.), Boenigk Biologie, © Springer-Verlag GmbH Deutschland, ein Teil von Springer Nature 2021

Cytologie – Lösungen zu den Aufgaben 36 bis 40

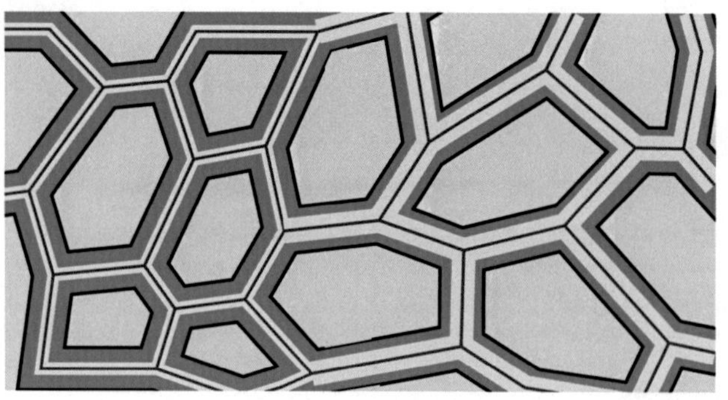

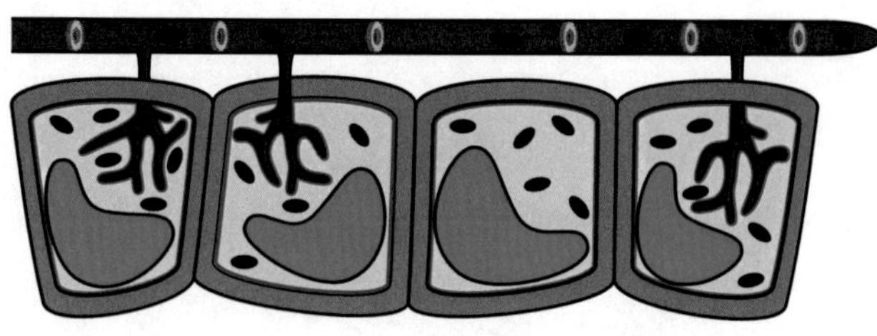

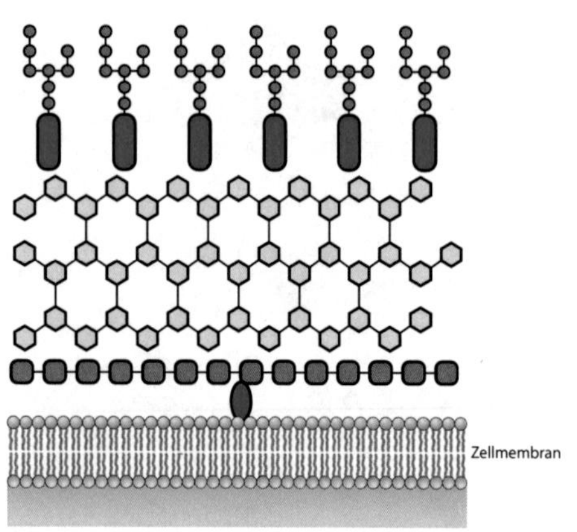

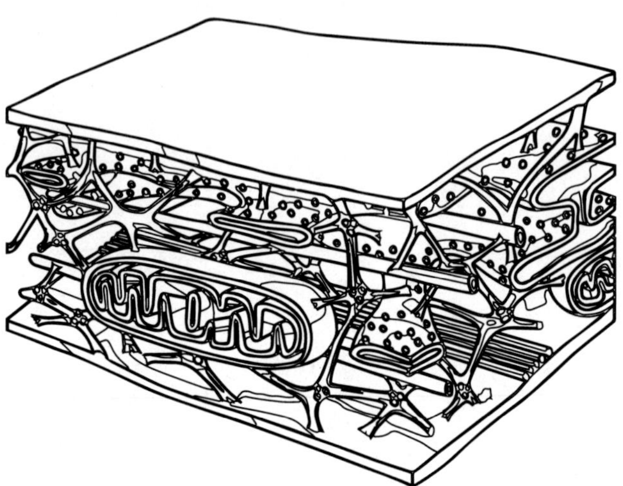

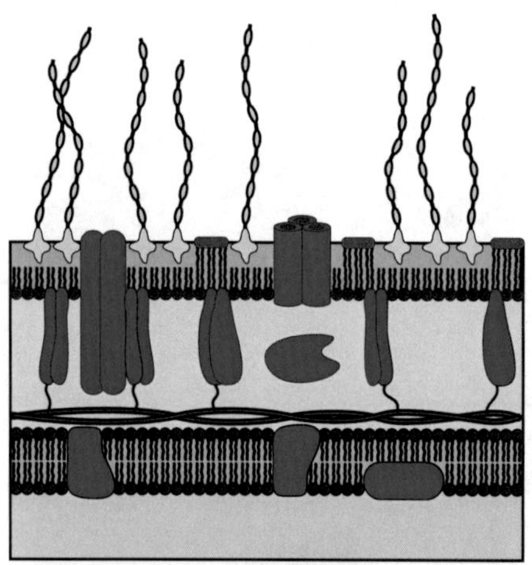

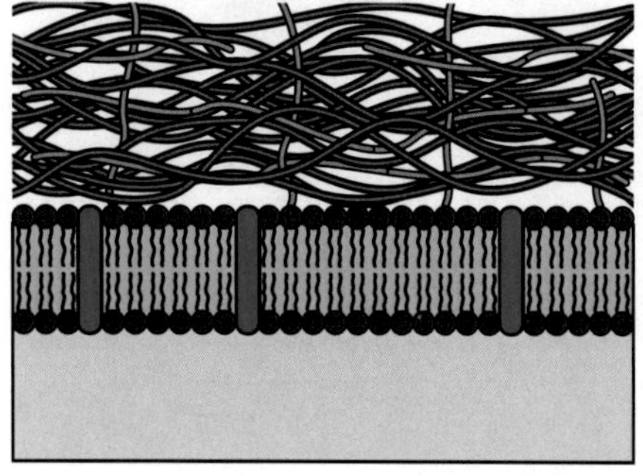

Nach Boenigk (Hrsg.), Boenigk Biologie, © Springer-Verlag GmbH Deutschland, ein Teil von Springer Nature 2021

Genetik – Lösungen zu den Aufgaben 41 bis 46

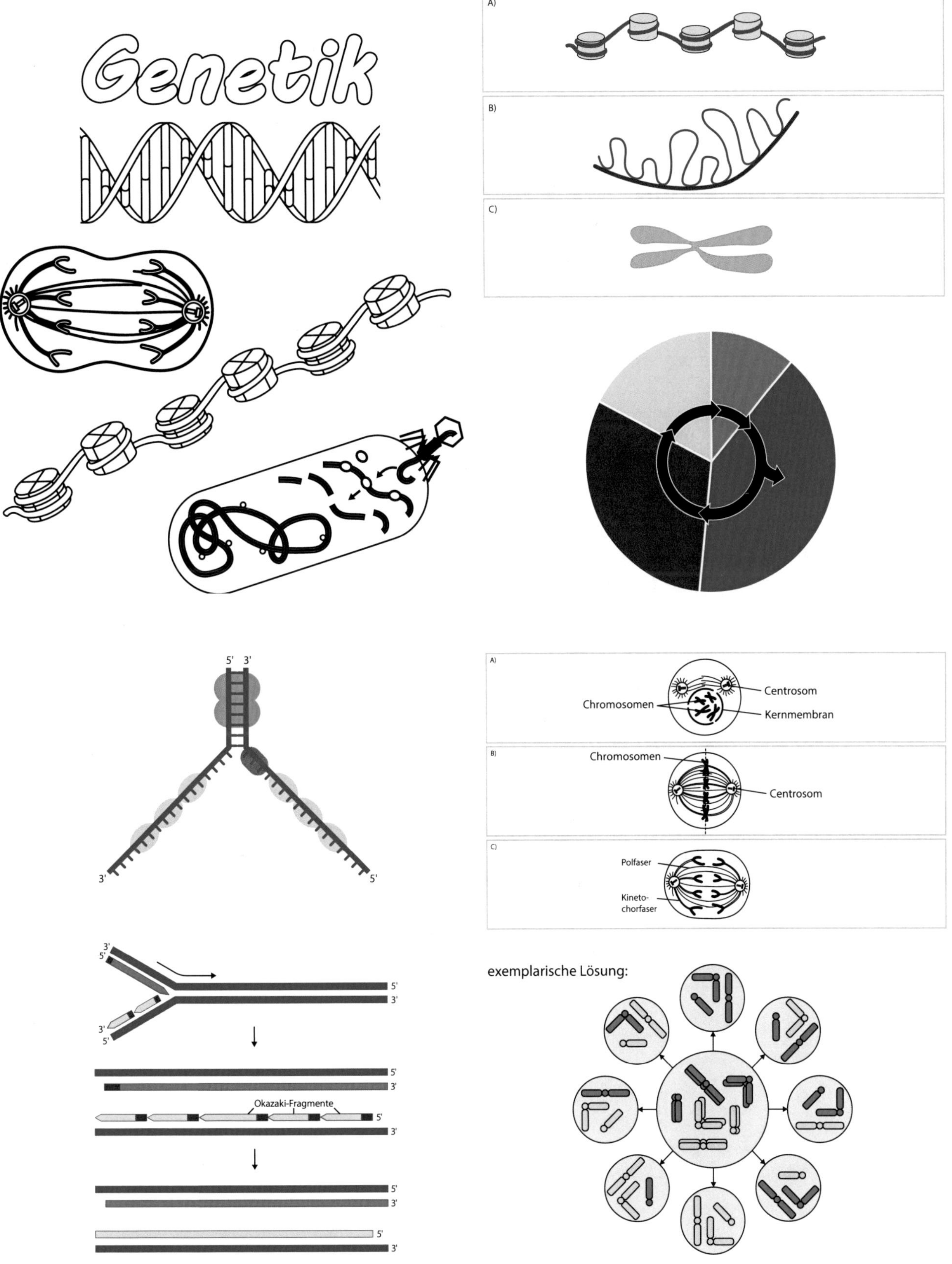

Nach Boenigk (Hrsg.), Boenigk Biologie, © Springer-Verlag GmbH Deutschland, ein Teil von Springer Nature 2021

7

Genetik – Lösungen zu den Aufgaben 47 bis 52

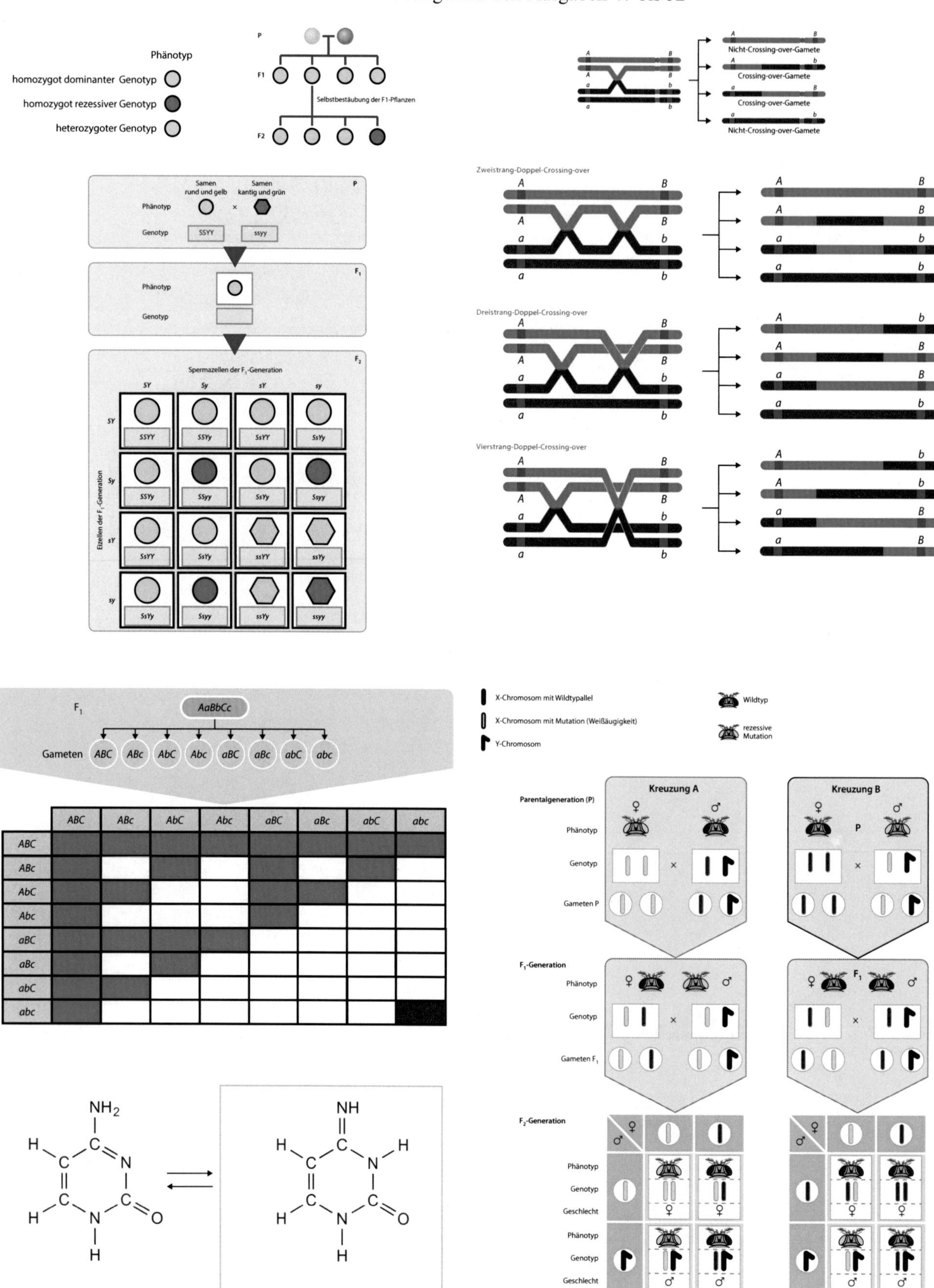

Nach Boenigk (Hrsg.), Boenigk Biologie, © Springer-Verlag GmbH Deutschland, ein Teil von Springer Nature 2021

Genetik – Lösungen zu den Aufgaben 53 bis 57

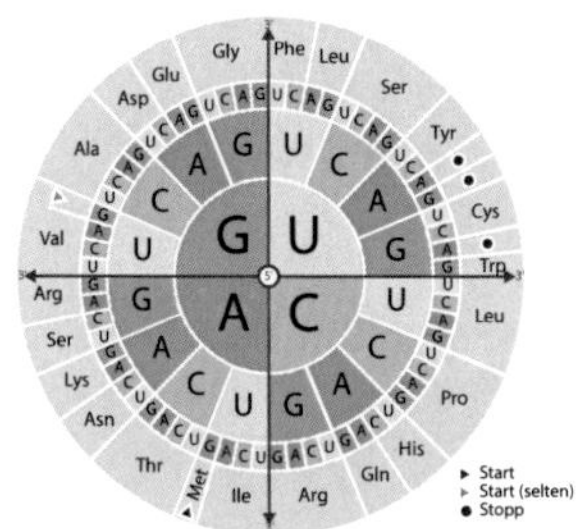

Ausgangssequenz

5'-UUACUACUCAGCUUAC**AUGAUCCGCAAACCACUGACGUAG**GGACAAGU-3'

(Met) - Ile - Arg - Lys - Pro - Leu - Thr - Stop
Start

Sequenz mit einer Mutation

5'-UUACUACUCAGCUUAC**AUGAUCCGCAAACC[illegible]ACUGACGUAG**GGACAAGU-3'

(Met) - Ile - Arg - Lys - Pro - Gln - Leu - Thr - Stop
Start

Sequenz mit zwei Mutationen

5'-UUACUACUCAGCUUAC**AU[illegible]GAUCCGCAAACCGCAACUGACGUAG**GGACAAGU-3'

kein translatiertes Produkt (kein Startcodon)

Sequenz mit drei Mutationen

5'-UUACUACUC**A[illegible]GCUUACAUCCGGAUCCGCAAACCGCAAC**UGA**CGUAG**GGACAAGU-3'

(Met) - Leu - Thr - Ser - Gly - Ser - Ala - Asn - Arg - Asn - Stop
Start

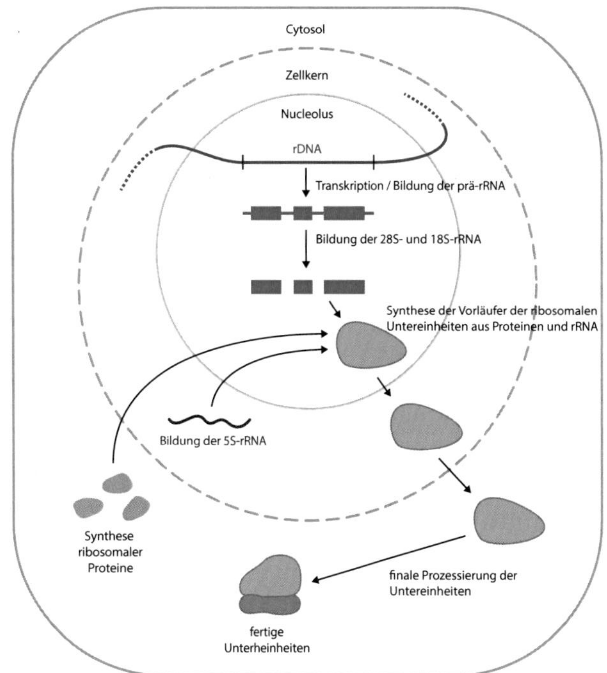

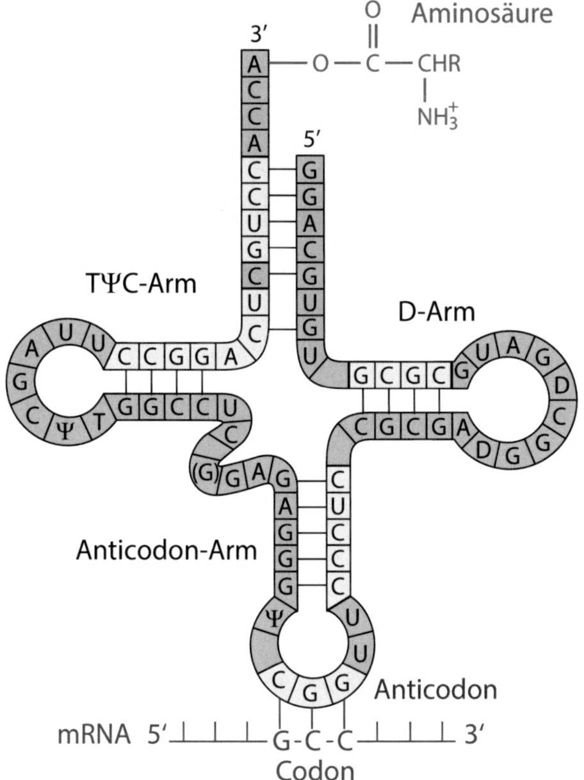

5'— GTGACGGAATATATTTACAAGGTGGTGGGCGCCTATAATCTGGGCAAGAGTGCGCTGACCATCCAGCTGATCCAATGACCATG —3' DNA
3'— CACTGCCTTATATAAATGTTCCACCACCCGCGGATATTAGACCCGTTCTCACGCGACTGGTAGGTCGACTAGGTTACTGGTAC —5'
5' pppAGUGCGCUGACCAUCCAGCUGAUCCAAUGACCAUG —3' RNA

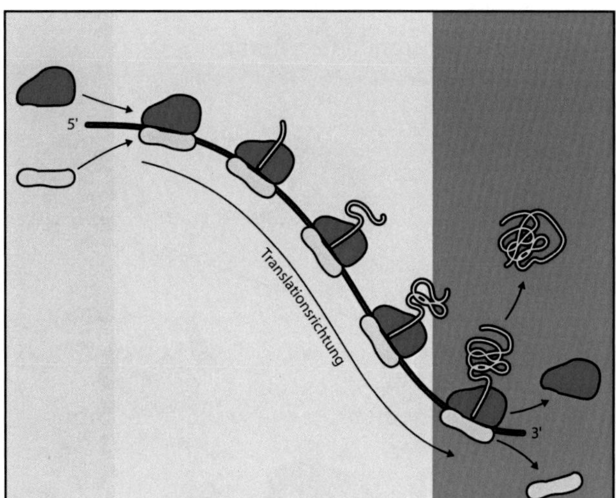

Nach Boenigk (Hrsg.), Boenigk Biologie, © Springer-Verlag GmbH Deutschland, ein Teil von Springer Nature 2021

Genetik – Lösungen zu den Aufgaben 58 bis 63

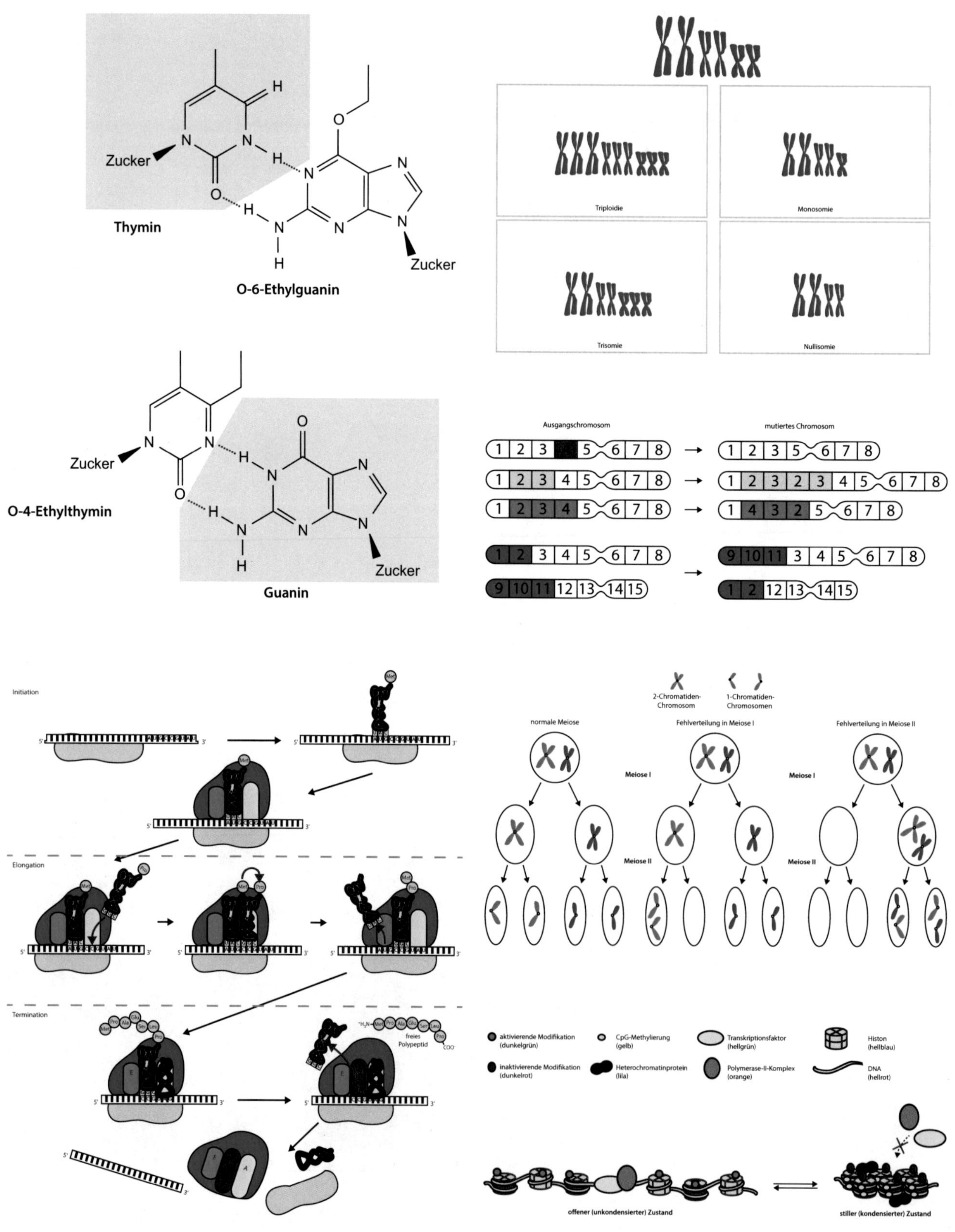

Nach Boenigk (Hrsg.), Boenigk Biologie, © Springer-Verlag GmbH Deutschland, ein Teil von Springer Nature 2021

Genetik – Lösungen zu den Aufgaben 64 bis 68

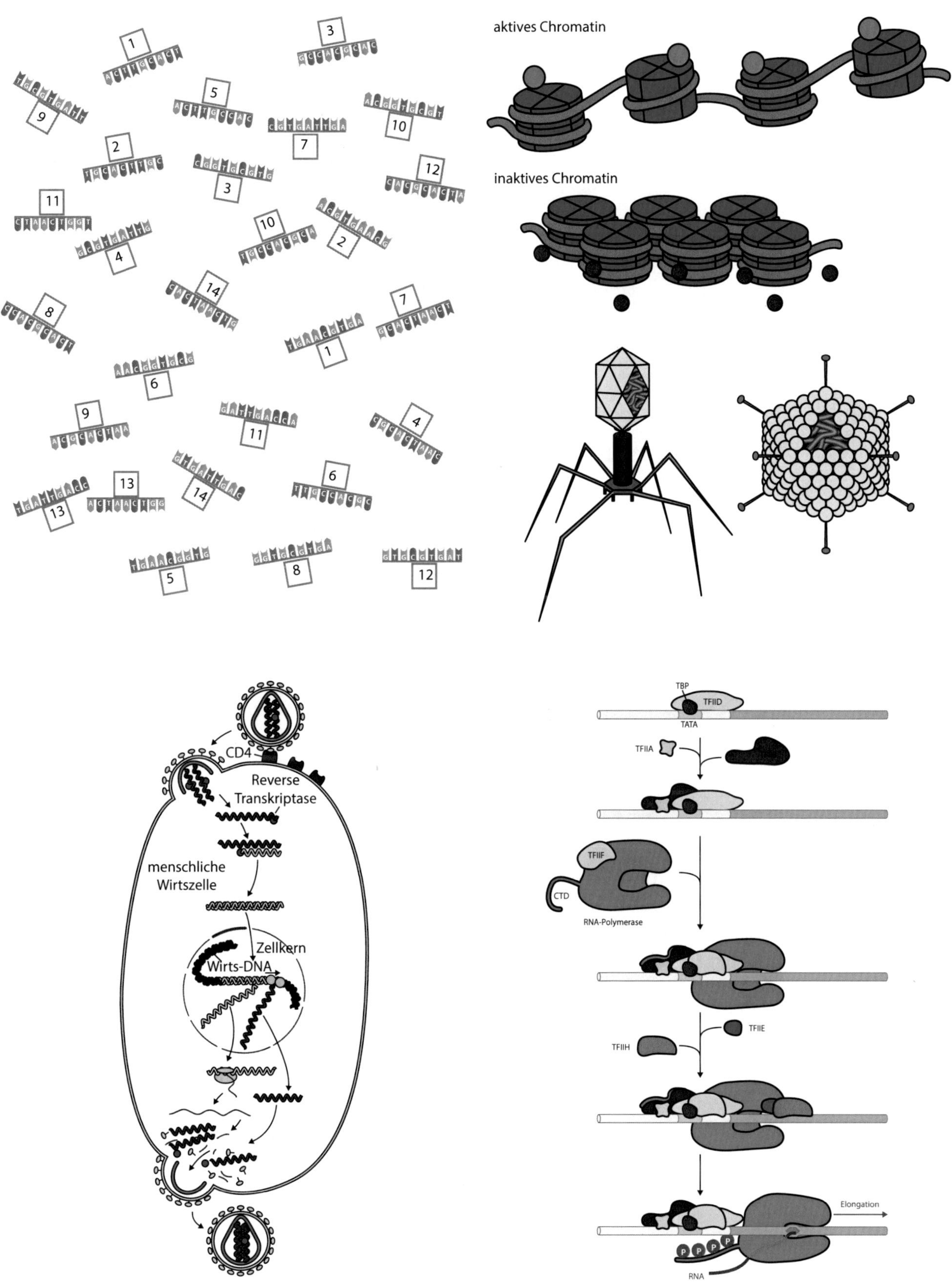

Nach Boenigk (Hrsg.), Boenigk Biologie, © Springer-Verlag GmbH Deutschland, ein Teil von Springer Nature 2021

Genetik – Lösungen zu den Aufgaben 69 bis 71

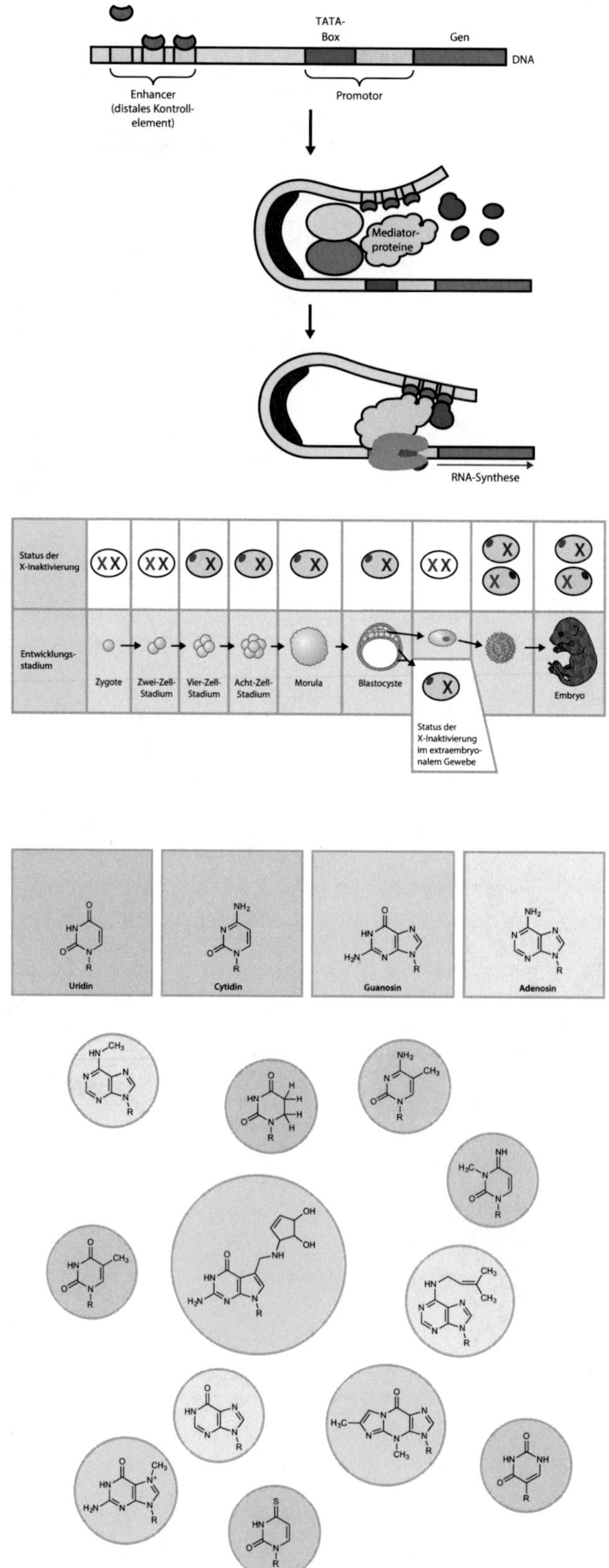

Nach Boenigk (Hrsg.), Boenigk Biologie, © Springer-Verlag GmbH Deutschland, ein Teil von Springer Nature 2021

Physiologie – Lösungen zu den Aufgaben 72 bis 77

Physiologie

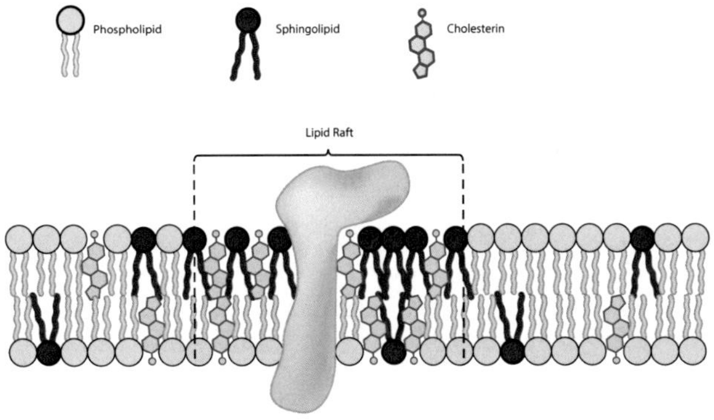

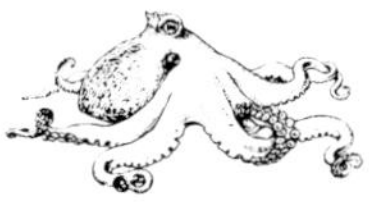

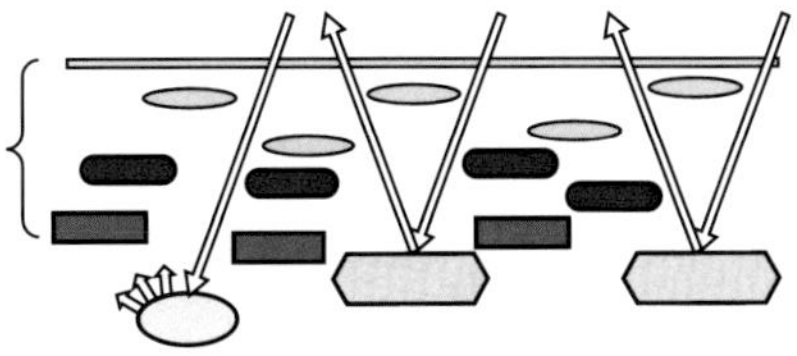

Phospholipid
Sphingolipid
Cholesterin
Lipid Raft

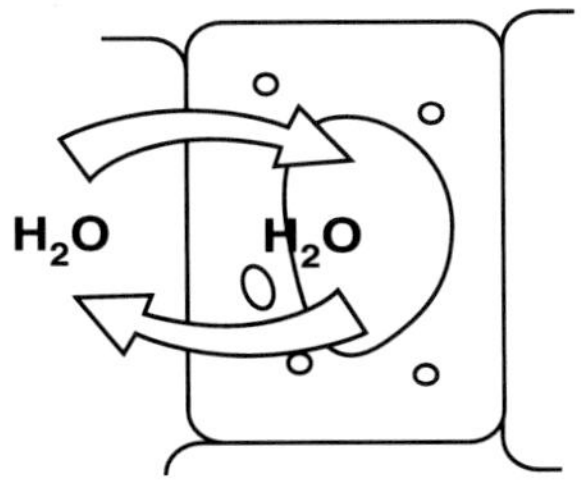

H_2O
H_2O

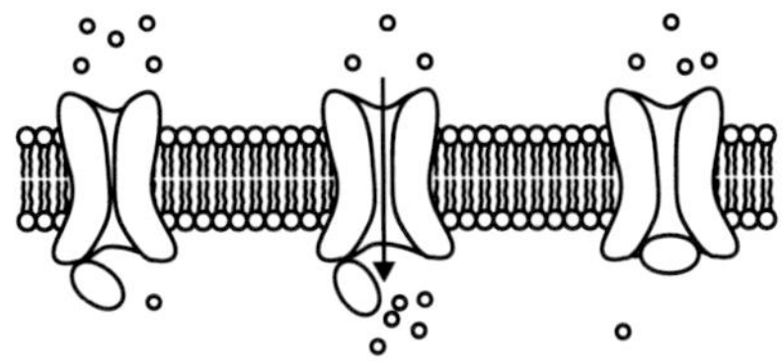

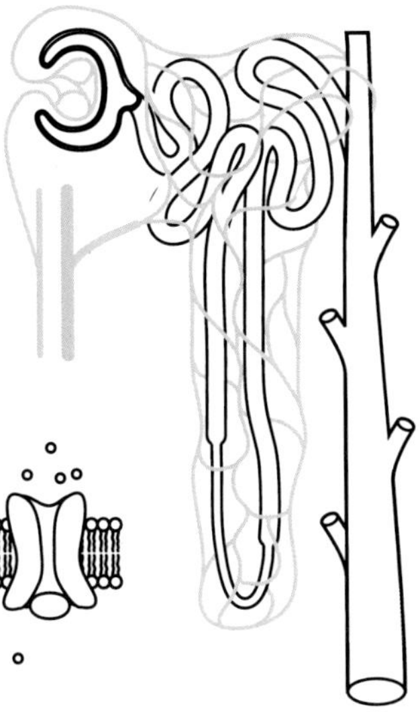

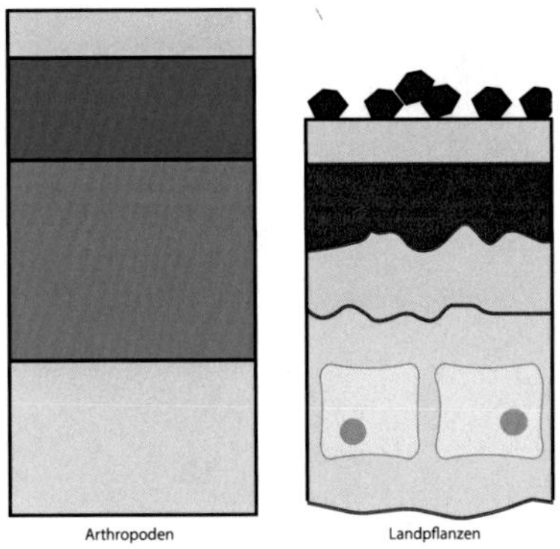

Arthropoden
Landpflanzen

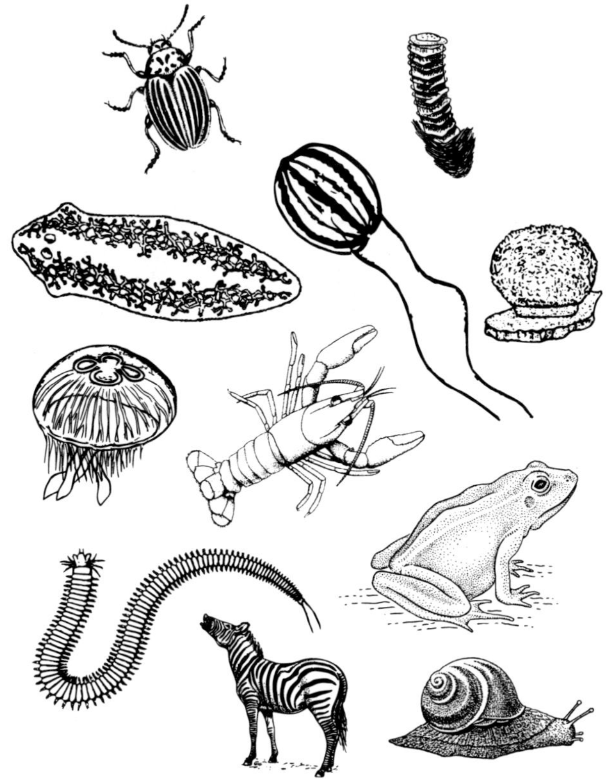

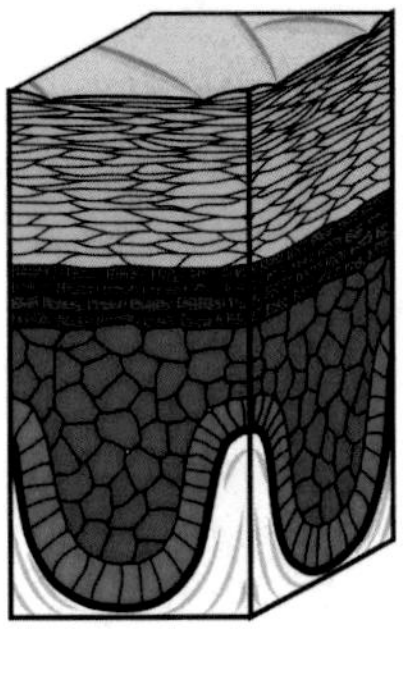

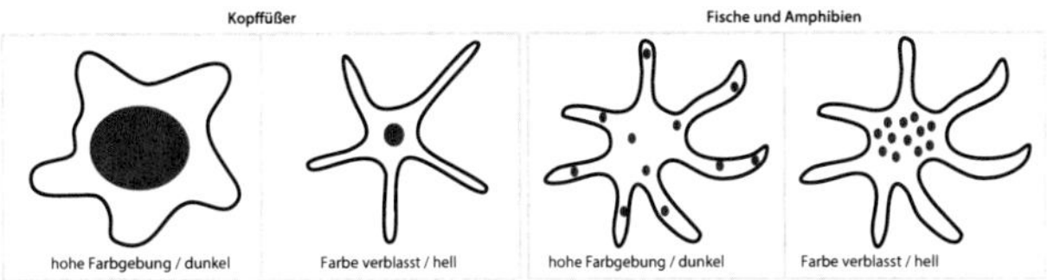

Kopffüßer
Fische und Amphibien
hohe Farbgebung / dunkel
Farbe verblasst / hell
hohe Farbgebung / dunkel
Farbe verblasst / hell

Nach Boenigk (Hrsg.), Boenigk Biologie, © Springer-Verlag GmbH Deutschland, ein Teil von Springer Nature 2021

Physiologie – Lösungen zu den Aufgaben 78 bis 83

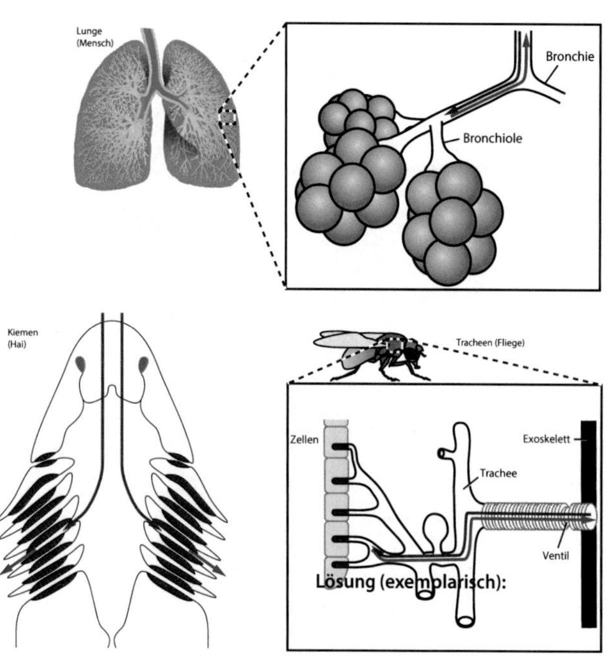

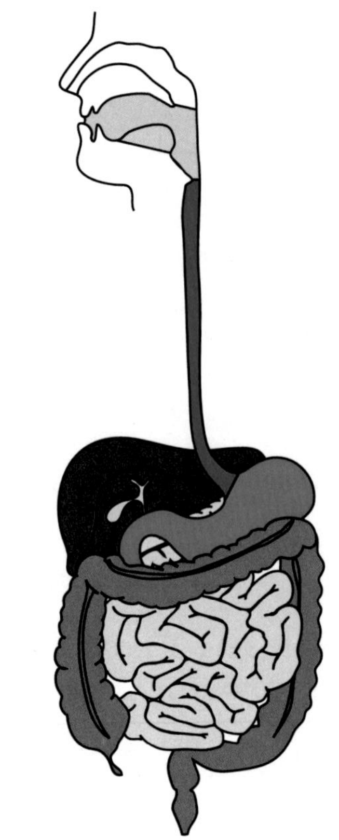

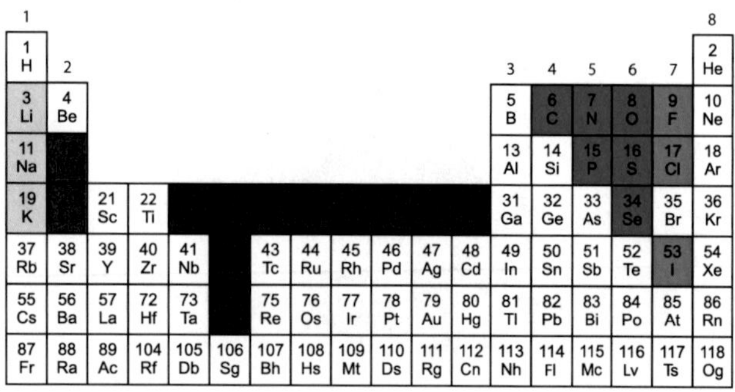

1	2											3	4	5	6	7	8
1 H																	2 He
3 Li	4 Be											5 B	6 C	7 N	8 O	9 F	10 Ne
11 Na												13 Al	14 Si	15 P	16 S	17 Cl	18 Ar
19 K		21 Sc	22 Ti									31 Ga	32 Ge	33 As	34 Se	35 Br	36 Kr
37 Rb	38 Sr	39 Y	40 Zr	41 Nb		43 Tc	44 Ru	45 Rh	46 Pd	47 Ag	48 Cd	49 In	50 Sn	51 Sb	52 Te	53 I	54 Xe
55 Cs	56 Ba	57 La	72 Hf	73 Ta		75 Re	76 Os	77 Ir	78 Pt	79 Au	80 Hg	81 Tl	82 Pb	83 Bi	84 Po	85 At	86 Rn
87 Fr	88 Ra	89 Ac	104 Rf	105 Db	106 Sg	107 Bh	108 Hs	109 Mt	110 Ds	111 Rg	112 Cn	113 Nh	114 Fl	115 Mc	116 Lv	117 Ts	118 Og

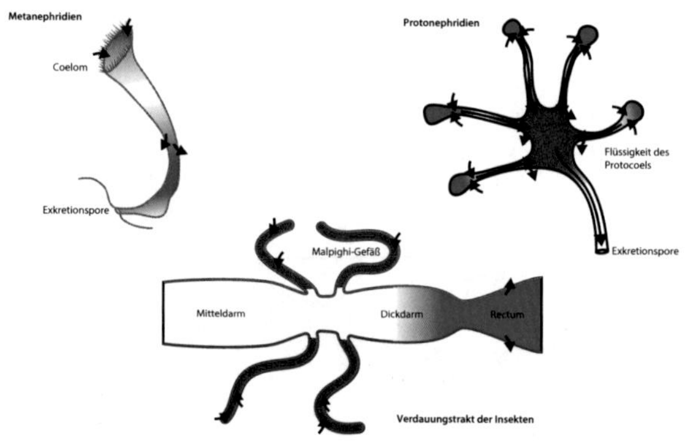

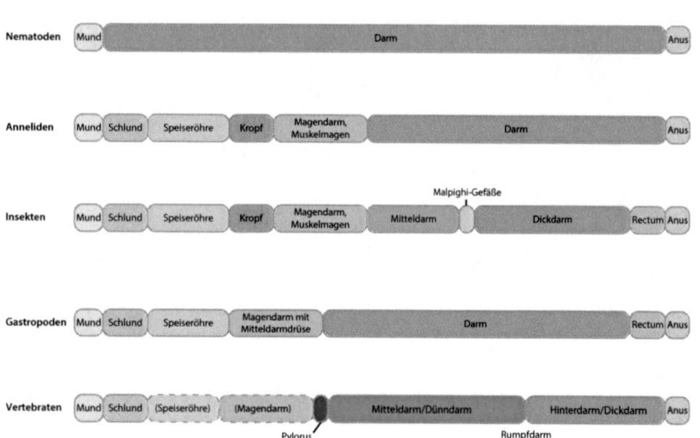

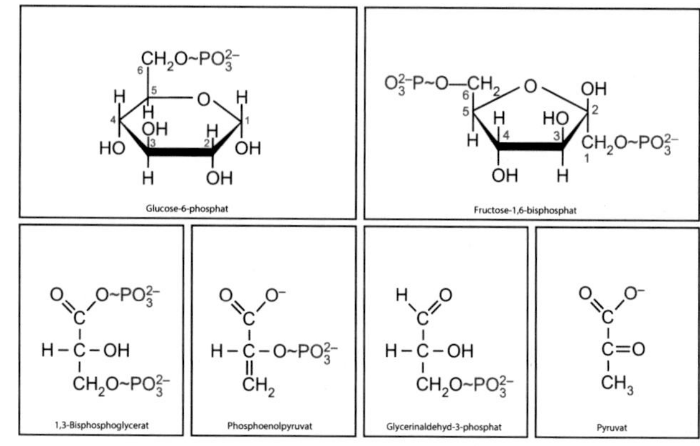

Nach Boenigk (Hrsg.), Boenigk Biologie, © Springer-Verlag GmbH Deutschland, ein Teil von Springer Nature 2021

Physiologie – Lösungen zu den Aufgaben 84 bis 88

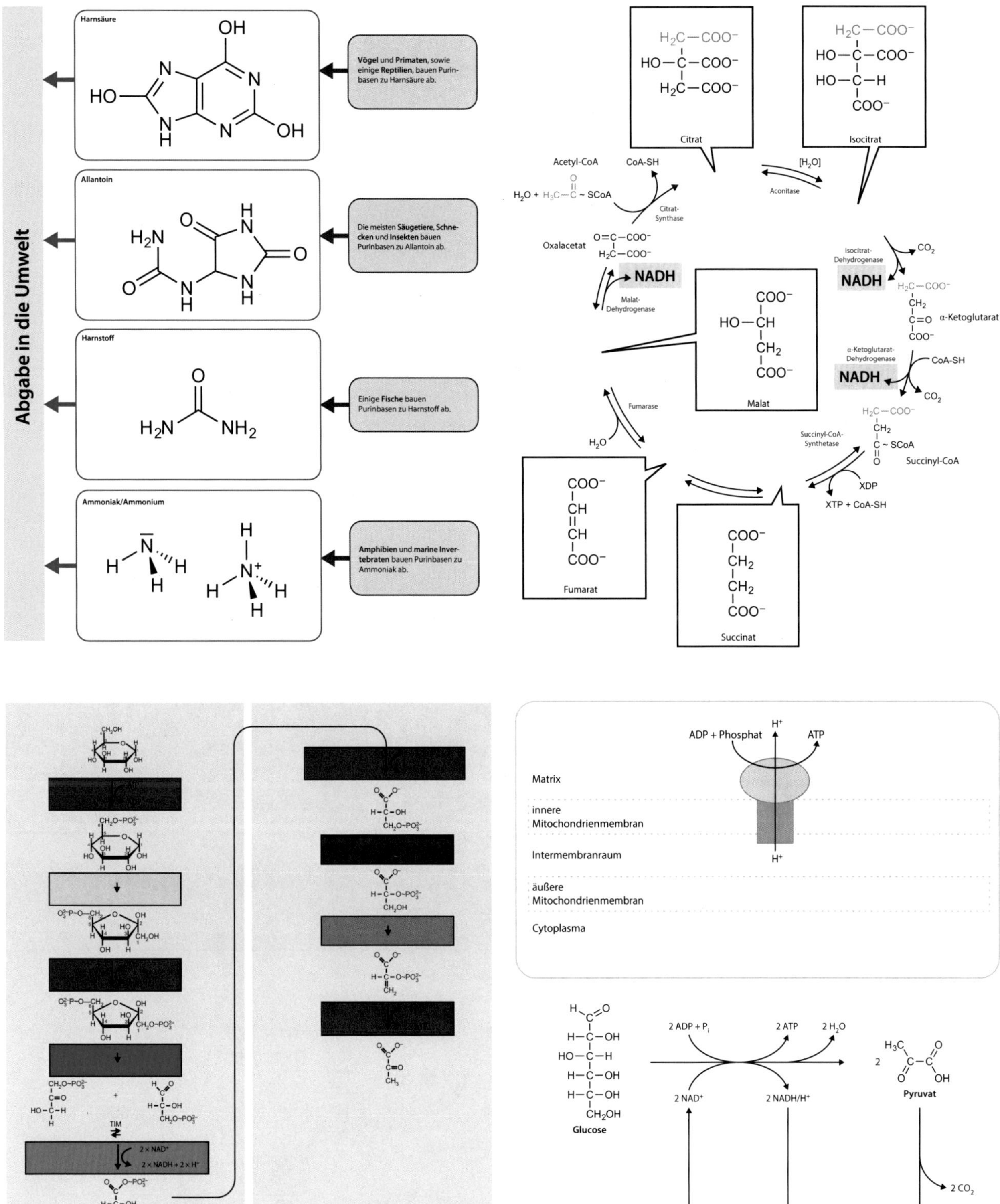

Nach Boenigk (Hrsg.), Boenigk Biologie, © Springer-Verlag GmbH Deutschland, ein Teil von Springer Nature 2021

7

Physiologie – Lösungen zu den Aufgaben 89 bis 96

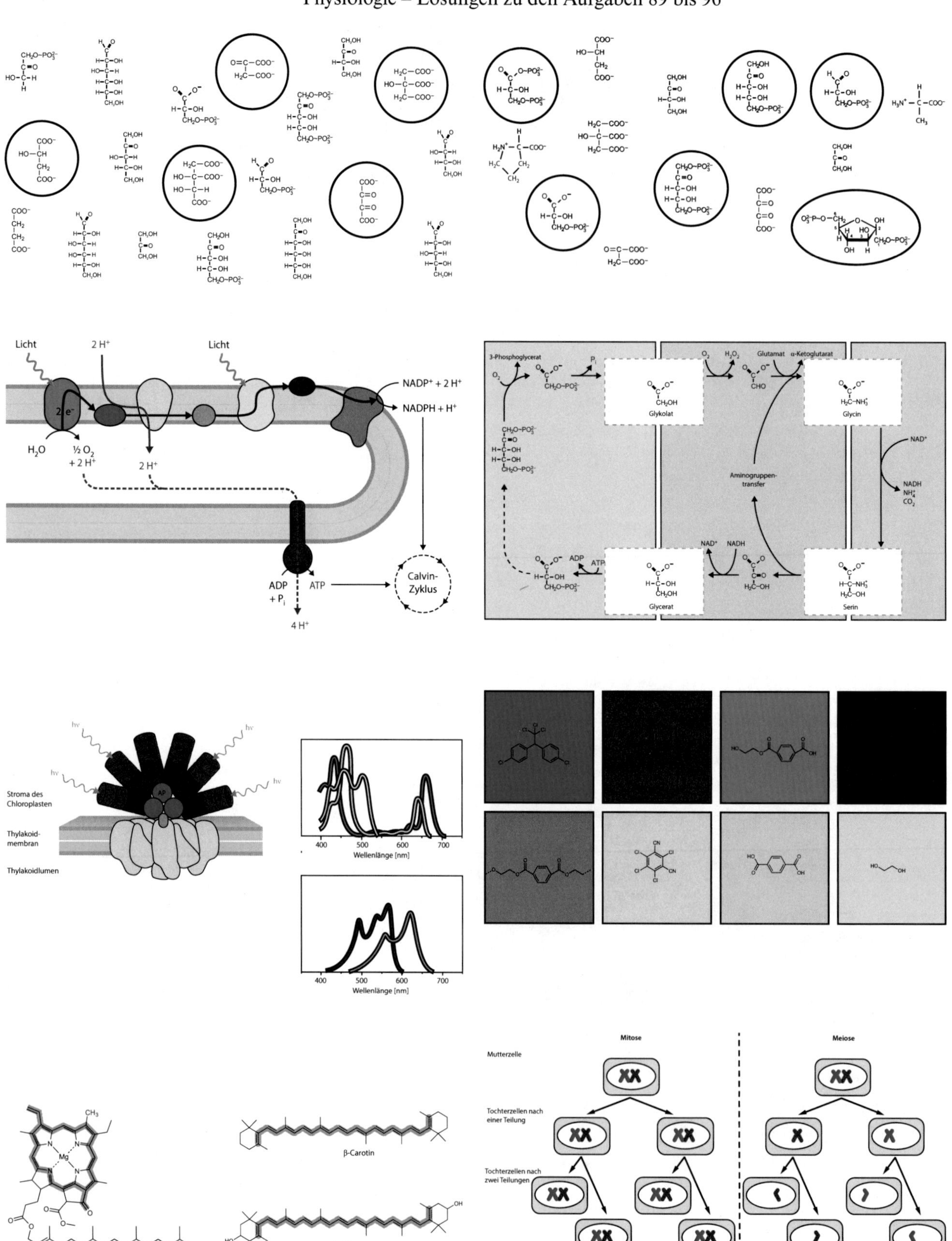

Nach Boenigk (Hrsg.), Boenigk Biologie, © Springer-Verlag GmbH Deutschland, ein Teil von Springer Nature 2021

Physiologie – Lösungen zu den Aufgaben 97 bis 105

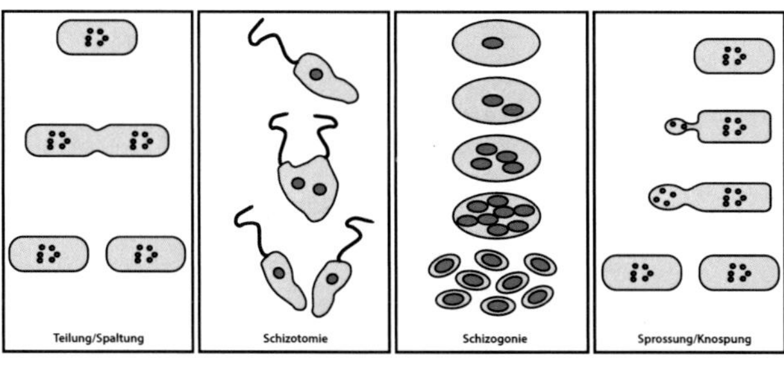

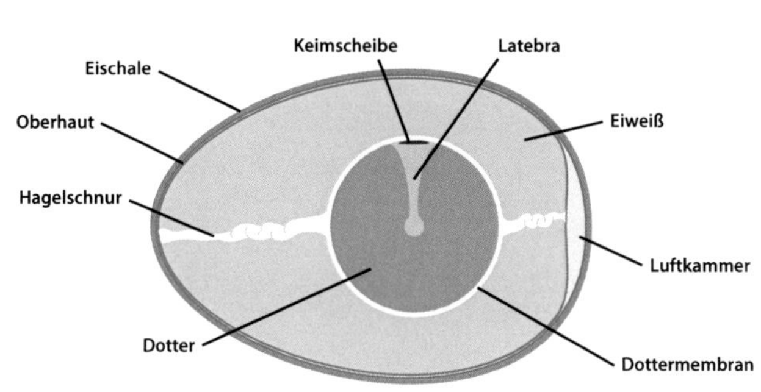

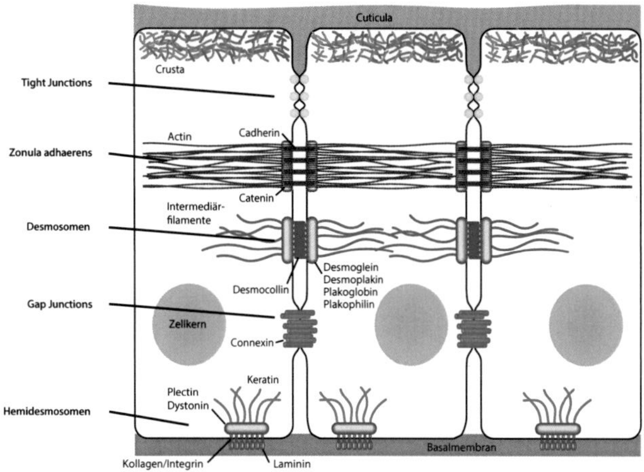

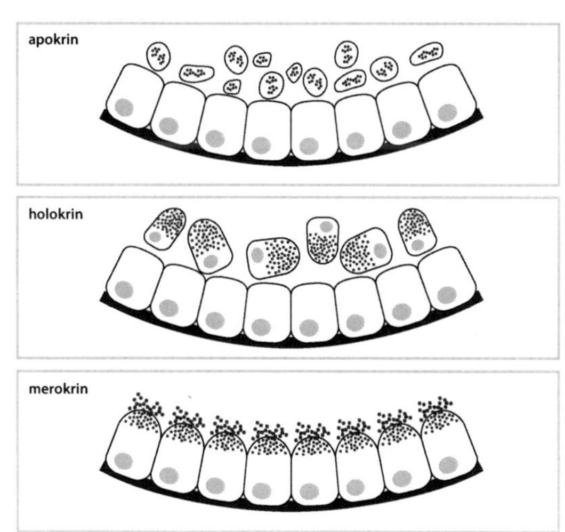

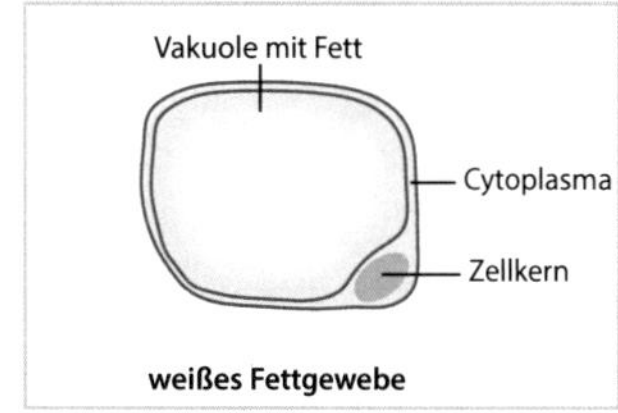

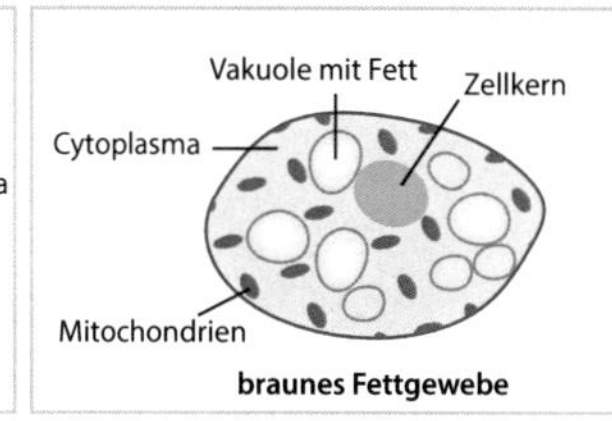

Nach Boenigk (Hrsg.), Boenigk Biologie, © Springer-Verlag GmbH Deutschland, ein Teil von Springer Nature 2021

Physiologie – Lösungen zu den Aufgaben 106 bis 113

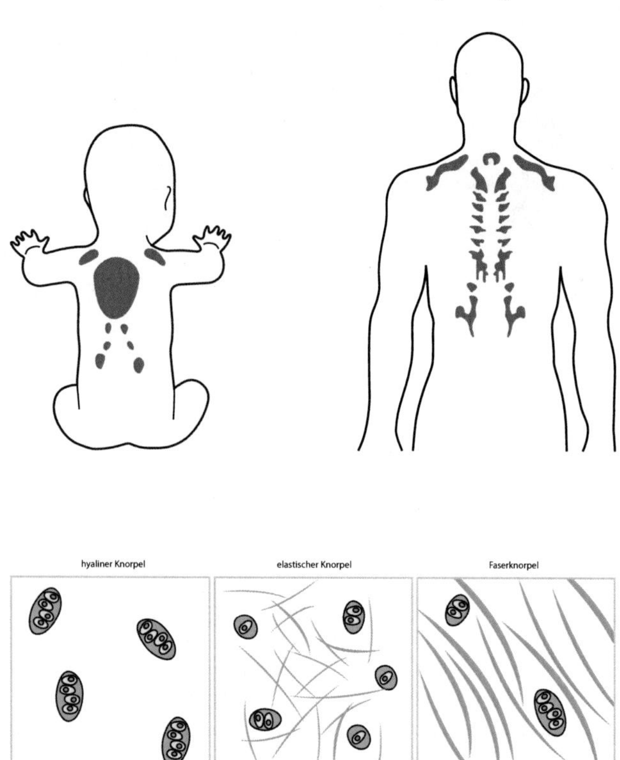

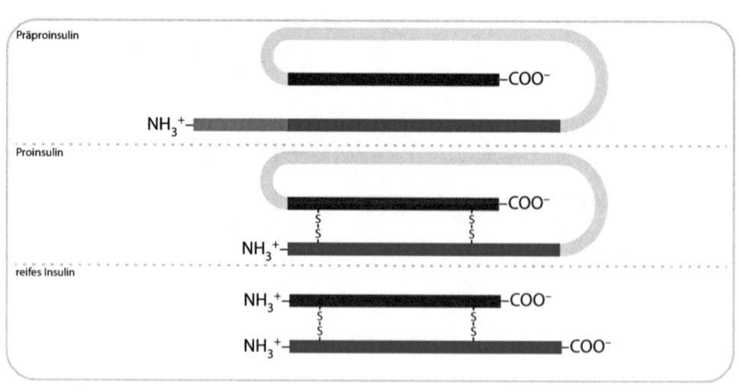

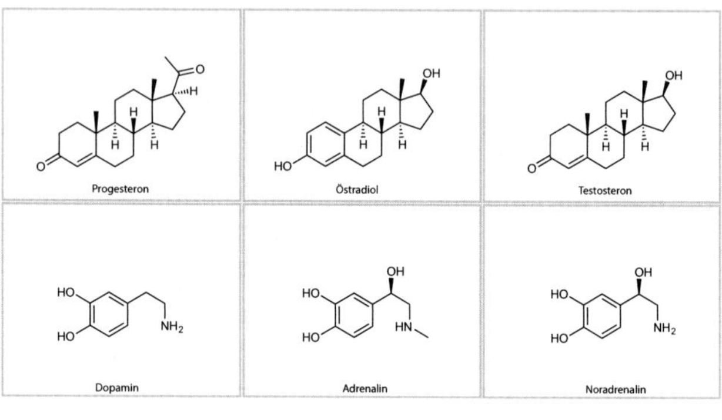

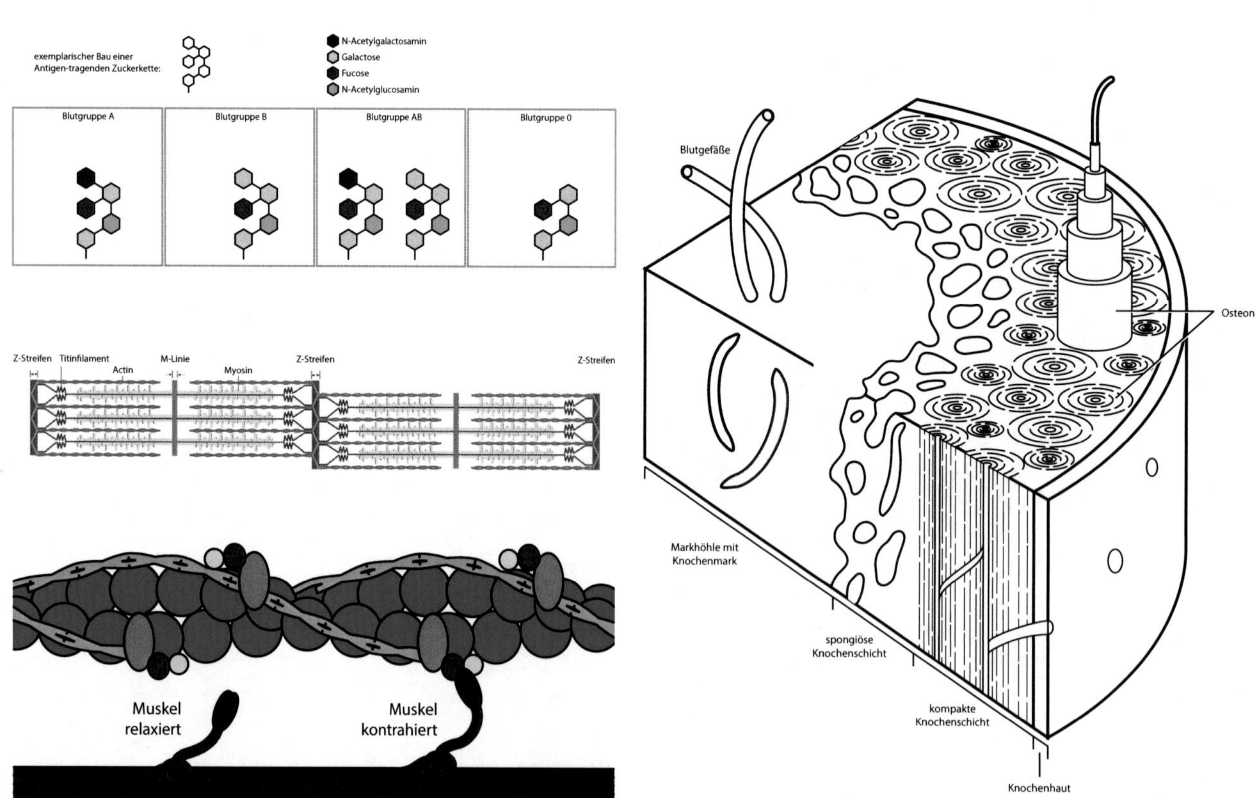

Nach Boenigk (Hrsg.), Boenigk Biologie, © Springer-Verlag GmbH Deutschland, ein Teil von Springer Nature 2021

Physiologie – Lösungen zu den Aufgaben 114 bis 121

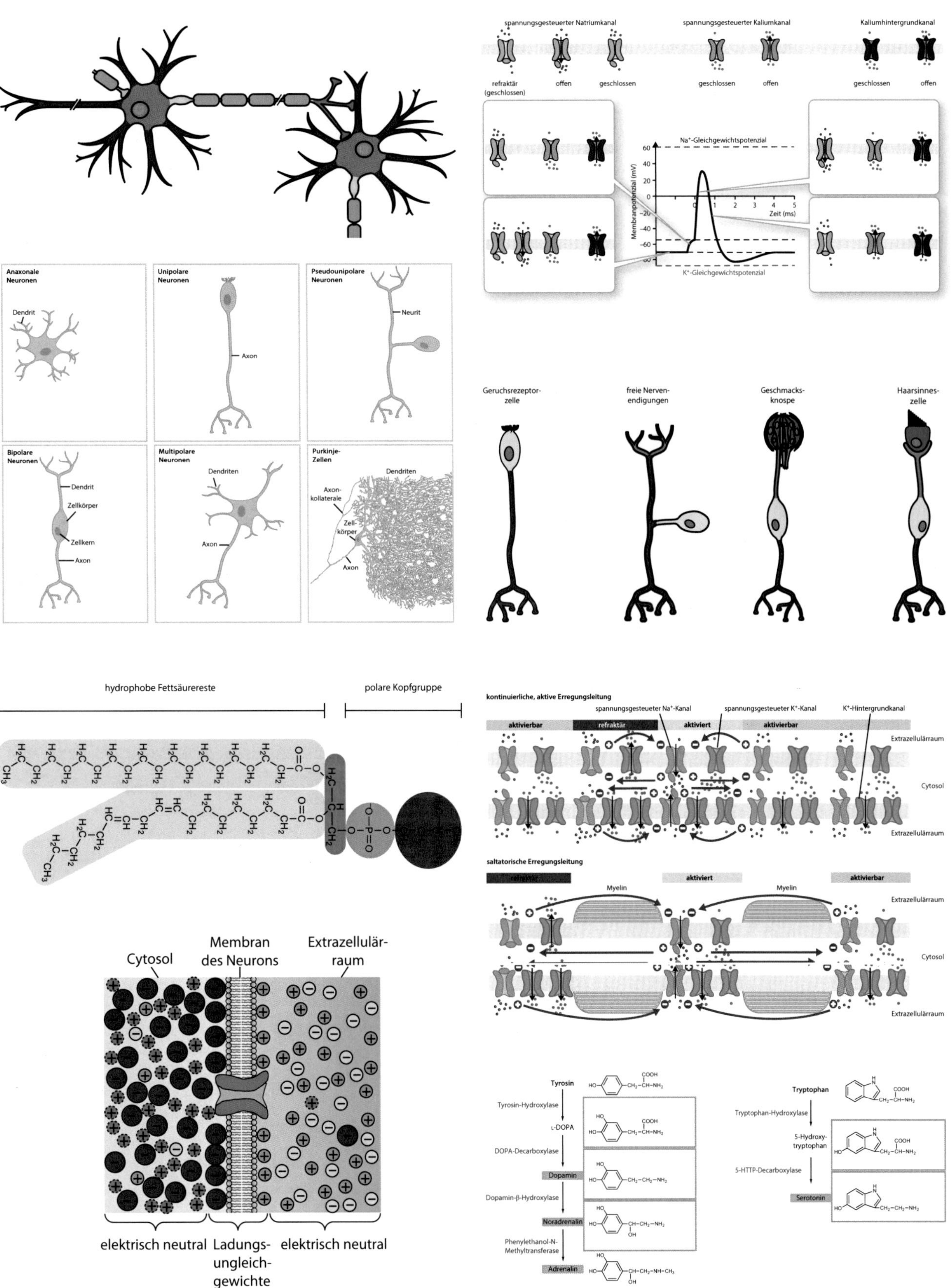

Nach Boenigk (Hrsg.), Boenigk Biologie, © Springer-Verlag GmbH Deutschland, ein Teil von Springer Nature 2021

Physiologie – Lösungen zu den Aufgaben 122 bis 129

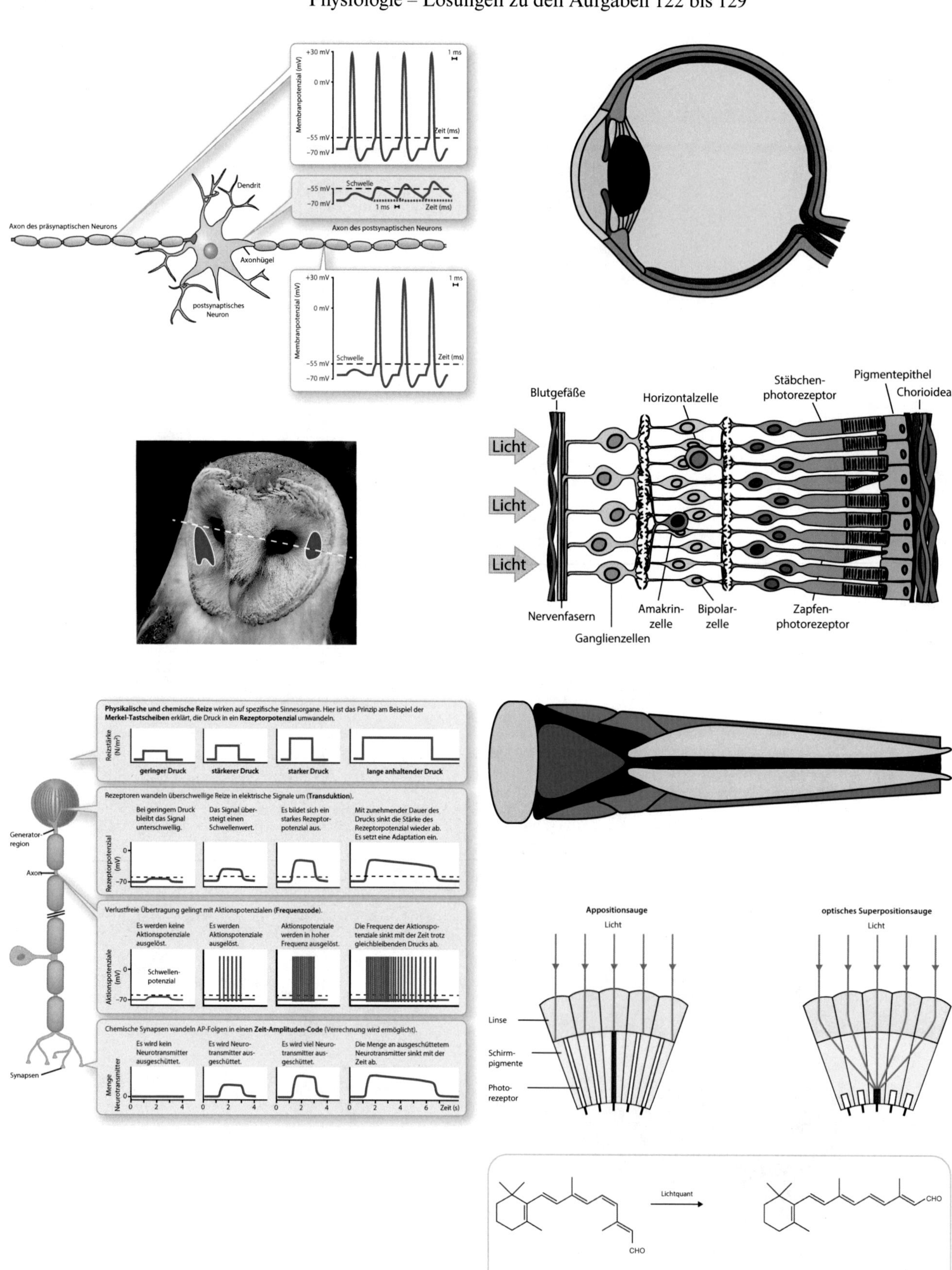

Nach Boenigk (Hrsg.), Boenigk Biologie, © Springer-Verlag GmbH Deutschland, ein Teil von Springer Nature 2021

Physiologie – Lösungen zu den Aufgaben 130 bis 139

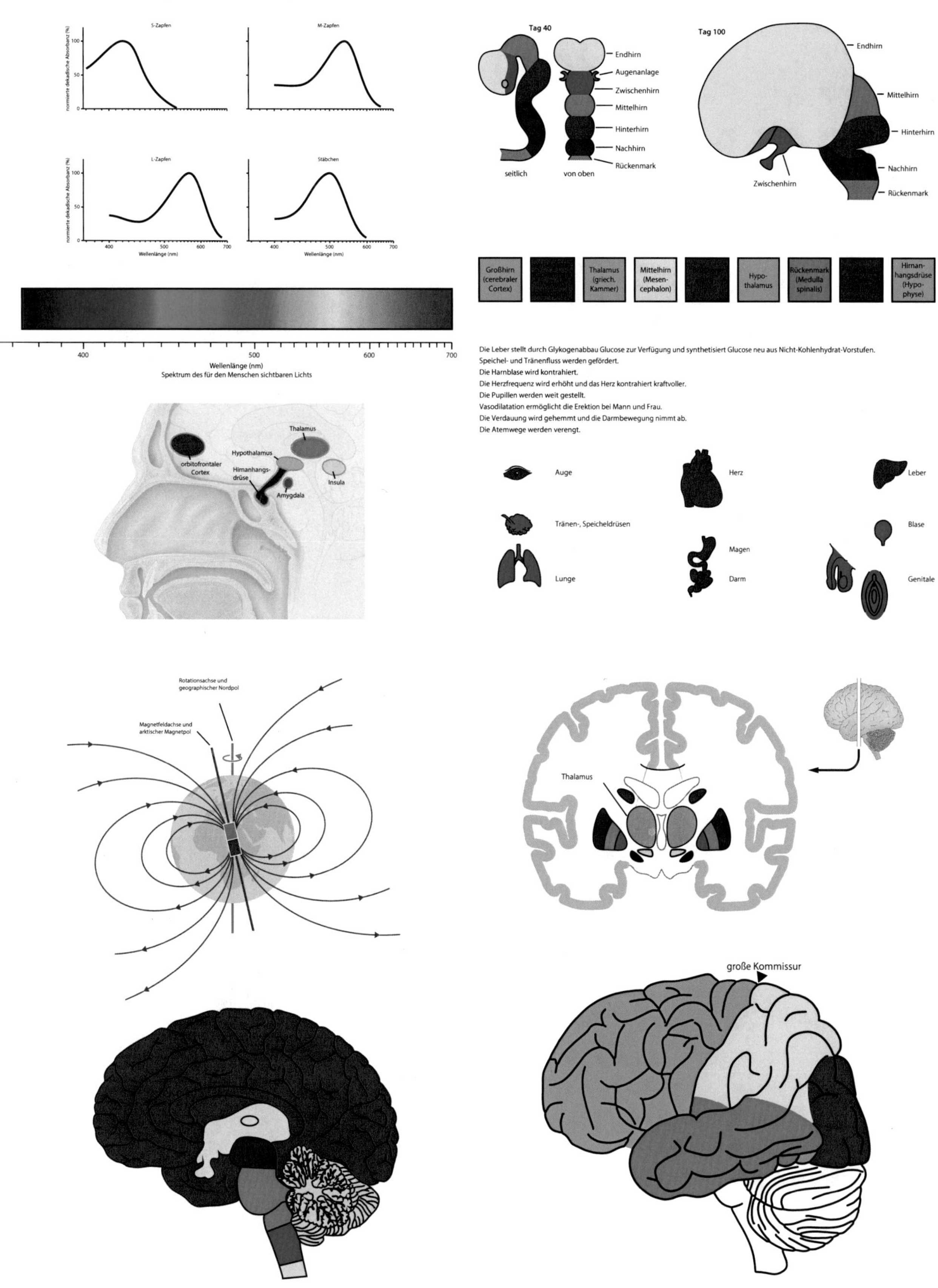

Nach Boenigk (Hrsg.), Boenigk Biologie, © Springer-Verlag GmbH Deutschland, ein Teil von Springer Nature 2021

Physiologie – Lösungen zu den Aufgaben 140 bis 146

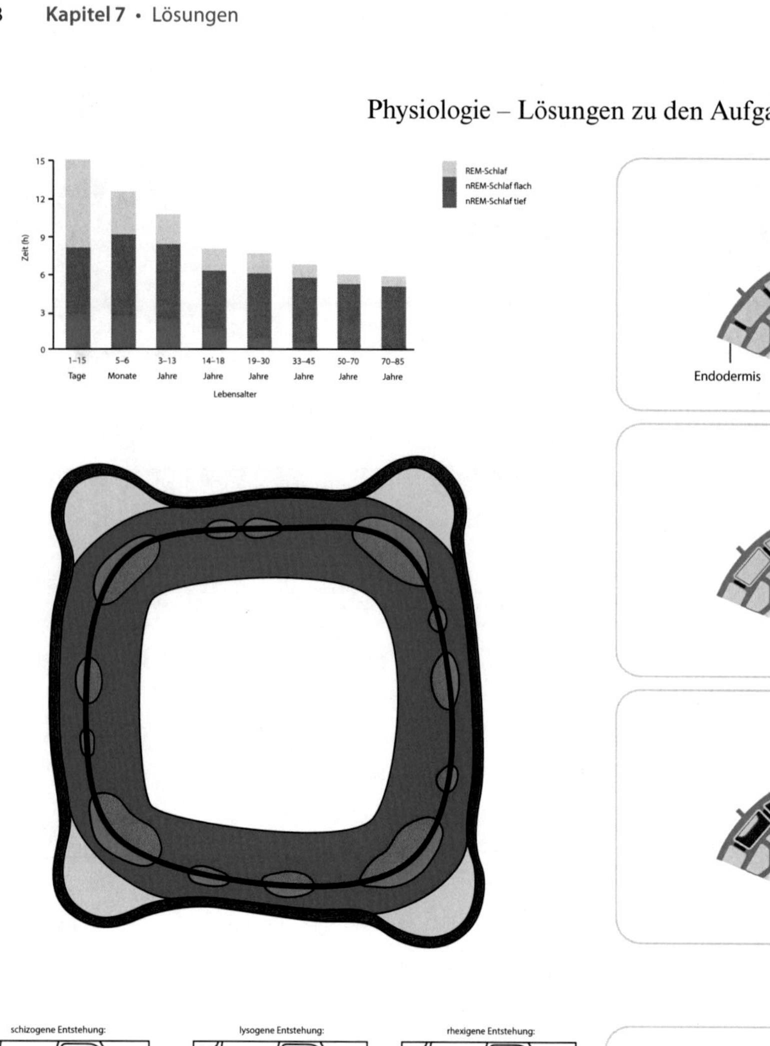

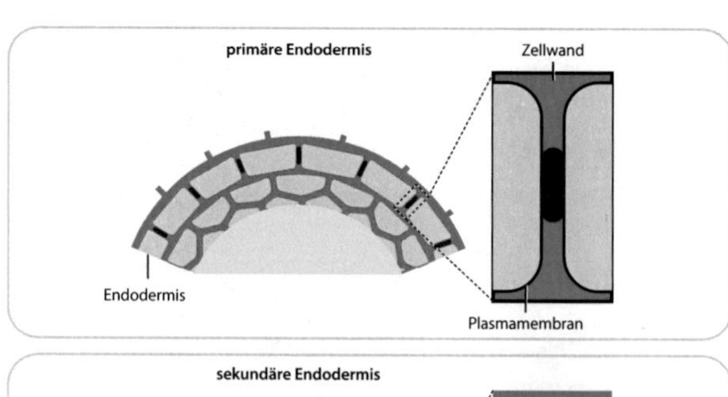

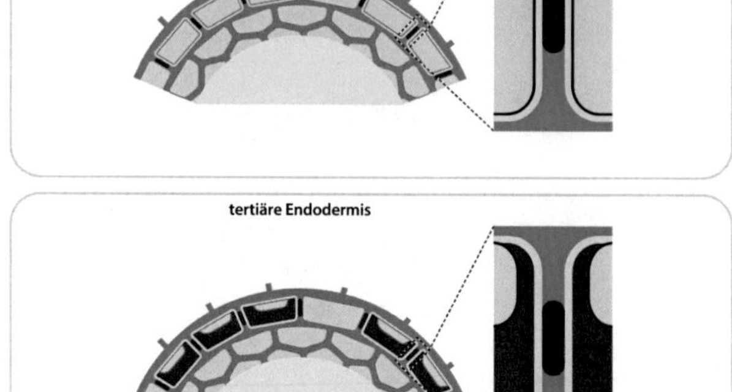

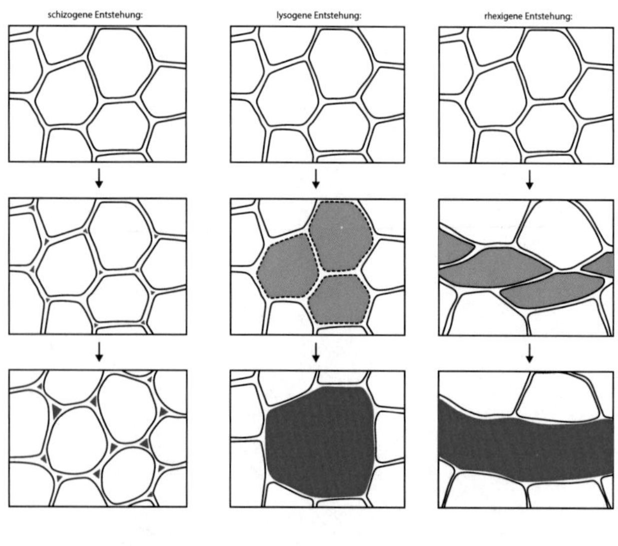

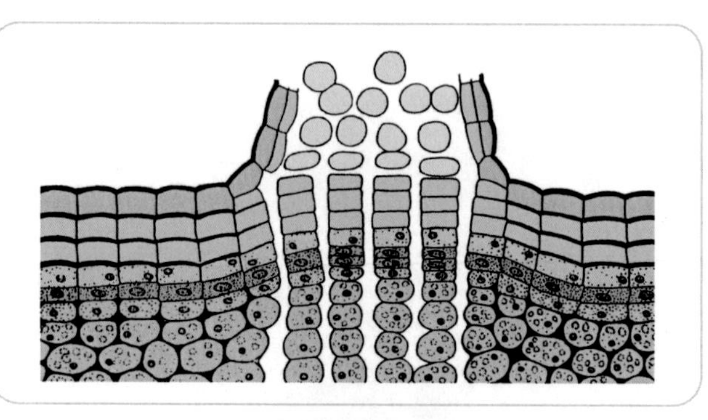

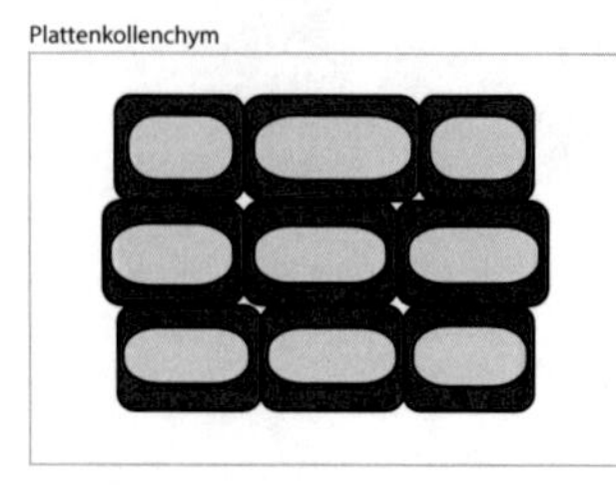

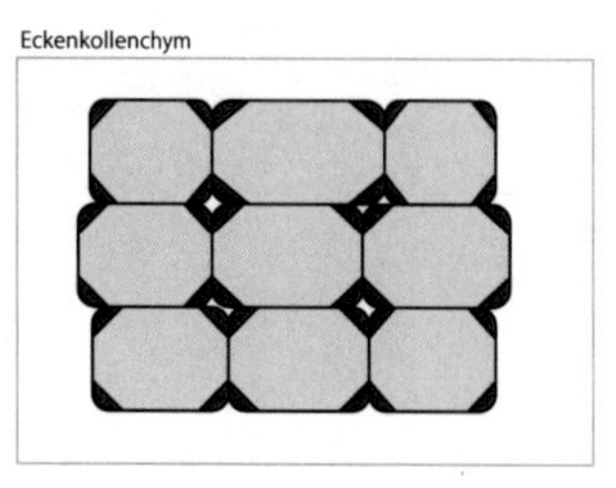

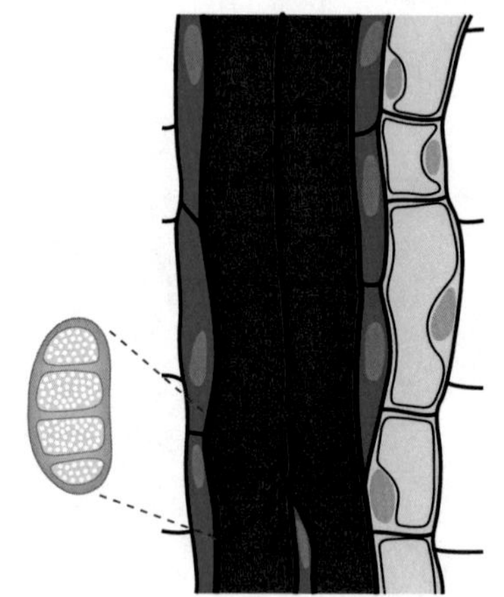

Nach Boenigk (Hrsg.), Boenigk Biologie, © Springer-Verlag GmbH Deutschland, ein Teil von Springer Nature 2021

Physiologie – Lösungen zu den Aufgaben 147 bis 152

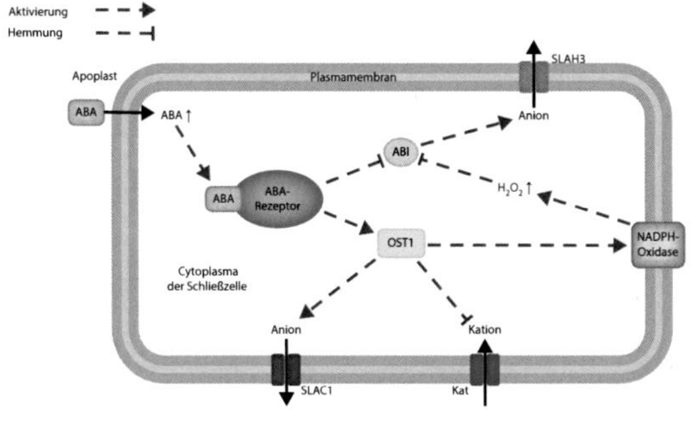

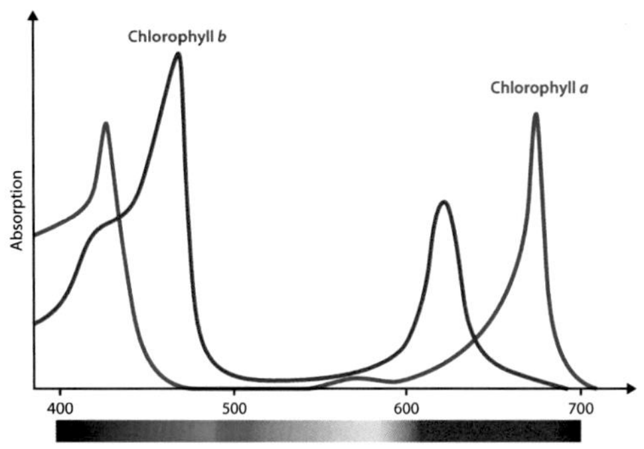

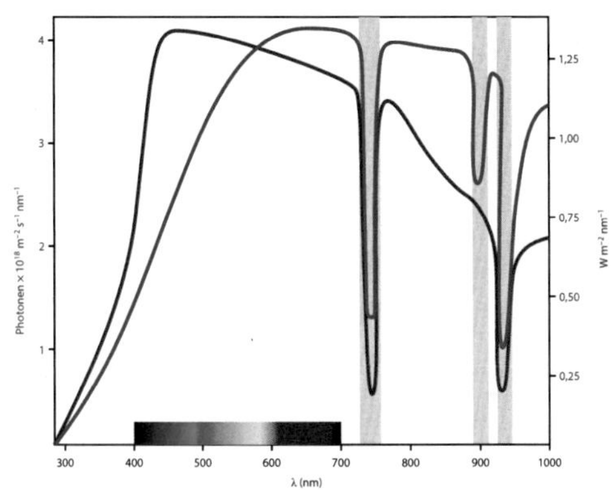

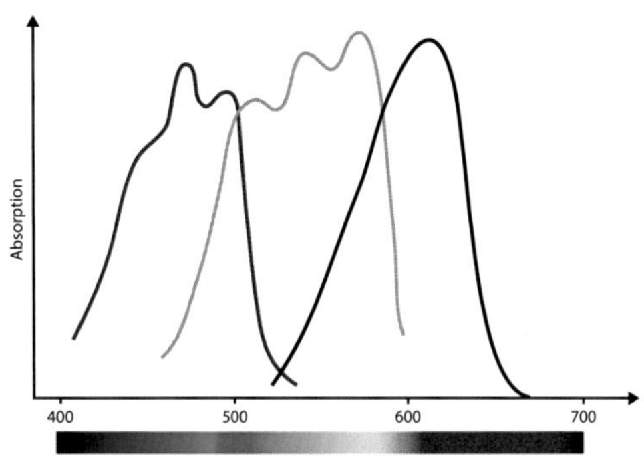

Chlorophyll *a*

Chlorophyll *b*

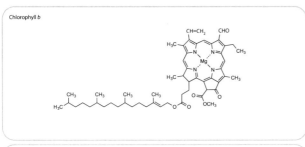

Chlorophyll *c1*

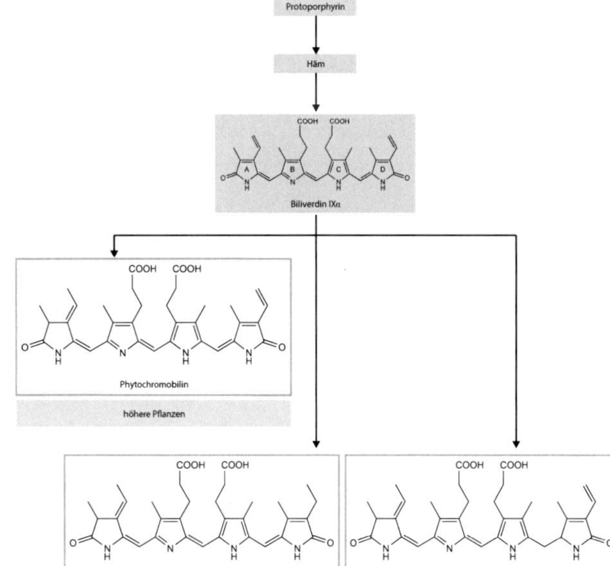

Nach Boenigk (Hrsg.), Boenigk Biologie, © Springer-Verlag GmbH Deutschland, ein Teil von Springer Nature 2021

Physiologie – Lösungen zu den Aufgaben 153 bis 160

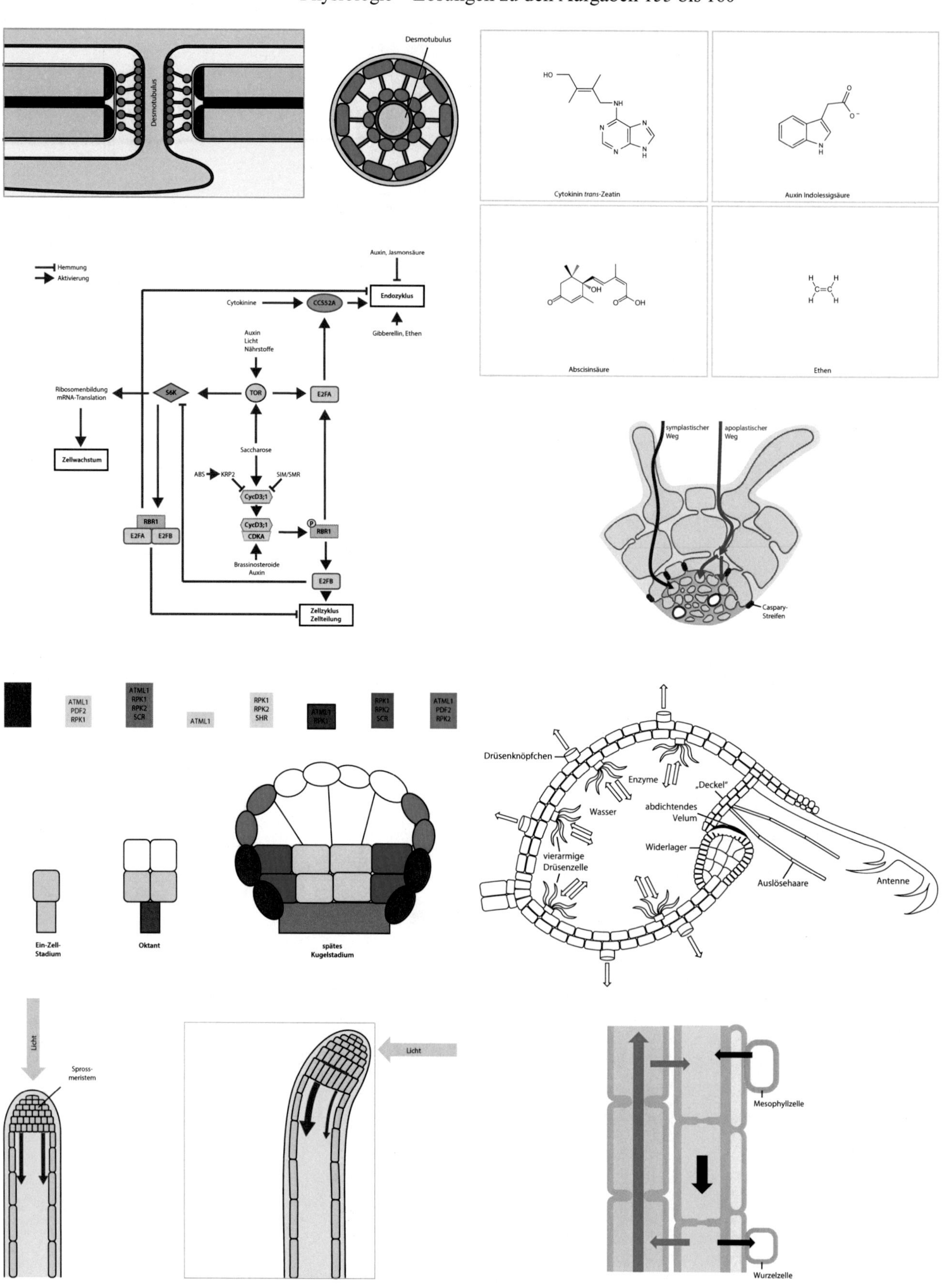

Nach Boenigk (Hrsg.), Boenigk Biologie, © Springer-Verlag GmbH Deutschland, ein Teil von Springer Nature 2021

Physiologie – Lösungen zu den Aufgaben 161 bis 167

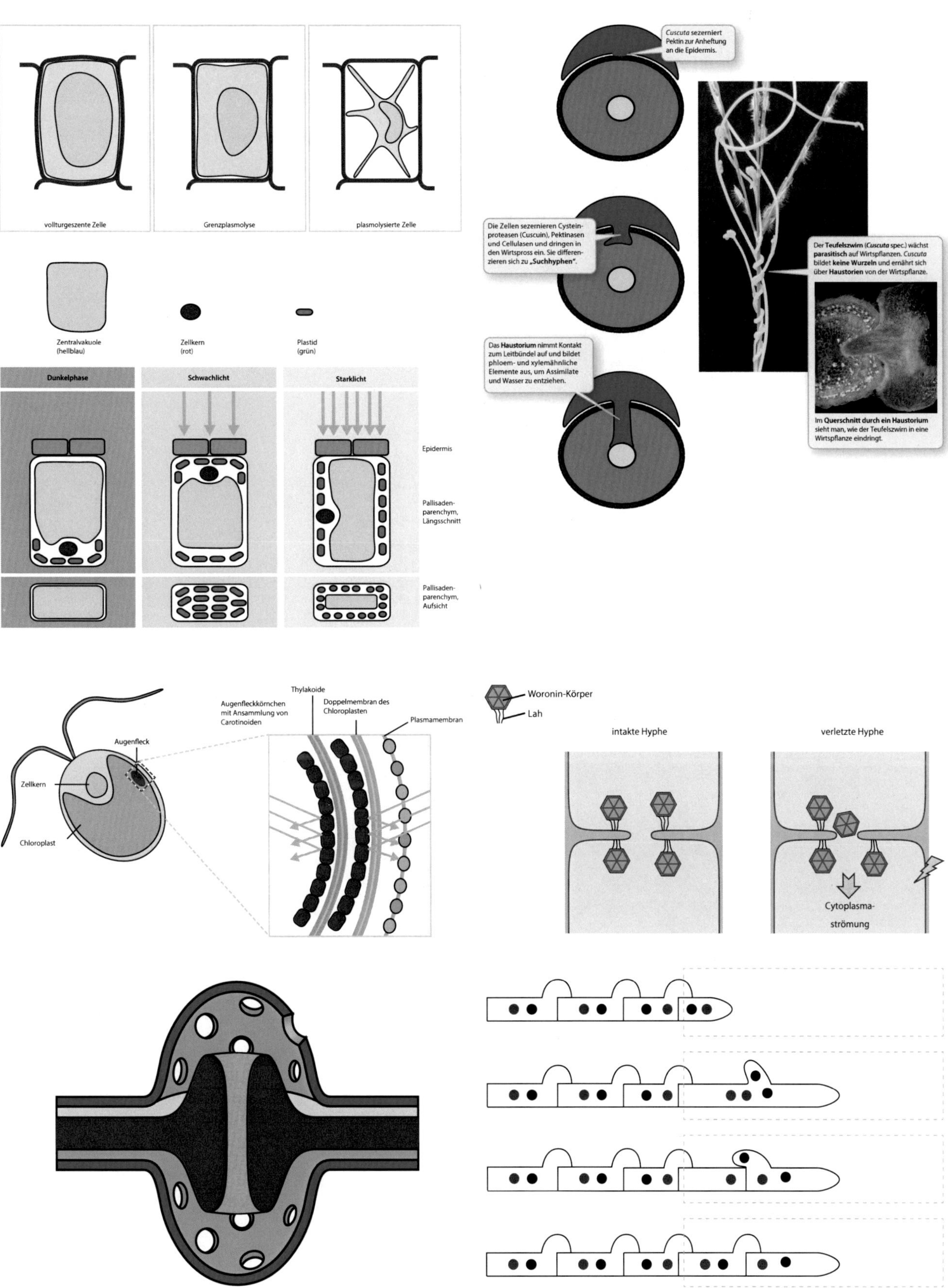
vollturgeszente Zelle
Grenzplasmolyse
plasmolysierte Zelle
Zentralvakuole (hellblau)
Zellkern (rot)
Plastid (grün)
Dunkelphase
Schwachlicht
Starklicht
Epidermis
Pallisaden-parenchym, Längsschnitt
Pallisaden-parenchym, Aufsicht
Cuscuta sezerniert Pektin zur Anheftung an die Epidermis.
Die Zellen sezernieren Cysteinproteasen (Cuscuin), Pektinasen und Cellulasen und dringen in den Wirtspross ein. Sie differenzieren sich zu **„Suchhyphen"**.
Das **Haustorium** nimmt Kontakt zum Leitbündel auf und bildet phloem- und xylemähnliche Elemente aus, um Assimilate und Wasser zu entziehen.
Der **Teufelszwirn** (*Cuscuta* spec.) wächst **parasitisch** auf Wirtspflanzen. *Cuscuta* bildet **keine Wurzeln** und ernährt sich über **Haustorien** von der Wirtspflanze.
Im **Querschnitt durch ein Haustorium** sieht man, wie der Teufelszwirn in eine Wirtspflanze eindringt.
Augenfleck
Zellkern
Chloroplast
Thylakoide
Augenfleckkörnchen mit Ansammlung von Carotinoiden
Doppelmembran des Chloroplasten
Plasmamembran
Woronin-Körper
Lah
intakte Hyphe
verletzte Hyphe
Cytoplasma-strömung

Nach Boenigk (Hrsg.), Boenigk Biologie, © Springer-Verlag GmbH Deutschland, ein Teil von Springer Nature 2021

7

Physiologie – Lösungen zu den Aufgaben 168 bis 175

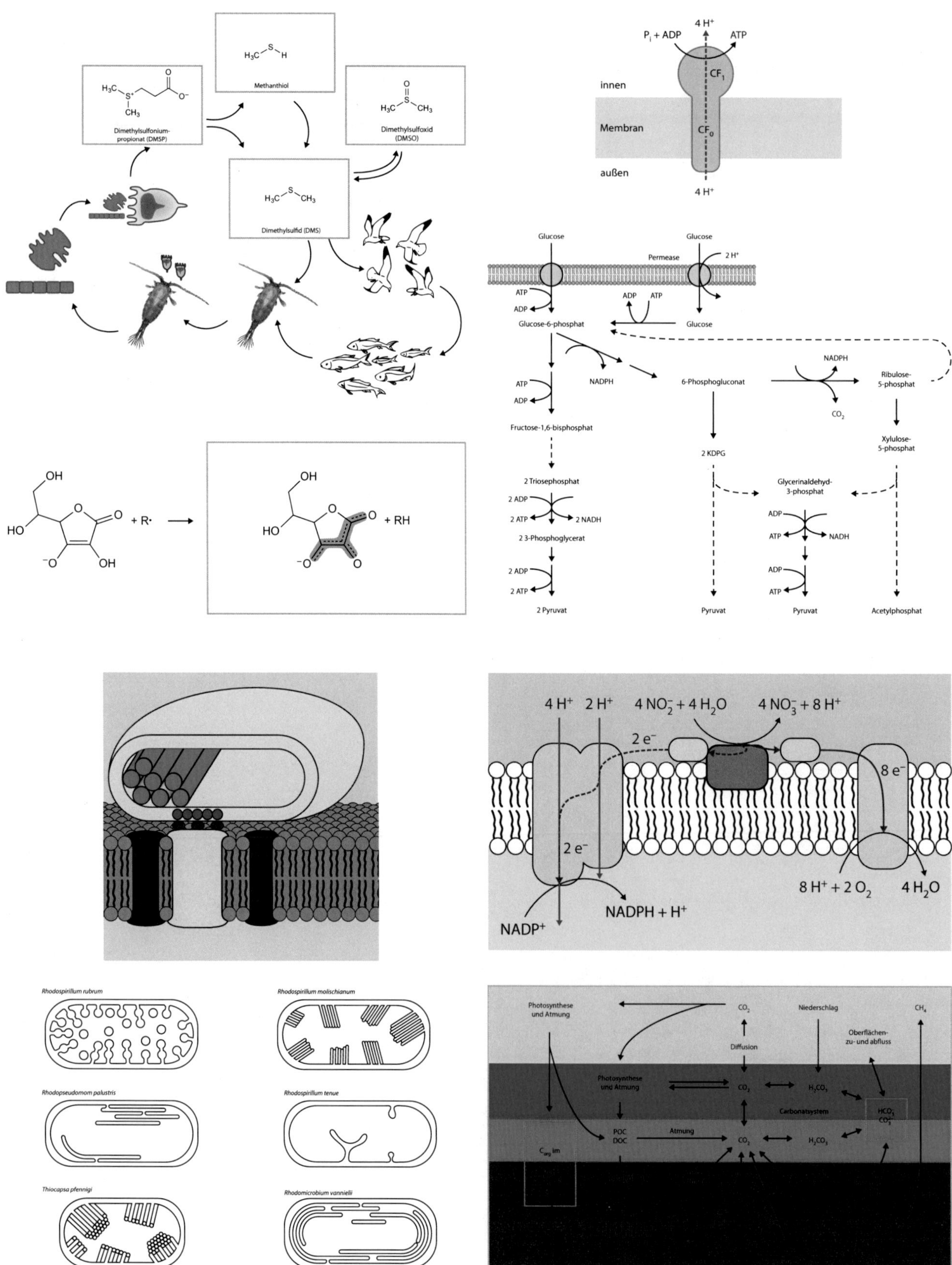

Nach Boenigk (Hrsg.), Boenigk Biologie, © Springer-Verlag GmbH Deutschland, ein Teil von Springer Nature 2021

Physiologie – Lösungen zu den Aufgaben 176 bis 180

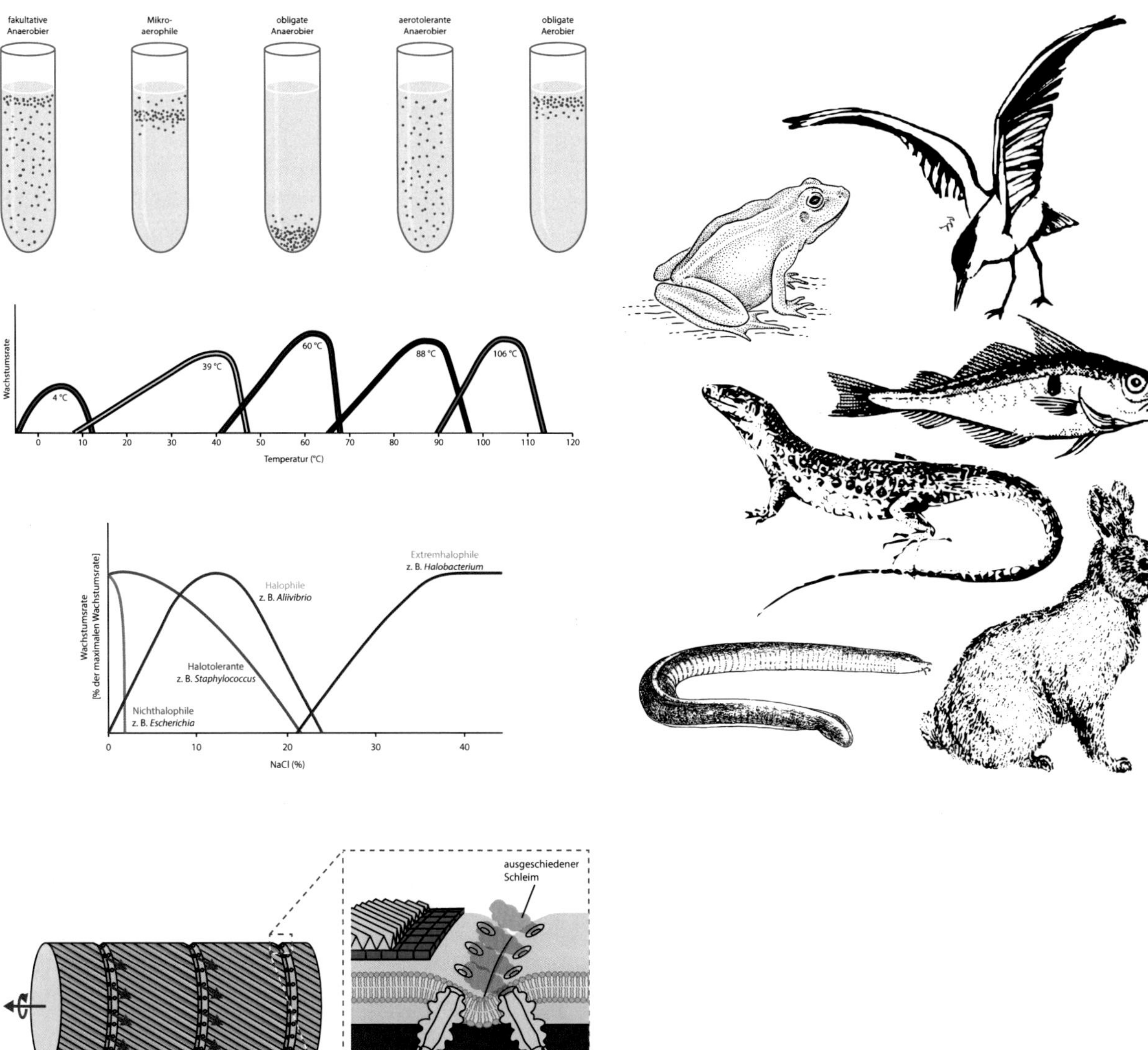

Nach Boenigk (Hrsg.), Boenigk Biologie, © Springer-Verlag GmbH Deutschland, ein Teil von Springer Nature 2021

Evolution – Lösungen zu den Aufgaben 181 bis 186

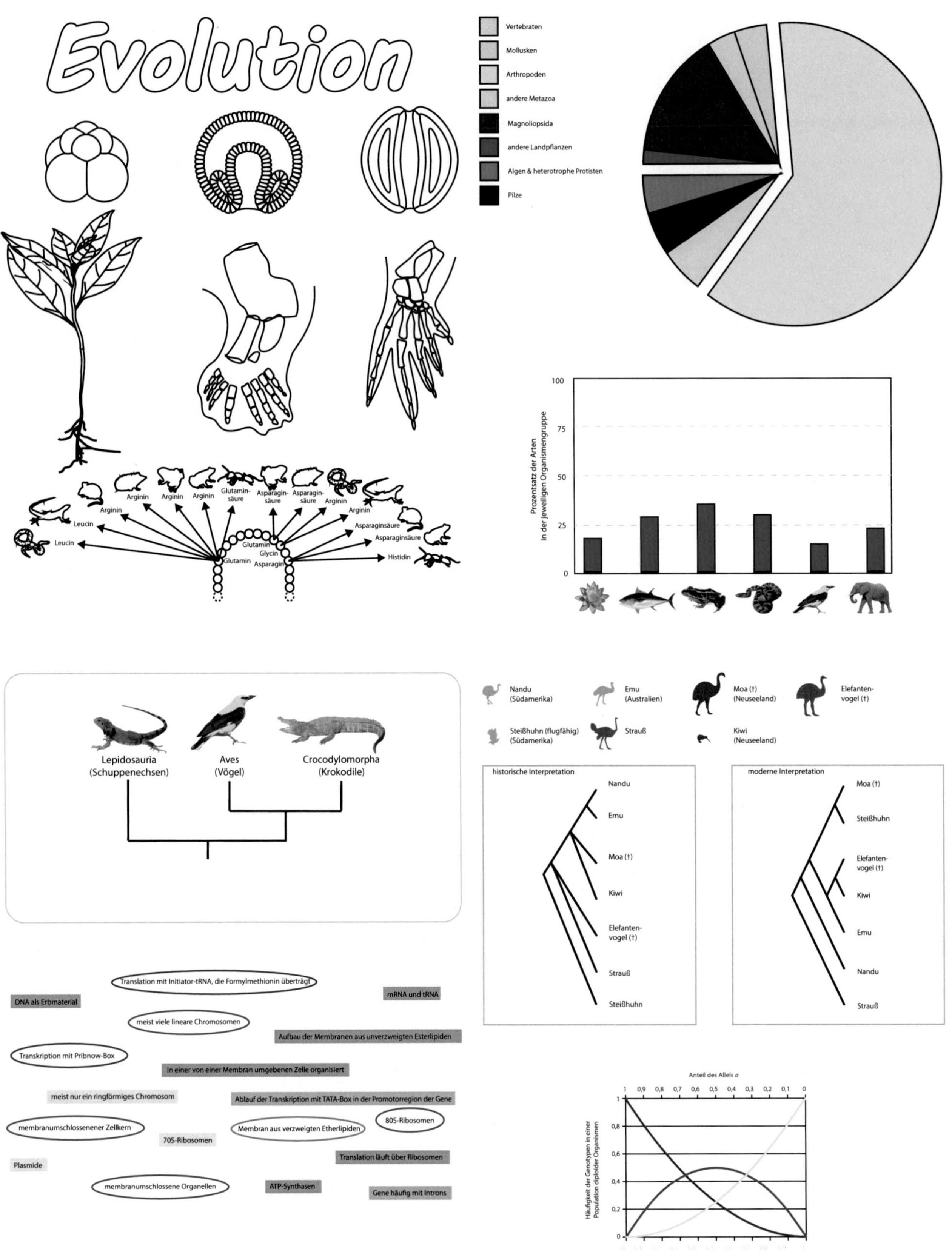

Nach Boenigk (Hrsg.), Boenigk Biologie, © Springer-Verlag GmbH Deutschland, ein Teil von Springer Nature 2021

Evolution – Lösungen zu den Aufgaben 187 bis 192

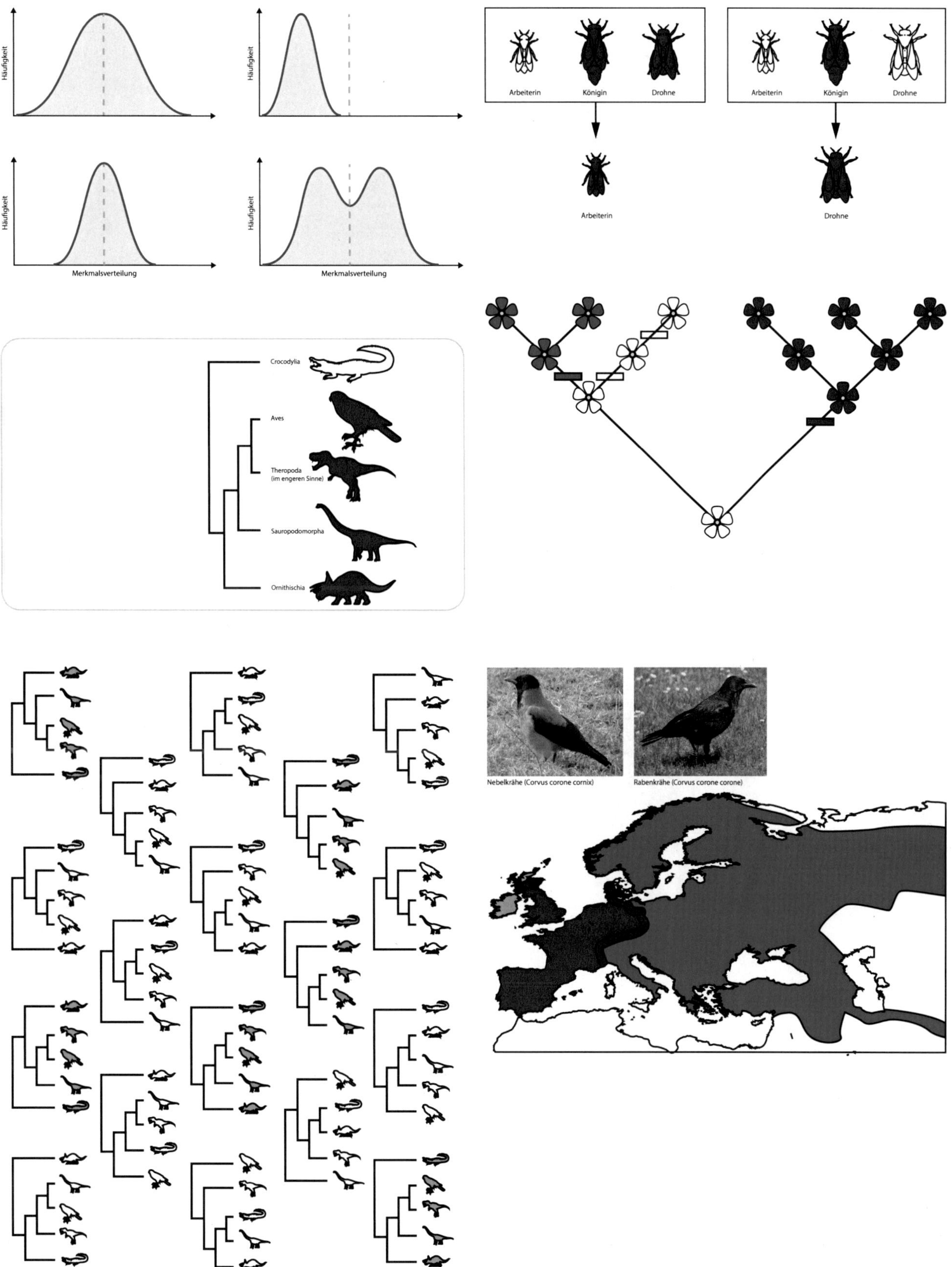

Nach Boenigk (Hrsg.), Boenigk Biologie, © Springer-Verlag GmbH Deutschland, ein Teil von Springer Nature 2021

Evolution – Lösungen zu den Aufgaben 193 bis 198

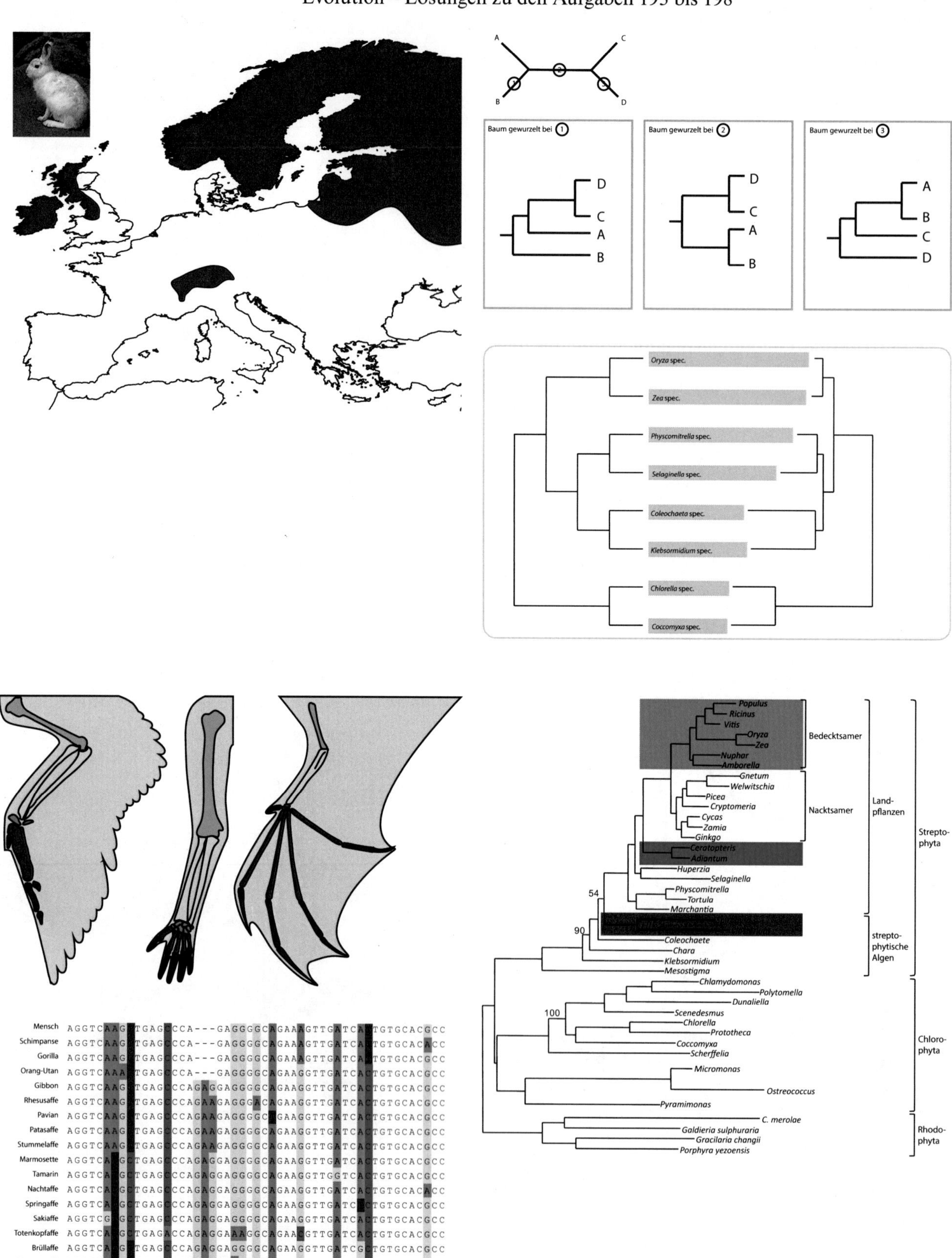

Nach Boenigk (Hrsg.), Boenigk Biologie, © Springer-Verlag GmbH Deutschland, ein Teil von Springer Nature 2021

Evolution – Lösungen zu den Aufgaben 199 bis 206

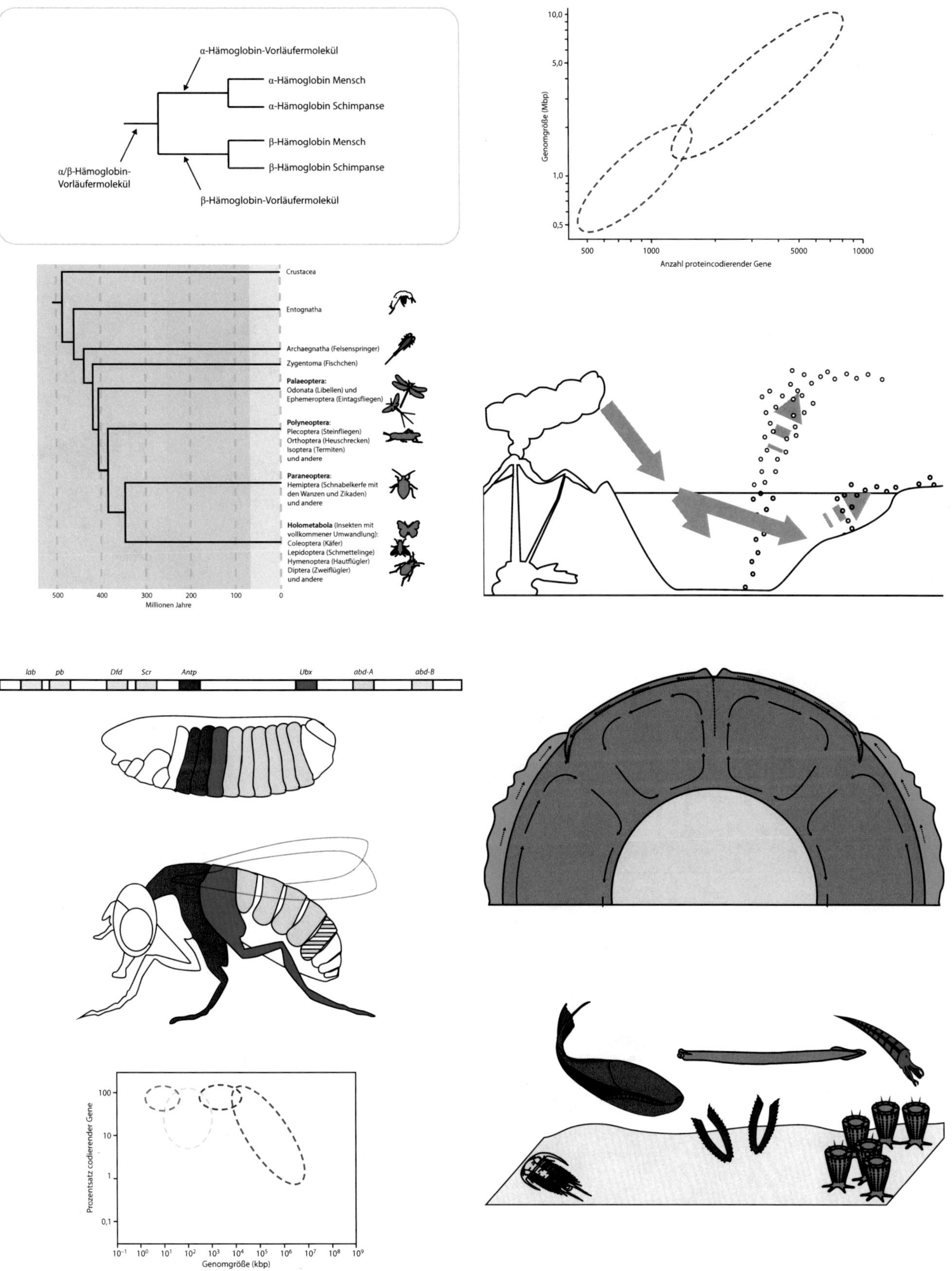

Nach Boenigk (Hrsg.), Boenigk Biologie, © Springer-Verlag GmbH Deutschland, ein Teil von Springer Nature 2021

Evolution – Lösungen zu den Aufgaben 207 bis 213

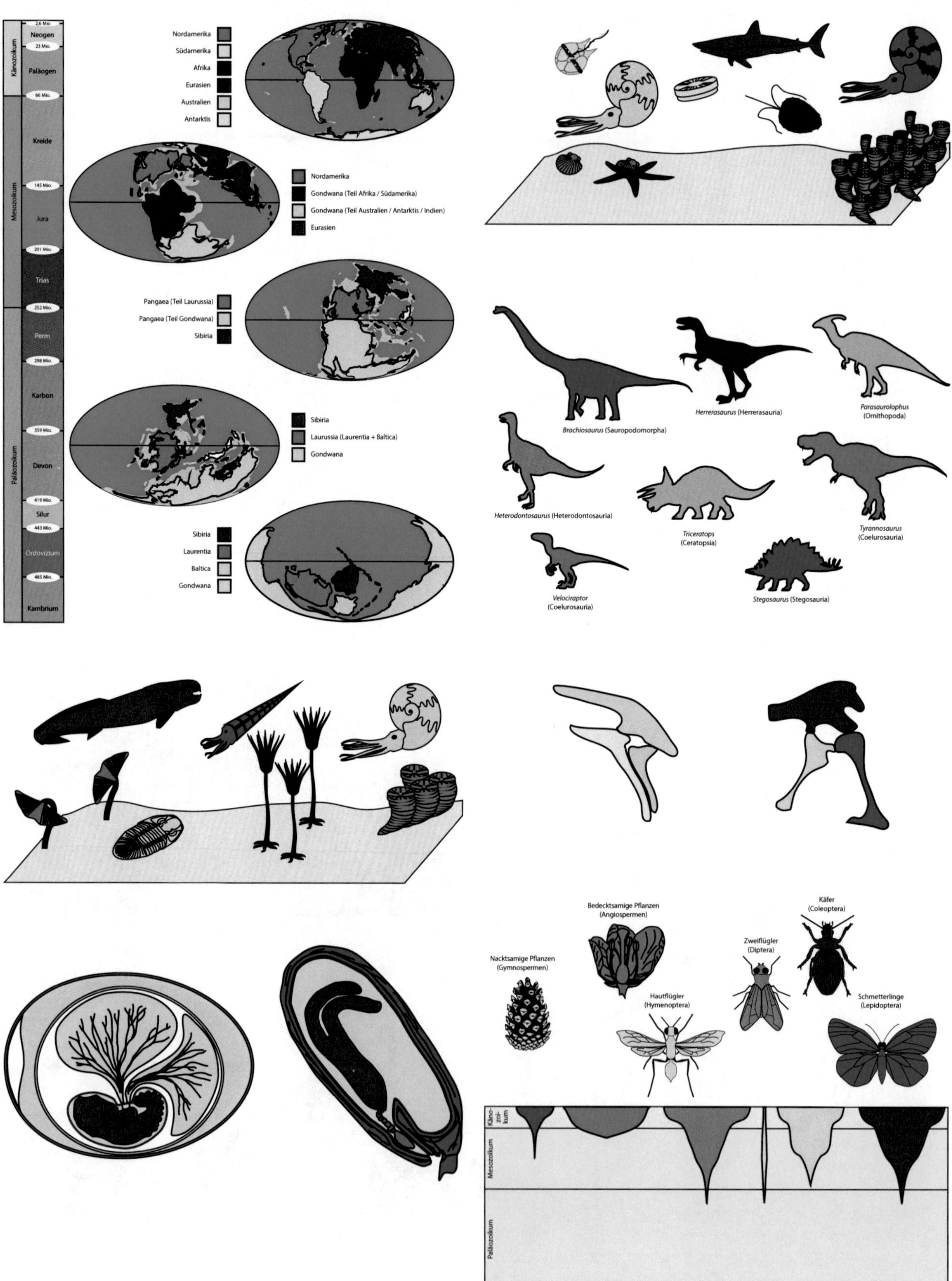

Nach Boenigk (Hrsg.), Boenigk Biologie, © Springer-Verlag GmbH Deutschland, ein Teil von Springer Nature 2021

Evolution – Lösungen zu den Aufgaben 214 bis 221

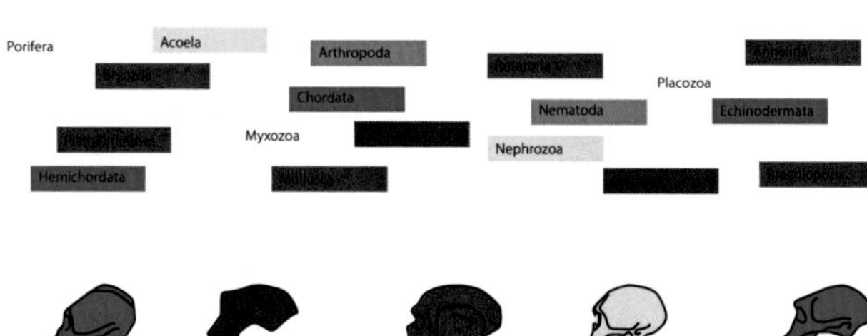

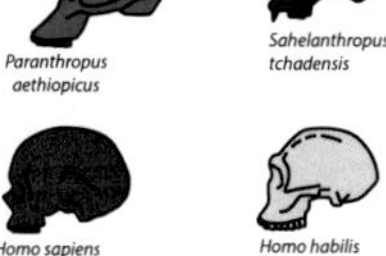

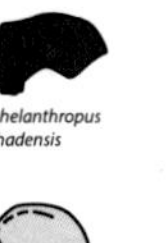

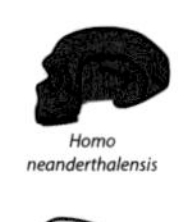

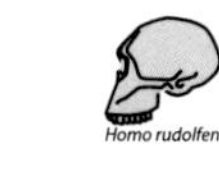

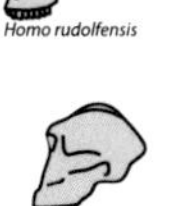

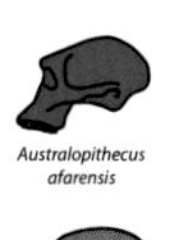

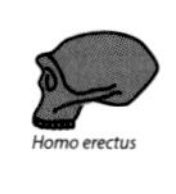

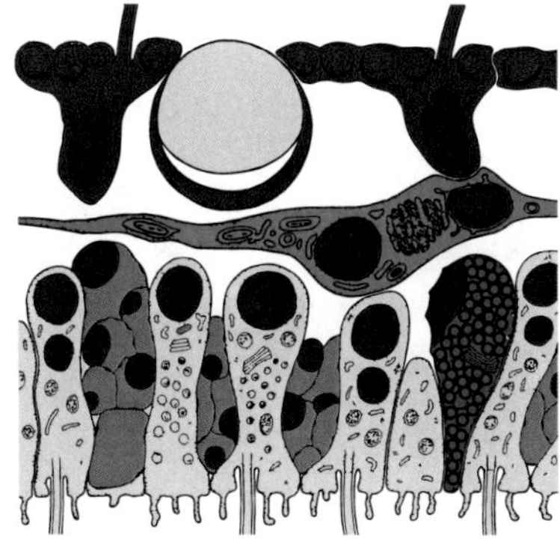

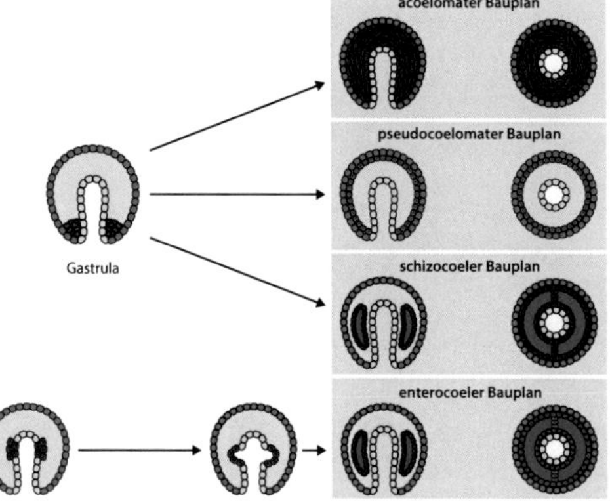

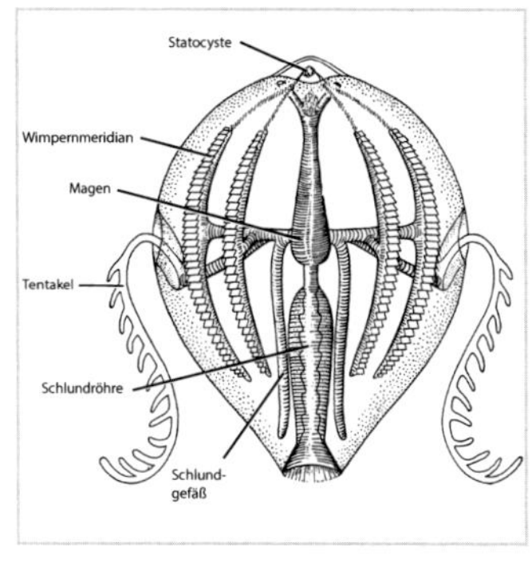

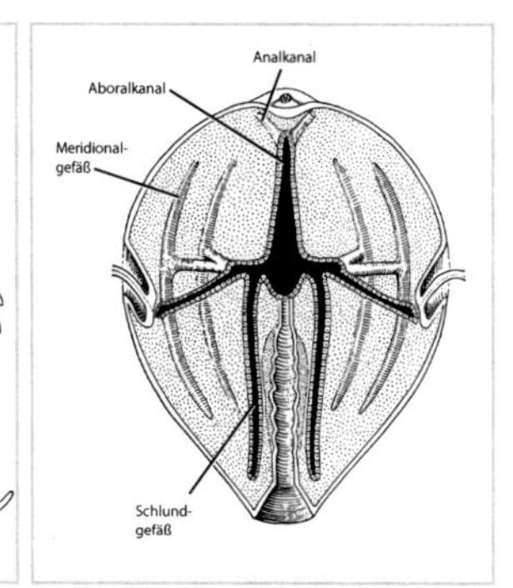

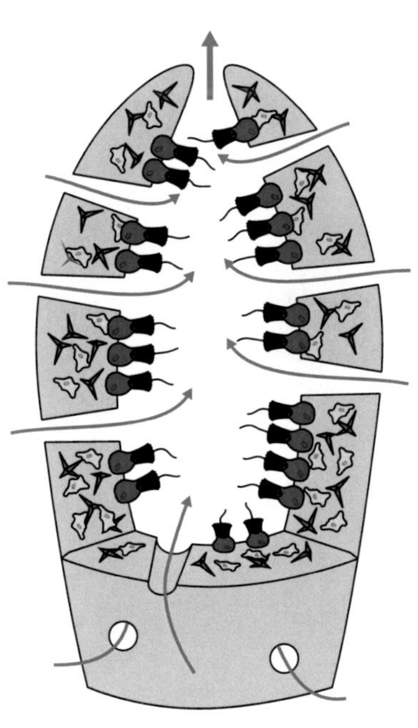

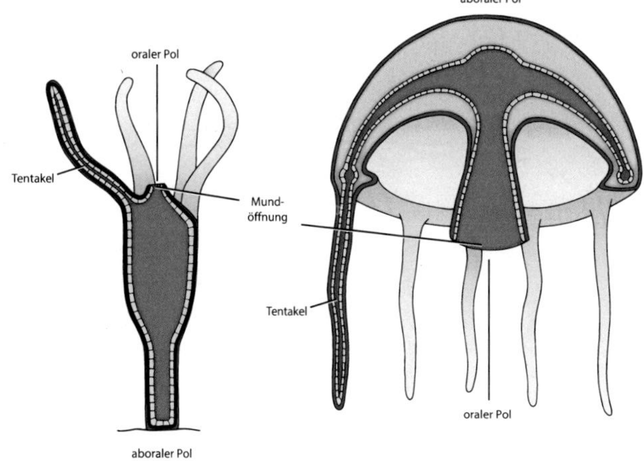

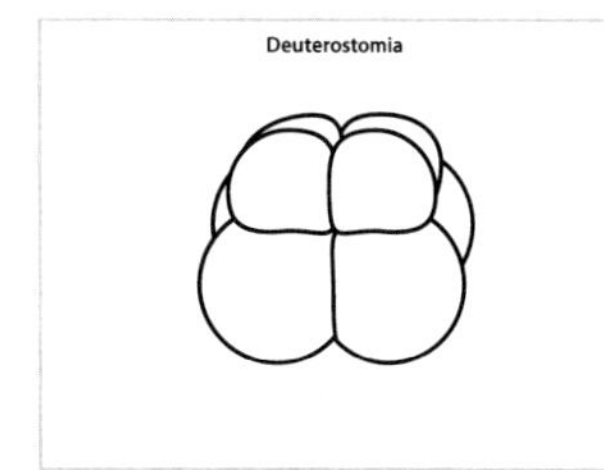

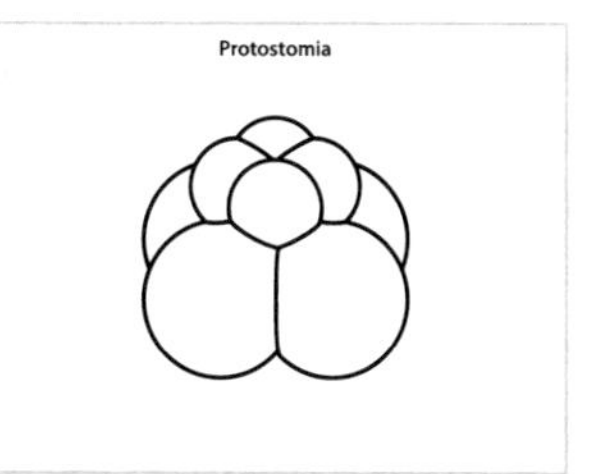

Nach Boenigk (Hrsg.), Boenigk Biologie, © Springer-Verlag GmbH Deutschland, ein Teil von Springer Nature 2021

Evolution – Lösungen zu den Aufgaben 222 bis 230

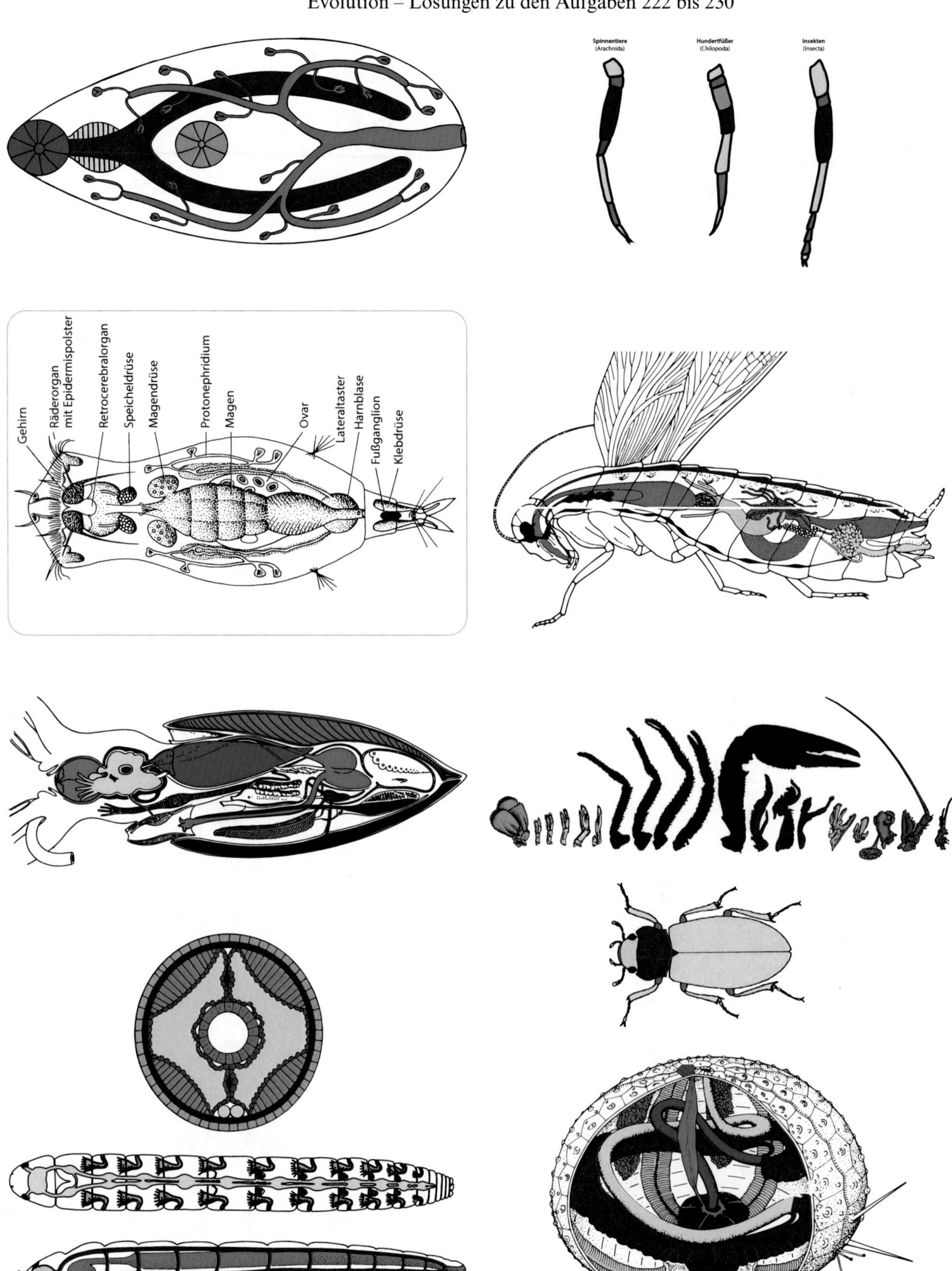

Nach Boenigk (Hrsg.), Boenigk Biologie, © Springer-Verlag GmbH Deutschland, ein Teil von Springer Nature 2021

Evolution – Lösungen zu den Aufgaben 231 bis 236

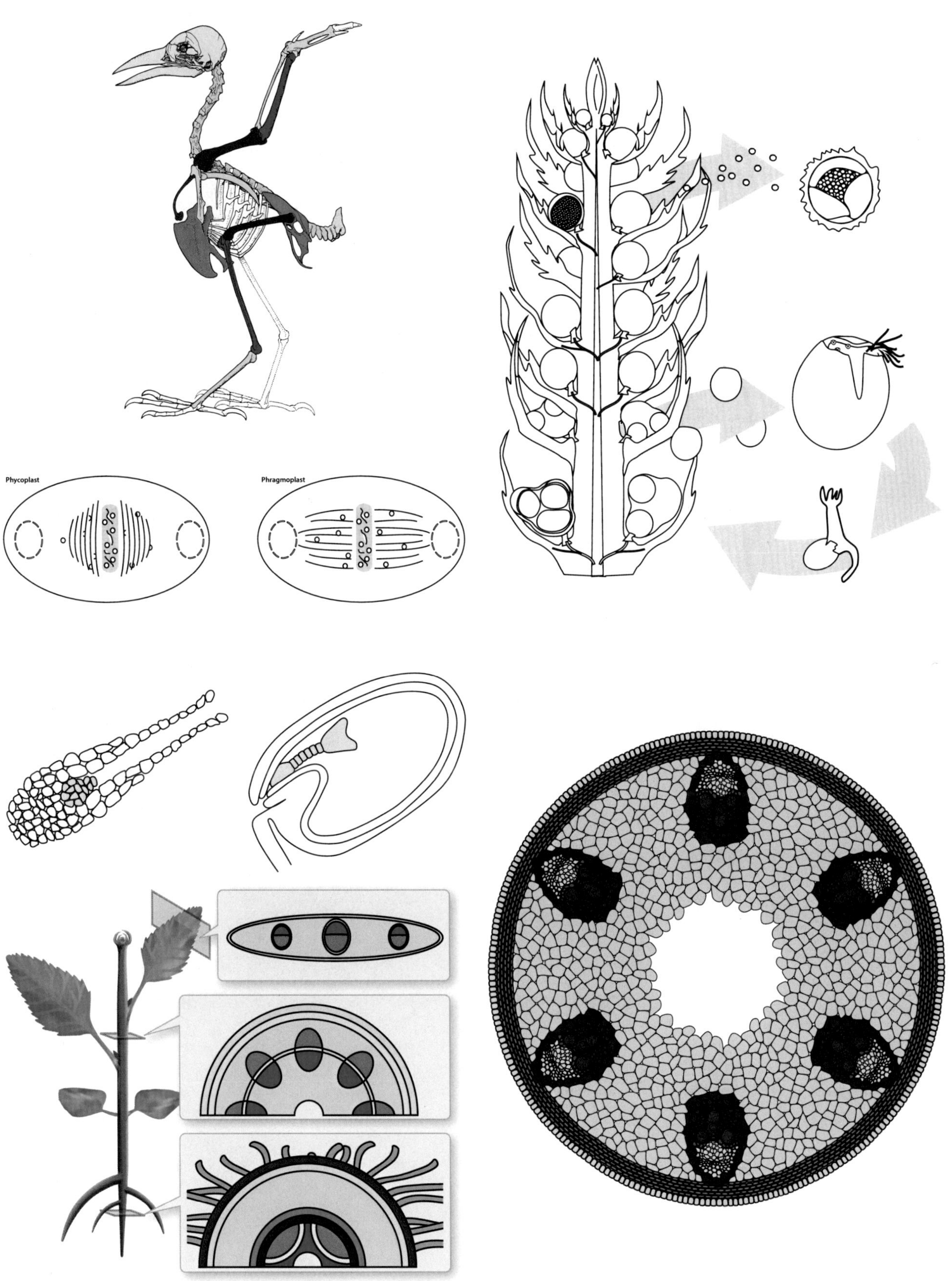

Nach Boenigk (Hrsg.), Boenigk Biologie, © Springer-Verlag GmbH Deutschland, ein Teil von Springer Nature 2021

7

Evolution – Lösungen zu den Aufgaben 237 bis 241

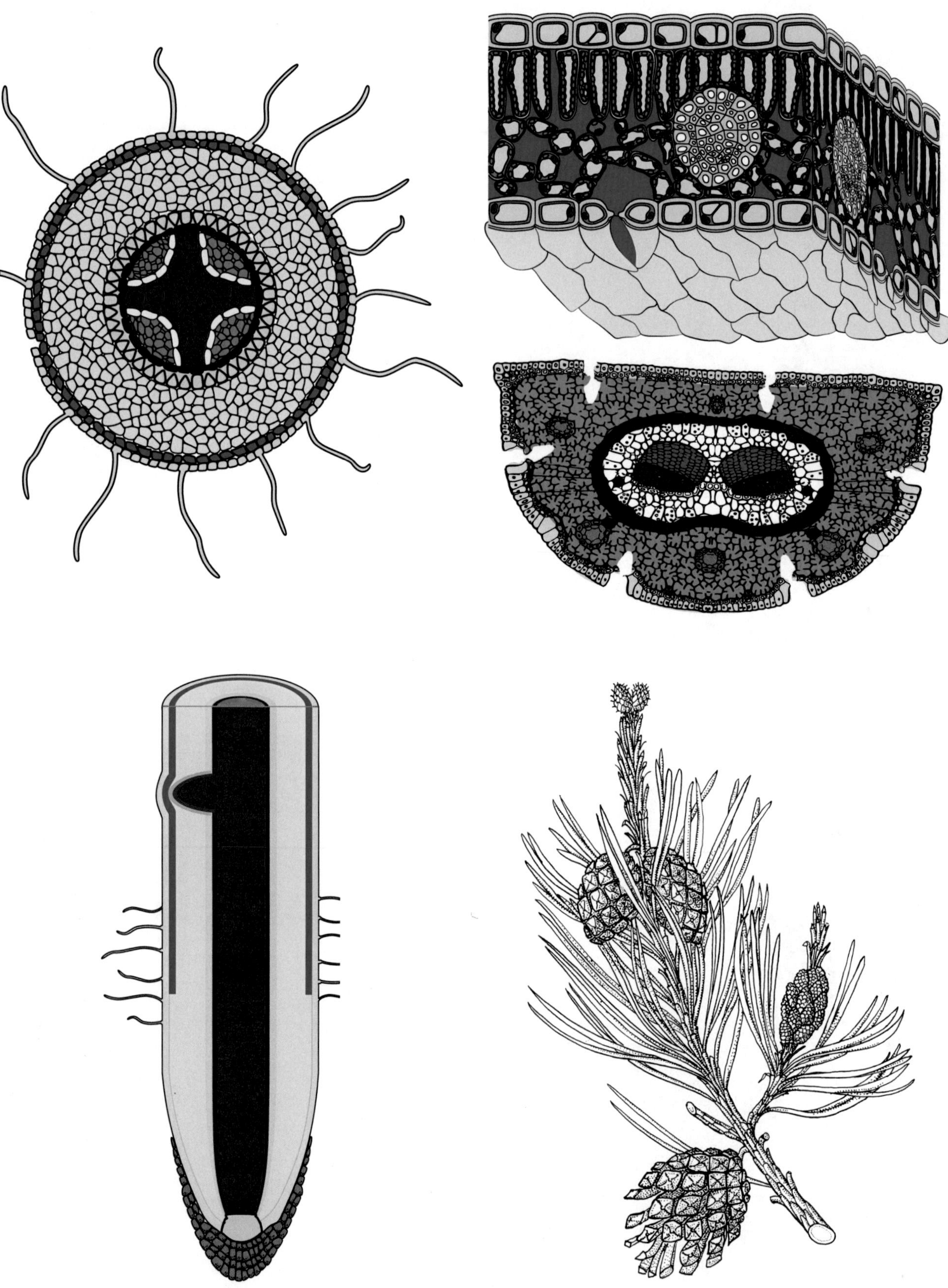

Nach Boenigk (Hrsg.), Boenigk Biologie, © Springer-Verlag GmbH Deutschland, ein Teil von Springer Nature 2021

Evolution – Lösungen zu den Aufgaben 242 bis 247

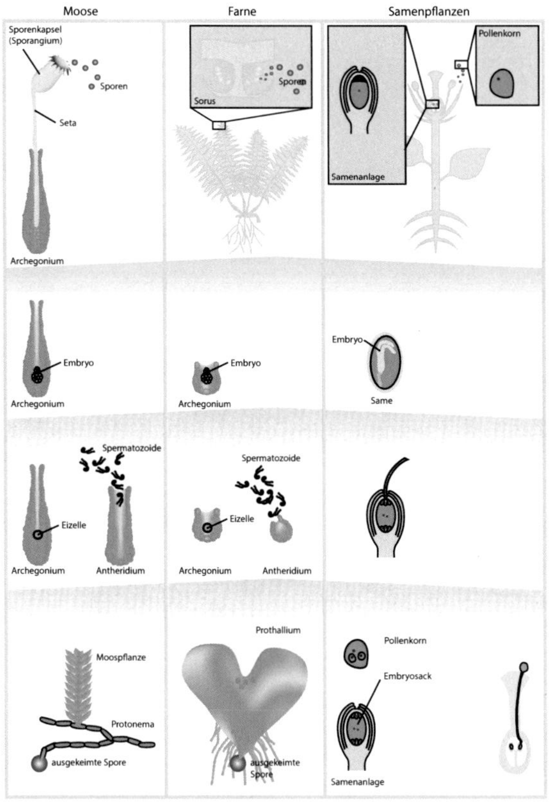

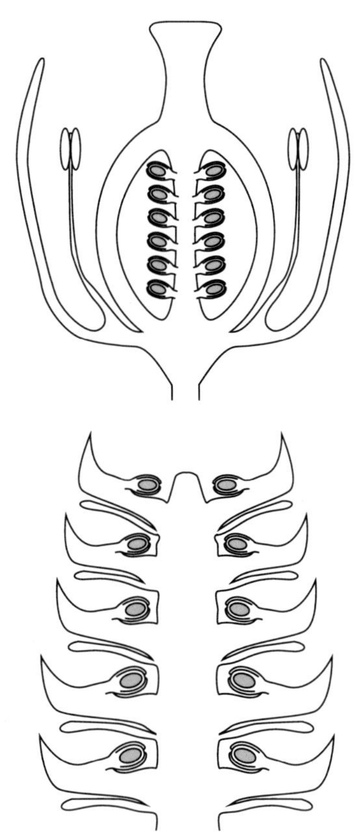

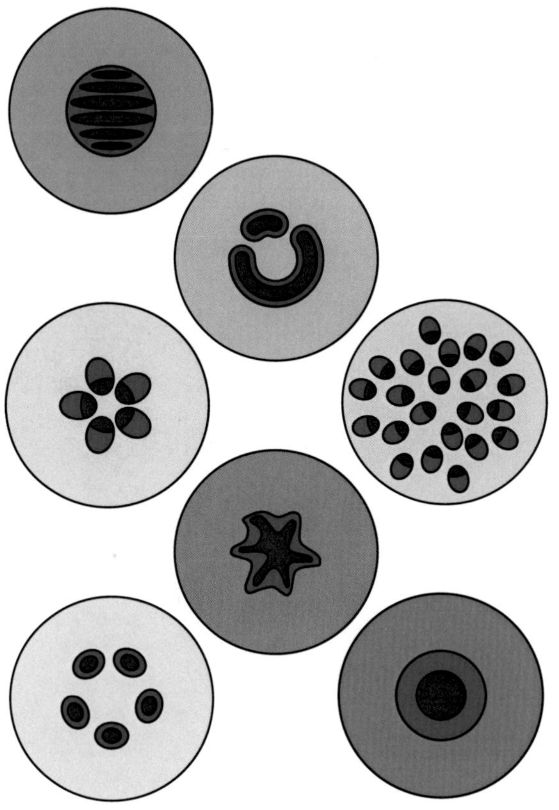

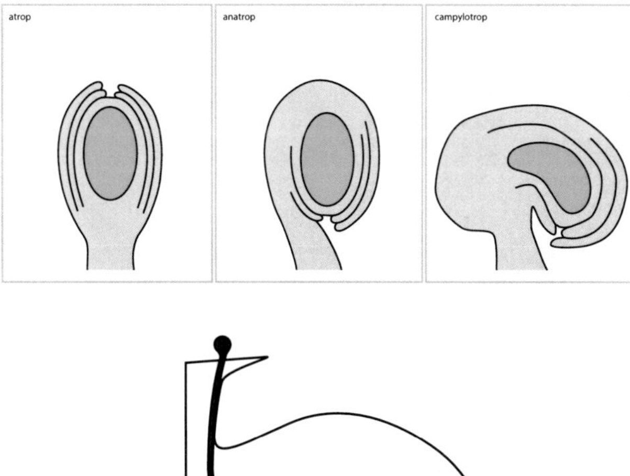

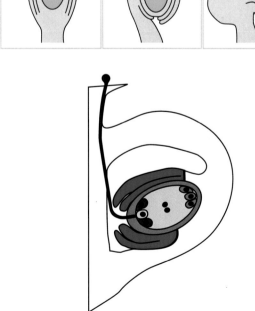

Nach Boenigk (Hrsg.), Boenigk Biologie, © Springer-Verlag GmbH Deutschland, ein Teil von Springer Nature 2021

Evolution – Lösungen zu den Aufgaben 248 bis 252

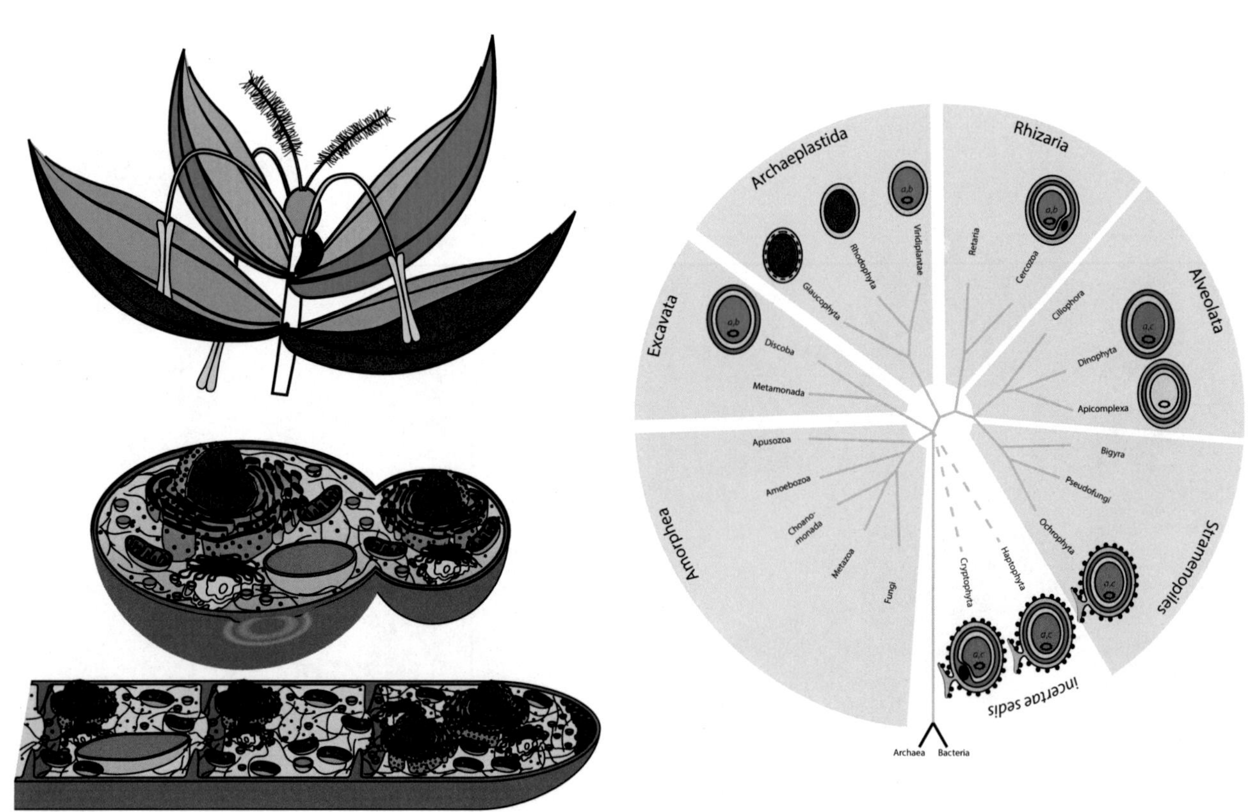

Nach Boenigk (Hrsg.), Boenigk Biologie, © Springer-Verlag GmbH Deutschland, ein Teil von Springer Nature 2021

Evolution – Lösungen zu den Aufgaben 253 bis 259

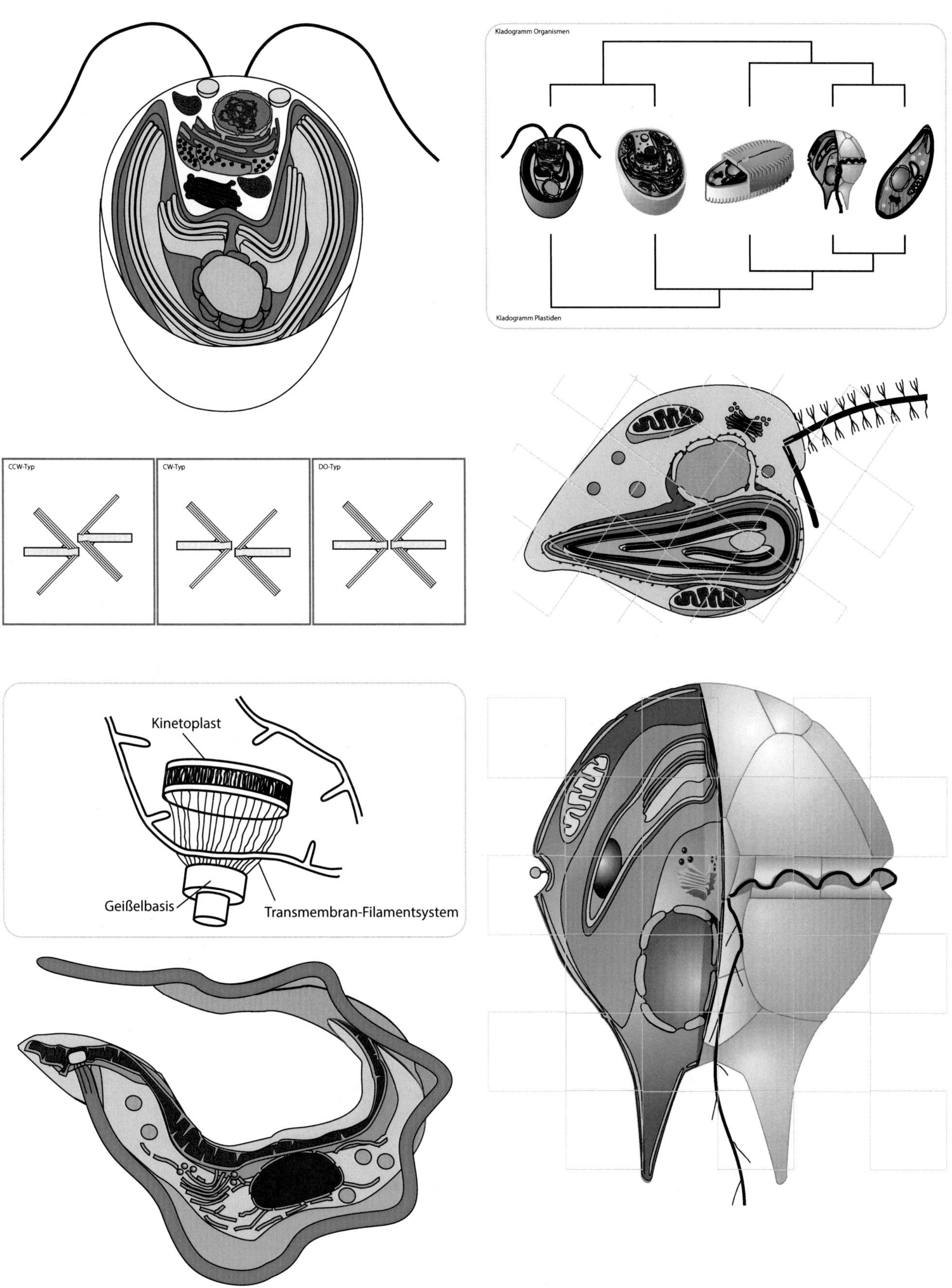

Nach Boenigk (Hrsg.), Boenigk Biologie, © Springer-Verlag GmbH Deutschland, ein Teil von Springer Nature 2021

Evolution – Lösungen zu den Aufgaben 260 bis 265

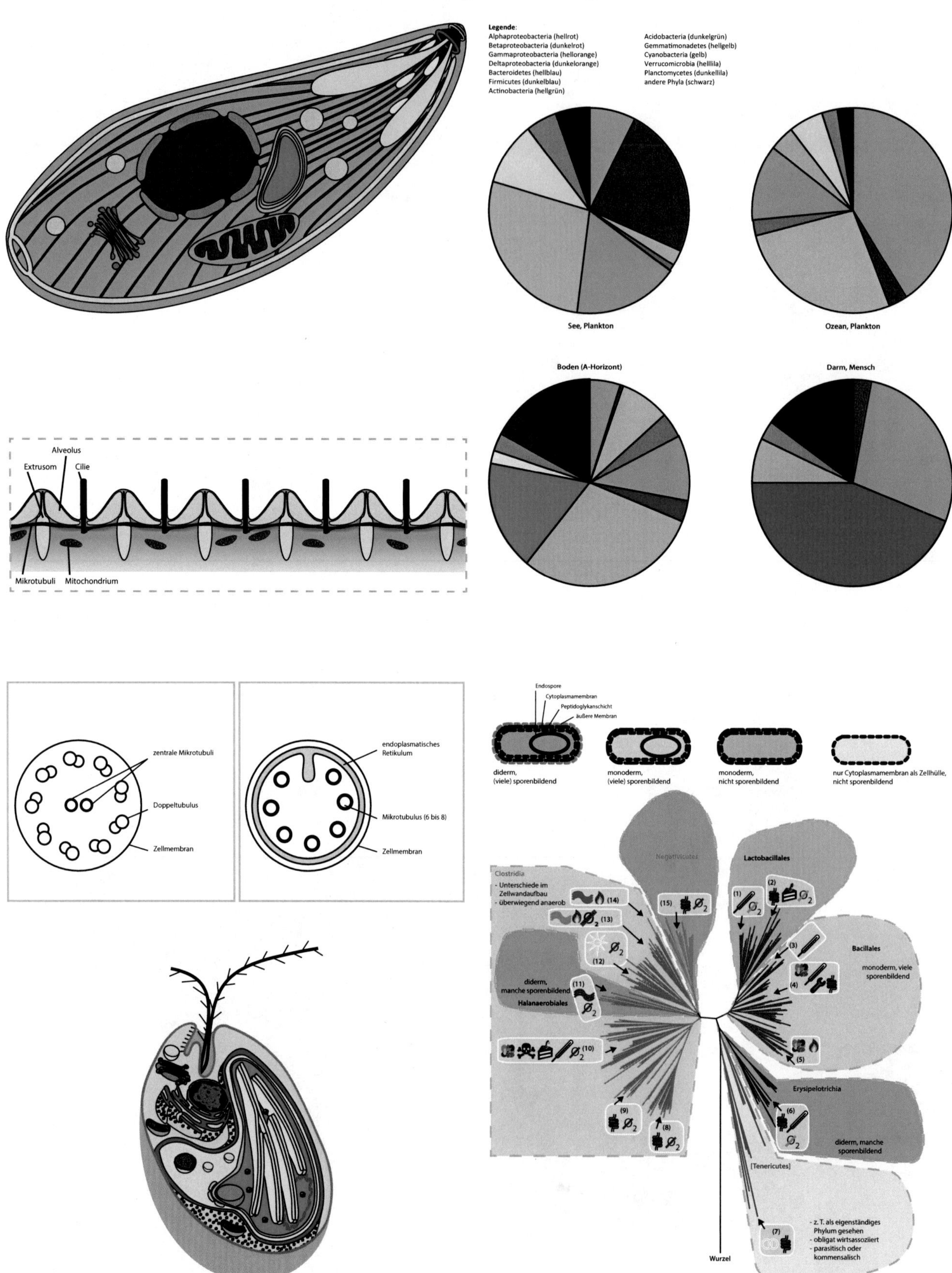

Nach Boenigk (Hrsg.), Boenigk Biologie, © Springer-Verlag GmbH Deutschland, ein Teil von Springer Nature 2021

Ökologie – Lösungen zu den Aufgaben 266 bis 270

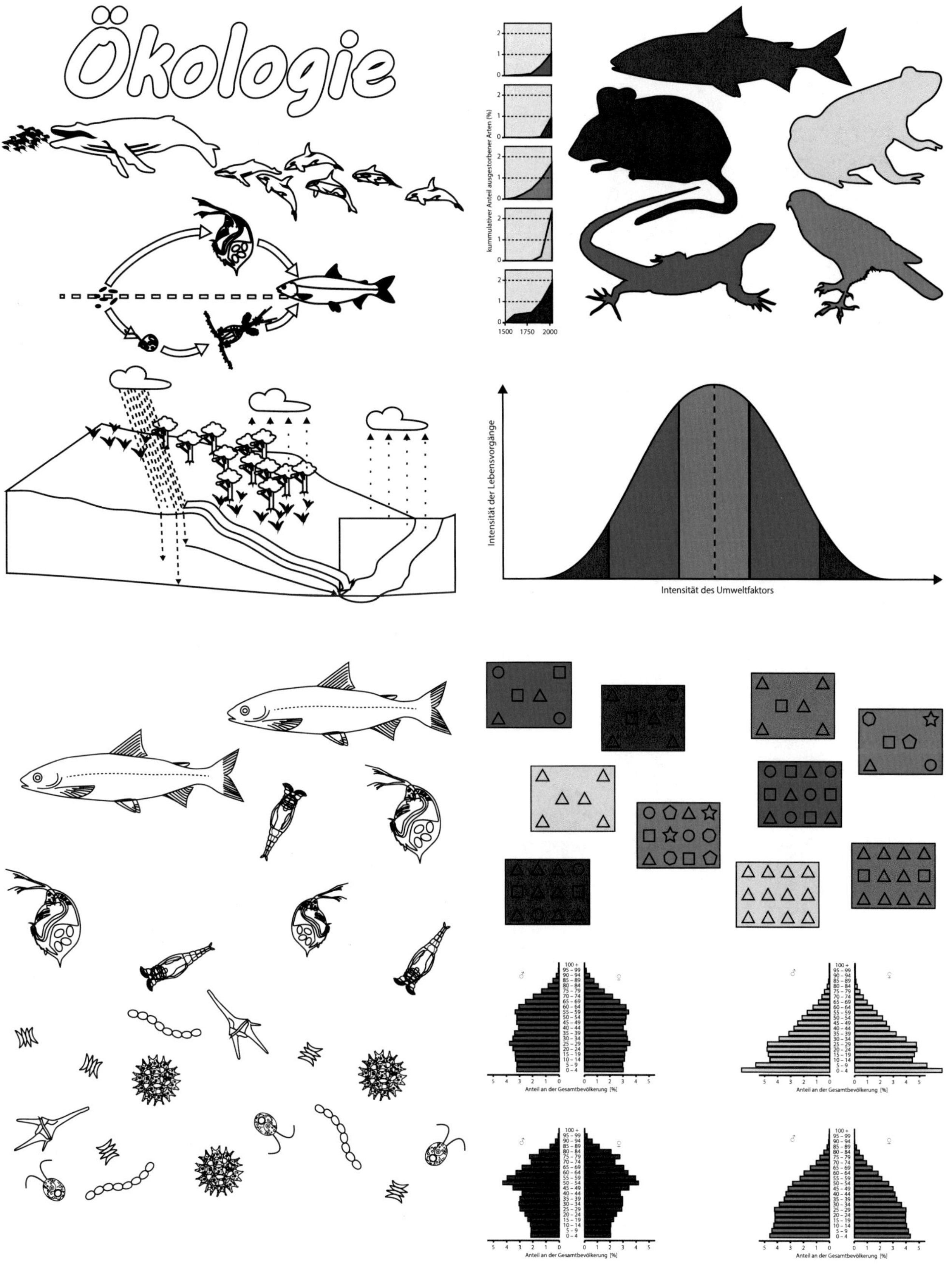

Nach Boenigk (Hrsg.), Boenigk Biologie, © Springer-Verlag GmbH Deutschland, ein Teil von Springer Nature 2021

Ökologie – Lösungen zu den Aufgaben 271 bis 277

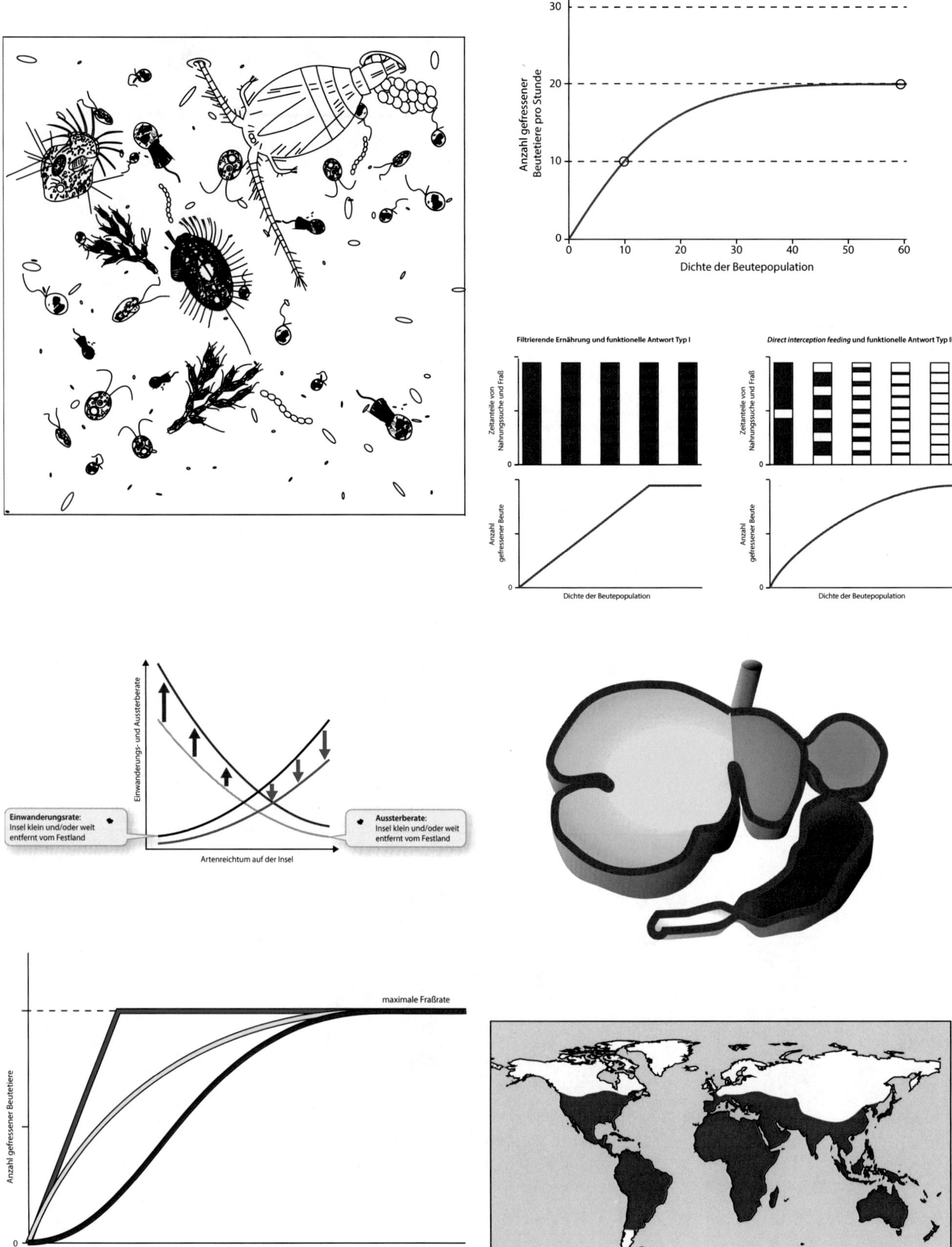

Nach Boenigk (Hrsg.), Boenigk Biologie, © Springer-Verlag GmbH Deutschland, ein Teil von Springer Nature 2021

Ökologie – Lösungen zu den Aufgaben 278 bis 283

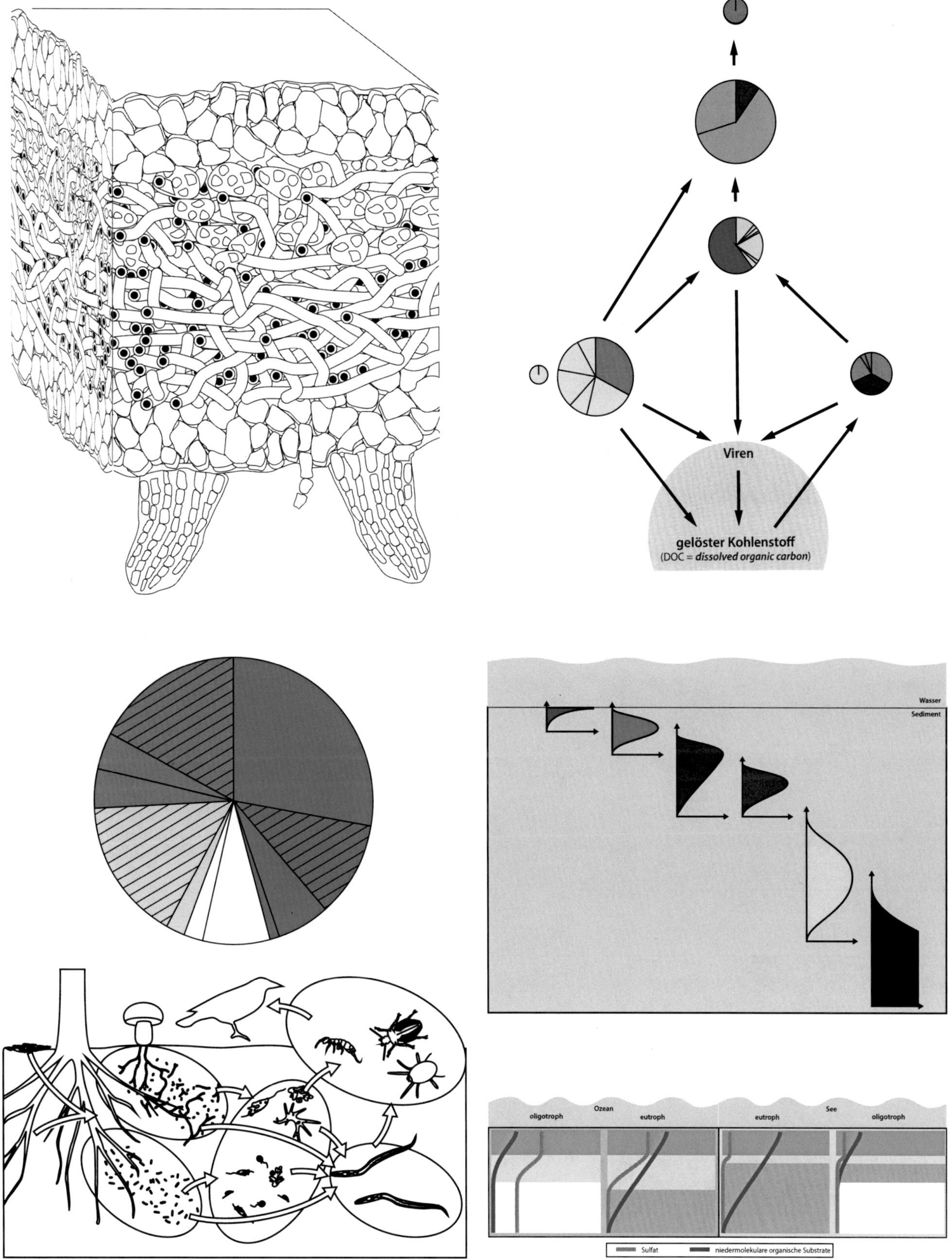

7

Ökologie – Lösungen zu den Aufgaben 284 bis 289

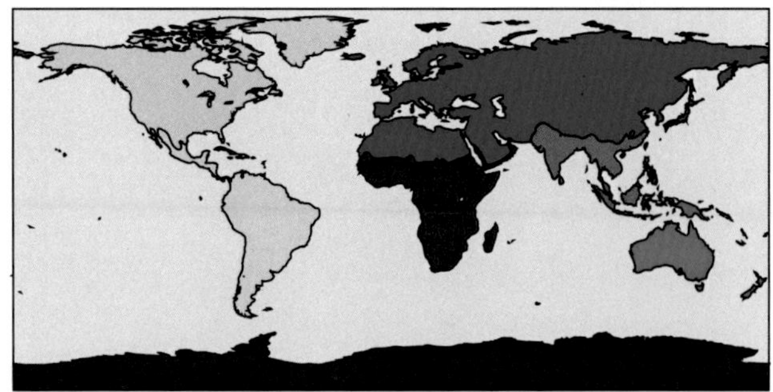

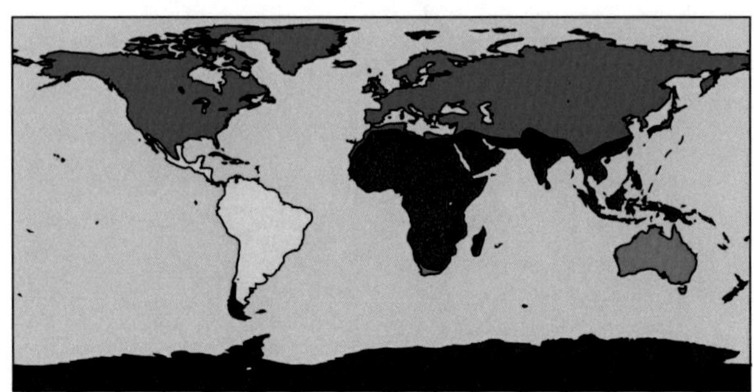

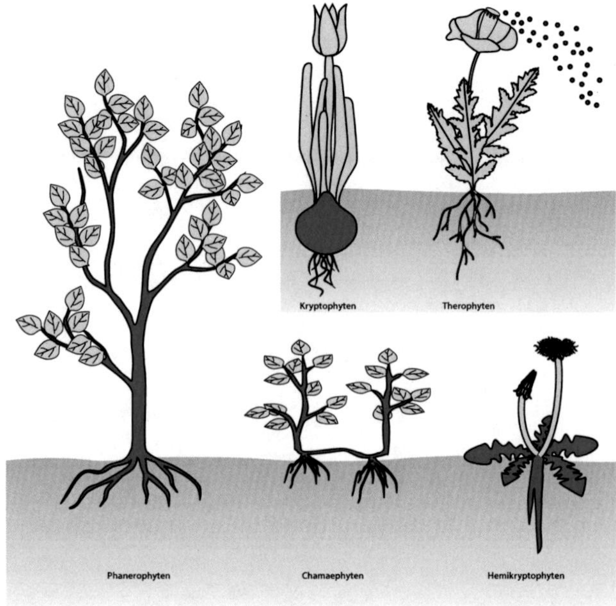

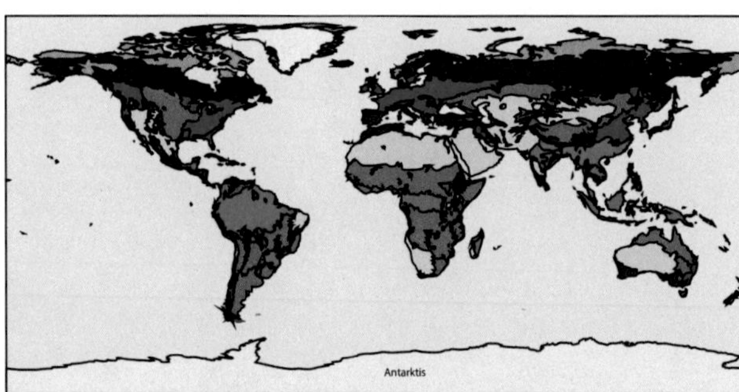

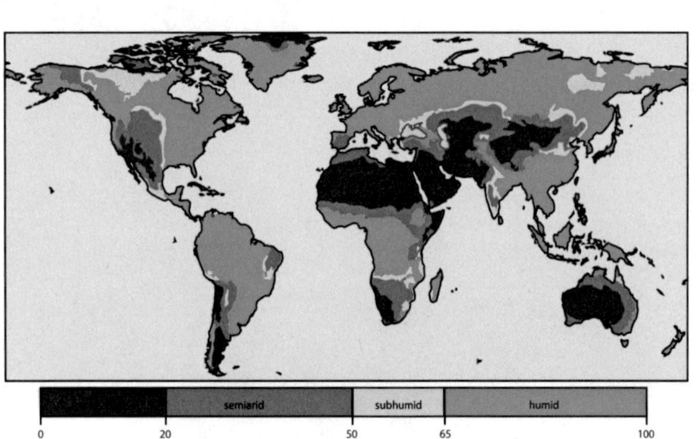

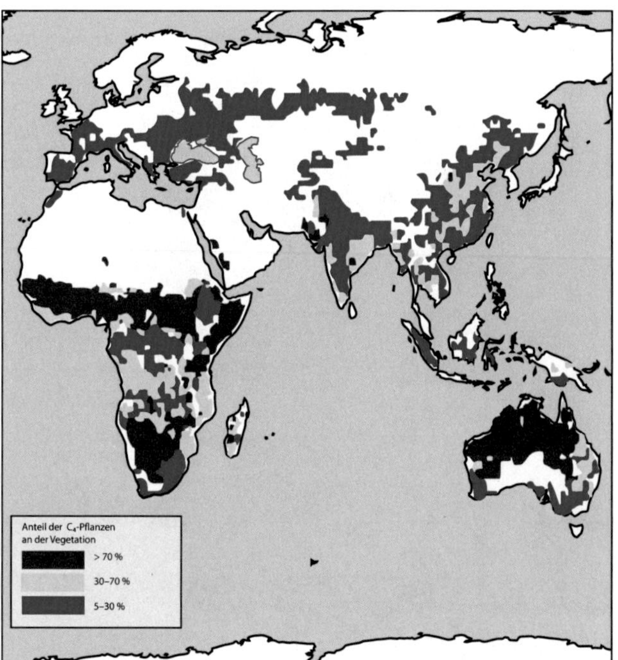

Nach Boenigk (Hrsg.), Boenigk Biologie, © Springer-Verlag GmbH Deutschland, ein Teil von Springer Nature 2021

Ökologie – Lösungen zu den Aufgaben 290 bis 294

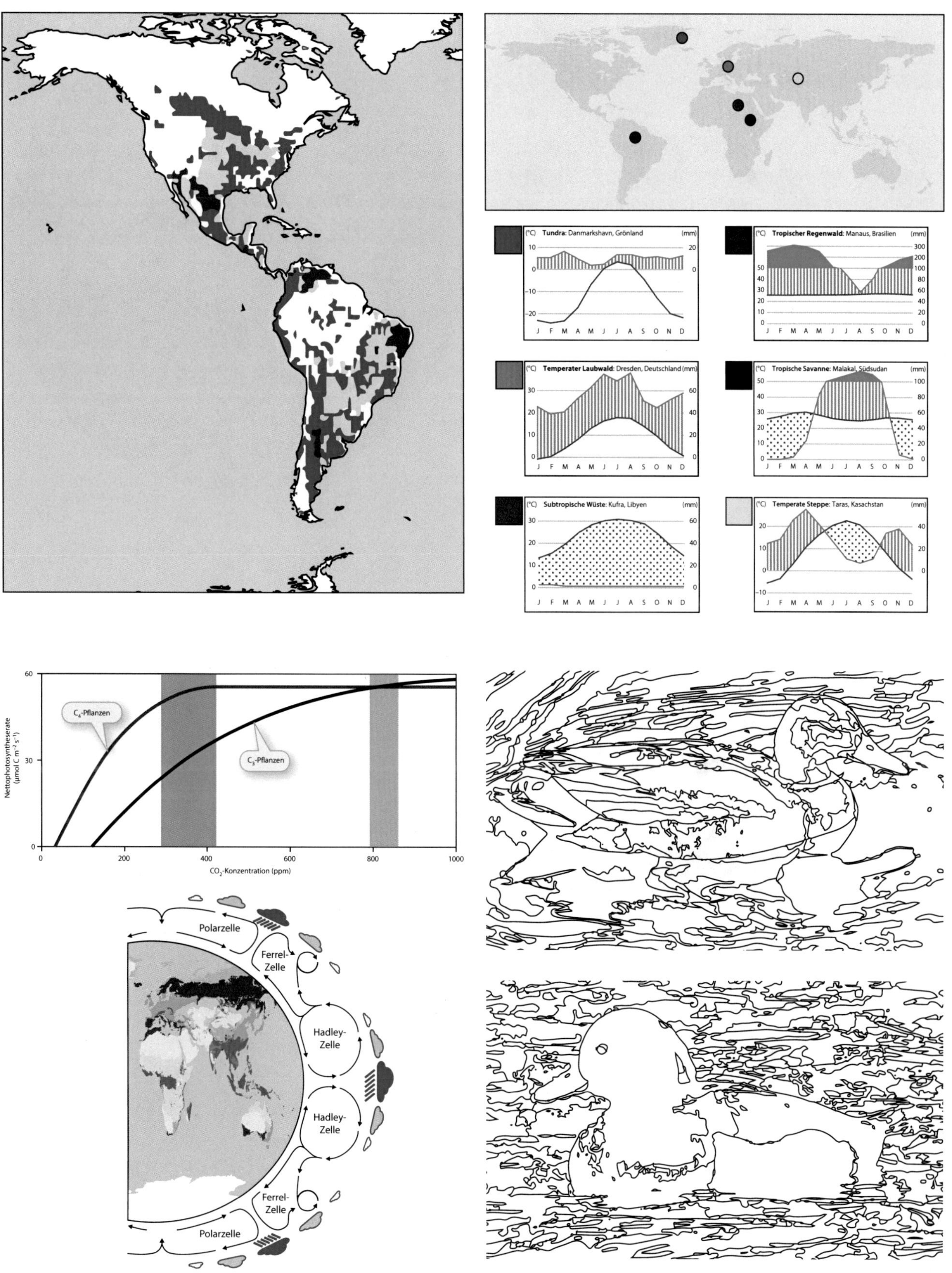

Nach Boenigk (Hrsg.), Boenigk Biologie, © Springer-Verlag GmbH Deutschland, ein Teil von Springer Nature 2021

Ökologie – Lösungen zu den Aufgaben 295 bis 299

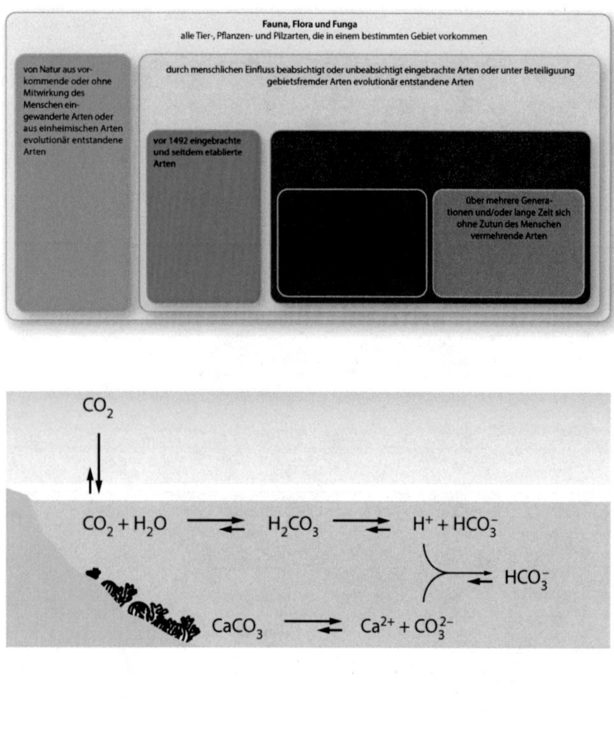

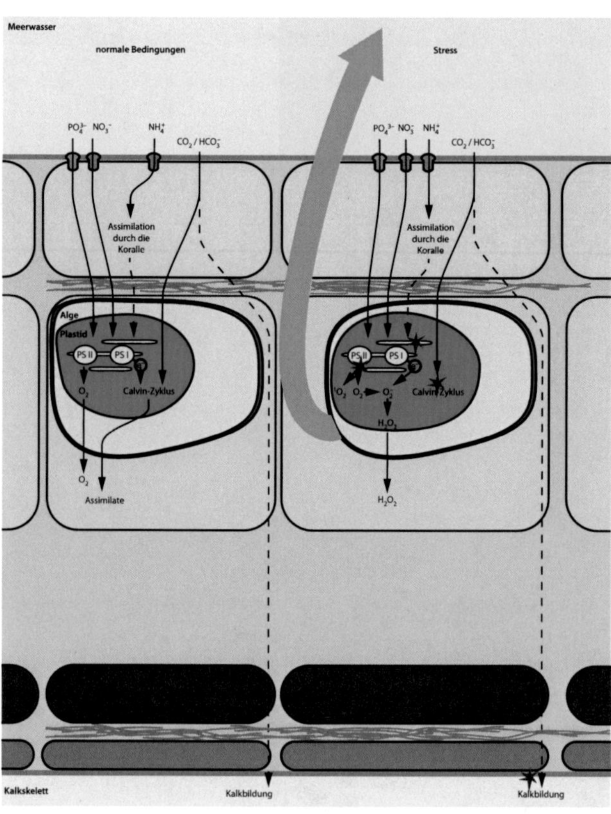

Nach Boenigk (Hrsg.), Boenigk Biologie, © Springer-Verlag GmbH Deutschland, ein Teil von Springer Nature 2021

springer-spektrum.de

Jetzt bestellen:

link.springer.com/978-3-662-61269-9

Printed in the United States
by Baker & Taylor Publisher Services